In Praise of Veg

채소 예찬

화려한 색과
깊은 풍미로
식탁을 채우는 법

앨리스 자슬라브스키 지음
정연주 옮김

미호

나의 딸
헤이즐에게 바친다

채소 예찬을 함께한 이들

호세 안드레스	클레어 스미스
매트 스톤	필 우드
메이 초우	JP 맥머혼
마크 베스트	알라 울프 태스커
제레미 챈	조시 닐란드
조지 칼롬바리스	토피 푸톡
코스쿤 위살	마이클 헌터
필립 무셀	니키 나카야마
크리스틴 맨필드	다니엘레 엘바레즈
셀라시 아타디카	알라나 사프웰
데이비드 톰슨	루카 나크케비아
팔리사 앤더슨	댄 바버
대런 로버트슨	매트 윌킨슨
프라티크 사두	스카이 긴겔
아만다 코헨	모니크 피소
모니카 갈레티	테츠야 와쿠다
사이먼 브라이언트	니키 라이머
벤 쉐리	사란쉬 고일라
가이 그로씨	레이 아드라이안시아
아나 로스	릭 스타인
마우로 콜라그레코	애쉴리 팔머 와트
이반 브레험	기욤 브라히미
조 바렛	매트 모런
로시오 산체스	앤드류 웡
세트 베인즈	앤드류 맥코넬
호안 로카	가리마 아로라
치초 술타노	잭 스타인
카렌 마티니	빌 그랜저
알버트 아드리아	

목차

White

Yellow

Orange

Red

자, 안녕하세요…

화려한 앞 표지에서 바로 이 부분으로 건너온 사람이 있는가 하면, 색깔별로 구분한 만화경 같은 레시피 페이지를 쭉 훑어본 다음 반가운 인사말을 접하기 위해 되돌아온 사람도 있을 것이다. 모두 환영한다!

이 방대한 책은 놀라운 채소 세상에 대해 던지는 찬사다. 내가 좋아하는 채소 중 50가지를 골라서 어째서 이 채소들이 요리사와 먹는 사람에게 특별 대접을 받는지 조금 깊이 파고든 다음, 요리 실력과 상관없이 누구나 주방에서 최고의 요리를 만들어낼 수 있는 방법을 소개하고 있다. 일단 이 책을 읽고 나면 뿌리채소, 구근, 줄기를 집어들 용기가 생기고 아이디어와 영감이 샘솟을 테니 반찬때문에 고민할 일이 없어질 것이다. 이미 가지고 있는 다른 책을 활용할 때도 어째서 레시피에 이런 과정이 필요한지 그 이유를 이해하고 따라하거나 변형할 수 있게 된다.

이 책은 채식 요리책이 아니다. 남편 닉과 딸 헤이즐('견과류Nut'라는 별명이 있다)과 내가 식사하는 방식은 채식이 아니기 때문이다. 하지만 우리는 채소로 시작해서 채소를 중심으로 요리를 만든다는 점에서 식물 중심적이다. 이처럼 녹색 채소를 더 많이 집어들면서 인간이 환경에 가한 부담을 줄이고 직접 선택한 단백질에 더 많은 관심을 기울이는 등, '유연성'을 갖춘 요리 근육을 기르고 싶은 사람이 많을 거라고 생각하기 때문에 이러한 원칙을 기반으로 한 책을 쓰고 싶었다. 하지만 그럼에도 우리는 흔히 어디서부터 시작해야 할지 잘 모르고, 차가운 두부를 먹고 싶지 않을 때가 많다. 그래서 이 책에 실린 레시피는 모두 채소를 가장 우선적으로 고려하면서 만들었다. 결대로 찢은 생선이나 베이컨 약간이 들어간다 하더라도 요리의 맛을 완성하기 위한 부차적인 요소일 뿐이며 완전한 채식 메뉴를 원하는 사람이라면 얼마든지 대체할 수 있다.

과거에는 소련에 속했던 조지아에서 성장한 나의 식단은 문화와 필요에 의해 채소 위주로 구성되어 있었다. 철의 장막 뒤에서 물물교환한 풍성한 신선 농산물로 구성된 코카서스식 요리 문화권이었다.

다양성의 용광로인 호주로 이민을 오면서 요리에 대한 감사의 마음이 커지고 풍부해졌다. 여기는 볼로네제 스파게티에 간장을 넣는 것이 아주 합리적인 것처럼 보이는 동네다.

이 책에 실린 레시피는 모든 좋은 요리가 그러하듯이 전통과 현대성을 모두 반영하고 있다.

전통과 다른 부분이 있다면, 목차를 알파벳이나 계절이 아니라 색조에 따라 구성했다는 점이다. 채소를 색깔별로 분류한 다음 흔하게 찾아볼 수 있는 포괄적인 설명 장을 전반부에 배치하고 농산물 상자 안에서 발견한 새로운 식재료를 이해할 수 있게 되는 관련 설명, 모험심이 불타오를 때 활용하기 좋은 독특한 변주법을 추가한 레시피, 집에서 대대로 물려받는 가보 레시피와 같은 정보를 담았다. 여러분이 냉장고 문을 열고 눈을 가늘게 뜬 채 채소 칸 아래에 깔린 물체로 무엇을 만들어야 할지 고민하면서 한참을 들여다볼 때 이 책에서 반가운 아이디어와 레시피를 만날 수 있기를 바란다.

그리고 무엇보다 손끝으로 느껴지는 멋진 모양과 풍미에 마음을 열게 되기를 바란다.

남은 음식 사랑하기

오늘날처럼 손쉽게 신선 식품을 구할 수 있고 저장하고 활용하고 재사용하기 좋은 시기도 없다.

신선한 농산물을 쉽게 구할 수 있게 되면서 남은 음식에 대한 애정이 식게 된 것은 사실이다. 하지만 어쩐지 그 시절이 그리워진다. 나는 원래 남은 음식을 사랑하는 사람이다! 그리고 채소는 다른 식재료에 비해서 저장 기간이 길고 카멜레온처럼 변신할 수 있는 능력이 있어서 재사용하기 쉬운 편이다. 어렸을 때 엄마가 커다란 냄비에 끓이던 보르시치borsch는 방과 후 문을 열고 들어오는 아이에게는 꿈과 같은 간식이었다. 그리고 크루통이나 런천미트 같은 재료를 보르시치에 넣어서 먹어도 된다는 사실을 깨닫는 순간, 완전히 새로운 요리 세계가 활짝 열렸다. 오늘날까지도 나는 일부러 필요 이상으로 음식을 더 많이 만드는데, 저녁 식사를 요리하며 내일 점심에 재탄생시킬 수 있는 완벽한 음식이 남아 있다는 사실을 이미 알고 있게 된다는 것이 기쁘기 때문이다.

레스토랑 음식에 대해 다들 깨닫지 못하는 매우 큰 비밀은 대부분이 '남은 음식을 재탄생시킨 것'으로 쉽게 분류할 수 있는 메뉴라는 것이다. 1분 만에 조리할 수 있는 종류의 음식이 아니라면 대부분의 작업은 주문이 들어오기 한참 전, 며칠이나 최소한 몇 시간 전에 이미 완료된다. 가격이 비싸지는 이유도 마찬가지다. 우리가 먹는 재료뿐만 아니라 이를 손질하는 시간에도 비용을 지불하게 된다.

만일 어제 저녁에 먹고 남은 볼로네제 스파게티를 먹을지, 배달 음식을 주문할지 고민이 된다면 어쨌든 둘 다 남은 음식을 먹는 것은 마찬가지라는 점을 고려해 보자.

어느 시점에서 '남은 음식'을 '밀프렙meal prep'이라고 분류할 수 있게 되는 걸까? 글쎄, 그건 전적으로 본인에게 달려 있다. 나는 변명의 여지가 없는 게으른 요리사이기 때문에 배가 고파서 화가 난 상태에서 행복한 상태로 되도록 빨리 옮겨갈 수 있기 위해 의식적으로 냉장고에 여분의 음식을 채워 둔다. 경질 치즈의 껍질, 냉동 육수(얼음틀 크기에 맞는 분량으로 졸여서 냉동해 한두 개만 꺼내면 되도록 만든 것), 냉동 완두콩과 옥수수가 언제든지 여분의 풍미가 필요할 때면 냄비에 집어넣을 수 있도록 대기하고 있고, 냉장고 문에는 양파 반쪽이 들어 있으며(대체 왜 모든 냉장고에는 항상 양파 반쪽이 들어 있는 걸까?) 이 정도는 내 무기고에서 항상 찾을 수 있는 즐거운 요소 중 일부에 불과하다. 넉넉히 굽거나 찌고 삶고 발효하고 피클한 채소는 언제든지 버튼 하나만 누르거나 포크만 휘두르면 수프와 샐러드, 소스나 딥이 될 준비가 된, 아낌없이 주는 선물이나 마찬가지다.

5가지 S로 가는 지름길

요리는 어렵거나 정교할 필요가 없으며, 사실 나는 가장 간단한 음식에서 가장 큰 만족을 얻는다. 거의 모든 음식의 캐러멜화된 크러스트(전날 이미 만들어 둔 음식이라면 더 쉽게 노릇노릇해진다), 갈라진 틈으로 김이 모락모락 올라오는 음식 위에 얹어 녹아가는 버터, 또는 숨이 죽은 로켓과 치즈를 가득 채워 불안정하지만 완벽한 모양을 유지하는 오믈렛을 뒤집는 순간. 주방은 재미를 느끼면서 창의성을 발휘하고 위험을 감수할 수 있는 곳이다.

가장 중요한 것은, 주방은 관습에서 벗어나 본인 식사의 운명을 스스로 통제하면서 내가 사랑하는 음식을 더 맛있고 쉽게 만드는 방법을 찾을 수 있을 정도로 편안하게 느껴지는 공간이 되어야 한다는 것이다. 아무도 맛있는 식사를 접시를 싹 비울 정도로 먹어 치운 다음 '어휴, 레시피가 조금 더 어려웠으면 좋았을걸!' 하고 말하지 않는다.

그래서 이 책에서는 가능한 모든 부분에 어쩌면 음식물 쓰레기통으로 직행했을지 모르는 음식을 활용할 수 있는 지름길과 새로운 풍미로 변형할 수 있는 아이디어(말하자면 '변주 레시피')를 추가하기 위해 노력했으며, 이렇게 남은 음식으로 만드는 음식은 보통 5가지 S 중 하나의 형태가 된다. **수프**와 **소스, 스튜, 샐러드**, 그리고 **샌드위치**다.

가장 만들기 간단한 **수프**는 정말로 묽은 퓌레에 지나지 않기 때문에 남은 구운 채소나 모든 형태의 스튜에 액체(육수나 심지어 물 등)를 조금 추가한 다음 입자가 고와지도록 갈면 최소한의 노력으로 새로운 식사를 만들어낸 기분을 느낄 수 있다.

소스도 이와 마찬가지로, 특히 여름이 되면 바비큐 절임액이 찍어 먹는 소스가 되고(항상 가열한 다음에 먹어야 한다) 팬 바닥에 고인 육즙이 완벽한 소스로 변신하는 마법에 매료되곤 한다.

가끔은 뭔가를 캐러멜화한 팬을 오후 내내 스토브에 그대로 올려 두었다가 데워서 저녁거리의 풍미 바탕이 되도록 하는 정도로 간단하게 활용할 수도 있다.

스튜와 캐서롤casseroles, 커리, 진한 파스타 소스는 항상 다음날이 더 맛있다. 나는 음식을 다시 데우는 정도로만 가열하고 충분한 신선한 채소를 더 넣어서 새로운 생명을 부여하곤 한다. 어린 시금치도 좋고 옥수수 낱알이나 버섯, 방울토마토 등을 넣어보자.

샐러드의 경우에는 커리에서 케밥, 쿼크quark, 팬트리에서 나온 생선이나 콩 통조림 등을 신선한(또는 심지어 남은!) 채소에 더하기만 하면 저렴하고 맛있으며 영양 가득한, 더운 날의 저녁 식사나 사무실 책상에 앉아 먹는 점심 식사를 간단하게 만들 수 있다. 구이나 찜, 빵가루를 뿌려 굽거나 튀기는 등 질감과 온도를 가지고 다양한 시도를 해보자.(남은 빵으로 직접 빵가루를 만든다면 더할 나위가 없다!) 여러 형태의 양파를 넣어 풍미를 강화하고 견과류와 씨앗류로 질감을 더한 다음 색다른 오일, 식초, 지방 재료(치즈나 아보카도 등)를 가미해도 좋다.

애매할 때는 뭐든지 **샌드위치** 속으로 바꿔버린다. 여기서 사용하는 '샌드위치'란 매우 포괄적인 용어인데, 반드시 빵이어야 할 필요가 없기 때문이다. 피타에서 토르티야, 라이스페이퍼, 양상추 잎에 이르기까지 손으로 집어 들어서 먹을 수 있다면 샌드위치다. 원하는 음식 '싸개'를 문제의 남은 음식과 따로 포장한 다음 먹기 직전에 조립해서 바삭바삭한 질감을 최대한으로 살리고 본인이 얼마나 조직적이고 부지런한지 동료들에게 보여주며 은밀한 만족감을 느껴보자.

생동감 넘치는 색깔

채소를 경이로운 존재로 만드는 요소 중 하나가 미각을 자극하는 색상 팔레트다. 색깔은 연상 작용을 일으켜서 자연스럽게 맛에 대한 기대를 하게 만든다. 칙칙한 샐러드에 허브를 뿌리면 갑자기 한없이 신선해 보이는 이유가 무엇이겠는가? 촉촉한 진홍색 토마토와 굵게 뜯은 바질 잎을 짝지은 다음 올리브 오일을 두르고 버팔로 모차렐라를 1덩이 올려서 플레이크 소금을 뿌리면 다들 우리가 마법사라도 된 것처럼, 갑자기 머리

위로 3가지 색깔의 국기가 펄럭이는 햇살 쨍쨍한 이탈리아 광장으로 이동하기라도 한 것처럼 바라볼 것이다. 그와 비슷하게 색깔의 부재나 균일성으로도 영향을 미칠 수 있는데, 더 나아 보일 수도 있지만(셰프의 정교한 플레이팅이 더해진다면) 음식이 너무나 회색빛을 띨 경우에는 그다지 효과적이지 못하다.

'무지개를 먹는다'는 표현도 그냥 던진 말이 아니다. 색깔은 채소마다 천연 방어체계인 어떤 식물성 화합물(보호 화합물)이 들어 있는지를 알려주는 역할을 하며, 사람에게도 웰빙을 지킬 수 있는 데에 도움을 준다. 색깔이 짙거나 깊을수록 채소에 항산화물질과 기능상 이점이 더 많이 들어 있다. 우리에게 필요한 물질이 어떤 것인지 알아내는 가장 좋은 지표는 우리의 미뢰다. 인간은 부족한 영양소를 제공하는 음식을 갈망하도록 진화했다. 일단 기본 재료를 최대한 활용하는 기술로 이런 타고난 욕망을 활용하기 시작하면 자연이 뿜어내는 풍미의 스펙트럼을 보고 감탄하지 않을 수 없다. 우리의 접시를 캔버스 삼아 사용할 수 있도록 준비된 대자연의 색상 팔레트다.

이것이 핵심이므로 이 책은 다음과 같은 아주 단순한 이유로 채소의 색깔에 따라 장을 나눴다. 채소에 대한 사랑은 보편적이라 애호박이라 부르든 주키니라 부르든, 가지라 부르든 에그플랜트라 부르든 그 색깔이 녹색이고 보라색인 것에는 변함이 없기 때문이다. 그러니 어떤 언어를 사용하는 사람이든 채소를 예찬할 시간이다.

앨리스

채소 차트

레시피를 따르는 것보다 자유롭게 요리 하는 것을 선호하는 사람을 위해 간단하고 모두가 좋아하는 채소 요리를 만들 수 있는 참조 차트를 준비했다. 낮은 온도에서 천천히 익히는 것이 좋은 채소도 있고, 뜨겁고 강하게 익혀야 하는 채소도 있으며 가볍게 열을 가해 팬을 한 번 흔드는 정도면 충분한 채소도 있다.

조리법이나 채소의 종류와 상관없이 전체적으로 고르게 익히려면 비슷한 크기로 썰어야 한다. 조리 시간이 짧을수록 작게 썰어야 한다. 퓌레나 소스를 만들거나 곱게 갈아 수프를 만들 때는 굵은 강판을 이용하는 것도 좋은 방법이다. 조리 시간이 짧으면 영양소 손실을 최소화할 수 있으며, 따라내 버리게 될 물에 너무 오랫동안 삶는 것도 피하는 것이 좋다.

오븐에 관하여: 여기서는 팬 오븐(아주 뜨거운!)을 사용하므로 본인의 오븐 상태에 따라 조리 시간을 조절해야 할 수도 있다.

채소	바쁠 때	가볍고 화사하게	넣어 놓고 까먹기	풍미 폭발
콜리플라워	**날 것** 갈아서 콜리플라워 쌀을 만들어 보라색 콜리플라워 타불리(83쪽)	**송이 + 줄기** 4~6분, 포크로 찌르면 푹 들어갈 때까지	**송이 + 굽기** 소금과 오일에 버무려서 220°C에 15~20분	**송이 + 튀김옷** KFC: 케랄란 프라이드 콜리플라워와 코코넛 처트니(86쪽)
파스닙	**날 것** 갈아서 샐러드나 슬로	**깍둑 썰기 + 삶기** 잠길 만큼만 액상 재료를 부어서 뚜껑을 닫고 포크로 찌르면 푹 들어갈 때까지 10~15분 익힌 후 퓌레	**막대 썰기 + 굽기** 소금과 오일에 버무려서 220°C에 25~30분	**갈기 + 굽기** 4가지 생강을 가미한 파스닙 대추야자 스티키 푸딩(60쪽)
펜넬	**날 것 + 채 썰기(또는 얇게 저미기)** 버무려서 샐러드나 슬로	**웨지 + 찜** 팬에 노릇하게 지져서 육수, 오렌지즙 또는 토마토 파사타를 잠기도록 부은 다음 10~15분간 뭉근하게 익히기	**큼직하게 썰기 + 굽기** 소금과 오일, 파르메산에 버무려서 180°C에 40~50분	**웨지 + 빵가루** 사워크림과 스위트 칠리 소스를 곁들인 아삭아삭한 웨지 펜넬(74쪽)

채소	바쁠 때	가볍고 화사하게	넣어 놓고 까먹기	풍미 폭발
 옥수수	**날 것** 신선한 스위트콘을 낱알만 깎아서 바로 샐러드에	**통옥수수 + 삶기** 5~7분	**낱알 + 삶기** 옥수수와 육수를 2:1로 섞어서 20~25분, 반만 곱게 갈아서 크림 또는 크렘 프레슈Crème fraîche 와 섞기	**껍질째 + 바비큐** 사과 치폴레 바비큐 소스를 곁들인 치즈 클라우드 옥수수 구이(120쪽)
 당근	**갈기 + 날것** 샐러드 또는 슬로	**큼직하게 썰기 + 찌기** 크기에 따라 5~10분	**반으로 자르기 + 굽기** 소금과 오일에 버무려서 오븐에 트레이를 넣고 190℃로 함께 예열, 25~30분	**갈기 + 굽기** 글루텐 프리 오렌지 당근케이크(134쪽)
 고구마	**깍둑 썰기 + 뭉근하게 익히기** 달의 달(146쪽)	**채 썰기 + 튀기기** 달걀에 버무려서 앞뒤로 4~5분간 튀겨서 프리터fritter	**통째로(소) + 굽기** 포크나 과도로 골고루 찌른 다음 소금과 오일에 버무려서 190℃에 30~40분	**저미기 + 굽기** 달콤 짭짤 고구마 갈레트(152~153쪽)
 호박, 땅콩호박	**굵게 썰기 + 굽기** 호박 수프(165쪽)	**반으로 자르기 + 굽기** 땅콩호박 버터구이(158쪽)	**깍둑 썰기 + 굽기** 소금과 오일에 버무려서 오븐에 트레이를 넣고 190℃로 함께 예열, 30분	**깍둑 썰기 + 찜** 7가지 향신료 땅콩호박 그라탕(160쪽)
 피망	**날것** 썰어서 샐러드(특히 그리스식!)	**통째로 + 그슬리기** 구운 홍피망 절임(200쪽)	**굵게 썰기 + 굽기 + 갈기** 원팬 로메스코 수프(198쪽)	**속 채우기 + 굽기** 다양한 사모사를 채운 피망(202쪽)
 비트	**얇게 저미기 + 날것** 무지개 라브네 볼을 곁들인 노오븐 비트 샐러드(246쪽)	**갈기 + 삶기** 갈아낸 보르시치(238쪽)	**통째로 + 굽기** 소금과 오일에 버무려서 포일에 싼 다음 200℃에서 45~60분	**삶기 + 갈기 + 굽기** 믹서기 비트 브라우니(248쪽)

채소	바쁠 때	가볍고 화사하게	넣어 놓고 까먹기	풍미 폭발
가지 	**깍둑 썰기 + 볶기** 15분간 소금에 절인 다음 꽉 짜서 수분 제거 팬에 오일을 달군 다음 가지를 넣고 부드러워질 때까지 중간 불에 10~15분간 볶기	**저미기 + 굽기** 바드리자니: 호두 가지 롤(266쪽)	**반으로 잘라서 칼집 + 굽기** 솔로 오일을 바르고 소금을 뿌린 다음 단면이 아래로 가도록 200℃에 35~40분 **속을 파내기 + 갈기** 바바 가누쉬baba ghanoush 딥 또는 데리야키나 미소, 타히니를 바르기	**막대 썰기 + 튀기기** 끈적끈적한 쓰촨식 어향가지(270쪽)
버섯 	**양송이버섯 + 날것** 샐러드, 크루디테crudité	**양송이버섯/주발버섯/ 이국적인 버섯 저미기 + 볶기** 소량의 오일/버터에 색이 나지 않도록 천천히 볶은 다음 지방+풍미 재료 추가, 노릇해질 때까지 5~8분	**포토벨로/주름버섯 통째로 + 굽기** 오일 없이 180℃에 15~20분, 치즈 또는 허브를 채우고 오일을 둘러서 그릴에 치즈가 녹고 윤기가 흐를 때까지 3~5분 더	**저미기 + 볶기** 숲 바닥 볶음(322쪽)
감자 	**껍질 벗기기 + 4등분 + 찌기** 포크로 찌르면 푹 들어갈 때까지 10~12분, 오일이나 버터 + 허브와 버무리기	**통째로 + 삶기** 소금 간을 넉넉히 한 찬물을 잠기도록 붓고 한소끔 끓인 다음 20~25분 뭉근하게 또는 사계절 감자 샐러드(302~303쪽)	**껍질 벗기기 + 2~4등분 + 초벌 삶기 + 굽기** 소금 간을 넉넉히 한 찬물을 잠기도록 붓고 한소끔 끓인 다음 2분간 보글보글 끓이기 오븐에 트레이를 넣고 200℃로 함께 예열. 물기를 털어내고 오일과 소금에 버무려서 40~50분 굽기	**삶기 + 으깨기 + 굽기** 매시, 크래클 앤드 팝 (298쪽)
브로콜리니, 브로콜리 	**송이 + 데치기** 1~2분, 건져서 얼음물에 담가 색깔 유지 **얇게 저미기/채 썰기 + 날것** 감귤류 비네그레트에 버무리기	**송이 + 찌기** 3~6분 또는 브로콜리니 시저 샐러드(366쪽)	**굵게 썰거나 송이 + 굽기** 소금과 오일에 버무려서 오븐에 트레이를 넣고 190℃로 함께 예열 브로콜리는 20~25분, 브로콜리니는 10~15분	**거뭇하게 굽기** 트케말리를 곁들인 브로콜리 스테이크(368쪽)

채소	바쁠 때	가볍고 화사하게	넣어 놓고 까먹기	풍미 폭발
주키니(애호박) 	날것 + 깎기 감귤류 제스트를 넣은 비네그레트/페스토에 버무리기	두껍게 저미기 + 그릴 구이 소금을 문질러 발라서 15분간 재운 후 뜨거운 그릴팬에 앞뒤로 2~3분간 굽고 드레싱에 버무리기	갈기 + 굽기 여름 슬라이스(378쪽)	스피럴라이저로 깎기 주중의 볼로네제(380쪽)
깍지콩 	꼭지 따기 + 데치기 3~4분 꼭지 따기 + 찌기 5~7분	반으로 가르기 + 데치기 할라페뇨와 4가지 콩 샐러드(392쪽)	꼭지 따기 + 찜 양파 또는 샬롯을 색이 나지 않도록 볶고 깍지콩+육수 또는 토마토 파사타 넣기, 부드러워질 때까지 30~40분간 뭉근하게 익히기	꼭지 따기 + 볶기 조지아식 캐러멜화한 양파를 넣은 깍지콩 스튜(390쪽)
방울양배추 	날 것 + 채 썰기 차이브와 파르메산, 샤도네이 식초를 두른 방울양배추 슬로(438쪽)	채 썰기 + 볶기 부드러워질 때까지 4~5분	반으로 자르기 + 굽기 오븐에 트레이를 넣고 200°C로 예열 절임액 종류에 따라 단면이 아래로 가도록 10~20분간 굽기	반으로 자르기 + 굽기 70년대 디너 파티식 방울양배추(440쪽)
아스파라거스 	밑동 자르기 + 데치기 2~4분	반으로 가르기 + 부드럽게 익히기 보송보송한 아스파라거스 페르시아 페타 오믈렛(414쪽)	밑동 자르기 + 굽기 포일을 깐 트레이에 담고 200°C에 8~10분	반으로 가르기 + 굽기 반숙 달걀을 곁들인 빵가루 아스파라거스 솔져(412쪽)
청경채 	굵게 썰기 + 볶기 라우의 생생강을 가미한 채소 요리(104쪽)	잎 + 부드럽게 익히기 청경채 감자 래디시 미소국(432쪽)	반으로 자르기 + 찌기 줄기가 부드러워질 때까지 5~7분	반으로 자르기 + 그슬리도록 굽기 땅콩 소스를 곁들인 구운 청경채(434쪽)
양파	적양파/백양파/샐러드양파: 곱게 채 썰기 + 날것 모든 샐러드에!	갈색: 깍둑 썰기 + 색 나지 않게 볶기 낮은 불, 오일/기/버터, 뚜껑 열고 2분, 뚜껑 닫고 5분, 뚜껑 열고 2분	갈색: 채 썰기 + 캐러멜화 약한 불에 색이 나지 않게 볶기, 오일/기/버터, 40~60분, 설탕을 뿌리면 가속화 가능	채 썰기 + 굽기 온갖 양파 타르트 타탱(286쪽)

가열 스펙트럼

대부분의 채소는 안전하게 먹으려면 어느 정도 조리를 해야 하므로 가열은 최고의 맛을 이끌어내는 방법이라고 할 수 있다. 잔잔한 간접 가열에서 연기가 피어오르도록 뜨거운 열을 가하는 방법까지 다양한 스펙트럼의 가열 방법이 존재한다.

삶기 Boiling

물에 넣어서 직접적으로 열을 가할 때의 기본 법칙은 땅에서 자라는 채소는 찬물을 잠길 만큼만 부어서 익히기 시작하고, 땅 위에서 자라는 채소는 온도가 너무 급격하게 떨어지지 않도록 끓는 물(제일 큰 냄비 사용)에 바로 넣어야 한다는 것이다. 이는 섬유질이 많은 뿌리 채소가 산산이 부서지지 않게 하고 녹색 잎채소의 색은 예쁘게 보호하는 방법이다. 끓기 시작하면 불 세기를 약간 낮춰서 뭉근하게 끓도록 하여 냄비에서 채소가 너무 많이 튀어나오지 않도록 해야 한다. 그렇지 않으면 고르게 익지 않고 부서질 수 있다. 간은 물부터 하기 시작해야 하므로 어떤 채소를 익히든 끓기 전에 물에 소금을 넉넉히 1~2 꼬집 넣어준다. 물에 레몬즙이나 식초를 약간 뿌리면 주황색이나 붉은색, 보라색 채소의 색깔을 화사하게 유지할 수 있다. 하지만 녹색 채소를 데칠 때는 산을 넣지 않아야 한다.

데치기 Blanching

'잘 익었다'와 '너무 익었다' 사이를 쉽게 넘나드는 섬세한 채소를 조리할 때 특히 유용한 방법이다. 얼음 물을 담은 대형 볼을 준비해서 끓는 물에 데친 채소를 바로 꺼내 넣을 수 있도록 한다. 바로 식혀야 색깔이 예쁘게 유지되고 잔열에 더 익지 않는다. 토마토나 디저트용으로 털을 제거해야 하는 복숭아의 껍질을 벗길 때도 데치는 방법을 효과적으로 활용할 수 있다. 하지만 특히 주중에 간단하게 식사를 차리고 싶을 때면 깍지콩 등을 데치는 시간을 반으로 줄이고 채반에 바로 부은 다음 흐르는 찬물에 식혀버린다.

찌기 Steaming

수증기를 이용해 열을 간접적으로 가하는 방식으로 껍질이 얇고 풍미가 섬세한 채소를 익히기 좋다. 상당히 공격적이며 영양분과 풍미가 대부분 물에 빠져나올 수 있는 삶기와 달리 외부에서 부드럽게 열을 가하는 찜은 조리 중에도 수분이 잘 유지되게 한다. 또한 찜기의 뚜껑을 열기만 하면 채소의 상태를 쉽게 관찰할 수 있다. 대나무 찜기나 특별한 내부의 찜통 등을 사용하자. 오븐에서 채소를 익힐 때 쿠킹 포일(또는 유산지로 만든 봉투)을 이용해서 '찌듯이 굽기'를 활용할 수도 있는데, 이때 수분(오렌지 주스 등을 사용해도 좋다)을 채소가 부드러워질 정도로 충분히 첨가하고 마지막에 뚜껑을 연 다음 불 세기를 높여서 살짝 바삭바삭한 질감을 추가해도 좋다.

조리기 Braising

육류가 듬뿍 들어가는 메인요리에나 어울리는 방법 같지만, 스튜나 타진tagines처럼 채소가 주를 이루는 찜 또한 경이롭고 푸짐한 한 냄비 요리다. 캐서롤 냄비에 육수나 향신 재료, 토마토 파사타passata(토마토 퓌레) 등의 찜용 액상 재료를 넣고 채소를 켜켜이 쌓은 다음 취향에 따라 콩류 등을 더해 오랫동안 천천히 시간을 들여 익히면 소박하고 건강에 좋은 음식을 확실하게 만들어낼 수 있다. 콩에서 양배추, 뿌리채소에 이르기까지 모든 채소는 찜을 하기 좋은 재료다. 익었는지 확인할 필요도 없다. 가장 섬유질이 질긴 채소도 1시간이면 부드럽게 익는다. 그리고 제일 좋은 점은? 다음날에 훨씬 맛있어진다는 것이다.

콩피 Confit

엄밀히 말해 콩피는 오리와 같은 단백질 재료를 그 자체의 지방이나 오일, 버터에 천천히 익히는 조리법을 뜻한다. 하지만 이 기술은 중성 풍미의 오일이나 기ghee를 이용해 채소에도 적용할 수 있으며, 스토브나 오븐의 열을 이용해서 낮은 온도를 적절하게 유지하면 된다. 전통 콩피는 재료를 푹 담가서 익혀야 하지만 채소는 훨씬 관대한 편이라 원래 필요한 것보다 적은 양의 오일을 사용해서 수분을 가두고 열 전도를 도울 수 있다. 지방은 채소의 풍미를 흡수하고 채소는 바깥쪽 색은 더 진해지고 질감은 속까지 실크처럼 부드러워진다.(그리고 선택한 향신 재료의 풍미가 배어든다.)

튀기기 Deep-frying

'기름' 때문에 이 조리법을 생략하는 사람에게 알려주고 싶은 소식이 있다. 튀김은 매우 효율적인 조리법이라서 실제로 딥프라잉으로 튀긴 채소는 적은 오일에 볶듯이 튀긴 것보다 기름을 적게 흡수한다. 또한 지방은 곧 맛이다, 여러분! 효율적인 튀김의 핵심은 올바른 기름을 사용하는 것이다. 포도씨 오일이나 땅콩 오일처럼 발연점이 높은 중성 풍미의 오일을 고르자. 그리고 특히 채소를 튀기는 데에만 사용할 경우에는 식힌 다음 체에 걸러서 다시 병에 담은 후 색이 짙어지거나 이상한 냄새가 나기 전까지 두어 번 정도 재활용할 수 있다. 튀긴 음식은 종이 타월이나 깨끗한 천에 얹어서 여분의 기름기를 제거한 다음 아직 뜨거울 때 플레이크 소금과 향신료를 뿌려 모든 맛이 전체적으로 잘 섞이게 한다.

볶기 Stir-frying

볶음 요리를 할 때 가장 빠지기 쉬운 함정은 팬이 너무 차갑거나 너무 많은 재료를 한 번에 넣어서 가장 아래에 있는 불행한 재료가 축축해져 버리는 것이다. 충분히 커다란 궁중팬을 사용할 경우에는 모든 재료를 한 번에 볶아도 좋다. 그렇지 않다면 다음 안내를 따르자. 우선 궁중팬을 연기가 오를 때까지 가열한 다음 발연점이 높은 중성 풍미의 오일을 듬뿍 두르고 채소를 가장 섬유질이 많은 것부터 순서대로 넣어 볶는다.(나는 땅콩 오일을 선호한다.) 고기나 템페 등 단백질 재료를 넣을 때는 이것을 가장 먼저 볶는다. 커다란 볼을 가까이 둬서 익힌 재료를 순서대로 담아 따뜻하게 보관한 다음 다시 팬에 전부 넣고 마늘과 고추(이 두 재료는 아주 쉽게 탄다), 소스를 부어서 골고루 섞는다.

그릴에 굽기 Grilling

부드러운 채소는 열을 많이 가해서 좋을 것이 없으므로 가볍게 오일을 둘러서 뜨거운 그릴에 굽는 것이 좋다. 나는 그릴 팬이나 바비큐의 그릴판을 이용해서 채소에 뭐든지 맛있게 만드는 거뭇거뭇한 그릴 마크를 내는 것을 좋아한다. 그릴이 주는 열은 충분히 예열하면 할수록 뜨겁고 묵직하다. 마른 팬에서 연기가 피어 오를 정도로 뜨겁게 예열해야 한다. 어느 정도 주의 깊게 살펴보기는 해야 하지만 망설이지 말고 채소를 생각보다 오랫동안 지글지글 지져지도록 내버려두어야 예쁘게 그릴 자국이 생긴다. 윗면에 수분이 올라와서 보글보글 끓으며 증발하기 시작하면 슬슬 뒤집을 때가 되었다는 신호다.

소테하기 Sautéing

적은 양의 오일을 이용해서 고열에 조리하는 소테는 튀김을 하기에는 시간이 촉박할 때 아주 효과적이다. 뚜껑은 없어도 좋다. 소테를 간단하게 번역하자면 '뛰어다닌다'는 뜻으로, 휘젓거나 팬을 흔들면서 모든 재료가 계속해서 움직이게 만드는 것이 요령이다. 팬과 오일을 달군 다음 스패출러나 나무 주걱을 잡고 계속 휘저어서 모든 재료에게 열원에 고루 닿을 기회를 주도록 하자. 뭔가 타는 것 같아서 걱정이 된다면 당황하지 말고 불 세기를 낮춘다. 불은 우리를 조종하지 않는다. 우리가 불을 조종하는 것이다.

지지기 Searing

보통 육류를 논할 때 등장하는 개념이지만, 특히 옥수수나 고구마, 호박(겨울 호박)처럼 타고나길 단맛이 강한 채소는 오븐에서 굽기 전에 강한 불에 지지는 과정을 통해 캐러멜화를 촉진시키면서 보기에도 예쁘고 복합적인 맛을 가미하는 효과를 얻을 수 있다. 또한 캐러멜화는 브로콜리와 케일의 쓴맛을 완화시키는 장점도 있다. 가지나 버섯처럼 감칠맛이 풍부한 채소의 경우에는 '고기' 같은 맛이 나게 해주기도 한다. 두툼한 소고기를 익힐 때와 마찬가지로 뜨겁게 달군 팬에 준비한 채소를 넣고 전체적으로 고르게 지진 다음 적당한 온도로 예열한 오븐에서 마저 익히면 된다. 또는 팬을 따로 사용하는 대신 오븐을 예열하는 동안(약 240℃가량) 로스팅 트레이를 미리 넣어두었다가 조심스럽게 절임액에 재우거나 오일을 두른 채소를 '지글지글 끓도록 뜨거운' 트레이에 조심스럽게 넣은 다음 오븐 온도를 180℃로 낮춰서 마저 익혀도 좋다.

천천히 볶기 Sweating

식재료가 노릇해지지 않도록 천천히 볶으면서 땀이 나지 않으려면, 특히 매우 타기 쉬운 양파 같은 채소를 볶을 경우에는 한 가지 요령이 필요하다. 뚜껑을 닫는 것이다. 수분이 팬에 갇혀서 전체적으로 타지 않도록 지켜준다. 나는 먼저 뚜껑을 연 채로 천천히 볶기 시작해서 전체적으로 온도를 높인 다음 불 세기를 낮추고 뚜껑을 닫은 후 다른 할 일을 하면서 주기적으로 상태를 확인한다. 마무리 3분 정도는 다시 뚜껑을 열어서 여분의 수분을 날리고 살짝 노릇하게 윤기가 흐르도록 한다. 깊은 풍미를 내고 싶다면 뚜껑을 열고 가끔 휘저으면서 매의 눈으로 살펴가며 약한 불에서 8~10분 정도 익힌다. 사람들은 대부분 천천히 볶는 과정에 대해서는 믿을 수 없을 정도로 참을성이 없는 편이므로 본인이 지금 양파를 천천히 볶는 데에 투자하는 시간을 무조건 2배로 늘리는 것이 좋다. 양파의 잠재력을 최대한 발휘하게 만들고 나면 요리의 질감과 풍미가 확 살아난다.

캐러멜화하기 Caramelising

우리가 가장 흔하게 캐러멜화시키는 채소로는 양파를 꼽을 수 있으며, 가장 효과적인 방법은 바닥이 넓고 깊이가 얕은 프라이팬이다. 양파는 아미노산과 당이 풍부하기 때문에 갈색이 되도록 익히면 엄청나게 진한 감칠맛과 단맛 폭탄이 된다. 제대로 캐러멜화를 하려면 천천히 진행해야 한다. '태우는' 것이 아니라 '갈색'이 되도록 해야 하기 때문이다. 특히 많은 양을 한 번에 캐러멜화할 경우 1시간까지 소요될 수 있다.(참고로 냉장 보관도 냉동 보관도 잘 된다.) 캐러멜화 과정을 촉진시키려면 양파를 팬에 넣기 전에 소금 한 꼬집을 넣어서 으깨 세포막 파열을 촉진한 다음 팬에 넣은 후 황설탕을 1꼬집 넣어 보자. 내 친구 카일리가 말하듯이 양파에게 '꿈은 크게, 생각은 달콤하게' 하라는 신호를 주는 것이다. 불은 중약 불로 유지하고 자주 휘저으면서 익힌다.

오븐에 굽기 Roasting

오븐의 건조한 방사열은 채소로 하여금 겉은 바삭바삭하고 가장자리는 매력적으로 태닝되게 하는 놀라운 효과를 가져온다. 전분질 채소는 먼저 약간 부드러워지기 시작할 만큼 애벌로 데친 다음 오븐에 넣으면 빨리 익힐 수 있다. 부드러운 채소와 잎채소는 바로 넣어도 좋다. 채소에 올리브 오일과 양념을 넉넉히 둘러서 버무린 다음 유산지를 깐 베이킹 트레이에 서로 약간 간격을 두고 담아서 열이 골고루 흡수되도록 한다. 나는 보통 190℃에서 굽지만 오븐을 더 뜨겁게 240℃ 정도로 예열해서(닭을 구울 때처럼) 조리를 시작하면 표면이 더 빨리 노릇노릇해진다.

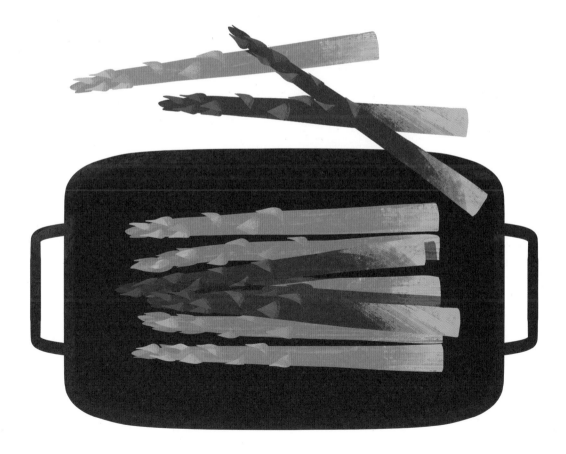

팬트리 채우기

혹시 '순식간에' 음식을 만들어내는 사람들이 경이롭게 느껴지고 그게 대체 어떻게 가능한지 궁금한 적이 있다면 그 비밀은 90%가 쇼핑에 있다는 사실을 알려주겠다. 완조리 식품이나 시판 스튜 같은 제품을 주기적으로 구입한다는 뜻이 아니며, 매일같이 고리버들 바구니를 옆구리에 끼고 시장을 거니는 낭만적인 이야기도 아니다. 주로 팬트리에 콩류와 곡물, 견과류, 씨앗류, 오일, 식초 및 기타 특이한 식재료 등의 건조 식품이나 양념류를 넉넉히 채워서 최소한의 노력으로 신선 식재료나 냉동 식품의 맛을 보완하고 빛내서 최대한의 효과를 낸다는 뜻이다.

우선 내가 좋아하는 음식이 무엇인가부터 시작해야 한다. 파스타를 좋아하는 사람의 완벽한 팬트리는 커리 매니아의 찬장과는 상당히 다른 형태일 것이다. 그래도 기본 내용은 비슷하다. 초기 투자 비용이 조금 필요하기는 하지만, 핵심은 감가상각cost-per-wear을 따지는 것이다. 특정 종류의 요리를 자주 만들 계획인가? 그렇다면 투자하자. 한 번 만들고 말 것 같거나 일단 발만 살짝 담가볼 생각이라면 물 쓰듯이 투자할 생각은 거두고 대체품을 찾아보자. 여러 가지 면에서 훨씬 더 지속 가능한 쇼핑법이다.

우선 시작점으로 모든 요리사에게 필요한 '필수품'과 골라서 구입해도 되는 '선택용'으로 재료를 구분했다. 폰트가 크고 굵을수록 내 욕망이 더욱 강렬하다는 뜻이다. 다음은 우선적으로 반드시 갖춰놔야 할 재고 목록이므로 본인이 어떤 요리 문화권에든 깊이 빠져들기 시작하면 미묘한 차이를 느낄 수 있게 될 것이다. 조금 더 구체적으로 식재료를 탐구하고 싶다면 그다지 포괄적이지 않은 472쪽의 추천 도서 목록을 확인해 보자.

보관과 지속 가능성

우리가 작은 포장으로 사는데 익숙한 많은 건조 제품은 무게 단위로 달아서 판매하는 대량 홀푸드 매장에서도 구입할 수 있다. 멋지게 착착 쌓을 수 있는 것이든 믿을 수 있는 오래된 잼과 파사타 병이든 심지어 종이 도시락 가방이라도 좋으니 직접 용기를 가져와서 담아 구입한 다음 정확하게 이름표를 붙여 두자.(구입한 날짜도 같이.) 비용면에서도 가성비가 좋을 뿐더러 쓰레기 양을 줄여주고, 특히 견과류와 향신료에 있어서는 더 신선한 물건을 구할 수 있을 가능성이 있다.

감사하게도 갈수록 재사용 가능한 멋진 보관 관련 물건이 늘어나고 있다. 플라스틱을 사용하고 싶지 않은 사람이라면 이제 예전보다 스타일리시하고 오랫동안 사용할 수 있으면서 경제적인 유리나 스테인리스 스틸, 도기와 천 제품을 쉽게 구하고 주문할 수 있다. '플라스틱'에 대해 말하자면 이 책을 쓰기 위해 조사를 하던 과정에 대부분의 채소 보관 요령은 일회용 플라스틱의 유행이 끝나기 전에 쓰여졌다는 사실을 알게 되었다. 왜 이 책에서 계속 채소를 봉지에 넣으라고 하는지 의아하게 느껴진다면, 습도를 유지하는 능력이 있으면서(특히 젖은 천이나 종이 타월을 함께 넣을 경우) 교실에서(이 경우에는 채소칸) 장난꾸러기 아이들을 서로 다른 곳에 앉히는 것처럼 신선한 농산물이 방출하는 가스가 서로에게 영향을 미치지 않게 만들어준다는 점을 기억해 두자.

플라스틱을 사용할 때가 있기는 한데, 재사용할 수 있는 쇼핑용 비닐봉지에 습도를 유지해야 하는 모든 채소를 젖은 종이 타월로 구분해서 넣어 놓는 용도로 쓴다.(종이 타월도 재사용할 수 있을 때는 다시 쓰고 있다.) 요즘에는 저렴한 가격에 판매하는 천 에코백도 쉽게 구할 수 있다. 처음에는 좀 비싸게 느껴지겠지만, 막상 채소의 보관 기간이 예전보다

2배는 늘어났다는 사실을 알게 되면 감사함을 느끼게 될 것이다. 밀랍지도 포일처럼 물건을 싸는 데에 쓸 수 있으며 잘 관리하면 재사용할 수 있다.

허브와 향신료

향신료를 구입할 때는 적게 사더라도 좋은 것을 구입하며, 다시 사용하게 될지 잘 모르겠다면 가루보다는 씨앗을 통째로 구입하는 것이 좋다. 그러면 품질과 풍미의 강도가 오랫동안 유지된다. 나도 특히 급할 때면 혼합 향신료를 즐겨 사용하지만 가루 향신료와 말린 허브는 유통기한이 짧고 열이나 햇볕에 노출되면 향이 쉽게 날아가므로 소량으로 구입하는 것이 매우 중요하다.

서늘한 응달, 가급적이면 어두운 색의 유리 안에 보관하는 것이 좋다. 향신료나 허브를 사용해도 괜찮을지 확인하고 싶다면 손끝으로 약간 잡아서 문질러 향을 맡아보자. 향이 약하거나 살짝 나방 냄새가 느껴진다면 괜히 집어넣어서 열심히 만든 스튜를 망칠 일은 하지 않도록 하자.

특별 재료

미처 필요한지도 몰랐지만 비법 재료가 되어줄 향신료로, 무엇이든 갑자기 더 맛있게 만들어준다.

- **훈제 및 스위트 파프리카 가루**
  양철통에 담긴 양질의 제품을 고를 것

- **백후추 가루**
  요리에 독특한 꽃 향기를 가미한다

- **페누그릭 가루**
  음식을 조지아 혹은 이국적인 느낌으로 만들고 싶을 때 주로 쓴다

- **커리 가루**
  아름다운 황금색과 훌륭한 만능 풍미를 선사한다

- **셀러리와 펜넬 씨**
  흙 향기를 즉석에서 더하고 싶을 때

- **카옌페퍼**
  매콤한 맛을 즉석에서 더하고 싶을 때

- **마늘 가루**
  과립보다 가루 추천

견과류, 씨앗류, 오일과 지방

견과류와 씨앗류에는 천연 오일이 가득해서 기름을 저장하는 방법에 대한 이야기를 시작하기 좋은 부분이라 여기서 언급하고 넘어가도록 한다. 견과류는 항상 껍데기째로 구입해서 필요할 때 까서 쓰도록 하는 것이 보관하기에도, 그리고 맛도 훨씬 좋다. 어떤 지방 재료는 언제나 냉장고에 보관하는 것이 훨씬 낫다. 특정 견과류에 함유된 오일은, 특히 호두처럼 기름진 것은 산패되면 쓴맛이 나기 시작하므로 제대로 보관하지 않으면 맛에서 큰 차이가 나게 된다. 지루한 말처럼 들리겠지만 호두 까는 도구는 마련해 둘 만한 가치가 있다. 그리고 생각보다 기술이 호두까기 인형보다는 많이 발달한 편이다. 껍질을 벗긴 견과류는 냉장고에 보관하고, 구운 견과류만 사용한다면 잣 같은 종류는 냉동고에 보관하는 편이 유통기한을 2배로 늘릴 수 있다. 아몬드 가루는 항상 냉장고에 보관해야 한다.

엑스트라 버진 올리브 오일과 참기름 같은 오일은 생각보다 유통기한이 짧으므로 풍미를 위해 소량만 사용한다면 작은 병으로 구입해서 빨리 써야 한다. 작을수록 좋다. 참고로 세일 중에 조리용으로 올리브 오일을 1통, 그리고 튀김용으로 해바라기씨와 미강유, 땅콩 오일을 1병씩 구입하면 절로 미소가 나온다. 작은 병에 소분한 다음 나머지는 집에서 가장 서늘하고 어두운 장소에 보관한다.

팬트리

- 올리브 오일
  (조리용 저렴한 제품)
- **엑스트라 버진 올리브 오일**
  (드레싱용)
- **땅콩 오일/해바라기씨 오일**
  (볶음용, 튀김용)
- 버터
  (스프레드용, 버터그릇butter bell에 보관)
- 코코넛 오일
  (커리용 또는 동남아시아 디저트용)
- 칠리 오일
  (마무리용, 보존용, 드레싱용)
- **참기름**
- 포도씨 오일(마요네즈용)
- 머스터드 오일
  (인도 아대륙 커리용)
- 호두(껍데기째)

냉장고

- **버터**(보존기간 대비 풍미가 좋은 것은 가염 버터와 발효 버터)
- 기 버터(커리용, 고온 조리시 일반 버터 대용)
- 액상 크림
- 더블 크림/걸쭉한 크림
- 사워크림
- 크렘 프레슈
- **절인 페타 치즈**(절임 오일)
- 아몬드
- 아몬드 가루
- 헤이즐넛(껍질 제거한 것)
- 마카다미아(껍질 제거한 것)
- 참깨

냉동고

- 잣

산과 식초

소스나 수프의 맛을 봤을 때 '음... 뭔가 부족한데'라는 생각이 든다면 아마 산미가 부족한 것일 가능성이 크다. 신맛은 침샘을 자극하며 기름진 크림 같은 풍미를 깔끔하게 정리하고(적당히 억제하지 않으면 좀 질리는 맛이 될 수 있다) 밋밋하고 단일한 음계에 필하모닉 오케스트라 같은 복합적인 매력을 선사한다.

이럴 때 감귤류를 살짝 짜서 뿌리거나 식초를 가볍게 두르면 좋고(어떤 문화권의 음식을 만들고 있는지, 어떤 과일이나 곡물을 사용해서 만든 제품인지에 따라 달라진다) 이 둘을 모두 넣어도 상관없다.

신맛이 도는 주류 또한 톡 쏘는 맛을 더하기 위해 요리에 사용할 수 있다. 파스타 소스에 레드와인을 살짝 두르거나 폰즈 소스에 맛술을 넣는 이유다. 버터가 들어간 소스에 청주를 약간 넣거나 양념 소스를 사용하는 볶음 요리에 소흥주를 두르면 맛에 입체감이 생기고 전체적으로 풍미가 부드러워진다.

이 모든 재료를 갖추고 있어야 할 필요는 없다. 가장 자주 만드는 음식에 맞춰서 두어 가지만 마련하면 된다.

팬트리

- **발사믹 식초**
  (드레싱용, 캐러멜화용)

- **숙성 발사믹 식초**
  (마무리용, 딥 소스용)

- **레드와인 식초**
  (드레싱, 지중해/중동 소스
  맛내기용)

- **화이트와인 식초**
  (샤도네이 제품이 가격은 비싸도
  맛이 탁월하다)

- **셰리 식초**(페드로 히메네즈 추천)

- 쌀 식초(딥 소스와 가벼운

- 절임용으로 일본 식초 사용)

- **중국 흑식초**
  (소스용, 균형 잡힌 맛내기용)

- **코코넛 식초**
  (드레싱용 중성적인 산미 담당)

- **사과 식초**
  (드레싱용, 음용)

- **맥아 식초**
  (토마토 토스트에 제격)

- **소흥주**
  (중국의 요리용 술)

- **맛술**
  (일본 요리 맛내기용)

- **레몬 & 라임**
  (매번 구입하기에는 가격이 부담되는
  편. 나무를 하나 기르거나 정원
  가꾸기에 소질이 있는 이웃 친구를
  사귀자)

콩류와 곡물

보통 팬트리에 비축할 물품을 생각할 때면 제일 마지막에 떠오르는 종류이지만, 다양한 문화권의 콩류와 곡물을 구비해 두면 인생이 훨씬 살기 편해진다. 특히 정신없이 바쁜 주중에 음식을 만들 때 그렇다. 나는 최대한 단순하게 메뉴를 결정한 다음 '여기에 전통적으로 뭘 곁들이더라?'를 생각해서 식사를 구성한다.

팬트리

- 건조 감자

- **바스마티 쌀**

- **자스민 쌀**

- 현미(고소한 질감)

- 아르보리오 Arborio 쌀(리소토용)

- 봄바 Bomba 쌀(파에야용)

- 퓨이 렌틸 Puy lentils

- **병아리콩**

- 건조 완두콩

- 폴렌타

- 쿠스쿠스

- 이스라엘 쿠스쿠스

- **파스타**(스파게티, 마카로니,
  파르팔레, 오레키에테, 오르조,
  리조니, 라자냐 면)

- **밀가루**

- **글루텐 프리 밀가루**

- 셀프 레이징 밀가루

- 세몰리나

- 사고 Sago / 타피오카

- 토르티야

- **콘칩**

- 베트남 라이스 페이퍼

- **버미셀리 쌀국수**(녹두면 추천)

절임과 피클

내가 팬트리에서 가장 좋아하는 부분인데, 대부분의 힘든 작업이 이미 완료되어 있는 음식들이기 때문이다. 건네 받은 낱말 채우기 게임이 이미 반쯤 채워져 있어서 내가 할 일은 집에 가져가서 힌트 몇 개를 끼워 맞추는 정도만 남아 있는 것이나 마찬가지다. 성분표에 적힌 목록은 적을수록 좋다. 짧을수록 집에서 만든 것과 비슷한 제품이며 맛이 더 좋고 편한 마음으로 먹을 수 있다. 이것이 보존 식품의 가격이 들어간 재료의 양에 반비례하는 이유다. 우리는 첨가된 화학 물질과 방부제가 아니라 노동력과 신선한 농산물에 가격을 지불한다. 살 수 있는 한 가장 좋은 것을 적게 구입한 다음 저렴한 콩류나 곡물, 제철 과일과 채소를 대량으로 사자.

이 부분은 내 팬트리와 냉장고에 걸쳐서 널리 분포되어 있는데, 발효 식품을 포함해서 최고의 보존 식품의 경우 아직 살아 있어서 보글보글 거품이 일어나는 상태일 때도 있기 때문이다. 사우어크라우트, 김치, 모든 피클 종류는 맛있을 뿐만 아니라 식사에 곁들이면 확 퍼지는 색감과 풍미, 질감을 더하고 음식에 섞어 넣을 수도 있다. 얇은 종류는 양념으로, 굵직한 것은 튀김이나 트레이베이크의 비밀 맛내기 무기로 고려해 보자.

발효 식품은 집에서도 생각보다 간단하게 만들 수 있다. 처음 시작해 보기로 제일 좋은 종류는 아마 '발효계의 부흥운동가' 산도르 카츠Sandor Katz가 '입문용'이라고 부르는 사우어크라우트일 것이다. 직접 만들 마음의 준비가 되지 않았다면 슈퍼마켓 한가운데 진열대보다 냉장 구역에 진열되어 있는 살아 있는 발효 식품을 고르도록 하자. 상표를 읽어보고 '발효 중', '폭발 주의' 등의 경고 문구가 적혀 있는 것을 찾으면 좋다. 병뚜껑을 열자마자 간헐천처럼 분출하기 시작하는 사우어크라우트만큼 만족스러운 것도 없다. 씻어버리기에는 너무 아까운 국물이니 밑에 미리 접시를 받쳐 놓고 병을 열기를 권한다.

팬트리		냉장고
· 토마토 파사타(토마토 퓌레)	· 망고 처트니(인도)	**· 사워 피클**
· 토마토 페이스트(농축 퓌레)	· 라임 피클(인도)	**· 김치**
· 홀토마토 통조림	· 토마토 처트니	**· 사우어크라우트**
· 토마토소스(케첩)	· 레몬 절임	· 생강 피클
· 통조림 참치	· 아티초크 병조림	· 순무 피클
· 훈제 바비큐 소스	**· 올리브**(블랙 칼라마타black kalamata, 그린 시칠리안 추천)	· 양파/샬롯절임
· 치폴레 고추(통조림)	· 잼(글레이즈용, 윤내기용)	· 칠리 페이스트/칠리 잼
· 고추 병조림	· 코코넛 크림	· 스위트 칠리 소스
· 양파 잼	· 코코넛 밀크	· 삼발 오렉Sambal oelek
· 코르니숑cornichons 피클	· 마라스키노Maraschino 체리	
· 케이퍼	· 사과 소스	
· 안초비		

우리가 사용하는 소금은 요리에 큰 영향을 미치기 때문에 진지한 요리사라면 대부분 여러 종류의 소금을 다양하게 갖추고 있다. 나는 아직도 닐 페리Neil Perry 셰프가 말해준 그의 주방의 황금률을 잊을 수가 없다. 핑크 소금은 채소용, 흰색 소금은 스테이크용. 아직도 내가 철저하게 고수하는 규칙이다. 나는 일반적으로 장식용 조미료 및 샐러드에 핑크 플레이크 소금을 사용한다. 스토브 옆에는 물에 간을 하기 위한 용도, 그리고 레시피를 정확히 따라야 할 때 쓰기 위한 용도로 입자가 굵은 코셔kosher 소금을 둔다.(무게와 염도를 정확하게 조절해 일관성을 유지할 수 있어 전 세계 요리사가 탐내는 소금이다.) 그리고 흰색 플레이크 소금은 뜨거운 팬에 양념을 하거나 특별히 과시하고 싶은 기분이 들때 양념 소금을 만드는 용도로 쓴다. 바비큐 그릴에서 막 꺼낸 듯한 불 향을 원격으로 재현할 수 있는 훈제 소금도 그냥 지나칠 수 없다. 우스터 소스나 피시 소스, 안초비 소스, 간장 등 요리 문화권에 따라 달라지는 향신료는 발효의 연금술을 통해 얻어낸 톡 쏘는 풍미를 한 겹 더한다.

　나는 기본적으로 요리에 간을 심심하게 한 다음 식탁에 차린 후 사람들이 스스로 간을 맞춰 먹게 하는 편이다. 딸아이에게 우리가 먹는 모든 음식을 편하게 나눠줄 수 있는 비결이기도 하다.

　단맛 스펙트럼에 있어서는 설탕부터 자연스럽게 시작하는 것이 좋다. 질감이 섬세하고 풍미가 세련되어서 디저트 레시피에 대부분 기본적으로 사용하기 때문이다. 짭짤한 소스에 황설탕을 약간 뿌리거나 채소를 굽기 전에 표면에 설탕을 솔솔 뿌리면 뭐라 표현할 수 없는 맛을 구현할 수 있다. 내 식료품 저장실의 꿀과 메이플 시럽, 당밀(일반 당밀과 석류 당밀 모두)은 짭짤한 요리와 디저트에 전부 사용한다. 종려당(재거리jaggery)은 동남아시아 요리의 필수품이지만 나는 코코넛 설탕 시럽도 아주 좋아해서 코코넛이 들어간 커리나 디저트를 만들 때 풍미를 한 켜 더하는 용으로 쓴다.

팬트리

- **핑크 플레이크 소금**(마무리용)
- 흰색 플레이크 소금
- **굵은 코셔 소금**(끓는 물 간 맞추기용)
- 핑크 페퍼, 흰색 통후추, 검은 통후추
- 흰색 후춧가루
- 핫 잉글리쉬 머스터드
- 우스터 소스
- 스리라차 소스(또는 매운 칠리 소스)
- **피시 소스**
- 간장(국간장과 진간장)
- 석류 당밀
- **바닐라 엑스트랙트/바닐라빈 페이스트**
- 종려당(재거리)
- 종려당 시럽
- 골든 시럽
- 당밀
- 메이플 시럽
- **꿀**

냉장고

- **굴소스**
- 해선장
- 미소 된장(적미소와 백미소)
- **파르미지아노 레지아노 치즈**(껍질은 냉동 보관)
- 페코리노 치즈
- 디종 머스터드
- 홀그레인 머스터드
- **큐피 마요네즈**

White

* **GARLIC**
* **HORSERADISH**
  + Wasabi
* **DAIKON**
* **PARSNIP**
* **KOHLRABI**

* **FENNEL**
* **CELERIAC**
* **CAULIFLOWER**
  + Caulini
* **WOMBOK**

Garlic

마늘

자존심 강한 요리사라면 레시피에서 마늘 2쪽을 넣으라고
말할 때 3배로 늘려서 6쪽을 넣으라고 조언할 것이다.
마늘의 맵고 자극적인 향은 모든 짭짤한 요리에서 환영받는
풍미인 것은 물론, 심지어 묘하지만 디저트에서도 불쑥 고개를
내미는 것으로 알려져 있다. 묘하다는 것은 요상하다는
뜻이다. 차이 티를 만들 때 너트메그 대신 마늘을 갈아서
넣으라는 등의 미친 제안을 할 생각은 전혀 없다. 하지만
짭짤한 식사용 수프나 스튜 레시피의 재료 목록에 만일 마늘이
빠져 있다면 그냥 작성자가 잊어버린 것일 수 있으므로 1~2쪽
정도 추가하는 것이 좋다.

"마늘은 인류의 요리 DNA에 깊숙이 박혀 있다. 전 세계의 놀라운 요리에서 찾아볼 수
있기 때문이다. 나에게 마늘이란 매우 겸손하면서도 심오한 재료 중 하나이며 매운맛에서
단맛으로, 톡 쏘는 풍미에서 섬세한 느낌으로, 짭짤한 맛에서 과일 맛으로 변형시킬 수 있다.
모든 파티에 데려갈 수 있는 멋진 친구와 같다. 항상 모든 사람과 잘 어울려 지낸다!"
— 호세 안드레스, 스페인

구입과 보관하는 법

가능하면 언제나 인근에서 재배한 마늘을 구입하는 것이 중요하다. 오랫동안 보관할 수 있고 풍미가
더 좋으면서 화학 물질이나 마늘 수입 과정에 꼭 필요한 단계인 방사선 검사를 거쳤을 가능성이 적기
때문이다. 초여름에 갓 수확한 다년생 마늘은 수분이 많아서 저장하거나 판매하기 전에 숙성(건조)하는
시간을 3~4주 정도 가져야 하며, 가끔 실파나 리크처럼 손질하면 되는 풋마늘을 팔기도 한다. 구근을
꼭 쥐어봐서 껍질이 잘 붙어 있으면서 살짝 파슬파슬하고 그 아래의 과육이 탄탄하게 느껴지면 한동안
보관할 수 있는 마늘이다. 덜거덕거리는 느낌이 난다면 마늘이 껍질 속에서 마르기 시작했다는 뜻이므로
방울뱀 소리를 듣고 피하는 것처럼 내려놔야 한다. 마늘 구근을 만져봐서 살짝 무르게 느껴진다면 아마
마늘이 종자로 변하면서 싹이 트기 시작했을 것이다. 마늘에 피어난 녹색 새싹은 보기에는 달콤하고
신선해 보이지만 익히면 순식간에 씁쓸해지므로 그냥 제거한 다음 하얀 마늘만 사용하는 것이 좋다.
마늘은 공기가 어느 정도 순환되고 최소한의 습기가 보장되는 서늘하고 어두운 곳에 보관하면 금방
노화되는 것을 막을 수 있다.

손질하는 법

대형 테이크아웃 체인점을 운영하는 것이 아니라면 껍질 벗긴 마늘을 구입하는 데에 돈을 낭비하지 말자.
껍질은 마늘을 외부로부터 보호하는 역할을 하므로 가능한 오랫동안 그대로 두는 것이 좋다. 때때로, 특히
프랑스 요리에서는 마늘 또는 양파의 껍질을 벗기지 말라고 명시하는 경우가 있는데, '셔츠를 입은 채로en
chemise'라는 시적인 표현을 사용한다. 이는 껍질에도 풍미가 있을 뿐만 아니라 잼이나 젤리, 소스 등을
걸쭉하게 만드는 화합물인 펙틴이 적당량 함유되어 있기 때문이다. 사실 마늘을 으깨거나 저며야 하는
것이 아니라면 굳이 껍질을 벗길 필요가 없다. 1통을 통째로 굽는다면 윗부분만 조금 잘라내서 매운 맛이
살짝 날아가게 만들되 껍질은 벗기지 말자. 껍질을 꼭 벗겨야 하고 시간이 부족하다면 손바닥 산 부분이나
유리병 아랫부분, 묵직한 물건 등으로 가볍게 내리치면 껍질이 부서지면서 마늘이 통 튀어나온다.
마늘 1주먹의 껍질을 한 번에 벗길 방법이 필요하다면 유리병에 넣고 뚜껑을 닫아서 1분 정도 세차게
흔들어주자.

조리하는 법

마늘에는 당이 많이 함유되어 있지만 고온에서는 빠르게 타기 때문에 제대로 단맛을 이끌어내려면 낮은 온도에서 천천히 조리해야 한다. 양파나 셀러리 같은 다른 재료가 완전히 부드러워질 때까지 먼저 익혔다가 마늘을 넣으면 타지 않는다. 나같은 영화광이라면 《좋은 친구들Goodfellas》의 갱스터처럼 마늘을 종잇장같이 얇게 저며서 뜨거운 기름에 튀겨 보기 위해서 심하게 많은 시간을 투자해 봤을 것이다. 하지만 실제 《좋은 친구들》의 갱스터 주인공이 아니라면 그런 노력은 다른 곳에 들이는 것이 낫다. 칼로 굵게 다지거나 품질 좋은 마늘 으깨는 기구를 사용하면 요리에 충분히 마늘의 풍미를 더할 수 있다.

　통째로 올리브 오일을 두른 다음 쿠킹 포일에 싸서 적당한 온도의 오븐에 구우면 풍미가 부드러워져서 딥이나 드레싱 등에 은은한 마늘 향을 더하기 좋다. 그 외의 요리에 마늘을 사용할 경우에는 아래의 '마늘 손질법' 도표를 참조하자.

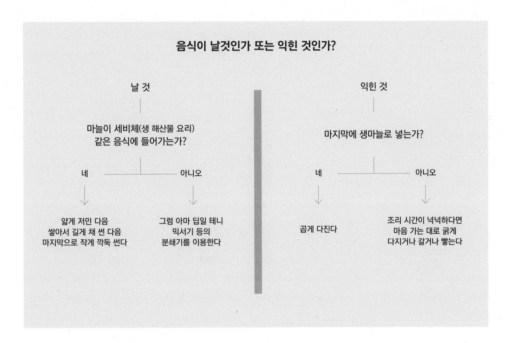

DIY 다진 마늘

수제 다진 마늘은 마트에서 사오는 것만큼 간단하게 만들 수 있지만 그 결과물은 훨씬 만족스럽다. 마늘의 껍질을 벗기고 굵게 다진 다음 소금을 약간 뿌리고 식칼을 이용해서 마늘을 곱게 으깨는 것이다. 칼날을 35도 각도로 기울인 뒤 소금의 마찰을 이용해서 마늘이 마법처럼 고운 덩어리가 될 때까지 으깬다. 소금은 오래된 마늘의 쓴맛을 부드럽게 하는 데에도 도움을 주므로 마늘쪽이 조금 슬퍼 보이는 모양이 되기 시작했을 때에도 좋은 선택지가 된다. 유리병에 담아서 올리브 오일을 한 켜 덮어 보관하는 사람도 있지만 나는 그러면 풍미가 변하거나 사라진다고 생각한다. 다진 마늘을 대량으로 만든다면 유산지를 깐 접시나 트레이에 5mm 두께로 펼쳐 담고 냉동한 다음 2cm 크기의 정사각형 모양으로 깍둑 썰어 보관해 보자. 어지간하면 해동할 필요도 없이 거의 모든 요리에 사용할 수 있다.

기능적 효과

만일 열정이 넘치는 할머니와 함께 큰 사람이라면 추운 계절이 다가올 무렵 찜질이나 수프를 통해 질병을 퇴치하는 마늘의 능력을 직접 경험했을 것이다. 실제로 마늘은 수 세기 동안 감염을 막고 치통을 완화하는 데에 도움을 주는 천연 항생제로 오랫동안 찬사를 받아왔다. 어금니가 아플 때 마늘 1쪽을 씹으면 항염 작용을 하며, 잠재적으로 모든 박테리아 감염을 표적으로 삼아 퇴치하는 화학 물질인 알리신이 방출된다. 마늘의 매운 맛은 냄새 제거제처럼 사람의 피 냄새를 가리는 훌륭한 벌레 퇴치제 역할을 하기도 한다. 입에서만 마늘 냄새가 나는 것이 아니기 때문이다. 이 천연 효능 덕분에 마늘로 뱀파이어를 퇴치할 수 있다는 전설이 생겨나기도 했는데, 만일 마늘 냄새로 흡혈귀(모기와 진드기, 뱀파이어)를 퇴치하지 못했다 하더라도 항생 효과로 뱀파이어가 일으킨 혈액 감염을 치료할 수 있을지도 모른다.

악취를 제거하는 법

만일 입에서 마늘 냄새가 나는 것이 영 걱정된다면 천연 입냄새 제거제 삼아 신선한 파슬리를 요리에 넣는 것도 고려해 보자. 손끝에 마늘 냄새가 뱄다면 스테인리스 스틸 소재에 문지르는 것이 좋다. 스테인리스 스틸로 만든 특별한 '비누' 또는 그냥 냄비 뒷면이나 기타 주방 기구를 사용하자.

어울리는 재료

마늘은 짭짤한 요리 재료계의 흰색 티셔츠나 다름없다. 모든 재료와 잘 어울린다.

자투리 활용

무념무상으로 마늘 껍질을 벗기기 전에 자문해 보자. 마늘의 향이 은은하길 원하는가, 대놓고 드러나길 원하는가? 은은한 마늘 향을 내고 싶다면 껍질째 다른 채소와 함께 굽는 것이 제일 간단하고 손이 가지 않으면서 음식물 쓰레기도 나오지 않는 방법이다. 마늘 자투리가 잔뜩 남아 있다면 정원의 해충을 물리치는 데에 사용해 보자. 팔팔 끓는 물에 마늘 껍질과 자투리 조각을 푹 담가서 식힌 다음 분무기에 넣어 뿌리면 벌레의 접근을 막을 수 있다.

White

Garlic

아호 블랑코 과일 샐러드
Ajo Blanco fruit Salad

사진만으로도 충분히 주의를 끌만 하니 '엥?' 하고 잠시 멈출 거라고 확신하기는 하지만, 어쨌든 일단 이걸 끝까지 읽어주길 바란다. 전통 수프 버전의 아호 블랑코에서 내가 제일 좋아하는 부분은 고명이다. 오이를 넣는 사람도 있고 멜론이나 포도처럼 과일을 선호하는 사람도 있다. 나는 이 둘을 결합해서 고명 비율을 한껏 높였으므로 이제 수프와 샐러드의 비율을 맞추는 것은 여러분의 몫이다. 또한 일반적으로 수프를 걸쭉하게 만드는 용도로 사용하는 빵조각은 건너뛰고 대신 요구르트와 오이를 신나게 섞어 넣었다는 점도 눈에 띌 것이다. 요구르트를 빼고 오이 양을 늘리면 완전히 채식 메뉴가 된다. 흑마늘을 구할 수 있다면 훨씬 고급스러우면서 질감과 톡 쏘는 맛을 가미한 흥미로운 아호 블랑코를 만들 수 있다. 검은 송로 버섯의 대용품과 같다.

분량 4인분

흑마늘 2쪽(살짝 생략 가능)
껍질 제거한 아몬드 가루 100g(1컵)
채수 1컵(250ml)
오이(짧은 것) 3개
껍질 벗긴 마늘 3~4쪽
플레인 요구르트 50g
셰리 식초 1큰술
플레이크 소금 1작은술
엑스트라 버진 올리브 오일 100ml, 마무리용 여분
허니듀 또는 피엘 드 사포Piel de Sapo 멜론 1/2개
큰 것은 반으로 자른 청포도 1컵(180g)
생커런트 1컵(150g)(구할 수 있을 경우)
송송 썬 스타프루트(카람볼라) 1~2개 분량(선택 사항이지만 있으면
　　감탄스럽다!)
장식용 아마란스 또는 새싹채소(선택)

통 흑마늘을 사용할 경우에는 90℃로 예열한 오븐에서 45분간 굽는다. 꺼내서 한 김 식으면 껍질을 벗겨서 따로 보관한다.

마른 프라이팬을 중간 불에 올리고 아몬드 가루를 넣어서 팬을 자주 흔들어주면서 고소한 향은 올라오지만 색은 나지 않을 정도로 약 5~10분간 볶는다. 채수를 붓고 불에서 내린다.

오이 하나의 껍질을 벗기고 4등분한다. 나머지는 도마에서 이리저리 굴려가면서 포크 정도 크기의 불규칙한 직사각형 모양으로 적당히 자른다. 샐러드용으로 따로 보관한다.

4등분한 오이는 믹서기나 푸드프로세서에 넣고 마늘, 요구르트, 식초, 소금을 넣는다. 마늘이 완전히 으깨질 때까지 1분 정도 돌린다. 채수에 불린 아몬드 가루를 넣어서 10초 정도 돌려 잘 섞은 다음 계속 돌리면서 올리브 오일을 조금씩 일정한 속도로 부어 마저 섞는다. 간을 맞춘 다음 완성된 아호 블랑코를 용기에 담아서 먹기 전까지 냉장고에 최소 1시간 정도 차갑게 식힌다.

숟가락으로 멜론의 씨를 긁어낸다.

멜론을 길게 반으로 자른 다음 각각 가늘고 길게 웨지 모양으로 4등분한다. 껍데기 부분이 아래로 가도록 세워서 식도나 과도를 이용하여 생선 필레를 뜨듯이 껍질과 과육을 분리한다.

얕은 볼이나 접시 바닥에 차가운 아호 블랑코를 담는다. 멜론과 오이를 예쁘게 돌려 담은 후 포도와 커런트, 스타프루트를 장식하듯이 담는다. 아호 블랑코를 더 붓는다.

흑마늘을 사용할 경우 말린 것을 갈아서 골고루 뿌린다. 원하는 장식용 재료와 올리브 오일을 둘러서 낸다.

지름길 아호 블랑코로 간단하게 차지키tzatziki 드레싱을 만들 수 있다. 아몬드 가루와 채수, 올리브 오일을 빼고 요구르트를 넣어 섞기만 하면 된다.

변주 레시피 과일 장식을 빼고 다음날 아침에 간단한 차가운 수프로 내기 좋다. 저민 오이와 아몬드 플레이크를 얹고 올리브 오일을 둘러서 먹는다.

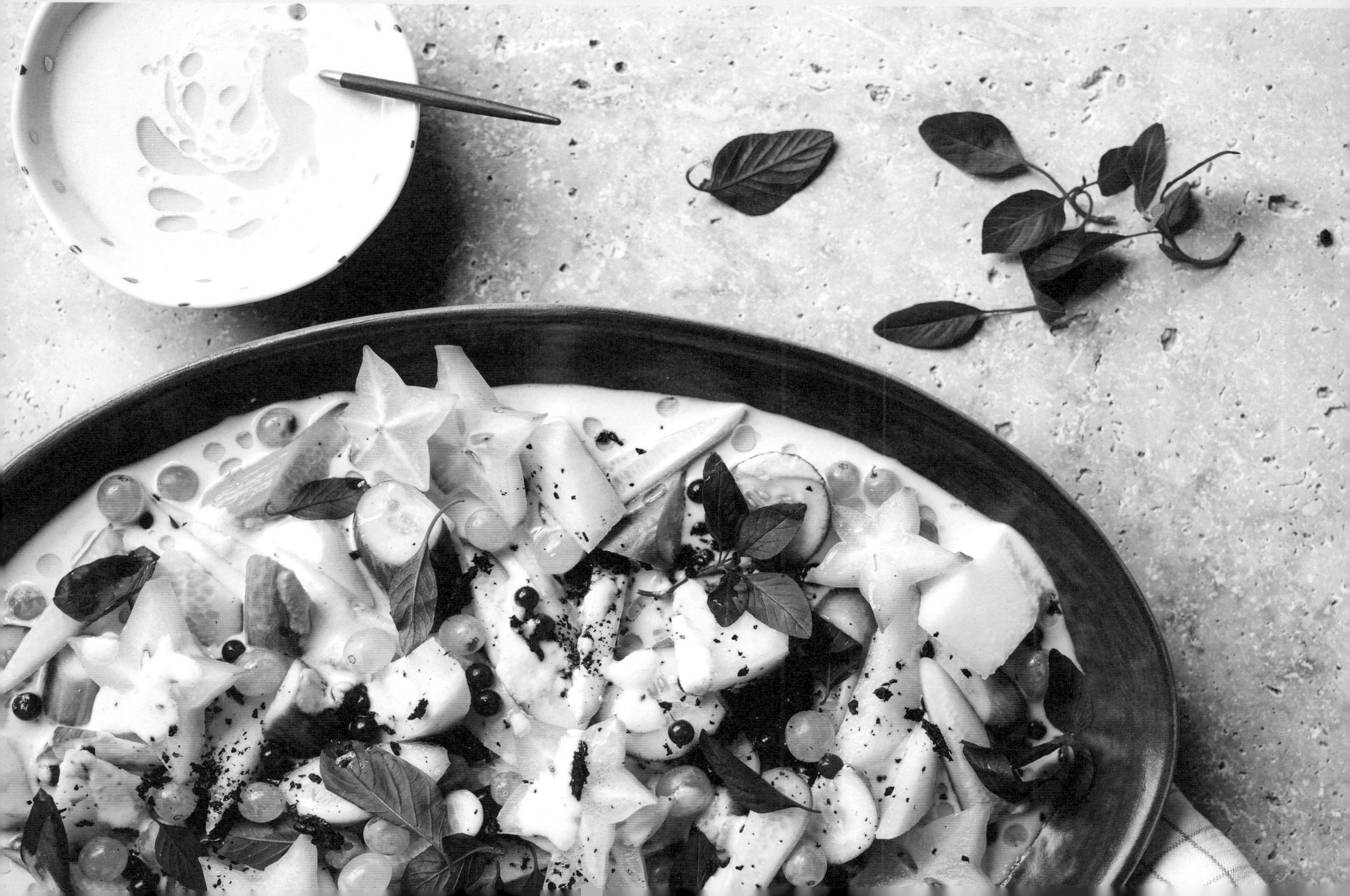

원팬 구운 마늘 후무스 플레이트
One-Pan Roasted Garlic Hummus Plate

후무스에 대한 사랑은 꽤나 보편적인 현상인 것 같다. 하지만 생마늘은 가끔 사람들을 약간 당황시키는 면이 있다. 그리고 후무스를 조금 더 쉽고 간단하게 만들고 싶다면? 중후한 목소리의 안내 멘트가 흘러나올 시간이다. '원팬!' 병아리콩은 바삭바삭하게, 마늘은 부드럽게 볶으면 질감과 매운맛이 적당히 조절되면서 알싸하고 자극적인 풍미는 줄어들어서 평범한 딥을 하나의 요리로 완성시킬 수 있다.

분량 4인분

통마늘 1개

헹궈서 물기를 제거한 통조림 병아리콩 400g

훈제 파프리카 가루 1/2작은술, 서빙용 여분

올리브 오일 90ml, 마무리용 여분

레몬즙 1/2개 분량

타히니(취향에 따라 껍질째 혹은 껍질을 제거한 것) 2큰술

코리앤더 가루 1/2작은술

쿠민 가루 1/2작은술

플레이크 소금 1작은술

오븐을 200℃로 예열한다.

통마늘은 마늘쪽이 보이도록 윗부분을 도려낸다. 베이킹 트레이에 같은 크기의 쿠킹 포일을 1장 깐 다음 통마늘과 병아리콩 약 50g을 가운데에 올린다. 파프리카 가루와 올리브 오일 2큰술을 두른 다음 쿠킹 포일을 접어서 단단히 봉한다. 골고루 흔들어서 잘 섞이도록 한 다음 오븐에서 25분간 익힌다.

그동안 나머지 병아리콩을 푸드프로세서에 넣고 레몬즙과 타히니, 향신료, 소금을 넣는다. 나머지 올리브 오일 50ml를 넣고 곱게 갈아 잘 섞는다.

마늘이 다 익으면 오븐에서 포일 주머니를 꺼낸다. 구운 병아리콩은 따로 꺼내서 담아둔다. 구운 마늘은 한 김 식힌 다음 찻숟가락이나 손가락을 이용해서 마늘쪽만 꺼내 푸드프로세서에 넣는다. 20초간 갈아서 후무스(위에서 갈아둔 병아리콩)와 함께 골고루 잘 섞이도록 한다.

얕은 그릇에 후무스를 담고 구운 병아리콩을 소복하게 얹은 다음 여분의 엑스트라 버진 올리브 오일을 두르고 여분의 파프리카 가루를 뿌려 낸다.

지름길 팬과 오븐을 꺼낼 시간이 없다면 마늘을 잘라서 3~4쪽만 꺼낸 다음 날것인 채로 통조림 병아리콩 1개 분량, 나머지 재료와 함께 곱게 갈아 간단 후무스를 만들 수도 있다. 당근 스틱과 셀러리를 곁들여서 찍어 먹으면 맛있지만 숟가락이나 손으로 퍼먹어도 좋다!

번외 마늘과 병아리콩을 굽는 동안 삶은 반숙 달걀이나 수란(330쪽 참조)을 1개 만든다. 후무스 위에 달걀과 바삭한 병아리콩을 얹고 간단한 이스라엘 샐러드(토마토, 오이, 어쩌면 소량의 양파까지)를 곁들이면 간단하지만 영양 풍부한 브런치나 점심 식사가 된다.

마늘 아이올리

Garlic Aioli

딥 소스인가? 스프레드인가? 이 자체로 요리인가?(아마 그건 아닐 것이다.) 순수주의자라면 전통적으로 절구에 마늘과 올리브 오일만 넣어서 뜨거운 지중해의 태양 아래 손으로만 휘저어서 만들어야 했을 아이올리에 달걀이 들어가 있다는 사실에 의아하겠지만, 요즘에는 마요네즈에 이것저것 섞기만 해도 아이올리 대접을 받으니 내가 누구더러 뭐라고 할 수 있는 입장은 아니다. 마늘 페이스트를 만들 때 소금을 넣어서 마찰을 일으키면 매운맛과 쓴맛을 부드럽게 완화시키는 장점이 있으며, 거품기로 휘저어 섞을 때 올리브 오일을 따로 넣으면 덩어리져 분리되지 않기 때문에 잘 유화된 아이올리를 완성할 수 있다.

분량 약 1컵(250ml)

껍질을 벗긴 마늘 4~5쪽

플레이크 소금 1작은술

따뜻한 물 1작은술

레몬즙 1/2개 분량

달걀 1개

포도씨 오일 2/3컵(170ml)

올리브 오일 1/3컵(80ml)

나무 도마에 마늘을 얹고 굵게 다진 다음 그 위에 플레이크 소금을 뿌린다. 칼의 옆면을 이용해서 35도 각도로 이리저리 밀어가며 빵에 버터를 바르듯이 마늘을 곱게 으깨듯이 간다.

스틱 블렌더 사용 시: 스틱 블렌더용 용기에 물과 레몬즙, 달걀, 으깬 마늘과 포도씨 오일을 넣는다. 스틱 블렌더를 칼날이 바닥에 닿도록 꽂은 다음 곱게 갈아서 유화시킨다.

푸드프로세서 사용 시: 푸드프로세서에 물과 레몬즙, 달걀, 으깬 마늘을 넣고 돌리면서 포도씨 오일을 천천히 일정한 속도로 부어서 유화시킨다.

유연한 스패출러를 이용해서 아이올리를 깨끗한 볼에 옮겨 담은 후 적신 티타월을 둥지 모양으로 깔고 그 위에 얹어서 안정적인 위치를 잡는다. 올리브 오일을 천천히 일정한 속도로 부어가면서 거품기로 골고루 쳐서 유화시킨다. 맛을 보고 소금과 후추로 간을 맞춘다.

완성한 마늘 아이올리는 1주일간 냉장 보관할 수 있다.

참고 아이올리가 거칠어 보인다면 분리된 것이다. 이때는 끓는 물 2작은술을 넣으면서 거품기로 잘 섞어서 다시 유화시킨다. 위의 적신 티타월로 볼을 고정시키는 요령을 이용해서 처음부터 끝까지 손으로 아이올리를 만들 수도 있다. 먼저 마늘을 곱게 다지거나 으깬다. 오일을 제외한 모든 재료를 볼에 넣고 잘 섞은 다음 오일을 한 손으로 천천히 일정한 속도로 부으면서 거품기로 골고루 잘 섞어 유화시킨다.

번외 아이올리에 막 깎아낸 송로 버섯에서 타라곤, 파프리카 가루, 파슬리 등 마음에 드는 온갖 향신료를 섞어 넣어 색다르게 만들어보자.

지름길 일본 큐피 마요네즈에 마늘 1~2쪽을 갈아 넣으면 아이올리를 훨씬 빠르게 만들 수 있다. 이쪽이 더 마음에 들지도 모른다.

궁극적인 치즈마늘빵

Ultimate Cheesy Garlic Bread Bake

아래 레시피를 쭉 읽어보고 1접시에 마늘이 무려 16쪽이나 들어간다는 사실을 알면 머뭇거리게 될 것이다. 특히 겉보기에는 파티에 가져가기 딱 좋을 것처럼 생겼기 때문에 더욱 그렇다. 하지만 이 음식을 1인분씩 나눠보면 1명당 고작 2쪽밖에 되지 않고, 경험상 그 정도면 감당할 만 하다. 어쨌든 천연 구취제 삼아서 파슬리를 넣기는 했으니 괜찮을 것이다. 먹기 하루 전날부터 만들기 시작하도록 하자.

분량 8인분

대충 깍둑 썬 무염버터 150g

껍질 벗긴 마늘 16쪽

파슬리 잎 1컵, 장식용 여분

올리브 오일 1큰술, 마무리용 여분

플레이크 소금 1큰술, 마무리용 여분

즉석에서 간 흑후추 1작은술

반으로 길게 자른 치아바타 빵 1개(600g)

간 라클렛raclette 치즈(또는 그뤼에르나 체더) 125g

채수 1과1/2컵(375ml)

가볍게 푼 달걀 1개 분량

참깨 2작은술

소형 냄비에 버터를 넣고 불에 올리거나 전자레인지에 30초간 돌려서 일부만 녹인다. 소형 푸드프로세서에 넣고 마늘과 파슬리, 올리브 오일, 소금, 후추를 넣는다. 파슬리가 곱게 다져져서 버터가 녹색이 될 때까지 돌린다.

반으로 자른 빵의 한쪽에 마늘 버터를 펴 바르고 치즈를 뿌린다. 나머지 한쪽을 덮은 다음 톱니칼을 이용해서 3cm 너비로 썬다. 대형 로스팅 팬에 비좁아서 녹색 버터가 삐져나올 정도로 꽉 채워 담는다. 채수을 빵에 골고루 두른다. 그대로 하룻밤 동안 국물이 스며들도록 재운다.

다음날 오븐을 180℃로 예열한다.

조리용 솔로 달걀물을 빵 윗부분에 골고루 바른 다음 참깨를 뿌린다. 오븐에서 겉이 노릇노릇하고 원하는 만큼 바삭바삭해질 때까지 20~25분간 굽는다.

파슬리와 소금을 뿌리고 여분의 올리브 오일을 두른 다음 푸딩과 같은 방식으로 낸다. 단맛이 아니라 짭짤한 맛으로 장식해서 내야 한다.

참고 자신 있게 만들 수 있을 정도가 되면 자유롭게 맛에 변화를 줘보자. 안초비나 올리브처럼 짭짤한 부재료를 콕콕 박아넣거나 칠리 소스처럼 매콤한 맛을 더해도 좋고 아예 마늘 버터에 고추를 갈아 넣는 것도 추천한다.

닭을 굽고 나서 팬에 남은 육즙이 있다면 끓는 물을 조금 섞어서 묽게 만든 후 채수 대신 사용해 보자. 오븐에 구운 채소 팬에 고인 국물도 마찬가지다. 특히 양파나 호박을 넣었다면 최상이다.

변주 레시피 식어도 맛있는 음식이므로 남은 것은 여름이면 방울토마토 한 줌과 함께 점심 도시락으로 싸기 좋다. 겨울이면 뜨거운 수프 한 그릇과 함께 싸 가서 담가 먹자.

또한 남은 것은 굵게 갈아서 로스트치킨의 스터핑으로 쓰거나 땅콩호박에 채워서 굽기도 한다.

지름길 부드러운 큼직한 빵이나 바게트를 통째로 준비해서 톱니칼로 해슬백 스타일(56쪽 참조)의 칼집을 넣은 다음 마늘 버터를 구석구석까지 발라준다. 올리브 오일을 두른 다음 오븐에 노릇노릇해질 때까지 굽는다.

Horseradish

홀스래디시

매콤한 맛과 가늘고 긴 막대기 같은 모양 덕분에 홀스래디시가 양배추와 콜리플라워, 겨자와 더불어 배추속에 속한다는 사실을 쉽게 믿기는 어렵다. 하지만 앞서 언급한 채소들과 달리 홀스래디시 중에서 주로 식용하는 부분은 뿌리다. 갈아서 다른 채소나 고기, 해산물에 뿌리거나 머스터드 같은 양념으로 만들어서 식초 또는 크림과 함께 섞는다. 잎 또한 찧어서 샐러드를 만들고 세비체나 타르타르를 싸 먹는 용도로 쓰거나 오이피클 병에 넣어서 풍미를 강화하고 아삭아삭한 식감을 보존할 수도 있다. 그리고 다들 깜짝 놀라겠지만 사실 많은 시판 튜브 와사비 제품은 비밀리에 홀스래디시를 대용품으로 사용하여 시금치의 엽록소나 더 흔하게는 인공 식용 색소를 더해 초록빛으로 물들여 만든다.

> "홀스래디시와 비트는 환상의 조합이다.
> 비트의 달콤함과 홀스래디시의 매콤한 맛이 서로 아름답게 어우러진다."
> — 매트 스톤, 호주

구입과 보관하는 법

추운 계절이면 구할 가능성이 조금 높아지기는 하지만, 신선한 홀스래디시를 사는 것은 쉽지 않은 일이다. 어쩌다 길고 잔뿌리가 많은 원추형 홀스래디시를 발견했다 하더라도 대체 이걸 어디다 써먹어야 할지 고민하게 되겠지만, 신선한 홀스래디시의 풍미와 접시에 곱게 갈아 내는 극적인 모습은 돈을 투자할만한 가치가 있다. 한 번에 조금씩만 사용하려면 굵고 단단한 것을 고른 다음 사용하지 않은 부분은 냉동 보관하자. 꺼내자마자 해동하지 않고 갈아도 된다. 또는 홀스래디시를 물에 담가서 주방 작업대에 보관하다가 껍질을 벗겨서 필요한 만큼 곱게 갈아서 쓴다. 너무 오래 보관하면 건조해지므로 항상 끄트머리 부분을 잘 살펴봐야 한다.

기능적 효과

감기와 독감이 유행하는 시기에 자라나는 홀스래디시가 호흡기 건강에 유익하다는 사실은 그리 놀라운 일도 아니다. 신선한 홀스래디시 한 덩어리를 혀 위에 올려놓은 적이 있다면, 코가 뻥 뚫리고 눈물이 시원하게 흐르는 강력한 효과를 체험했을 것이다! 홀스래디시를 남동부 유럽에서 서쪽으로 가져온 대담한 탐험가는 실제로 이를 약재로 취급했기 때문에 영국에서는 16세기 전까지 흔히 먹는 채소가 아니었고 '시골 사람과 노동자'나 먹는 음식이었다. 반면 독일인은 곧장 홀스래디시를 왕성하게 사용하기 시작해서 지금까지도 여전히 활발히 애용한다.

홀스래디시 크레인

크레인은 톡 쏘는 풍미가 필요한 모든 요리에 양념으로 쓸 수 있다. 신선한 생당근이나 비트를 갈아서 섞으면 딥이 되고, 접시에 펴 바르거나 채소 크루디테crudité 위에 뿌려 먹기 좋다. 간단하게 신선한 홀스래디시 간 것 1큰술에 크렘 프레쉬 200g과 수북한 크림 1큰술, 샤도네이 식초 1작은술, 소금 1/4작은술과 백후추 가루 1/4작은술을 섞으면 된다. 냉장고에 보관하자. 신선한 홀스래디시를 구할 수 없다면 구할 수 있는 한 최상급의 시판 제품을 사용하고, 생와사비로 만들어도 상관없다.

홀스래디시 그 외: 와사비

신선한 와사비는 흔히 홀스래디시에 인공적으로 녹색 물을 들여서 재구성해 만들어 스시에 곁들이는 시판 와사비 페이스트보다 훨씬 복합적인 맛이 난다. 가장 귀한 와사비 품종은 물에서 자라며 후춧과 식물인 구장 잎처럼 사용할 수 있는 매운맛의 넓은 잎을 지니고 있고 원뿌리는 브로콜리 줄기와 따개비가 붙은 방파제 기둥을 섞어 놓은 듯한 모양이다. 와사비는 가루 형태로도 구입할 수 있지만 나는 생와사비를 선호한다. 남은 것은 냉동 보관하며 진정한 와사비 마니아라면 와사비 전용 강판을 구입할 것을 추천한다.

와사비 잎 세비체
Wasabi Leaf Ceviche

'와사비'와 '세비체'는 어울리지 않는 조합처럼 느껴질지도 모르지만 페루 음식이 특히 생선을 손질하는 과정에 있어서 일본의 영향을 받았다는 점은 기록으로 정확히 확인할 수 있다. 사실 이 퓨전 요리에는 따로 명칭도 존재한다. 일본 요리사의 시선으로 페루 식재료를 손질하는 닛케이Nikkei다. 심지어 우리가 알고 있는 세비체를 절이는 시간도 수 시간에서 산이 딱 생선의 표면을 '익히기' 적당한 만큼으로 조정되었다. 더 오래 익히고 싶다면 생선을 드레싱에 버무린 채로 먹기 전까지 30분간 그대로 재운다. 그리고 그릇 바닥에 고인 풍미 가득하고 새콤한 국물은 버리지 말자. 피스코pisco를 살짝 넣어서 짜릿하게 만들면 따로 이름도 존재하는 최음제로 마실 수 있다. 레체 데 티그레leche de tigre, 즉 호랑이 우유라는 뜻이다. 어흥!

분량 4인분(스타터)

씨를 제거한 아보카도 1개
유자즙(참고 참조) 1/3컵(80ml)
와사비 페이스트 2작은술
국간장 2큰술
참기름 1작은술
생강 피클 절임액 2큰술(선택)
1.5~2cm 크기로 깍둑 썬 횟감용 바다 송어 또는 연어(참고 참조) 100g
1.5~2cm 크기로 깍둑 썬 횟감용 삼치 100g
깍둑 썬 오이 1개 분량
얇게 저민 래디시 6개 분량
생와사비 잎(참고 참조) 10~12장

· 서빙용 재료

큐피 마요네즈
간 생생강
다진 생강 피클 또는 무 피클(48쪽 참조)
참깨
무청 잎 후리카케(52쪽 참조, 선택)

볼에 아보카도를 넣고 포크로 으깬 다음 유자즙 2작은술과 와사비 페이스트 1작은술을 넣어 잘 섞는다.

생선이 전부 들어가는 크기의 대형 볼에 남은 유자즙과 와사비 페이스트를 넣는다. 간장과 참기름, 피클 절임액을 넣고 거품기로 잘 섞어서 드레싱을 만든다.

먹기 직전에 생선과 오이, 래디시를 넣고 조심스럽게 버무린다. 최대 5분까지 잠시 재워도 좋지만 나는 바로 내는 쪽을 선호한다.

와사비 잎에 아보카도 혼합물을 약간 바른다. 마요네즈를 약간 짜고 세비체를 약 1/2큰술 정도 얹는다. 생강을 올리고 참깨와 후리카케(사용 시)를 뿌린다. 바로 먹는다.

참고 유자는 클레멘타인과 풍미가 비슷하지만 단맛과 신맛이 더 강한 일본의 감귤류다. 전문점에서 다양한 형태로 구입할 수 있지만 구할 수 없다면 레몬이나 라임즙에 설탕을 살짝 1꼬집 정도 섞어서 쓴다.

생선 코너에 가서 횟감용 생선을 잘라달라고 한 다음 집에서 깍둑 썰어도 좋고, 세비체를 당일 바로 먹을 예정이라면 아예 깍둑 썰어 달라고 요청할 수도 있다. 직접 썰 경우에는 아주 날카로운 칼을 준비해서 생선 결의 반대 방향으로 썬다.

생와사비 잎이 없다면 김을 사용한다. 손말이 초밥에 쓰는 김을 4등분해서 쓰면 된다.

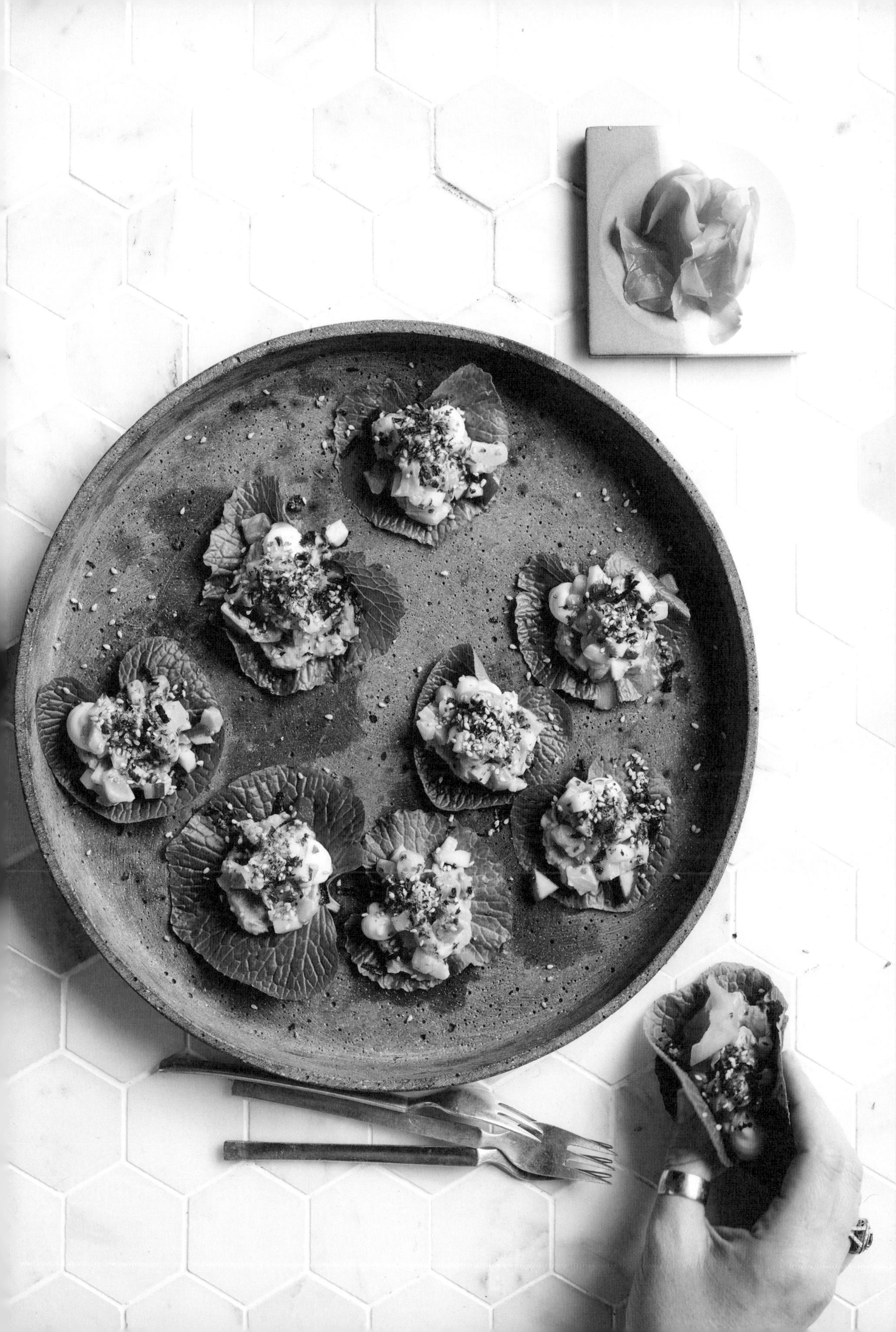

Daikon

무

볼 때마다 키득키득 웃게 만드는 라틴어 학명 롱기핀나투스Longipinnatus,
그리고 일본어로는 대충 '큰 뿌리'라고 해석할 수 있는
다이콘大根이라는 명칭으로 불리는 무는 열을 가하면 비교적 부드러운
풍미를 선사한다. 생으로 먹으면 분홍색 래디시를 우적우적 씹을
때처럼 커다란 물 1잔을 마시는 듯한 기분이 드는데, 무도 래디시와 한
가족이라는 점을 생각하면 이상한 일도 아니다. 풍미가 부드러우면서
질감은 신선하고 아삭아삭해서 한국의 김치나 일본의 절임처럼
쿰쿰한 발효 음식에 잘 들어가며, 채소를 두툼한 원반 모양으로
손질해서 간장을 가미한 다시 국물에 천천히 조린 은은한 맛의 일본
요리 니모노(조림)에 넣기도 한다. 신선할 때 갈아서 샐러드에 넣으면
아무렇지도 않게 드레싱을 훌쩍 흡수해 버리기 때문에 일본식 채소
튀김을 찍어 먹는 폰즈 드레싱에 흔히 곱게 간 무를 넣기도 한다. 또한
무 자체에 튀김옷을 입혀서 튀겨도 좋다.

"나는 무를 곱게 채 썰어서 소금과 설탕을 약간 뿌린 다음 부드럽고 달콤한 맛이 날 때까지 천천히 익힌다. 버터 한 덩이를 넣어서 크림처럼 매끄럽게 만들기도 한다. 페이스트리 속 재료로 넣거나 버거에 끼우고 차갑게 식혀서 공 모양으로 돌돌 빚은 다음 빵가루를 묻혀서 튀기고, 버섯에 채워 넣어서 채소 반찬으로 곁들이기 좋다. 흙 향기가 감도는 거의 모든 음식과 아주 훌륭하게 어울리는 식재료다."
— 메이 초우, 캐나다

구입과 보관하는 법

무는 추운 계절이 제철인 채소다. 신선도를 나타내는 확실한 지표인 잎이 붙어 있는 것을 고르자. 특히 누군가의 캘리포니아 해변가 별장에서 자라나는 잘 관리된 실내 관목 잎사귀처럼 튼튼해 보인다면 아주 신선한 것이다. 무청이 붙은 무를 구입한 후에는 그대로 두면 잎이 뿌리의 수분을 빨아들이기 때문에 바로 잘라내서 각각 젖은 종이타월이나 면포로 감싸 보관해야 한다. 무에 잎이 붙어 있지 않다면 껍데기를 만져봐서 연일 술자리를 가진 이후의 피부처럼 탄력을 잃지 않고 아직 빛나는 윤기와 팽팽함을 유지하고 있는지 확인한다. 어떤 무는, 특히 큰 것일수록 윗동이 녹색을 띠는데 이는 잘 자라나서 토양 위로 튀어 올라와 햇볕을 받아가며 광합성을 하기 시작했기 때문이다. 이런 것은 질감이 더 오래되고 건조한 편이며 매운맛이 살짝 강하다. 말하자면 흙 천장을 넘어서기 위해 강인함을 기르며 시간과 경험을 쌓아왔기 때문이라고 생각한다.

기능적 효과

많은 아시아 요리 문화에서 무를 즐겨 먹는 것에는 확실한 이유가 있다. 소화에 큰 도움을 주기 때문이다. 무의 유황 성분이 위장 활동을 용이하게 만든다. 무(그리고 더 귀한 검은 무)에는 이런 화합물이 일반적인 동글납작한 붉은 래디시보다 더 많이 함유되어 있어 소화 보조 능력이 뛰어나다. 대체 의학의 영역에서는 무가 인간의 소화기관과 동일한 효소 성분을 갖추고 있다고 믿으며, 소화 불량과 속쓰림 증상이 있을 때 이를 완화시키는 용도로 무즙을 처방한다. 하지만 알아두자. 이 매우 효과적인 소화 효소는 위장을 지나가는 길에 약간의 가스를 유발한다!

어울리는 재료

당근, 생강, 미소, 참깨, 간장, 실파.

다이콘 오로시

덴푸라나 교자 등 일본 요리에 전통적으로 곁들이는 딥 소스인 폰즈는 갈아낸 무인 다이콘 오로시를 곁들이지 않으면 맛이 훨씬 밋밋하게 느껴진다. 대충 '아랫바람 무'라고 해석할 수 있는 다이콘 오로시는 신선하고 매콤한 풍미가 특징적이며, 음식을 내기 전에(또는 낸 후에) 폰즈 소스에 섞어 넣거나 국수 위에 수북하게 얹기도 하고 생선 또는 육류 요리에 곁들여서 와사비처럼 양념으로 먹곤 한다. 일본의 많은 국과 전골 요리 또한 곱게 갈아낸 무 1덩이의 덕을 충분히 보는데, 국물에 동동 떠 있는 모습이 녹아내리는 눈덩이 같다고 해서 '진눈깨비''라는 뜻의 미조레みぞれ라고 부른다. 집에서 만들려면 맛이 더 부드러운 무의 아래쪽 절반 부분을 길게 반으로 자른 다음 강판에 곱게 갈거나 푸드프로세서에서 슬러시처럼 보일 때까지 곱게 간다. 깨끗한 천이나 고운 체에 밭쳐서 여분의 물기를 제거한 다음 바로 먹거나 얇게 한 켜로 펴서 냉동 보관한다.

자투리 활용

무를 색깔을 완전히 제거하고 거대하게 부풀린 아침식사용 래디시라고 생각해 보면 무청 또한 다른 매콤한 잎 종류와 같은 용도로 사용할 수 있겠다는 결론을 쉽게 내릴 수 있다. 일본에서는 흔히 무청을 튀겨서 참기름, 참깨, 간장, 맛술과 함께 버무려 후리카케를 만든다. 샐러드에 섞어 넣으면 또 다른 감칠맛 덩어리가 되고, 밥에 화려하게 뿌리기에도 좋다. 무의 매콤한 맛은 주로 껍질 부분에 많이 분포되어 있으므로 충분히 맵싸하게 만들고 싶다면 껍질째 사용한다. 섬세한 요리를 할 때는 껍질을 벗겨내는데, 껍질은 김치에 넣거나 믹서기에 갈아서 아주 부드러운 홀스래디시처럼 사용할 수도 있다.

신나는 분홍색 무 피클

Tickled Pink Pickled Daikon

일본식 생강 절임을 좋아한다면 더 아삭하고 맵싸하면서 단맛이
돌고 가성비가 뛰어난 메뉴인 무 피클과 인사를 나눌 시간이다.
나는 붉은 래디시와 어린 생강 덕분에 백합처럼 하얗던 무가
발레리나처럼 분홍색으로 물들고, 얇게 저민 원반 모양이 가벼운
튀튀 치마처럼 주름지는 과정을 사랑해 마지않는다. 초밥이나
회에 곁들이거나 샌드위치에 끼우면 톡 쏘는 맛을 가미할 수 있고,
아니면 그냥 내가 자주 하는 것처럼 포크로 퍼먹어도 맛있다.
52쪽에 실은 포케 볼 등의 요리에 넣어도 아주 잘 어울린다.

분량 1병(850ml들이)

껍질을 벗기고 얇고 둥글게 썬 무 550g

껍질을 벗기고 채 썬 생생강 40g

얇게 채 썬 래디시 2개

플레이크 소금 3작은술

설탕 1/4컵(55g)

쌀 식초 1/4컵(60ml)

맛술 1/4컵(60ml)

850ml들이 유리병을 뜨거운 비눗물에 씻은 다음 깨끗하게
헹궈내서 식힘망에 뒤집어 엎어 말린다.

채반에 무와 생강, 래디시를 골고루 섞어서 볼 위에 얹는다.
소금 1작은술을 골고루 뿌려서 2시간 동안 물기를 제거한다.

무 혼합물을 전체적으로 꼭 짜서 여분의 물기를 제거한 다음
말린 병에 담는다.

소형 냄비에 설탕과 식초, 맛술, 남은 소금 2작은술을 넣는다.
물 1/2컵(125ml)을 붓고 한소끔 끓인다. 뜨거운 상태로 병에
부어서 무 혼합물이 완전히 잠기도록 한다.

뚜껑을 밀봉하고 식힌 다음 서늘한 응달에 보관한다. 나는 이
무 피클을 냉장고에 보관하는데, 아삭하고 시원한 첫맛 이후로
따라오는 맵싸한 풍미의 조화가 매력적이기 때문이다.

이 피클은 완벽한 분홍색이며 완성 후 3~4일 후부터 먹을
수 있고, 병에 담아 밀봉하면 2개월간 보관할 수 있다. 일단
개봉하고 나면 반드시 무와 생강이 절임액에 완전히 잠겨 있도록
유지해야 하며 1개월간 냉장 보관할 수 있다.

비건 XO 소스를 넣은 무 순무 케이크

Daikon Turnip Cake with Vego XO

다음 레시피 자체는 크게 중요하지 않으니 무와 물, 밀가루를
10:4:2로 넣는다는 비율만 기억하면 된다. 익힌 무 특유의 타고난
푸짐함과 은은한 매운맛에 딱 적당한 정도의 반죽을 가미한 이
황금 비율 덕분에 겉은 바삭바삭하고 속은 촉촉하게 완벽한
균형을 이루는 질감의 짭짤한 케이크가 완성된다. 하루 전에
케이크 만들기 준비를 시작해야 한다.

분량 4인분

실파 2대
무 1개(중, 약 400g)
땅콩 오일 1/4컵(60ml), 틀용 여분
백후추 가루 1/2작은술
플레이크 소금 1/2작은술
설탕 1/2작은술
참기름 1작은술
글루텐 프리 밀가루(중력분) 80g
생표고버섯 1줌
홍콩 비건 XO(221쪽 참조) 또는 아시아 식품 코너의 라유
　　　1컵(250ml)

실파는 곱게 송송 썰고 녹색 부분은 따로 분리해 장식용으로
냉장 보관한다. 무는 껍질을 벗기고 굵게 갈아서 따로 둔다.
　　프라이팬에 땅콩 오일 1큰술을 두르고 불에 올려서 달군다.
실파의 흰색 부분을 넣고 숨이 죽을 때까지 1~2분간 볶는다.
무와 후추, 소금, 설탕, 참기름을 넣고 무가 부드러우면서
반투명해져서 윤기가 생길 때까지 10분간 익힌다.
　　모든 내용물을 체에 밭쳐서 계량컵에 얹어 물기를 거르며
식힌다.
　　내용물에서 국물이 얼마나 빠져나왔는지 확인한 다음 나무
주걱으로 꾹꾹 눌러서 가능한 물기를 많이 제거한다. 계량컵에
물을 추가해서 총 160ml를 맞춘다. 대형 볼에 국물을 붓고
밀가루를 넣어서 거품기로 잘 풀어 풀처럼 갠다. 식은 무
혼합물을 넣고 유연한 스패출러로 잘 섞는다.
　　내열용 접시 2개에 유산지를 깐다. 여기서는 가장자리가
높은 지름 18cm 크기의 도기 접시를 사용했다. 무 반죽을
5mm 두께의 평평한 원반 모양으로 다듬은 다음 접시에 하나씩
놓는다.
　　대형 대나무 찜기(접시를 쉽게 넣고 뺄 수 있는 것)를 뭉근하게
물이 끓는 냄비나 궁중팬에 얹는다. 접시를 넣고 45~50분간
찐다. '케이크'는 모양이 굳었지만 윗부분은 아직 끈적한 상태일
것이다. 식으면서 끈적한 질감은 사라지니 걱정하지 말자. 식힌
다음 냉장고에 최소 2시간에서 하룻밤까지 식힌다.
　　먹을 때가 되면 프라이팬에 나머지 땅콩 오일 2큰술을 두르고
강한 불에 올려서 달군다. 버섯을 넣고 살짝 노릇해질 때까지 약
3분간 볶는다. 그물 국자로 건져서 물기를 제거하고 따로 둔다.
　　팬에 케이크를 하나씩 넣고 한 면이 노릇해질 때까지 4분간
구운 다음 뒤집어서 반대쪽도 마저 굽는다. 나머지 케이크로
같은 과정을 반복한다.
　　빈 팬을 다시 불에 올리고 XO 소스를 부어서 휘저어 따뜻하게
데운다. 식사용 그릇에 담는다.
　　케이크가 뜨거울 때 버섯과 나머지 실파의 녹색 부분을 뿌린
다음 XO 소스 그릇을 곁들여 낸다.

참고 전통적으로 속이 깊은 팬이나 그릇에 찐 다음 깍둑 썰어서 구워 내는
음식이다. 이때도 황금비율은 지켜야 한다.

번외 반죽에 중국식 랍청lap cheong 소시지를 넣을 때도 있다. 그럴 때는
곱게 깍둑 썰어서 실파의 흰색 부분과 함께 볶는다.

무청 후리카케를 뿌린 참치 포케볼

Tuna Poké Bowls with Daikon Leaf Furikake

입 안에서 환상적인 파티가 벌어지는, 다양하고 흥미로운 질감과 색상으로 가득 찬 1그릇 식사다. 여느 즐거운 파티와 마찬가지로 1가지 재료를 미처 준비하지 못했다면 비슷한 목적을 수행할 수 있는 대체 재료를 넣으면 된다. 풋콩이 없으면 완두콩, 참치 대신 절인 템페 등 본인 취향에 맞는 방향으로 준비해 보자. 수제 후리카케는 가히 신의 선물에 가깝다. 보통 퇴비로나 사용하는 무청을 말려서 말도 안 되게 맛있는 음식을 만들어낼 수 있다. 직접 만들 시간이 없다면 마트에서 판매하는 일본산 후리카케를 사용해도 충분하지만 뭔가 부족한 기분을 느끼게 될 것은 확실하다.

분량 4인분

자스민 쌀 1과2/3컵

껍질 벗긴 무 1개(300g)

껍질 벗긴 당근 2개

생강 절임(또는 48쪽의 무 피클에서 건진 것) 1/4컵(50g), 절임액
    2큰술

참기름 2작은술

물기를 제거한 통조림 참치(물에 보존한 것) 2개(각 170g들이) 분량

큐피 마요네즈 1/3컵(100g)

간장 3작은술

서빙용 저민 아보카도

서빙용 데친 풋콩

서빙용 웨지로 썬 레몬

• 무청 후리카케(분량 1컵)

가위로 곱게 채 썬 김 3장 분량

검은깨와 참깨 2작은술

황설탕 1큰술

양파 가루 2작은술

잘 씻어서 물기를 충분히 제거한 무청 50g(약 10~12줄기)

가츠오부시 1/4컵(6g)

고춧가루 2작은술

마늘 가루 2작은술

플레이크 소금 2작은술

냄비에 쌀과 찬물 2컵(500ml)을 넣고 중강 불에 올려서 한소끔 끓인다. 불 세기를 약하게 낮추고 뚜껑을 닫은 다음 쌀이 완전히 익을 때까지 12~15분간 익힌다. 불에서 내리고 먹기 전까지 뚜껑을 닫은 채로 보관한다.

그동안 후리카케를 만든다. 오븐을 180°C로 예열하고 베이킹 트레이에 유산지를 깐다. 볼에 김과 참깨, 설탕, 양파 가루를 잘 섞은 다음 베이킹 트레이에 넓게 펼쳐서 담는다. 오븐에서 보글보글 끓을 때까지 5분간 굽는다. 오븐에서 꺼낸 다음 식힌다. 오븐 온도를 100°C도로 낮추고 무청을 철망에 얹은 다음 완전히 마를 때까지 20분간 굽는다.

볼에 구운 김 혼합물을 넣는다. 가츠오부시와 향신료, 소금을 넣고 손끝으로 잘게 부숴가면서 잘 섞어 굵은 가루 혼합물을 만든다. 마른 무청을 넣고 다시 손끝으로 잘게 부수면서 골고루 버무린다. 따로 둔다.

채칼을 이용해서 무와 당근을 얇고 길게 깎아낸다. 볼에 담고 생강 절임, 절임액과 참기름을 넣어 골고루 버무린다.

식사용 그릇에 참치와 밥, 샐러드를 나누어 담는다. 마요네즈를 두르고 간장을 뿌린다. 저민 아보카도와 풋콩을 얹고 무청 후리카케를 뿌린 다음 레몬 조각을 곁들여 낸다.

지름길 솔직히 이 부분을 읽고 있다면 후리카케를 직접 만들지 않았다는 뜻이니 조금 충격적이기는 한데, 어쨌든 당근과 무를 좀 저며서 참기름, 절임액(또는 식초), 소금에 골고루 버무리기만 하면 된다. 이 정도라도 충분히 맛있어서 다음번에는 제대로 된 포케를 만들 생각이 들기를 바란다…

변주 레시피 무청 후리카케는 흰쌀밥에서 옥수수에 이르기까지 모든 것에 뿌려 먹기 좋은 훌륭한 가니시다. 나는 188쪽의 간단 래디시 피클과 함께 즐겨 먹는다.

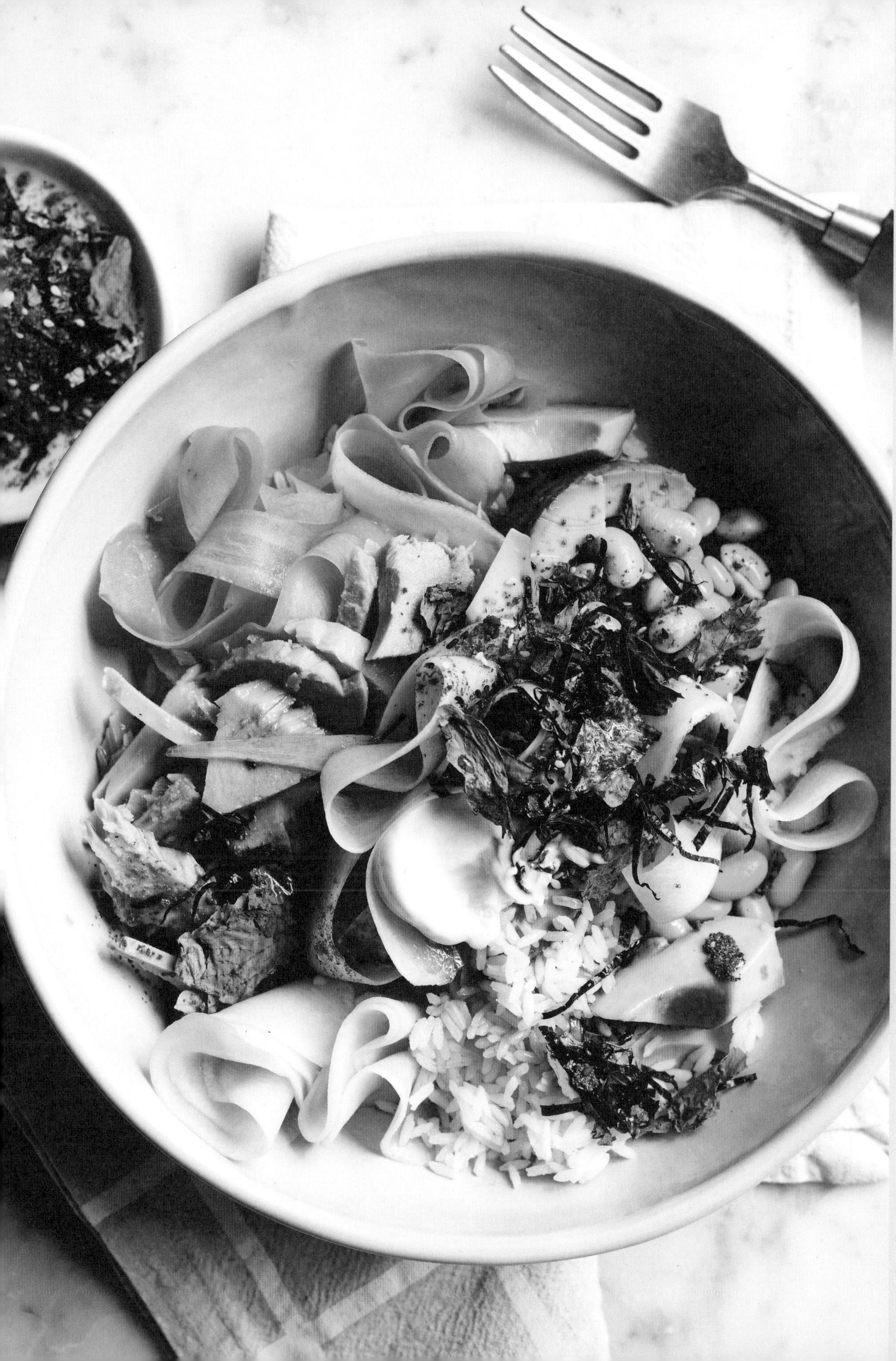

Parsnip

파스닙

파스닙은 일 년 내내 구할 수 있지만 그 친구인 당근과 파슬리처럼 서늘한 기후일 때가 가장 맛있다. 늦가을에서 겨울이 깊어갈 즈음에 걸쳐서 그 시럽처럼 부드러운 풍미를 느낄 수 있다. 구어체로는 '하얀 당근'이라고 불리기도 하니 신선한 것을 찾을 때는 당근을 고를 때처럼 하는 것이 가장 현명하다. 만지면 단단하게 느껴지고 크기가 적당한 파스닙을 고르도록 하자.(구우면 터무니없을 정도로 줄어들기 때문이다.) 작거나 중간 크기의 파스닙은 덜 질겨서 감자튀김처럼 만들기에 아주 좋다. 작은 것은 통째로, 중간 것은 2~4등분해서 튀긴다. 큰 파스닙은 충분히 성숙할 기회가 있었기 때문에 천연 전분이 일부 당으로 전환되어서 기름에 튀겨 파스닙 채소 칩을 만들거나 갈아서 케이크를 만들기 좋다.

"파스닙은 뜻밖에도 달콤하고 촉촉한 견과류 풍미를 지니고 있다. 그리고 역설적이게도 그 덕분에 요리에 섬세한 맛을 가미해 준다. 언젠가는 딸기에 파스닙 아이스크림을 얹어서 먹어볼 생각이다."

— 마크 베스트, 호주

구입과 보관하는 법

당근처럼 파스닙도 땅에서 뽑은 이후 보관하는 시간이 길어질수록 더 말랑말랑해지고 건조해지기 때문에 살 때부터 이미 시들어서 늘어진 것은 구입하지 않는 것이 좋다. 끄트머리에 주름이 지기 시작했다면 절대 사지 말자. 파슬리처럼 생긴 이파리가 붙은 채로 판매하는 파스닙을 구하기란 쉽지 않으니 발견하면 무조건 집어 들어야 한다. 밭에서 뽑은 지 얼마되지 않았다는 커다란 녹색 증거이기 때문이다. 어린 잔털이 많을수록 건조한 토양에서 자라 나무 같은 맛이 날 수 있다는 뜻이므로 껍질의 질감이 최대한 매끄러운 것을 사도록 한다. 껍질째로 조리할 계획이라면 유기농 파스닙을 구입하자. 냉장고의 채소 보관함에 넣으면 수 주일간 보관할 수 있으며, 잘게 썰어서 냉동했다가 스튜나 찜에 넣어도 좋다.

조리하는 법

파스닙은 활용도가 높아서 날것으로 갈아 샐러드에 넣거나 소금물에 삶아도 좋고 그냥 부드러워질 때까지 찌기만 해도 맛있다. 간단한 원팬 파스닙 퓌레 또는 수프를 만들고 싶다면 베이킹 트레이에 올리브 오일을 두르고 2cm 크기로 썬 파스닙과 송송 썬 리크를 넣은 다음 190°C의 오븐에 30분간 굽는다. 원하는 점도가 될 정도로 육수나 물을 첨가해서 곱게 간 다음 간을 맞추면 완성이다. 파스닙을 로스트할 때는 껍질이 형태를 유지하는 역할을 하기 때문에 굳이 벗기지 않아도 좋다. 노릇노릇하게 굽는 이야기가 나와서 말인데, 파스닙은 케이크로 만들어도 달콤하고 고소한 맛을 내기 때문에 유럽에 아직 설탕이 전해지기 전인 중세 시대에 다양하게 활용되곤 했다.

어울리는 재료

황설탕, 버터, 당근, 크림, 마늘, 생강, 꿀, 메이플 시럽, 파슬리, 향신료(특히 쿠민, 커리 가루, 너트메그, 후추), 타임.

자투리 활용

벗겨낸 파스닙 껍질과 밑동은 봉지에 넣어서 육수용으로 냉동 보관한다. 또는 미강유 적당량을 180°C로 가열한 다음 파스닙 껍질(그리고 얇게 저민 파스닙 속살도 적당량 같이)을 넣어서 노릇노릇하게 튀긴다. 건져서 종이타월에 얹어 기름기를 제거하면 바삭바삭 주름진 채소 칩이 된다. 냠냠! 잎사귀가 붙어 있는 파스닙을 구했다면 잎을 파슬리나 당근 이파리처럼 활용하자. 파스닙 요리에 장식으로 쓰거나 곱게 갈아서 페스토를 만들 수 있다는 뜻이다.

로즈메리 오일과 소금을 뿌린 해슬백 파스닙

Hasselback Parsnips with Rosemary Oil & Salt

파스닙은 갈거나 다져서 요리하면 당근과 꽤 비슷한 편이지만 구우면 눈에 띄게 훨씬 건조해진다. 굵은 윗동의 섬유질이 먹을 수 있을 정도로 부드러워질 즈음이면 끄트머리 부분은 바싹 구워져버린다. 이때 고전적인 해슬백 기술을 적용해서 아코디언처럼 켜켜이 층이 생기도록 곱게 칼집을 넣으면 파스닙의 가장 굵은 부분까지 열이 파고들어서 훨씬 고르게 익어 놀랍도록 아름다운 결과물을 선사한다. 여기서는 더욱 특별하게 만들기 위해 오일에 신선한 로즈메리 향을 주입한 다음, 같은 로즈메리로 향기로운 허브 소금을 만들었다. 손님도 본인이 여러분에게 얼마나 특별한 존재인지 새삼 깨닫게 될 법한 요리다!

분량 4인분

올리브 오일 1/3컵(80ml)
로즈메리 줄기 4개
잔뿌리를 손질하고 잘 씻은 파스닙 6~8개(중)
플레이크 소금 1작은술

오븐을 180℃로 예열한다.

파스닙을 구울 로스팅 팬에 올리브 오일과 로즈메리 줄기를 담는다. 오븐에서 5분간 따뜻하게 데운다.

그동안 껍질을 벗기지 않은 통파스닙을 도마에 얹고 위아래로 젓가락을 하나씩 가로로 놓는다. 날카로운 칼로 파스닙에 칼집을 같은 간격으로 넣되 젓가락 높이까지만 자르도록 한다. 이때 파스닙의 굵은 부분으로 갈수록 가는 부분보다 칼집을 많이 넣어야 한다. 나머지 파스닙으로 같은 과정을 반복한다.

로스팅팬에서 로즈메리 줄기를 건져서 종이 타월에 얹어 기름기를 제거한다. 팬을 조심스럽게 살짝 기울여서 로즈메리 오일이 한쪽에 고이도록 한 다음 칼집을 넣은 파스닙을 하나씩 조심스럽게 넣어서 오일을 골고루 묻힌다.

오븐에서 파스닙의 가장 굵은 부분이 부드러워질 때까지 15분 간격으로 뒤집어가면서 40~45분간 골고루 굽는다.

식은 로즈메리 줄기에서 잎만 따낸 다음 푸드프로세서나 절구를 이용해 굵게 빻는다. 절반 분량의 소금을 넣고 곱게 갈아서 맛을 본다. 필요하면 남은 소금을 적당히 넣어가면서 잘 섞는다.

구운 파스닙을 식사용 접시에 수북하게 쌓고 로스팅 팬에 고인 오일을 두른 다음 로즈메리 소금을 뿌려서 낸다.

참고 나는 파스닙의 끝부분을 이용해서 파스닙이 살짝 기울어지도록 하고 굴려가며 칼을 한쪽 젓가락에 댄 채로 칼집을 넣는다. 손에 영 익지 않는다면 굵은 부분을 잡고 썰어도 좋다.

해슬백 기술을 완전히 통달했다면 당근이나 고구마, 특히 감자 등 다른 둥근 채소나 원뿔형 채소로도 만들어보자.

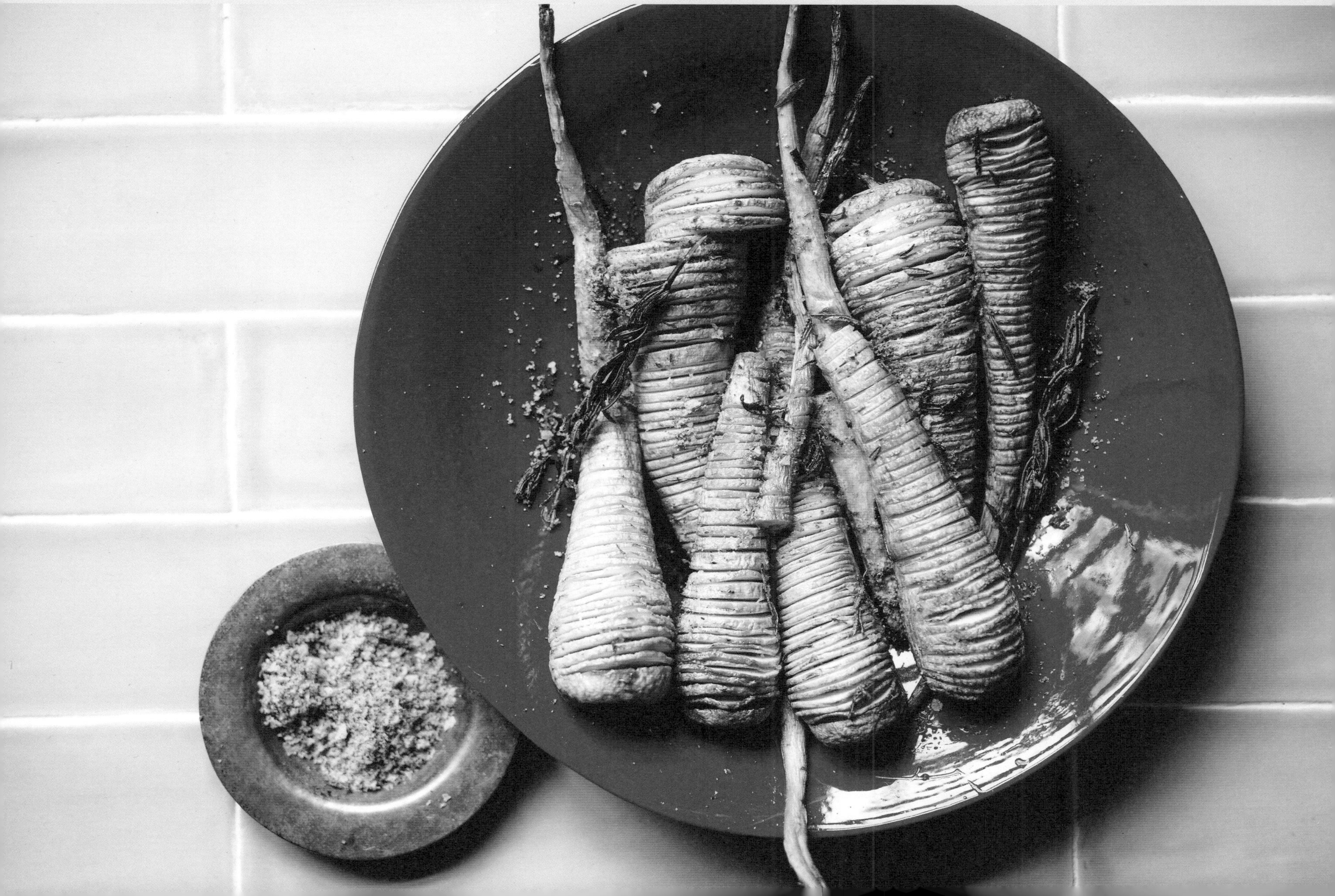

파스닙 랏키
Parsnip Latkes

랏키는 유대교에서 가장 인기 있는 명절인 하누카에 빠지지 않는 음식이다. '빛의 축제'라고도 불리는 하누카는 1일치의 연료로 등이 8일간 꺼지지 않고 유지되었던 것을 기리는 명절로, 굳이 따지자면 이는 1%밖에 남지 않은 스마트폰 배터리를 1주일간 유지하는 것과 비슷하다. 확실히 기적 같은 일이다. 이 기적은 또 다른 기적으로 이어진다. 도넛에서 생선 튀김, 내가 제일 좋아하는 전분질 채소 튀김까지 각종 기름진 음식을 본인 몸무게만큼 먹어치우는 것이다. 다른 이름으로는 뢰스티rösti라고도 불리는 이 랏키는 흔히 감자로 만들며 감자만으로도 맛있지만, 파스닙이 있다면 조금만 넣어보자. 어떤 명절을 기리든 상관없이 훨씬 가볍고 달콤한 기적같은 카나페가 완성된다.

분량 크기에 따라 16~18장

잘 문질러 씻은 로스팅 또는 구이용 감자 1개(160g)

잘 문질러 씻은 파스닙(껍질은 벗기지 않아도 좋다) 2개(중~대, 총 360g) 분량

껍질을 벗긴 프렌치 샬롯(또는 작은 갈색 양파) 1개

플레이크 소금 1/2작은술, 마무리용 여분

레몬 1/2개 분량

달걀 2개

글루텐 프리 밀가루(또는 맛초matzo 가루) 1/4컵(35g)

백후추 가루 1/4작은술

해바라기씨 오일 또는 땅콩 오일 1/2컵(125ml)

· 곁들임 아이디어

연어알

훈제 연어

크렘 프레슈

딜이나 처빌 줄기

웨지로 썬 레몬

볼에 면포를 깐다. 감자와 파스닙, 샬롯을 굵게 갈아서 볼에 넣는다. 소금을 뿌리고 레몬즙을 두른다. 짜낸 레몬은 소형 볼에 물을 담아서 넣어 둔다.

손으로 감자 혼합물을 잘 섞으며 꼭 짜서 물기를 짜낸다. 면포 가장자리를 들어올려 모아서 나무 주걱을 지지대 삼아 끼운 다음 볼에 얹어서 물기가 아래로 떨어지게 한다. 체 또는 채반을 이용해서 얹어두어도 좋다. 흘러나온 물기는 그대로 5분 정도 두어서 전분이 아래로 가라앉게 한다.

다른 볼에 달걀을 깨 담고 포크로 잘 푼다. 감자 혼합물을 넣고 밀가루와 후추를 넣는다. 흘러나온 물 아래 가라앉은 전분만 건져서(액상 풀과 같은 질감이다) 감자 볼에 넣는다. 손이나 나무 주걱으로 골고루 잘 섞어 햄버거 패티 같은 반죽을 만든다.

가장자리가 높은 대형 프라이팬에 오일을 두르고 중간 불에 올려 달군다. 반죽을 소량 떨어뜨려서 지글지글 소리가 나고 바로 노릇노릇해지기 시작할 정도로 달궈졌는지 확인한다.

베이킹 트레이에 종이 타월을 깐다. 1/4컵(60ml) 짜리 계량컵을 이용해서 랏키 반죽을 같은 양씩 퍼내 동글납작한 패티 모양으로 빚는다. 이때 손에 레몬 껍질을 담근 물을 자주 묻혀가며 작업해야 반죽이 손에 많이 묻어나지 않는다.

랏키 반죽을 적당량씩 팬에 넣어서 앞뒤로 노릇노릇해질 때까지 3~4분씩 굽는다. 건져서 종이 타월에 얹어 기름기를 제거하고 바로 여분의 플레이크 소금을 뿌린다.(또는 베이킹 트레이에 철망을 깔고 구운 랏키를 얹은 다음 나머지 랏키를 굽는 동안 100℃로 예열한 오븐에 따뜻하게 보관한다.)

따뜻하게 내서 원하는 모든 토핑 재료를 바르고 얹어서 먹는다. 내가 좋아하는 조합은 고전적인 크렘 프레슈(또는 사워크림)와 훈제 연어(또는 연어알)를 얹고 딜이나 처빌을 올린 것이다.

참고 차가운 랏키는 점심 도시락으로 싸기 매우 좋은 메뉴다. 필요하면 다시 살짝 구워서 바삭바삭하게 만든다.

번외 냉장고에 슈몰츠(닭 지방)나 오리 지방이 있다면 조리할 때 다른 오일과 함께 1큰술 정도 섞어보자. 풍미가 깊어진다.

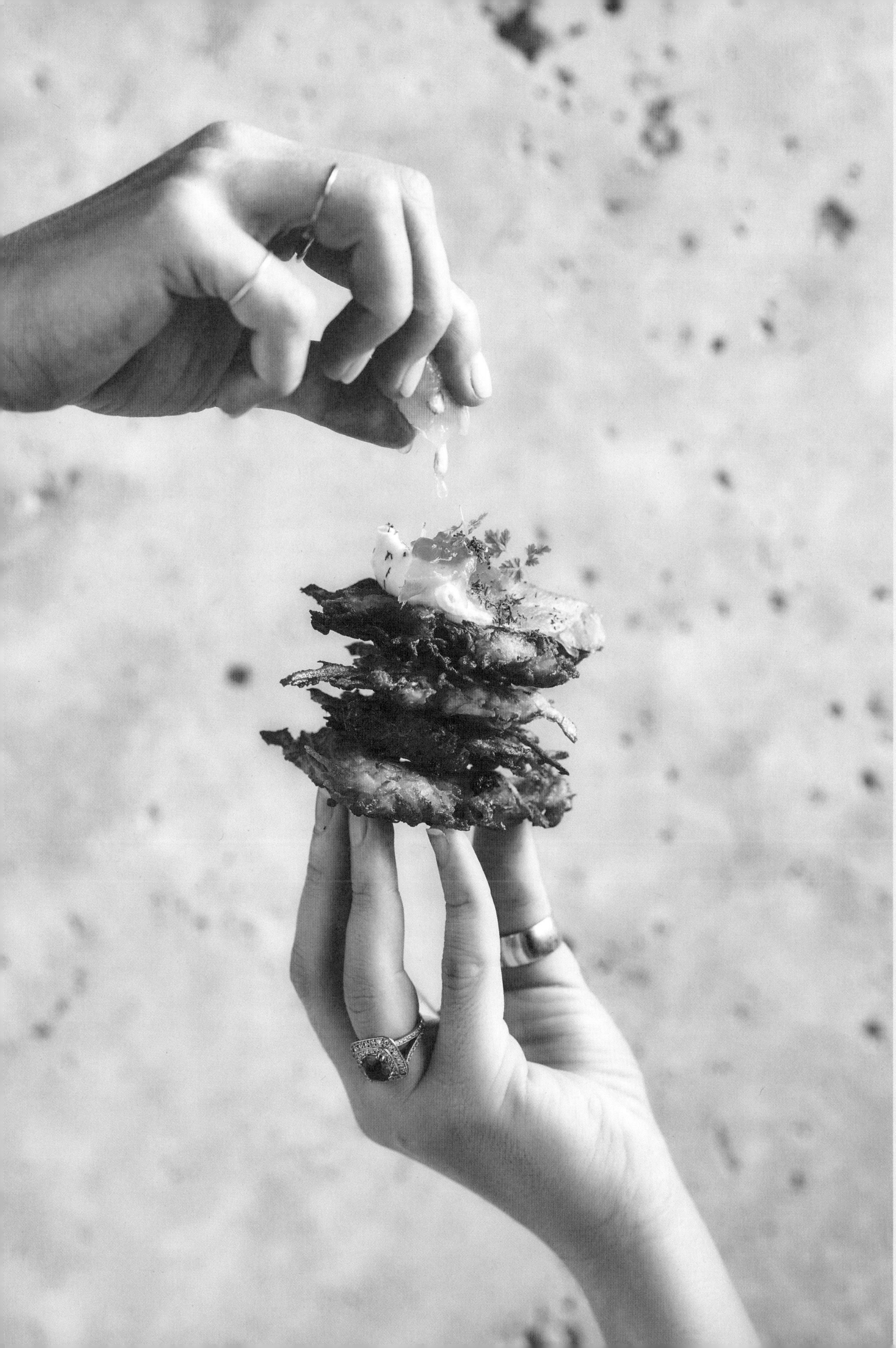

4가지 생강을 가미한 파스닙 대추야자 스티키 푸딩
Four-ginger Parsnip Sticky Date Pudding

겨울이면 내가 가장 자주 만드는 디저트인 끈적끈적한 대추야자 스티키 푸딩에 따뜻한 생강을 4가지 방식으로 차곡차곡 쌓아 넣어 제철의 풍미를 더욱 확고하게 그려냈다. 하지만 이 푸딩을 무엇보다 특별하게 만들어주는 재료는 파스닙이다. 가염 캐러멜 소스를 해자처럼 빙 두른 다음 크림과 아이스크림을 곁들여서 내보자! 남은 가염 캐러멜 소스는 아이스크림 또는 존재하는 거의 모든 디저트에 최고의 토핑으로 활용할 수 있다.

분량 4~6인분

씨를 제거하고 굵게 다진 메줄 대추야자(참고 참조) 300g
간 파스닙 2컵(400g), 장식용 껍질을 벗기고 얇게 송송 썬 파스닙
    1개 분량
간 생생강 2큰술
저민 생강 당절임 1컵(190g)
생강 가루 2작은술
베이킹 소다 2작은술
팔팔 끓인 진저 에일 1컵(250ml)
녹인 버터 250g
가볍게 담아 계량한 흑설탕 또는 데메라라 설탕 2컵(370g)
천연 바닐라 엑스트랙트 2작은술
달걀 4개
셀프 레이징 밀가루 3컵(450g)
플레이크 소금 1/4작은술

• 가염 캐러멜 소스
가볍게 담아 계량한 흑설탕 또는 데메라라 설탕 1컵(185g)
휘핑크림 300ml
천연 바닐라 엑스트랙트 1작은술
버터 50g
플레이크 소금 1/2작은술

오븐을 180°C로 예열한다. 12컵(3리터)들이 케이크 틀 또는 가장자리가 높은 베이킹 그릇의 바닥과 옆면에 기름칠을 하고 유산지를 깐다.

볼에 대추야자와 간 파스닙을 넣고 간 생강, 당절임 생강, 생강 가루, 베이킹 소다를 넣는다. 팔팔 끓인 진저 에일을 붓는다. 20분간 식히면서 재운다.

대형 볼에 녹인 버터와 설탕, 바닐라를 넣고 나무 주걱으로 섞는다. 달걀을 한 번에 1개씩 넣으면서 매번 골고루 잘 섞는다. 파스닙 생강 혼합물에 넣어서 잘 섞은 다음 밀가루와 소금을 넣고 적당히 섞일 만큼 접듯이 섞는다.

케이크 틀에 반죽을 넣는다. 저민 파스닙을 푸딩 윗부분에 예쁘게 올려 장식한다. 오븐에서 꼬챙이로 푸딩 가운데를 찌르면 깨끗하게 나올 때까지 약 1시간 정도 굽는다. 만일 윗부분이 너무 빨리 노릇노릇해지면 완성 15분 전에 쿠킹 포일을 덮는다. 꺼내서 틀째로 식힘망에 얹어 식힌다.

냄비에 모든 소스 재료를 넣고 중간 불에 올린다. 자주 휘저으면서 한소끔 끓인다. 불 세기를 낮추고 노란 소스 색이 조금 짙어지고 살짝 걸쭉해질 때까지 수 분간 뭉근하게 익힌다.

식사용 그릇에 따뜻한 푸딩을 퍼서 담고 따뜻한 소스를 넉넉하게 1국자 두른다.

참고 메줄 대추야자는 슈퍼마켓 베이킹 코너에서 판매하는 일반 대추야자보다 크고 부드럽다. 인근 식료품점의 신선식품 코너나 유럽식 델리숍을 방문해 보자.

지름길 커다란 푸딩이 다 익기까지 기다리기 힘들다면 반죽 일부를 덜어내서 머그잔에 넣고 전자레인지에서 완전히 익을 때까지 30초씩 돌려가며 상태를 확인한다. 그 위에 바닐라 아이스크림을 한 덩이 얹어서 소파에 앉아 하릴없이 텔레비전 채널을 돌려가며 먹자. 아무도 모를 즐거움이다.

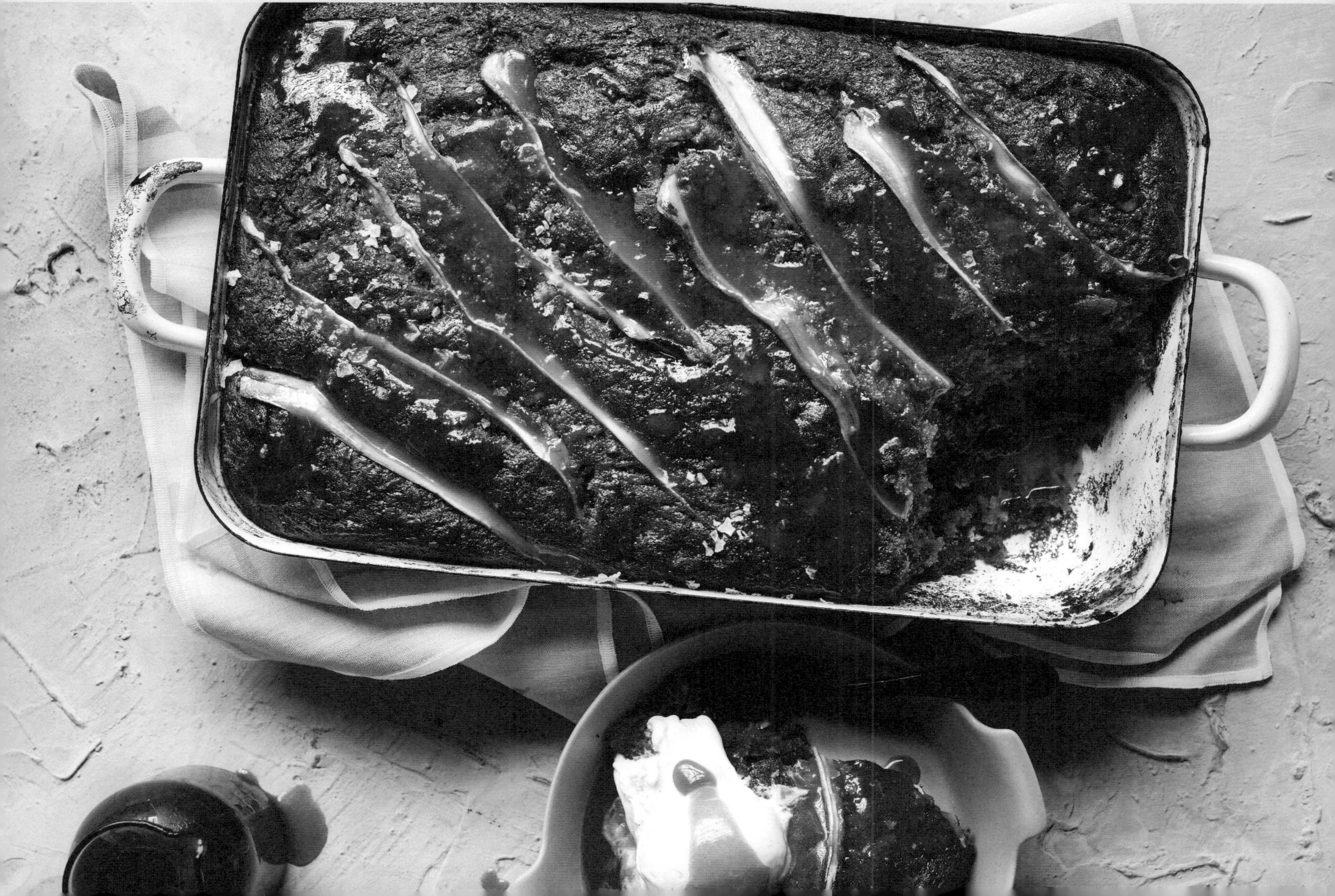

Kohlrabi

콜라비

콜라비는 배추속 식물계의 카다시안 가족과 같은 존재다. 관계도에 얽힌 존재가 많고, 통통한 크기로 가장 잘 알려져 있다. 실제로 브로콜리나 양배추를 썰 때 다디단 속심 부분을 먹는 걸 좋아한다면 콜라비 쪽이 더 보람찬 결과물을 선사한다. 이 통통한 콜라비의 질긴 겉껍질을 전부 깎아내고 나면 볶거나 얇게 저미거나 다른 요리를 만들면서 사과처럼 우물우물 베어먹는 등(내가 제일 좋아하는 방법이다) 배추속 식물의 속심에게 바라는 모든 소원을 이룰 수 있다. 흰색 콜라비는 양배추처럼 겉은 살짝 녹색을 띠지만 속은 새하얗다. 더 드문 보라색 콜라비도 예쁜 자주색 껍질을 벗기고 나면 속은 여전히 하얀색이므로 껍질이 보이기는 하지만 질기게 씹히는 일은 없도록 곱게 채 썰었을 때 가장 뚜렷하게 존재감을 나타낼 수 있다.

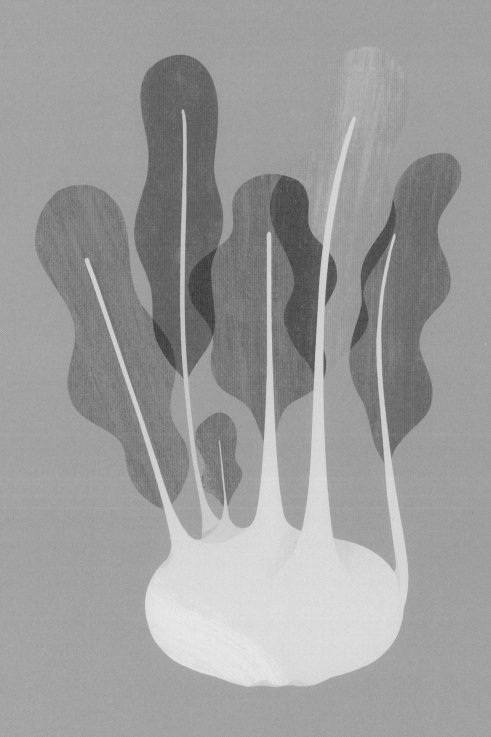

"나는 콜라비를 약한 불에 익혀서 숨겨져 있던 뛰어난 단맛과 따뜻한 견과류 풍미가 느껴지게
만들곤 한다. 천천히 익힌 콜라비의 가장 놀라운 부분은 질감이다. 단단하지만 입에
들어가면 살살 녹는다. 날카로운 칼을 이용해야 콜라비가 산산이 부서지지 않고 뚜렷하게
선명한 형태를 유지하게 만들 수 있다."
— 제레미 챈, 영국

구입과 보관하는 법

다시 한번 말하지만 이파리는 이 채소를 사랑해야 할지 떠나야 할지 결정하게 만드는 지표 역할을
하므로 초가을에서 봄에 이르기까지는 가능하면 십자화과처럼 꼬불꼬불 주름진 잎이 달려 있는 콜라비를
고르도록 한다. 텅 빈 줄기에 외계인처럼 보이는 안테나 몇 개만 남아 있다면 카다시안 비유를 다시
떠올리면서 크기에 비해 묵직하고 모서리 부분이 묘한 윤곽을 유지하면서 살짝 빛나는 것을 고른다.
풍미 면에서는 중간 크기의 콜라비를 고르는 것이 제일 좋다. 더 크고 성숙한 콜라비는 점점 질겨진다.
콜라비는 차갑고 습한 환경을 좋아하므로 느슨하게 싸서 냉장고 채소 칸에 보관한다. 잎이 달려 있다면
미리 떼어내서 따로 보관해야 유통기한이 길어진다.

손질하는 법

운 좋게 잎이 많이 달린 콜라비를 구했다면 잘라내서 따로 보관한 다음('자투리 활용'을 참고하자) 통통하게
부푼 줄기 부분을 손질한다.(입맛 떨어지는 설명이지만 정말로 콜라비는 맛있으니 나를 좀 믿어보자.) 안테나처럼
튀어나온 부분을 전부 잘라내서 동그란 테니스 공 같은 모양으로 만든 다음 잘라낸 안테나의 맛을 본다.
꽤 질기다면 콜라비의 껍질을 벗겨야 한다. 부드럽게 씹힌다면 껍질째 먹어도 된다! 샐러드에 넣는다면
그냥 날카로운 칼이나 채칼로 얇게 저미도록 하자. 찌거나 삶으려면 깍둑 썰어야 생각보다 조리 시간이
짧아진다. 하지만 이 부분에서 논할 내용이 아닌 것 같다. 다음 파트를 읽어보자!

조리하는 법

전통 레시피에서는 콜라비를 찌거나 삶는 것을 권장하지만 나는 그러면 콜라비가 불공평하게 필요
이상으로 양배추 같은 맛이 된다고 생각한다. 대신 얇게 저민 다음 버터와 머스터드 씨를 넣고
화이트와인을 살짝 둘러서 볶으면 질감은 살짝 부드러워지고, 배추속 특유의 쓴맛이 은은하게 감도는
달콤한 풍미가 부드러운 버터와 잘 어울리는 요리가 된다. 또한 날것 상태로 채 썰어서 사과 식초와
소금을 살짝 둘러 조금 부드럽게 만든 다음 산뜻한 샐러드에 넣어도 맛있다.

어울리는 재료

버터, 치즈(특히 하드 치즈), 캐러웨이 씨, 사과주 식초, 감귤류(특히 오렌지, 레몬), 크렘 프레슈, 딜, 마늘, 머스터드(소스와 씨), 파슬리, 참기름, 사워크림, 간장.

자투리 활용

콜라비에 달려 있는 잎은 절대 버리지 말자. 케일이나 브로콜리니처럼 구우면 완벽한 맛이 난다. 벗겨낸 껍질도 취향에 따라서 육수용 봉지에 넣어도 좋다.(다만 살짝 유황 냄새가 날 수 있으니 적당량만 넣자.)

콜라비 월도프 샐러드
Kohlrabi Waldorf Salad

이 상징적인 샐러드를 만들어낸 주인공이자 20세기 초 월도프 아스토리아Waldorf Astoria 호텔에 오랫동안 지배인으로 근무했던 오스카 스쳐키Oscar Tschirky는 고작 3문장으로 이루어진 원조 레시피에 다음과 같이 매우 구체적인 지침을 꼭 포함시켜야 한다고 생각했다. '사과 씨가 절대 들어가지 않도록 각별히 주의할 것.' 나는 여기서 한 걸음 더 나아가 사과를 완전히 빼 버렸다. 콜라비는 모양도 단맛도 사과 같아서 그간 수없이 복제되어 온 오스카의 고전적인 사과와 셀러리, 마요네즈 조합에 한 자리를 차지할 만하다.(아마 사과 씨에 대한 부분을 제외하면 레시피가 너무 모호하기 때문일 것이다.) 그리고 셀러리와 콜라비 모두와 잘 어울리기 때문에 반드시 필수로 넣어야 한다고 생각하는 호두를 추가했다.

볼에 커런트와 샬롯을 넣고 식초를 부어서 5분간 절여 피클을 만든다.

올리브 오일을 넣고 잘 섞은 다음 절반 분량의 호두를 넣고 소금과 후추로 간을 맞춘다.

그동안 콜라비는 가는 막대 모양으로 썰고 셀러리는 얇게 저며서 얼음물 볼에 담가 먹기 전까지 그대로 보관한다.

콜라비와 셀러리를 건져서 배와 함께 조심스럽게 섞는다. 호두 비네그레트를 적당량 둘러서 섞은 다음 식사용 접시에 담는다.

나머지 비네그레트를 두르고 포도와 차이브, 남겨둔 셀러리와 콜라비 잎, 남은 호두를 뿌린다.

마요네즈와 레몬즙을 골고루 잘 섞은 다음 샐러드에 둘러서 바로 낸다.

분량 4인분(사이드 메뉴)

커런트 2큰술

곱게 다진 프렌치 샬롯 1개 분량

샤도네이 식초 1/4컵(60ml)

올리브 오일 1/4컵(60ml)

구워서 곱게 다진 호두 1컵(115g)

보라색 콜라비(작은 잎은 떼서 따로 보관) 1개

셀러리(작은 잎은 떼서 따로 보관) 1통

얇게 저민 팩햄 배(즙이 많고 향기로워 생식 가능한 서양배 품종-
　　옮긴이) 1개 분량

큰 것은 반으로 자른 적포도나 청포도 또는 신선한 커런트 100g

3cm 길이로 송송 썬 차이브 1단 분량

마요네즈 1/2컵(125g)

레몬즙 1개 분량

참고 콜라비는 제철이 되어야 구할 수 있으므로 이 샐러드를 만들고 싶지만 콜라비가 없다면 셀러리나 배의 양을 늘리거나 풋사과를 넣도록 하자.

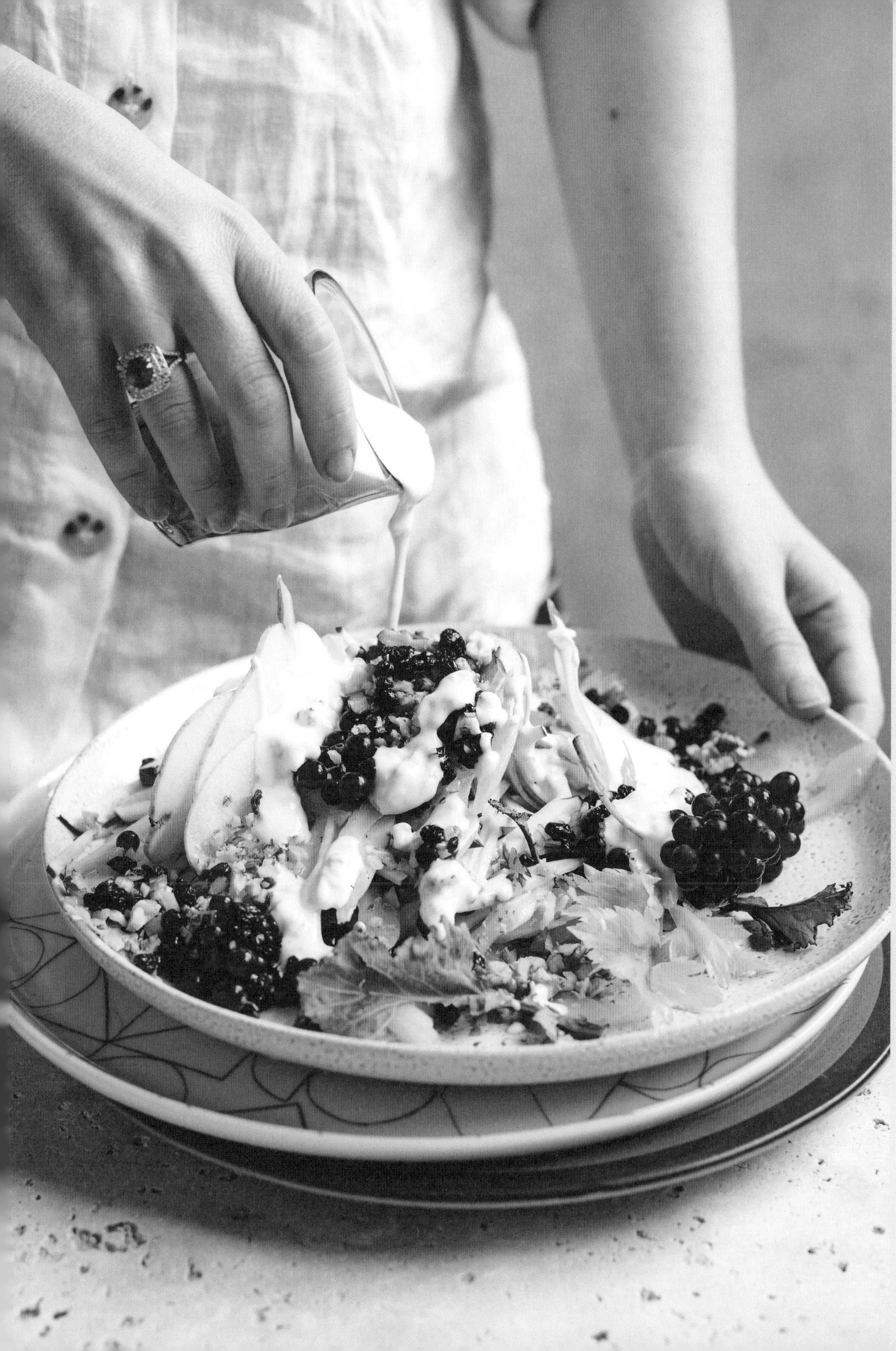

Fennel

펜넬

펜넬은 가을과 겨울에 가장 많이 나지만 상쾌한 감초 풍미가 가장
화사하게 살아나는 계절은 여름이다. 나는 펜넬을 곱게 채 썰어서(채칼이나
아주 날카로운 칼을 이용해서) 간을 넉넉히 한 다음 레몬즙과 올리브 오일로
버무려서 생선에 간단하게 곁들이는 사이드 메뉴를 즐겨 만들곤 한다.
따뜻한 날씨에는 잘 익은 토마토를 잘게 썬 다음 리코타 치즈 같은
생치즈를 좀 섞어서 함께 버무리기도 한다. 찐 펜넬은 추운 계절에 먹기에
정말 환상적인 맛이 나며, 레몬 제스트를 가미하면 더할 나위가 없다. 그냥
펜넬을 낼 때마다 레몬을 가미할 것을 고려해 보자. 로마 제국을 통해서
레몬이 지중해 연안에 도착한 이래로 펜넬과 레몬은 좋은 친구 사이를
유지해 왔다. 그리고 뭘 만들던 간에 펜넬 이파리는 버리지 말자. 딜처럼
사용하면 된다. 어차피 펜넬과 딜은 사촌 사이이니까.

"펜넬은 가장 맛있는 풍미로 가득찬 매우 환상적인 채소다. 찌거나 튀기거나 굽거나 샐러드를 만들 수 있다. 그냥 일단 어디든 넣어보자, 정말 끝내주니까!"
— 조지 칼롬바리스, 호주

구입과 보관하는 법

펜넬은 선반에 너무 오래 보관하면 수분이 날아가면서 상당히 초라해 보인다는 점에서 셀러리와 비슷하다. 질긴 갈색 부분이나 냉장 보관으로 상해서 미끈미끈해진 부분이 있는 것은 피한다. 이파리가 달려 있을 경우 젖은 종이 타월이나 면포로 감싸서 보호한 상태로 냉장 보관한다. 그래도 냉장고 환경이 계속해서 생명력을 앗아갈 것이기 때문에 수일 이내에 사용하는 것이 좋다. 한 번에 조금씩만 사용한다면 밀랍 유산지로 감싸서 가장자리가 말라버리지 않도록 해야 한다.

손질하는 법

펜넬은 자르는 순간 빠르게 산화되면서 변색되기 시작하므로 미리 얼음을 넣은 산성수를 준비해서 즉시 담가 두도록 한다. 레시피에서는 얇게 깎아낸 펜넬을 사용할 때가 많은데, 이때는 채칼을 사용하는 것이 가장 좋다. 고기처럼 결 반대 방향으로 썰지 말고 꼭지 끄트머리 부분을 손잡이처럼 활용해서 펜넬 모양이 살아 있도록 저미자. 칼을 사용할 경우에는 펜넬을 세로로 길게 반으로 자른 다음 단면이 아래로 오게 엎고 반달 모양으로 썬다.

기능적 효과

펜넬 씨는 수유 보조제의 핵심 성분으로 차나 쿠키에 사용될 때가 많다. 씨(그리고 구근도)에 에스트로겐과 유사한 특성이 함유되어 있어서 모유 생산을 촉진하고 월경 증상을 완화하는 데에 도움이 되기 때문이다. 수유 기간 동안 펜넬 섭취를 늘렸더니 배앓이가 심한 아기 치료에 성공했다는 보고도 있다.

어울리는 재료

사과, 버터, 치즈(파르메산, 생, 블루), 생선, 레몬, 올리브 오일, 올리브, 오렌지, 피망, 토마토.

자투리 활용

펜넬이 시들어서 상태가 좋지 않다면 멍들거나 말라버린 부분을 잘라낸 다음 얇게 저미서 얼음물에 담근다. 이때 1시간 이상 담가 두지 않도록 한다. 맛이 빠져나가기 때문이다. 모든 자투리 부분은 '육수용' 봉지에 담아서 냉동 보관한다.

수제 리코타를 곁들인 펜넬 토마토 판자넬라 샐러드

Fennel & Tomato Panzanella with Home-made Ricotta

리코타 치즈는 한 번 만들어보면 너무 쉽고 간단해서 매일 만들고 싶어질지도 모른다. 전통적으로 판자넬라는 오래된 빵이 토마토 즙을 흡수해서 다시 말랑말랑해지도록 만드는 샐러드다. 아래 레시피에서는 바삭하고 아삭한 빵과 펜넬이 부드러운 리코타, 달디단 여름 토마토와 이루는 조화를 느낄 수 있다. 모둠 씨앗류는 베이글 벨트Bagel Belt(베이컨, 달걀, 양상추, 토마토를 넣은 베이글 샌드위치. 각 재료의 앞 글자를 땄다 – 옮긴이)를 떠올리게 해서 마음에 드는 토핑이다. 생각해 보니 완전히 '에브리띵 베이글everything bagel(양귀비씨, 참깨 등 일반 베이글에 토핑으로 얹는 재료를 전부 올린 베이글 – 옮긴이)'의 요소가 모두 담긴 메뉴를 만들고 말았다는 사실을 깨닫게 만든다.

분량 4인분(사이드 메뉴 또는 스타터)

펜넬 구근(잎은 따로 보관) 1통(소)
얇고 둥글게 송송 썬 적양파 1개 분량
굵게 썬 재래종 토마토 500g
레드와인 식초 1/4컵(60ml)
엑스트라 버진 올리브 오일 1/4컵(60ml), 마무리용 여분
적당히 뜯은 사워도우 빵 150g
굵게 다진 바삭한 샬롯 튀김 3큰술
캐러웨이 씨 1작은술
참깨 1작은술
흑쿠민 씨 1작은술
서빙용 홀리 바질 또는 그린 바질, 퍼플 바질(선택)

• 리코타(2컵 분량)

펜넬 씨 2작은술(또는 구할 수 있다면 펜넬 가루 1작은술)
우유(참고 참조) 1리터(4컵)
레몬즙 2큰술

리코타를 만든다. 절구에 펜넬 씨를 넣고 빻아서 곱게 가루를 낸다. 냄비에 빻은 펜넬 씨와 우유를 넣는다. 중간 불에 올려서 한소끔 끓인다. 레몬즙을 넣어서 잘 섞은 다음 우유가 분리되기 시작하면 바로 불에서 내리고 30분간 그대로 둔다.

체나 채반에 면포나 깨끗한 천을 깐다. 우유 혼합물을 부어서 물기가 빠지도록 하여 유청과 커드를 분리한다. 이때 생긴 유청은 팬케이크 반죽이나 채소 수프 등에 사용할 수 있다.

대형 볼에 리코타 채반을 얹고 냉장고에서 1시간 동안 물기를 빼면서 완전히 식힌다.

그동안 펜넬을 길게 반으로 썬 다음 채칼을 이용해서 단면을 기준으로 얇게 저민다. 얼음물을 담은 볼에 넣는다.

다른 볼에 양파와 토마토, 식초를 넣어 버무린다.

프라이팬에 올리브 오일을 두르고 강한 불에 올려서 달군다. 사워도우 빵을 넣고 휘저으면서 노릇노릇해질 때까지 4~5분간 볶는다. 샬롯 튀김과 캐러웨이 씨, 참깨, 흑쿠민 씨를 넣고 향이 올라올 때까지 1~2분간 볶는다.

얼음물에 담가 둔 펜넬을 건져서 토마토 볼에 넣고 같이 버무린다. 접시에 펜넬 샐러드를 담고 리코타를 잘게 부숴서 얹는다. 바삭바삭한 향신료 사워도우 크루통과 펜넬 잎, 바질을 뿌리고 마지막으로 올리브 오일을 둘러서 낸다.

참고 더 진하고 크림에 가까운 우유를 사용할수록 풍미와 질감이 뛰어난 리코타가 된다. 이왕 만들어보기로 했으니 구할 수 있는 최상급의 우유를 사용하자.

지름길 당연히 '시판 리코타 치즈를 사용하라'이다. 최고의 맛과 질감을 느끼고 싶다면 물소젖으로 만든 리코타를 찾아보자. 그 다음으로는 전통 방식대로 만든 순수 유청 리코타pure-whey ricotta를 추천한다.

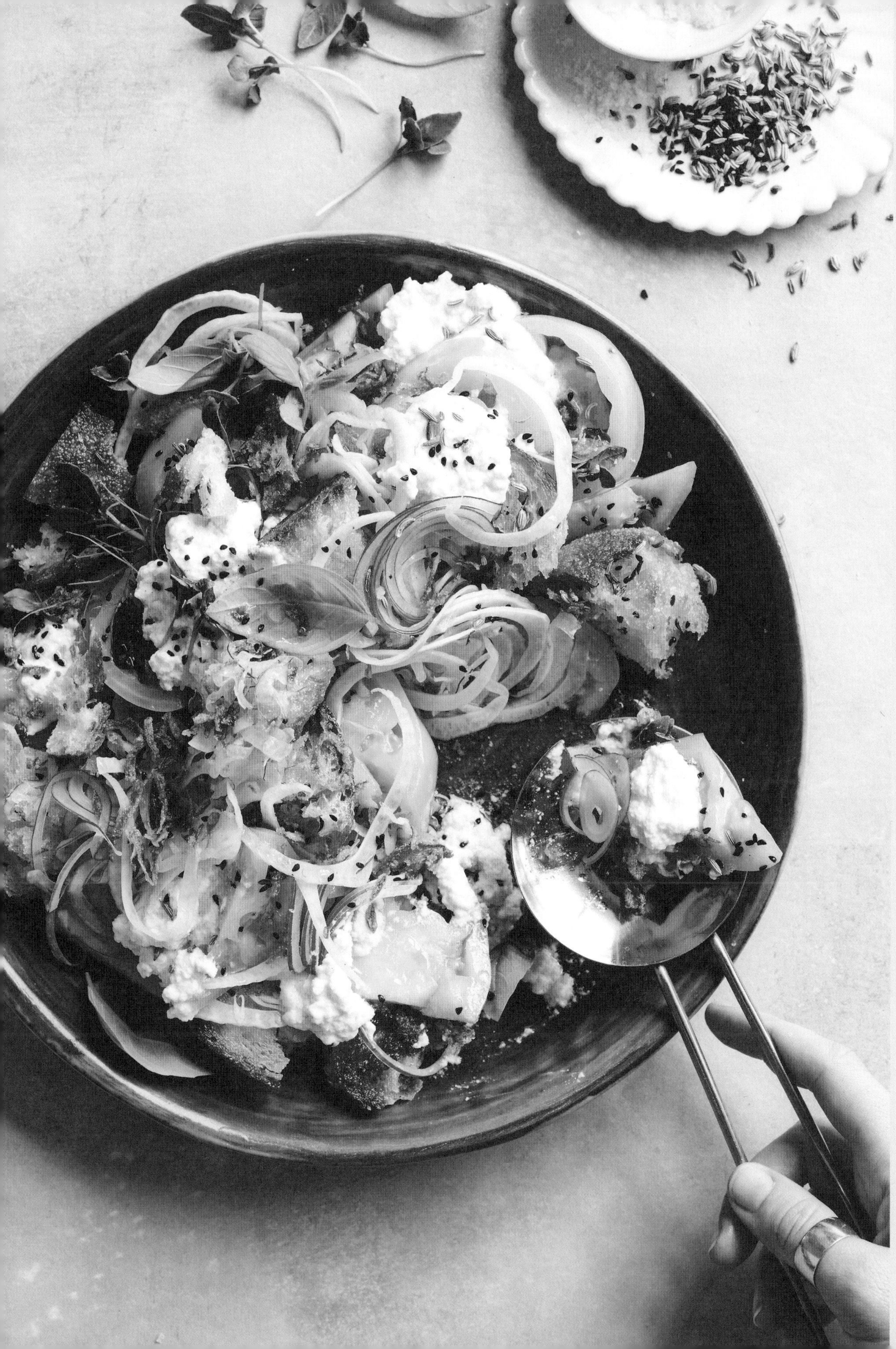

White Fennel

폴렌타 경단을 곁들인 펜넬 카차토레

Fennel Cacciatore with Free-form Polenta Dumplings

치킨 카차토레cacciatore는 고전적인 '사냥꾼의 스튜'이지만 나는
여기서 기본적인 개념만 가져와 가금류 대신 농산물 코너에서
사냥해 온 펜넬을 넣었다. 그리고 폴렌타polenta를 아래쪽에 꽁꽁
숨겨놓는 대신 위쪽에 얹어서 자유로운 형태의 경단으로 만들어
스튜에 질감과 포만감을 더하는 역할로 활용했다. 펜넬을 조리면
질긴 섬유질과 털이 부드러워지면서 꽃향기가 훨씬 진해진다.
반짝반짝하게 윤기가 나도록 지진 다음 오븐에서 뭉근하게 익혀
마무리하는 점이 마음에 드는 레시피다. 앞 레시피의 샐러드와
비교해서 토마토와 펜넬의 상호작용이 익힌 후에는 어떻게
변화하는지 살펴보면서 맛보는 것도 흥미로울 것이다.

분량 4~6인분

폴렌타 1컵(190g)

줄기를 다듬은 펜넬 구근(잎은 따로 보관, 참고 참조) 3~4개(중)

올리브 오일 2큰술, 마무리용 여분

씨를 제거한 칼라마타 올리브(참고 참조) 3/4컵(140g)

굵게 다진 마늘 2~3쪽 분량

껍질 벗긴 통조림 홀토마토 400g

황설탕 1작은술

소금 1작은술

로즈메리 2줄기

장식용 간 파르메산 치즈

오븐에 직화 가능한 캐서롤 그릇을 넣고 190℃로 예열한다.
폴렌타에 물 1컵(250ml)을 부어서 불려 놓고 나머지 재료를
준비한다.

그동안 펜넬 구근을 가장 넓은 부분을 기준으로 세로로 반으로
자른다. 그리고 다시 반으로 잘라서 총 4등분한다. 올리브
오일을 넉넉하게 두른다.

캐서롤 그릇이 뜨거워지면 오븐용 장갑을 끼고 조심스럽게
오븐에서 꺼낸 다음 펜넬을 한 켜로 깐다. 중강 불에 올려서
뒤집어가며 골고루 노릇노릇해질 때까지 5~10분간 굽는다.

중약 불로 낮추고 올리브와 마늘을 넣어서 윤기가 흐를 때까지
골고루 잘 섞는다. 토마토를 통조림에서 꺼내 조금씩 으깨가면서
캐서롤 그릇에 넣는다. 빈 토마토 통조림 통에 물을 반 정도
채워서 잘 흔든 다음 붓는다. 설탕과 소금을 뿌린다. 10분간
뭉근하게 익힌다.

식사용 숟가락 2개를 이용해서 불린 폴렌타를 동그스름하게
빚은 다음 소스 위에 얹는다. 그릇에 쿠킹 포일을 얹어서
단단하게 봉하거나 딱 맞는 뚜껑을 닫는다. 오븐에서 펜넬이
부드러워지고 소스가 졸아들 때까지 40분간 굽는다.

오븐에서 꺼내고 포일 또는 뚜껑을 제거한다. 오븐 온도를
220℃로 높인다. 그릇에 로즈메리 줄기를 넣고 파르메산 치즈를
뿌린다. 뚜껑을 닫지 않은 채로 오븐에서 5분 더 굽는다.

맛을 보고 간을 맞춘 다음 여분의 파르메산 치즈와 남겨둔
펜넬 잎으로 장식한다. 맛이 진한 사이드 메뉴 또는 채식주의자
친구를 위한 푸짐한 메인 메뉴 등으로 낸다.

참고 손질한 펜넬 줄기는 잊지 말고 '육수용' 냉동 봉지에 넣자. 올리브의
씨를 제거하려면 가장 통통한 부분을 양손가락으로 잡고 꾹 누른다.
그러면 씨가 톡 튀어나온다.

지름길 펜넬을 노릇노릇하게 지지고 싶은 생각이 없다면 베이킹 그릇에
모든 재료(폴렌타 경단을 제외한)를 넣고 240℃로 예열한 오븐에서 45분간
굽는다. 인스턴트 폴렌타를 곁들여 낸다.

번외 돼지고기 펜넬 소시지를 케이싱에서 짜내 즉석 '미트볼'을 만든
다음 겉을 골고루 노릇노릇하게 지져서 뭉근하게 익은 소스에 넣어보자.
더 간단하게는 닭 허벅지살과 북채를 넣기만 하면 치킨 펜넬 카차토레가
된다.

변주 레시피 남으면 빵가루에 파르메산 치즈와 펜넬 잎을 버무려서 위에
골고루 뿌린 다음 오븐에서 구워 간단하게 그라탕을 만들 수 있다.

채소 예찬

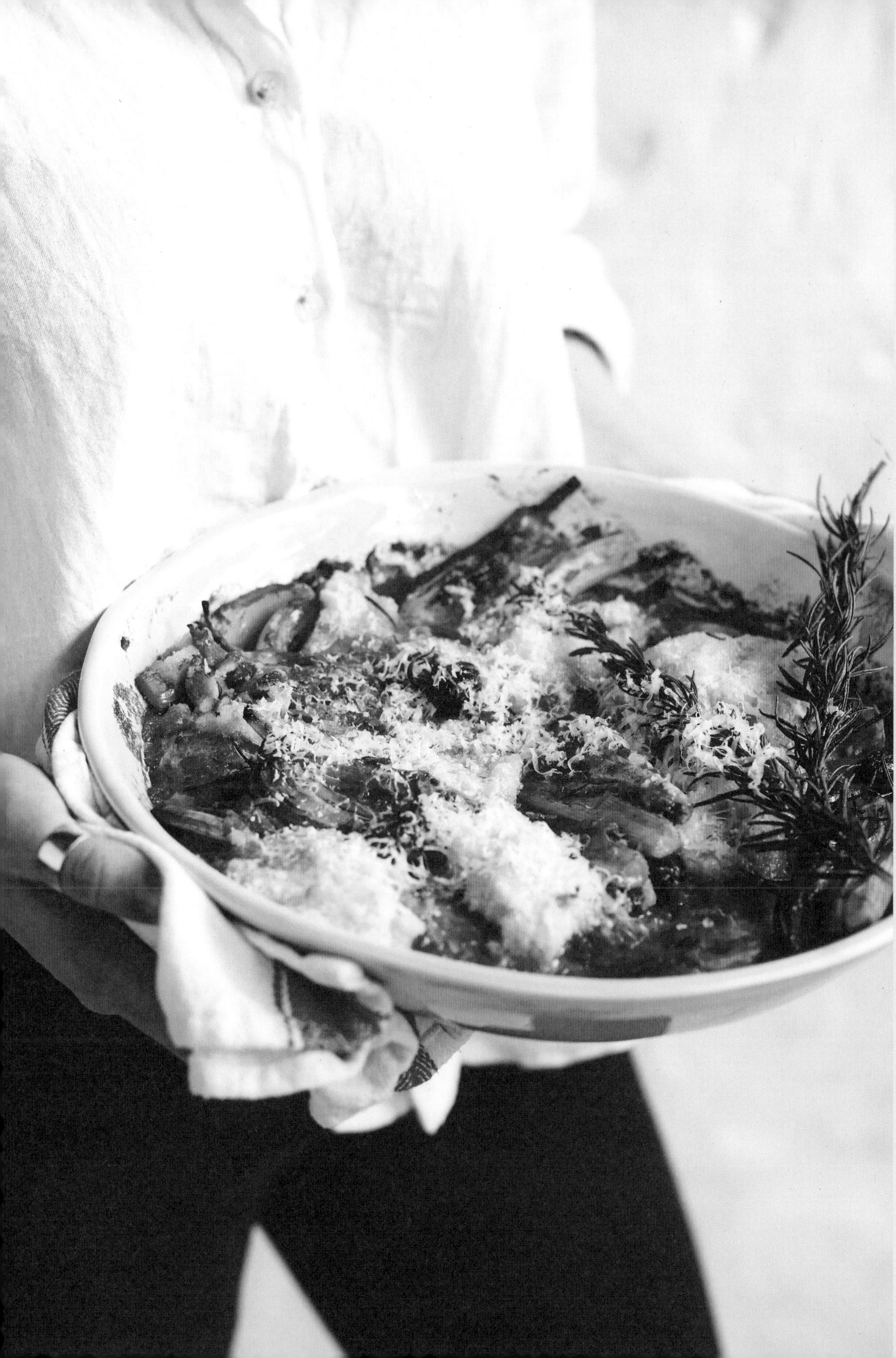

사워크림과 스위트 칠리 소스를 곁들인 아삭아삭한 웨지 펜넬

Crispy Fennel Wedge with Sour Cream & Sweet Chilli Sauce

1980년도와 1990년도를 만끽하면서 자라온 세대라면 사워크림과
스위트 칠리를 곁들인 웨지감자를 꽤 많이 먹었을 것이다.
웨지감자의 바삭바삭함과 은은한 매콤함이 가미된 거친 시럽
같은 스위트 칠리, 서늘한 사워크림이 짝을 이루어 입술에 풍미를
선사한다. 이 훌륭한 조합은 당시의 십대를 '미식가'에 가깝게
만들었다. 여기서는 웨지감자 대신 펜넬을 이용해서 풀 향을
한껏 가미하고 전체적인 조합을 훨씬 가볍게 만들어서 다시 한번
'웨지'에 감동할 수 있는 어른의 웨지 펜넬을 완성했다.

분량 4~6인분(사이드 메뉴)

펜넬(잎은 따로 보관) 2개
으깬 마늘 1쪽
졸인 식초(330쪽 홀란다이즈 참조) 또는 화이트와인 식초 1큰술
플레이크 소금 1과1/2큰술
팡코 빵가루 2컵(100g)
밀가루 1컵(150g)
백후추 가루 1작은술
달걀 2개
튀김용 미강유 또는 해바라기씨 오일
파인애플을 넣은 인도네시아식 삼발(220쪽 참조) 또는 시판 삼발
　　소스 4큰술
골든 시럽 또는 액상 꿀 2큰술
서빙용 사워크림

펜넬 구근은 길게 반으로 자른 다음 다시 길게 2cm 두께의 웨지
모양으로 썬다. 내열용 대형 볼에 넣고 마늘, 식초, 플레이크
소금 1큰술을 넣는다. 팔팔 끓는 물을 잠기도록 붓는다. 그대로
10분 정도 재워 펜넬이 살짝 부드러워지도록 한다.

그동안 펜넬 잎을 장식용으로 조금만 남겨두고 나머지는 곱게
다진다. 최소한 1큰술 정도는 넣는 것이 좋다. 얕은 볼에 펜넬
잎과 팡코 빵가루, 남은 플레이크 소금을 넣어서 잘 섞는다. 다른
얕은 볼에 밀가루와 후추를 섞는다. 세 번째 볼에 달걀을 깨서
담고 포크로 가볍게 푼다.

넓은 냄비에 원하는 튀김용 오일을 7cm 정도 깊이로 붓고
180℃로 가열한다. 빵조각을 오일에 떨어뜨려서 10초 안에
노릇노릇해지면 적당한 온도다. 베이킹 트레이에 종이 타월을
깔고 그 위에 식힘망을 얹는다.

부드러워진 펜넬을 건져서 물기를 제거한다. 한 번에 하나씩
밀가루를 묻힌 다음 달걀옷을 입히고 빵가루에 굴려서 골고루
입힌다. 적당량씩 뜨거운 오일에 넣고 노릇노릇해질 때까지
3분간 튀긴다. 식힘망에 얹어서 기름기를 제거하는 동안 나머지
펜넬을 마저 튀긴다. 아직 뜨거울 때 여분의 소금을 뿌려서 간을
한다.

삼발sambal에 골든 시럽을 섞어서 간단하게 스위트 칠리 소스를
만든다.

웨지 펜넬에 남겨둔 펜넬 잎을 뿌린다. 사워크림과 수제
스위트 칠리 소스를 찍어 먹을 수 있도록 곁들여서 뜨겁게 낸다.

참고 특히 작은 펜넬이나 어린 펜넬로 만들기 좋은 레시피다. 4등분해서
핑거푸드에 어울리는 크기로 만든다. 아주 작으면 반으로 잘라도 좋다.

썰어놓은 펜넬은 미리 데쳐두었다가 먹기 직전에 튀겨도 좋다. 다만
튀김옷은 튀기기 직전에 입혀야 축축해지지 않는다.

글루텐 프리 조리 시 글루텐 프리 밀가루를 묻히고 쌀가루, 퀴노아
플레이크를 입혀서 만들어보자.

비건 조리 시 레몬즙을 넣어서 으깬 아보카도를 딥 대용으로 사용한다.
또한 튀김옷을 입히는 단계에서는 달걀물 대신 콩이나 병아리콩 통조림의
국물(아쿠아파바aquafaba)을 사용한다.

Celeriac

셀러리악

대학에서 수강했던 영화 이론 강좌에서 가장 신기했던 수업으로 데이비드 린치의 《이레이저 헤드Eraserhead》 분석을 꼽을 수 있다. 주인공이 아기처럼 생긴 구근 같은 덩어리(상당히 거친 머리카락과)에 시달리는 실험적인 공포 영화다. 나는 셀러리악을 볼 때마다 거친 머리카락과 아기처럼 생긴 구근 같은 덩어리가 나오던 그 영화가 떠오른다. 셀러리악을 처음 보면 우리가 먹는 셀러리의 뿌리 부분이라고 생각하기 쉽지만 사실은 셀러리 구근, 즉 잎보다는 줄기에 가까운 부분이 부풀어오른 것이다. 진짜 뿌리는 셀러리악 밑동 근처에 벌레 같은 모양으로 덩굴손처럼 달라붙어 있다! 은은한 흙 향기와 풍미를 풍기지만 익히면 풀 향이 나면서 고소해진다. 날것으로도 먹는데, 반은 샐러드고 반은 양념이라고 볼 수 있는 마요네즈 바탕의 고전적인 요리 레뮬라드remoulade에 질감의 대조를 선사하는 역할을 한다.

"셀러리악은 수프에 넣어도, 날것으로 샐러드를 만들어도, 올리브 오일과 오렌지 주스를 듬뿍 넣어 가볍게 찌는 인기 터키 요리에서도 환상적인 맛이 난다. 감귤류는 향기로운 셀러리악을 보완하는 사랑스럽고 가벼운 풍미를 선사하고 고운 색을 유지하게 만드는 역할을 한다."
— 코스쿤 위살, 터키

구입과 보관하는 법

그래도 여전히 셀러리 가족에 속하는 일원이라는 점을 고려하면 가을과 겨울에 신선한 셀러리악을 구입할 때는 셀러리와 똑같이 '잎이 신선할수록 구근도 신선하다'는 원칙을 적용해야 할 것이다. 잎을 모두 잘라낸 상태라고 하더라도 구근만 탄탄해 보인다면 너무 신경쓰지 말자. 보통 품질이 떨어졌기 때문이 아니라 직원이 너무 열정적이라 미리 손질을 해버렸을 가능성이 높다. 다만 잎과 구근을 함께 구우면 풍미가 증폭되니 잎이 붙은 셀러리악이 있다면 그쪽을 선택하도록 하자. 껍질이 최대한 매끄러운 것을 골라야 잘 벗겨져서 속살을 많이 잘라내게 될 위험이 적다. 씻지 않은 채로 봉지에 느슨하게 담아서 냉장고에 넣으면 일주일 이상 보관할 수 있다. 셀러리악은 냉동 보관하기도 좋기 때문에 여유로운 일요일 오후를 틈타서 껍질을 벗긴 다음 잘게 썰어 쟁반에 담고 냉동한 다음 소분해서 아무 때나 수프나 스튜에 집어넣을 수 있도록 준비해 두자.

씻기만 하면 준비 완료

셀러리악 섭취에 가장 큰 장벽이 되는 것은 깨끗하게 씻기가 상당히 까다롭다는 부분이다. 셀러리악의 꼬불꼬불한 덩굴손 같은 뿌리는 저들끼리 얽혀서 가장 비열한 방식으로 흙모래를 잔뜩 머금어 채소계의 '문어'라는 평판을 받는다. 일반적인 채소 손질법처럼 뿌리를 잘라내다 보면 셀러리악의 3분의 1 이상을 내버리게 될 위험이 있다. 대신 커다란 볼에 물을 담고 셀러리악을 푹 담가서 최소 10분 이상 그대로 둔 다음 수돗물을 틀어서 흐르는 물 아래 볼을 갖다 놓고 꽁꽁 숨어 있던 흙먼지까지 전부 빠져나오도록 하자. 셀러리악에 다시 수분을 보충하게 되는 효과도 있다. 시간 여유가 없다면 셀러리악을 먼저 4등분한다. 그러면 뿌리가 얼마나 깊고 끈질기게 붙어 있는지 눈으로 확인할 수 있으므로 과도로 과육과 최대한 가까운 부분을 정확하게 잘라낼 수 있다.

어울리는 재료

사과, 사과 식초, 레몬, 머스터드(특히 디종, 씨 머스터드), 파슬리, 감자.

자투리 활용

셀러리악의 '셀러리' 부분은 그냥 땅콩 버터를 찍어서 먹기에는 너무 씁쓸하지만 냉동실의 '육수용' 봉지에 넣어 두었다가 채수을 만들 때 쓸 수 있다. 셀러리를 따로 추가하지 않아도 깊은 흙 향기와 미네랄 풍미를 더해준다.

반으로 가른 셀러리악 치즈 소금 크러스트 구이
Salt-baked Butterflied Celeriac Cheese

'못생겼지만 맛있어'의 전형적인 예시를 보여주는 음식이다.
껍질은 쪼글쪼글하고 새까맣게 변했지만 먹는 데에는 전혀 문제가
없고, 풀 향이 감도는 속살은 화사하면서 살살 녹는 크리미한
질감을 보여준다. 어떤 말로도 이 맛을 표현할 수가 없다. 그냥
하는 말이 아니다.

분량 4인분(사이드 메뉴)

플레이크 소금 1/3컵(30g)

셀러리악(참고 참조) 2통(각 400~500g)

잘게 썬 무염버터 50g

크렘 프레슈 1/2컵(120g)

간 그뤼에르 또는 모차렐라 치즈 100g

타임 줄기 1/2단 분량

셀러리 씨 1작은술

오븐 중간 단에 철망 선반을 설치하고 쿠킹 포일을 깐 베이킹
트레이를 그 아래 넣는다. 오븐을 220℃로 예열한다.

대형 볼에 소금과 팔팔 끓는 물 2컵(500ml)을 넣는다. 골고루
휘저어서 소금을 녹인다. 셀러리악을 넣고 살살 굴려서 물을
골고루 묻힌다. 그러면 소금 크러스트를 쉽게 만들 수 있고
셀러리악에 풍미가 배어들면서 맵싸한 맛이 강해진다.

셀러리악을 오븐 중간 단에 넣고(포일을 깐 베이킹 트레이 위에
얹어서 흘러나오는 즙이 오븐을 지저분하게 만들지 않고 한 데 모일 수
있도록 한다) 칼로 가장 두꺼운 부분을 찌르면 버터처럼 부드럽게
들어갈 때까지 1시간 15분간 굽는다.

꺼내서 10분간 한 김 식힌 다음 날카로운 칼을 이용해서
셀러리악 한쪽 끝에 칼집을 넣어 손끝으로 조심스럽게 열 수
있도록 한다.(이 과정이 너무 까다로우면 버터 나이프를 이용해서
반으로 자른다.) 베이킹 그릇에 셀러리악을 안쪽 살점이
드러나도록 펼쳐 담은 후 버터를 곳곳에 뿌린다. 절반 분량의
크렘 프레슈를 골고루 얹은 다음 치즈와 타임 줄기, 셀러리 씨를
뿌린다. 소금과 후추를 한 꼬집씩 뿌린다.

오븐의 철망 선반을 윗단으로 옮긴다. 오븐 그릴(브로일러)을
강한 불로 예열하고 셀러리악을 넣어서 치즈가 노릇노릇해질
때까지 4~5분간 굽는다.

잔뜩 들뜬 마음으로 따뜻하게 낸다.

참고 수십 분간 휘저을 필요도 없이 크렘 프레슈나 사워크림에 치즈와
버터를 섞어서 만드는 이 가짜 베샤멜은 라자냐에 사용하기에도 좋다!

셀러리악은 없지만 콜라비가 있다면 대체해서 만들어보자.

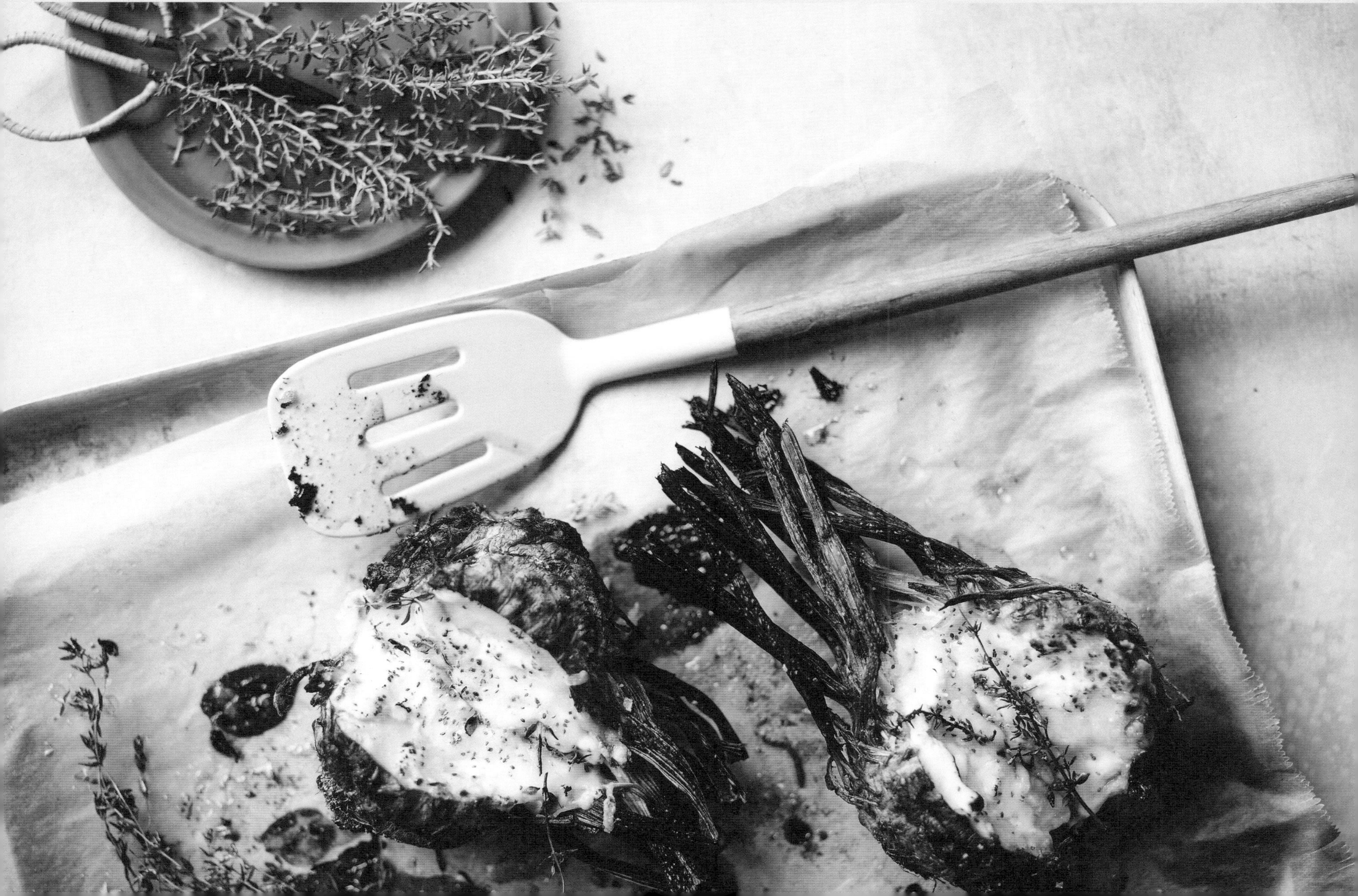

Cauliflower

콜리플라워

채소의 높은 활용도에 관해서 콜리플라워를 언급하지 않을 수는 없다.
이 멋진 배추속 식물의 부드러운 풍미는 통째로 굽고, 잘게 다져서
'콜리플라워 쿠스쿠스'를 만들고, 곱게 갈아서 수프를 만들고, 절여서
피카릴리piccalilli를 만드는 식으로 여러 문화권의 수많은 식사에서
환영받는다. 물론 가까운 친척인 브로콜리처럼 간단하게 찌거나 볶음
요리에 집어 넣기만 해도 된다. 또한 두껍게 저며서 패티처럼 만들어
스테이크처럼 굽거나 건조시킨 다음 빻아서 크래커를 만들 때 전분을
대체하는 재료로 쓰는 등 그 자체로도 충분히 변신하는 모습을 보여준다.

White Cauliflower

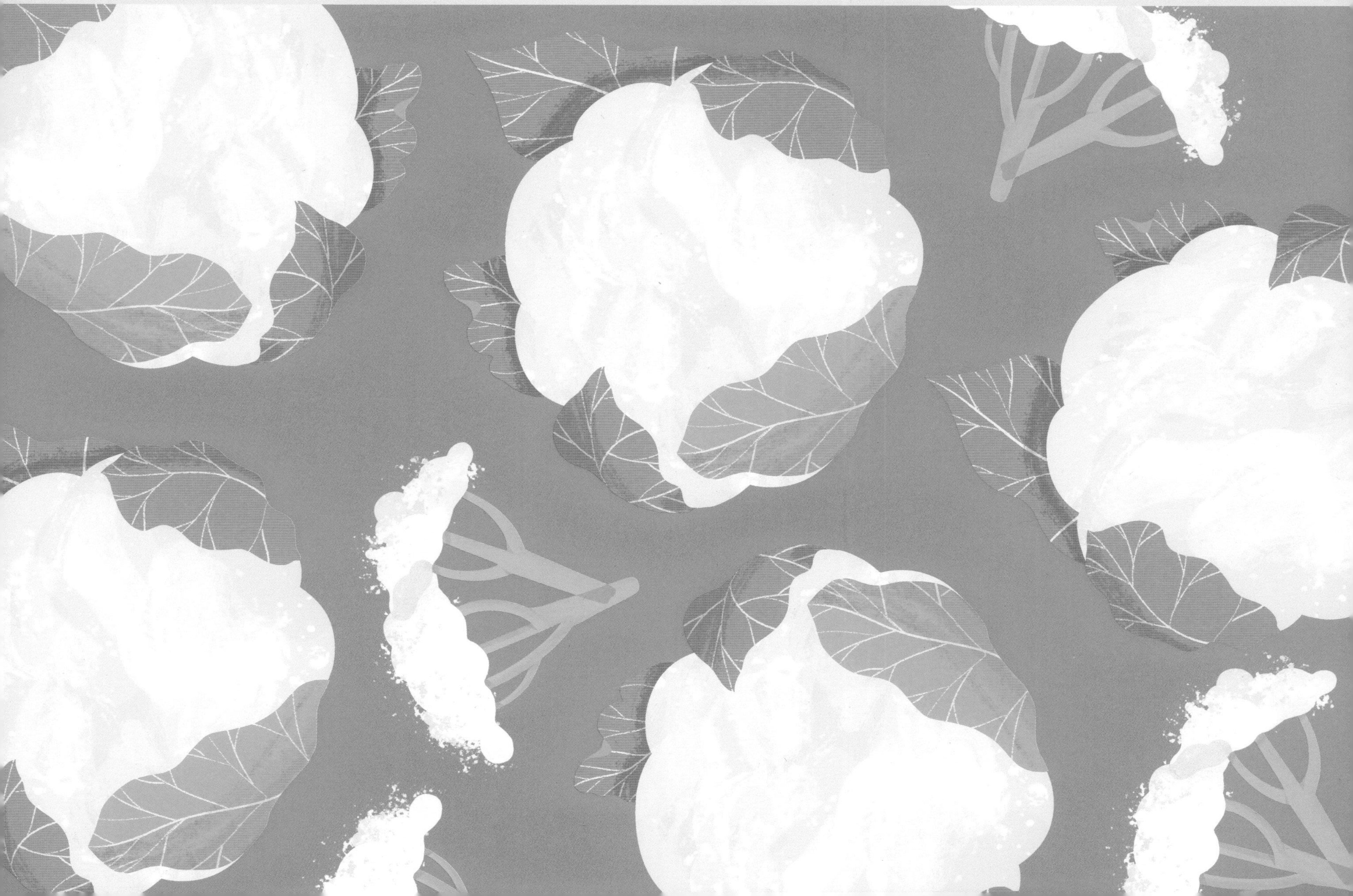

"나는 콜리플라워로 수프를 만드는 건 물론이고 스테이크처럼 구워서 발사믹과 올리브 오일
  비네그레트를 곁들여 내거나, 겨울에 퓌레를 내서 모네이 소스와 함께 그라탕을 만드는 것을
  좋아한다."
— 필립 무셸, 프랑스

구입과 보관하는 법

신선한 콜리플라워는 백합 같은 새하얀 색깔과 섬세한 속살을 지니고 있어 질 좋은 것을 골라내기가
어렵지 않다. 가을이 제철이지만 1년 내내 구할 수 있으며, 커드curd처럼 보이는 흰색 송이 부분이
깨끗하고 잎이 싱싱한 것을 고른다. 또 다른 지표로는 송이와 줄기가 분리되는 아랫부분을 확인하는
것이다. 이 부분이 충분히 촉촉할수록 신선한 콜리플라워다. 줄기에 잿빛을 띠는 부분이 있거나
재처럼 부슬부슬한 질감이 눈에 보이고 송이에 변색된 부분이 있다면 수확한 지 시간이 조금 지난
콜리플라워라고 할 수 있지만 과도나 채소 필러로 충분히 제거할 수 있는 정도다. 송이가 영 느슨해
보이더라도 상관없다. 익히고 갈아서 콜리플라워 수프를 만들면 아무도 모른다. 언제든 일단 한 통을
통째로 구입하는 것이 가장 경제적이고, 굽거나 찐 다음 남은 것은 다음날 만드는 아무 요리에나 넣어서
양을 푸짐하게 늘리는 용도로 써보자.
  콜리플라워는 이파리가 싱싱한 것을 고르기만 한다면 냉장고 채소 칸에 2주일까지 보관할 수 있다.
꼭 반쪽짜리 콜리플라워를 사야 한다면 유리병에 물을 담아서 똑바로 세워 꽃은 다음 냉장고 아래칸에
넣거나 느슨하게 싸서 냉장고 채소 칸에 넣어 피할 수 없는 건조 과정을 어떻게든 늦춰보자. 참고로
콜리플라워를 송이로 나눠서 데친 다음 쟁반에 한 켜로 담아서 냉동한 다음 소분해서 냉동 보관할 수도
있다.

콜리플라워 그 외: 콜리니

'콜리 꽃Cauli Blossom'이나 피오레토Fioretto라고도 불리는 줄기 콜리플라워, 콜리니는 빼곡하게 들어찬 덩어리
같은 송이 대신 길쭉한 콜리플라워 줄기 끝부분에 꽃송이가 자그마하게 피어 있다. 고급 레스토랑에서
미리 살짝 익힌 다음 버터나 연한 육수에 마저 익히는 등 섬세하고 우아하게 차려낸 메뉴로 만나게 될
가능성이 가장 크다. 환상적인 일식 튀김 재료이기도 해서 탄산수 등으로 만든 튀김옷 반죽에 가볍게
담갔다가 기름에 튀기면 바삭바삭한 튀김옷 사이로 고운 꽃송이가 부드러운 덩굴손처럼 튀어나온 모양이
된다. 나는 볶음 요리에 섞어 넣어서 줄기 부분이 줄기 브로콜리처럼 살짝 아삭한 질감이 남아 있도록
익히는 것을 좋아한다.
  라우의 생생강을 가미한 채소 요리(104쪽의 레시피 참조)에 섞어 넣기에 아주 훌륭한 재료다.

어울리는 재료

안초비, 버터, 치즈(특히 체더, 블루, 파르메산), 고추, 크림, 커리 가루, 마늘, 레몬(특히 제스트), 후추.

밥이 최고다

콜리플라워 '쌀'은 이름답게 인기 높은 곡물 대체재로 활약하면서 모든 식사에 추가적인 풍미를 더해준다. 미리 갈아서 판매하는 제품 대신 신선한 콜리플라워를 사서 직접 만들어보자. 생 콜리플라워를 강판에 갈아서(또는 2인분 이상을 만들 경우 푸드프로세서로 갈아서) 뜨거운 커리나 캐서롤 요리에 넣고 살짝 숨이 죽을 때까지 익힌다. 아니면 조금 더 굵게 갈아서 콜리플라워 쿠스쿠스를 만들 수도 있다. 천재다!

보라색 콜리플라워 타불리

샐러드용 양파 1/2개를 곱게 다져서 볼에 넣고 깍둑 썬 로마 토마토 4개 분량, 으깬 마늘 1~2쪽 분량을 넣은 다음 소금과 후추로 간을 한다. 보라색 콜리플라워 1개를 송이로 잘게 나눈 다음 내열용 볼에 넣고 팔팔 끓는 물 한 주전자를 부어서 콜리플라워가 완전히 잠기도록 한다. 레몬 1개의 제스트를 깎아내고 즙을 짠 다음 토마토 볼에 레몬즙을 넣는다. 콜리플라워를 건져서 물기를 충분히 제거한 다음 푸드프로세서에 넣고 레몬 제스트, 수막 가루 1작은술, 올리브 오일 2큰술을 넣어서 곱게 다진다. 토마토 볼에 콜리플라워 혼합물을 넣어서 골고루 잘 섞는다. 다진 파슬리 1컵 분량과 다진 민트 1/2컵 분량을 뿌리고 먹기 직전에 골고루 섞는다.(보라색 콜리플라워가 없으면 연두색과 노란색, 주황색 등 다양한 색상의 콜리플라워로 대체한다. 또는 어린 비트를 익혀서 흰색 콜리플라워와 함께 갈면 안토시아닌으로 메이크업을 시킨 듯한 효과를 낼 수 있다!)

자투리 활용

콜리플라워 잎은 놀랄 만큼 맛있다. 케일 칩을 만들듯이(360쪽 참조) 노릇노릇하고 바삭바삭해질 때까지 구워보자. 만일 콜리플라워의 송이 부분만 사용하는 레시피라 하더라도 절대 심을 버리지 말자. 내가 제일 좋아하는 부분이다. 줄기 밑동 부분을 잘라내서 질긴 겉껍질을 얼마나 벗겨내야 하는지 확인한 다음 칼이나 채소 필러를 이용해서 깎아내 안쪽의 달콤한 옅은 색 심만 남긴다. 셀러리 스틱처럼 날것으로 먹어도 좋고, 가능하면 주변 사람들과 함께 나누어 먹어보자. 분명 평생 배추속 식물에 푹 빠지게 될 것이며, 후에 언젠가 그에 대한 글을 쓸지도 모른다. 남은 콜리플라워는 푸드프로세서에 갈아서 끓는 물을 부어 1분 정도 그대로 뒤서 '데친' 다음 건져서 물기를 제거한다. 트레이에 평평하게 펼쳐 담은 다음 냉동해서 적당량씩 나누어 냉동 보관한다.

원팟 콜리플라워 통구이
One-pot Whole-roasted Cauliflower

이 요리가 빠지면 21세기 채소 바이블을 완성했다고 말할 수 없다. 미즈논Miznon의 오너 셰프 에얄 샤니Eyal Shani가 거뭇하게 통째로 구워낸 콜리플라워를 텔아비브Tel Aviv와 뉴욕, 멜버른의 레스토랑에 턱턱 차려내기 시작한 순간, 이 요리 하나가 사람들이 집에서 채소를 요리하는 방식에 대한 생각을 완전히 바꿔버렸기 때문이다. 채식 식단을 고수하는 사람이 찾아오면 이 요리가 즉시 메뉴에 올라간다. 사람들이 정말 좋아하는 음식이다. 또한 설거지를 담당하는 닉(중요한 사람이라면 마땅히 담당해야 할 일이다)이 기뻐하는 메뉴기도 하다. 유일하게 변형할 수 있는 부분은 향신료다. 나는 가끔 중동식으로 콜리플라워를 굽기 전에 쿠민과 고수를 문지른 다음 듀카와 석류씨를 뿌려서 마무리한다. 터메릭turmeric을 문질러 바른 다음 오이 라이타raita를 만들고 신선한 고수를 듬뿍 곁들이기도 한다. 일단 찌고 구워서 고명을 뿌리는 기본 원리를 이해하고 나면 나머지는 마음 가는 대로 활용할 수 있다.

분량 4~6인분

가능하면 맛있는 잎이 아직 붙어 있는 콜리플라워 1통
올리브 오일 2큰술, 마무리용 여분
플레이크 소금 1작은술, 마무리용 여분

대형 볼에 소금물을 담고 콜리플라워를 송이 부분이 아래로 가도록 5분간 푹 담근다. 그런 다음 뒤집어서 아래쪽도 5분간 담가 잔여물이 전부 물에 빠져나오게 한다. 손끝으로 문지르면서 필요하면 흐르는 물에 헹궈서 이파리 뿌리 부분에 붙은 흙먼지를 모두 제거한다. 콜리플라워 줄기 부분이 똑바로 세울 정도로 평평한지 확인한 다음 필요하면 칼로 살짝 손질한다.

콜리플라워가 딱 들어가는 크기의 뚜껑이 있고 직화 가능한 캐서롤 냄비(나는 무쇠 냄비를 즐겨 사용한다)를 찾아낸다. 콜리플라워를 똑바로 서도록 넣는다. 냄비에 찬물을 손가락 관절 두 마디 정도 높이로 채운다. 뚜껑을 닫고 중약 불에 올려서 15분간 보글보글 끓이며 찐다. 얕게 부은 물이 콜리플라워의 굵은 줄기 부분을 익히면서 고운 송이 부분은 너무 축축하게 물러지지 않게 한다.

그동안 오븐을 240℃로 예열한다.

냄비 뚜껑을 열고 티타월을 이용해서 콜리플라워를 조심스럽게 꺼낸다. 물을 따라내고 콜리플라워를 다시 송이가 위로 오도록 넣은 다음 약 5~10분간 남은 수분을 완전히 날린다. 그래야 바삭바삭하게 잘 구울 수 있다.

콜리플라워가 만질 수 있을 정도로 식으면 꺼내서 도마에 놓고 올리브 오일과 소금을 뿌려서 손으로 골고루 빠짐없이 문질러 바른다.

유산지 2장을 겹쳐서 넓게 편 다음 구겨서 볼 모양으로 만들어 캐서롤 냄비 바닥에 깐다. 그 속에 콜리플라워를 앉히고 오븐에 넣어 뚜껑을 연 채로 콜리플라워의 크기와 윗부분을 얼마나 태우고 싶은지에 따라서 25~35분간 굽는다. 나는 보통 1.2kg짜리 콜리플라워를 기준으로 30분 정도 굽는다.(가끔 냄비 내부 온도를 더 높이기 위해서 뚜껑을 닫은 채로 굽기도 하는데, 인생을 별로 위험하게 살고 싶지 않다면 냄비에서 찐 다음 베이킹 트레이에 담아서 구워도 좋다.)

콜리플라워를 한 김 식힌 다음 형태가 망가지지 않도록 유산지째로 꺼낸다. 여분의 올리브 오일을 두르고 플레이크 소금을 뿌린 다음 낸다.

화이트 앤드 그린 지아르디니에라
White & Green Giardiniera

지아르디니에라는 다양한 채소를 섞어서 만드는 이탈리아식 피클이다. 나는 여기에 숨은 개념을 매우 좋아한다. 나, 즉 '정원사'가 유리병에 말 그대로 나만의 '정원'을 심어서 가꾸는 것이다. 전통적으로 흰색 콜리플라워와 빨간색 피망, 녹색 셀러리 등의 채소에 당근 등을 섞어서 3색에 입각해 만든다. 하지만 나는 오로지 초록색과 흰색 콜리플라워만 이용해서 만들어보고 싶었다. 익숙해지면 다른 채소도 섞어서 만들어보자. 찬장을 가득 채워두면 비가 와서 나갈 수 없을 때 찬장 속에 들어 있는 정원을 바로 꺼내서 샌드위치와 치즈 보드를 차릴 수 있다. 하루 전날부터 만들기 시작해야 하는 레시피다.

분량 6컵(1.5L)들이 병 1개

송이로 나눈 콜리플라워 1/2통 분량(약 250g)

송이로 나눈 로마네스코 콜리플라워/브로콜리 1통(소) 분량(약 400g)

1cm 길이로 송송 썬 실파 3대 분량

3cm 길이로 송송 썬 셀러리 3대(소) 분량

껍질 벗긴 마늘 4쪽

말린 월계수 잎 5장

길게 반으로 자른 긴 풋고추 2개 분량

플레이크 소금 1/4컵(35g)

펜넬 씨 2큰술

브라운 머스터드 씨 2큰술

씨를 제거하고 반으로 자른 그린 또는 시칠리안 올리브 300g

▶ 절임액

화이트와인 식초 1과1/2컵(375ml)

물(가능하면 정수) 1과1/2컵(375ml)

플레이크 소금 2작은술

대형 비반응성(스테인리스 스틸 또는 에나멜) 볼에 콜리플라워와 로마네스코 송이, 실파, 셀러리, 마늘, 월계수 잎, 고추를 담는다. 소금을 뿌려서 골고루 버무린 다음 채소가 딱 잠길 만큼 물을 붓는다. 그대로 하룻밤 동안 재운다.

다음날 6컵(1.5L)들이 보존용 유리병이나 피클 병을 뜨거운 비눗물에 씻은 다음 깨끗하게 헹궈서 철망에 뒤집어 엎어 말린다.

깨끗하게 건조된 병에 펜넬 씨와 머스터드 씨를 1큰술씩 넣는다. 채소를 건져서 올리브와 함께 잘 섞은 다음 병에 빼곡하게 채워 담는다. 나머지 펜넬 씨와 머스터드 씨를 그 위에 넣는다.

냄비에 모든 절임액 재료를 넣고 강한 불에 올려서 한소끔 끓인다. 깨끗한 국자로 뜨거운 절임액을 조심스럽게 떠서 유리병에 붓는다. 이때 윗부분을 5mm 정도 남겨두어야 한다. 뚜껑을 꼭 닫고 식힌 다음 서늘한 응달에 보관한다. 하루나 이틀 후부터 먹을 수 있다.

지아르디니에라는 밀봉한 병째로 2~3개월간 보관할 수 있다. 개봉한 후에는 1개월간 냉장 보관할 수 있으며, 남은 모든 채소가 절임액에 항상 완전히 잠겨 있는 상태를 유지해야 한다.

참고 마늘은 피클을 만들면 청록색으로 물들 수 있는데, 먹어도 전혀 인체에 해롭지는 않다. 오히려 이렇게 물든 마늘을 귀하게 여기는 문화권도 있어서, 중국에서는 구정이 되면 상서로운 옥색을 띠는 라빠쑤안이라는 식초에 절인 마늘을 먹는다. 지아르디니에라에 들어간 마늘이 청록색으로 물들지 않게 하려면 절임액을 만들 때 정수된 물과 무요오드 소금, 비반응성 조리도구를 사용해야 한다.

KFC: 케랄란 프라이드 콜리플라워와 코코넛 처트니

KFC: Keralan Fried Cauliflower with Coconut Chutney

따뜻하고 맛있는 남인도 향신료를 가미한 보송보송한 콜리플라워 팝콘에 순식간에 간단하게 만들 수 있는 코코넛 처트니를 곁들였다. 이미 글루텐 프리 메뉴인데다 찍어 먹는 소스를 코코넛 요구르트로 대체하면 간단하게 비건 요리가 된다. 여럿이 나누어 먹는 메뉴로 내거나 반숙 달걀 프라이나 스크램블드 에그를 곁들여서 맛있는 아침 식사를 차려보자. 1시간 안에 이 책이 커리 잎 오일이 묻은 지문으로 얼룩지지 않는다면 나는 상당히 실망하게 될 것이다.

분량 4~6인분(스타터)

콜리플라워 1/2통
병아리콩 가루 1컵(150g)
쌀가루 1/2컵(75g)
베이킹 파우더 1/4작은술
플레이크 소금 1작은술
터메릭 가루 2작은술
카쉬미리 칠리 가루Kashmiri chilli powder 2작은술
마일드 커리 가루 2작은술
아주 차가운 탄산수 1컵(250ml)
곱게 간 마늘 1쪽 분량
곱게 간 생생강 1작은술
조리용 미강유
씻어서 물기를 제거한 커리 잎 3단 분량
장식용 고수 잎
웨지로 썬 라임 1~2개 분량
서빙용 그리스식 요구르트

• 코코넛 처트니(분량 1과1/2컵)
코코넛 과육(또는 코코넛 슬라이스) 100g
코코넛 오일 1과1/2큰술
쿠민 씨 1작은술
블랙 머스터드 씨black mustard seeds 1작은술
칠리 플레이크 1작은술
씻어서 물기를 제거한 커리 잎 20장
다진 풋고추 1개 분량
타마린드 퓌레 1과1/2작은술

황설탕 1작은술(입맛에 따라 조절)
다진 고수 1단 분량

콜리플라워는 줄기를 제거해서 곱게 저민 다음 따로 둔다. 나머지 콜리플라워는 약 3~4cm 크기의 작은 송이로 자르거나 뜯는다. 잎은 따로 떼서 조리용으로 둔다.

대형 볼에 병아리콩 가루와 쌀가루, 베이킹 파우더, 플레이크 소금을 넣고 터메릭 가루와 칠리 가루, 커리 가루를 1작은술씩 넣어서 잘 섞는다. 가운데를 우묵하게 판 다음 탄산수와 마늘, 생강을 넣어서 거품기로 뭉친 곳이 없도록 잘 섞는다. 콜리플라워 송이를 넣어서 골고루 잘 버무린다. 냉장고에 최소 15분에서 최대 1시간까지 차갑게 식힌다.

코코넛 처트니를 만든다. 볼에 코코넛을 넣고 팔팔 끓는 물을 잠기도록 붓는다. 코코넛이 부드러워질 때까지 5분간 재운다. 그동안 프라이팬에 코코넛 오일과 쿠민 씨, 머스터드 씨, 칠리 플레이크, 커리 잎, 남겨둔 콜리플라워 줄기를 넣고 중강 불에 올려서 머스터드 씨가 탁탁 튀어 오르고 콜리플라워가 부드러워질 때까지 3~4분간 익힌다. 믹서기에 옮겨 담고 나머지 처트니 재료와 건져낸 불린 코코넛을 넣는다. 물을 1큰술씩 추가해서 농도를 조절해가며 곱게 간다. 맛을 보고 간을 맞춘다.

궁중팬 또는 냄비에 미강유를 3cm 깊이로 붓고 강한 불에 올려서 180℃가 될 때까지 가열한다. 또는 반죽을 기름에 조금 떨어뜨려서 30초 안에 노릇노릇해질 때까지 가열한다. 아주 잘 마른 커리 잎 줄기를 조심스럽게 넣어서(잘못하면 엄청난 소음이 발생한다!) 바삭바삭해질 때까지 30분간 튀긴다. 건져서 종이 타월에 얹어 물기를 제거한다.

콜리플라워 송이(와 잎)를 적당량씩 건져서 털어 여분의 반죽옷을 제거한 다음 뜨거운 오일에 넣어서 노릇노릇해질 때까지 3~4분간 튀긴다. 종이 타월에 얹어서 기름기를 제거한다.

4분의 1 분량의 튀김 기름을 체에 걸러서 차가운 냄비에 5mm 정도만 붓는다. 냄비를 불에 올리고 나머지 향신료를 넣어서 거품이 일어날 때까지 1분간 튀긴다. 모든 튀긴 콜리플라워를 넣고 3분간 노릇노릇하게 골고루 잘 볶는다. 접시에 담고 바삭하게 튀긴 커리 잎과 고수를 뿌린다. 코코넛 처트니와 웨지로 썬 라임, 요구르트를 곁들여 낸다.

청청 맥앤치즈
Double Denim Mac 'n' Cheese

저스틴과 브리트니가 교제할 당시, 청청 패션을 입고 데이트를 하고 MTV 비디오 뮤직 어워드에 참석하던 모습을 기억하는가? 브리트니의 금발 머리카락(국수)과 성 '스피어스Spears(식물의 싹이라는 뜻이 있어 이 요리에 아스파라거스 싹을 넣은 것을 빗대어 한 말 - 옮긴이)'를 섞어서 이 요리를 만들어냈다. 보통 맥앤치즈 레시피는 과정이 너무 복잡해서 실망스럽기 마련인데(너 말이야, 베샤멜 소스), 내가 이 레시피를 좋아하는 것도 호화로운 아스파라거스가 콕콕 박힌 찐득하고 맛있는 마카로니 그릇을 받아들기까지 걸림돌이 되는 것은 오로지 파스타를 삶는 시간뿐이기 때문이다. 채소를 손질하고 조리할 시간도 없다면 아스파라거스를 곱게 송송 썰어서 파스타를 삶은 물을 따라낼 체에다가 그 직전에 넣어 놓자. 그러면 아스파라거스가 풋내가 사라질 만큼만 익게 된다. 그리고 파스타가 거의 익었을 즈음에 콜리플라워를 갈아서 넣은 다음 불을 끄고 따라내도 좋다. 볼에 완두콩 한두 컵을 넣고 끓는 물을 넉넉히 부어서 해동시켜 첨가하는 것도 좋은 생각이다.

분량 4인분

마카로니(또는 글루텐 프리 파스타) 500g
아스파라거스 3~4단(총 약 600g)
콜리플라워(잎 달린 것) 1/2통
버터 100g
간 콩테 치즈(또는 그뤼에르나 체더) 300g
간 파르메산 치즈 250g
마무리용 올리브 오일
마무리용 간 흑후추

• 보너스 뵈르 누아제트
버터 80g
날것 또는 볶은 헤이즐넛 1줌

가장 큰 냄비를 꺼내서 물을 4분의 3 정도 채운 다음 소금을 넉넉히 넣고 한소끔 끓인다. 마카로니를 넣고 봉지에 적힌 시간보다 3분 짧게 타이머를 설정한다.

그동안 아스파라거스의 질긴 부분을 잘라내 따로 둔 다음 부드러운 줄기만 한입 크기로 썬다. 콜리플라워는 송이는 포크 크기로 나누고 줄기는 한입 크기로 썬다. 잎은 포크 크기로 잘라서 따로 둔다.

대형 코팅 냄비에 버터를 넣고 녹인다.

타이머가 울리면 콜리플라워를 파스타 냄비에 넣고 다시 2분 후로 타이머를 설정한다. 타이머가 울리면 아스파라거스를 넣고 다시 1분 후로 타이머를 설정한다. 파스타 삶은 물을 1컵 떠서 따로 둔 다음 냄비 내용물을 조심스럽게 채반에 부어서 아스파라거스와 콜리플라워, 파스타만 건진다.

뵈르 누아제트beurre noisette를 만든다. 빈 파스타 냄비에 버터와 헤이즐넛, 남겨둔 아스파라거스의 질긴 부분, 콜리플라워 잎을 넣는다. 중간 불에서 갈색을 띠면서 구운 쿠키 같은 냄새가 날 때까지 보글보글 끓인다. 장식용으로 남겨둔다.

그동안 다른 냄비에 버터를 녹이고 파르메산 치즈 약 200g과 콩테 치즈 전량을 넣은 다음 삶은 파스타와 채소, 남겨둔 파스타 삶은 물을 넣는다. 전체적으로 잘 섞여서 찐득한 덩어리가 될 때까지 골고루 버무린다. 소금으로 간을 맞추고 즉석에서 간 검은 후추를 넉넉히 뿌린다.

뵈르 누아제트 혼합물을 맥앤치즈에 두른다. 남겨둔 파르메산 치즈와 여분의 간 흑후추를 뿌리고 올리브 오일을 둘러서 낸다.

변주 레시피 남은 맥앤치즈는 내열용 그릇에 담아 두면 다음날 윗부분에 빵가루나 쌀가루를 뿌린 후 올리브 오일을 두르고 파르메산 치즈를 갈아서 뿌린 다음 180°C로 예열한 오븐에 10분 정도 구우면 된다.

Wombok

배추

사보이 양배추처럼 쪼글쪼글한 잎에 아삭한 양상추처럼 베어무는 재미가 있는
배추(영어로는 웜복wombok, 웡복wong bok, 중국 양배추라고도 불린다)는 멋진 초보자용
배추속 식물이다. 따뜻하고 습한 기후에서 자라며 일 년 내내 구할 수 있고, 차가운
사촌들보다 풍미를 더 잘 흡수하고 열에 잘 반응해서 더운 날씨의 신선한 샐러드와
볶음에 잘 어울린다. 백양배추나 적양배추는 질기지 않게 만들려면 데쳐야 하는
경우가 많지만 생배추는 이미 촉촉하고 아삭해서 그냥도 완벽한 코울슬로를 만들
수 있다. 배추는 또한 내가 좋아하는 발효식품 중 하나로 사우어크라우트의 매콤한
한국식 버전인 김치의 주재료다. 냉장고에 김치가 없다면 중요한 것을 놓치고 있는
것이다.(김치 부족 공포증에 시달리게 될지도 모른다.) 김치는 장 건강에 좋으며, 간단한
반찬이나 간식으로 먹기 좋다. 또 원래 준비하려면 2~3배의 시간이 걸릴 음식을
쉽게 완성해 주는 기본 재료로도 활약한다.

"큰 배춧잎은 데쳐서 만두피 대용으로 쓰거나 곱게 채 썰어서 아시아식 슬로를 만든다. 잎과 줄기를 섞으면 음식물 쓰레기가 나오지 않아 제로웨이스트가 되는 것은 물론 질감의 대조를 즐길 수 있다."

— 크리스틴 맨필드, 호주

구입과 보관하는 법

배추는 질기지 않은 편이라 내구성도 조금 떨어지기 때문에 전통적으로 추운 계절에 잘 버티는 양배추보다 냉장고 채소 칸에서 보관할 수 있는 기간이 짧은 편이다. 보통 곱슬곱슬한 잎사귀가 알아서 뒤틀리기 시작하면서 약간 회색으로 변하기 때문에 윗동을 잘라내고 파는 배추도 흔하게 볼 수 있다. 미리 반으로 잘라서 파는 배추라면 회색으로 변한 부분이 없는지 살펴보자. 밖에 오래 나와 있을수록 표면이 더 건조하고 딱딱해진다. 그러니 가능하면 통째로 사서 이틀 안에 요리하는 것이 좋다. 흰 부분이 밝은 색을 띠면서 아삭아삭하고 잎이 꽉 들어차 있는 것처럼 느껴지는 것을 고른다. 바로 먹지 않을 것은 왁스 유산지나 젖은 종이 타월로 노출된 부분을 꼼꼼하게 감싸둔다. 하지만 일단 썰고 난 다음에는 냉장고에서도 4일 정도밖에 보관할 수 없으므로 최대한 빨리 먹는 것이 좋다. 사실 배추속 식물을 많이 구입하는 '농산물 선지자' 우리 남편은 '일단 배추부터 먹어 치우지 않으면 냉장고에 있다는 사실도 잊어버리게 될 거야'라고 말한다. 그리고 실제로 남편의 별명답게 우리는 배추 마법사처럼 축제를 벌이면서 순식간에 먹어 치우거나 1~2주 만에 채소 칸 뒤쪽에서 마법처럼 물크러진 배추를 끌어내게 되곤 한다.

조리하는 법

잘 씻어서 미래의 '채수 재료용'으로 냉동 보관하면 되는 배추의 제일 밑동을 제외한 모든 부분은 남김없이 요리에 활용할 수 있다. 날카로운 칼로 잎이 제일 많은 윗부분부터 곱게 채 썰면 코울슬로나 기타 샐러드를 만들 수 있다. 푸드프로세서로 채를 썰기에는 너무 질감이 부드럽고 연하다. 조금 더 두껍게 송송 썰면 국에 넣거나 김치를 만들기 좋다. 이파리를 통째로 사용해서 다진 고기를 감싸는 요리를 만들 수도 있다. 생잎으로 고기를 싸서 먹으면 산 초이 바우san choy bau 느낌이 되고, 양배추롤처럼 찜을 하면 굳이 데칠 필요도 없이 요리를 완성할 수 있다. 사실 양배추가 들어가는 대부분의 레시피에는 배추를 써도 된다. 다만 푹 퍼져서 죽이 되지 않도록 조리 시간을 줄이는 것만 잊지 말자.

어울리는 재료

당근, 고수, 큐피 마요네즈, 굴소스, 참깨(참기름), 간장.

자투리 활용

제일 바깥쪽 잎은 퇴비용으로 쓰는 대신 강한 불에 멋지게 그슬리도록 볶음 요리에 넣어 보자. 멋진 질감과 신선한 풍미를 선사하는 것은 물론 소스도 잘 흡수하는 재료가 된다.

김치를 요리하는 3가지 방법

Kimchi 3-ways

김치를 직접 만들 좋은 핑계가 되어주는 레시피 3개를 소개한다.

분량 3인분

김치 콩 요리

프라이팬에 올리브 오일 1큰술을 두르고 중간 불에 올려 달군다. 김치 1/2컵(75g)을 넣고 노릇해지면서 향이 더 짙어질 때까지 3~5분간 볶는다. 익힌 흰 리마콩 1컵(180g)을 붓고 작은 프라이팬으로 납작해지도록 누른 다음 중간 불에서 주기적으로 뒤적이고 꾹꾹 납작하게 눌러가며 콩이 노릇노릇해지고 향이 골고루 배어들 때까지 중간 불에서 10분 정도 익힌다. 불 앞에 계속 서 있을 필요는 없다. 사워도우 토스트에 취향에 따라 으깬 아보카도를 펴 바른 다음 김치 콩 볶음을 올리고 그리스식 요구르트를 얹어 낸다.

김치볶음밥

궁중팬 또는 길이 아주 잘 든 대형 프라이팬을 연기가 올라올 정도로 달군다. 땅콩 오일 1큰술을 두르고 김치 1/2컵(75g)을 넣는다. 노릇노릇해질 때까지 볶은 다음 팬에서 깨끗하게 긁어내 따로 둔다. 땅콩 오일 2큰술을 다시 두르고 달군 다음 차가운 백미밥 2컵(370g)을 넣고 강한 불에서 노릇노릇해지기 시작할 때까지 볶는다. 밥을 옆으로 밀어 놓는다.(또는 팬이 작으면 접시에 덜어둔다.) 달걀 2~3개를 깨 넣고 반숙 달걀프라이(서니 사이드업)를 만든다. 팬에서 꺼내 따로 둔다. 팬에 다시 밥과 김치를 넣고 골고루 버무린 다음 간장 2큰술을 두른다. 간을 맞춘다. 간장을 더 넣어야 할 수도 있다. 그릇에 담고 달걀프라이를 얹은 다음 송송 썬 실파를 뿌려 장식한다. 취향에 따라 스리라차 소스를 조금 둘러서 낸다.

김치 아이올리

푸드프로세서에 김치 국물 1큰술과 국물을 제거하고 굵게 다진 김치 2/3컵(100g)을 넣는다. 달걀 하나를 깬다. 달걀에 포도씨 오일 3/4컵(185ml)과 올리브 오일 1/4컵(60ml)을 잘 섞은 다음 푸드프로세서를 돌리면서 오일을 천천히 부어서 유화시킨다.(스틱 블렌더와 전용 컵이 있다면 모든 재료를 전용 컵에 담고 스틱 블렌더를 칼날이 바닥에 닿도록 수직으로 넣어서 곱게 갈아 유화시킨다.) 간을 맞춘다. 냉장 보관하다가 바삭바삭한 음식에 딥 소스로 내거나 음식에 둘러서 낸다.(사진에서는 해바라기 씨 오일에 겉은 바삭바삭하고 속은 부드러울 정도로 튀겨낸 가느다란 감자 튀김을 곁들였다.)

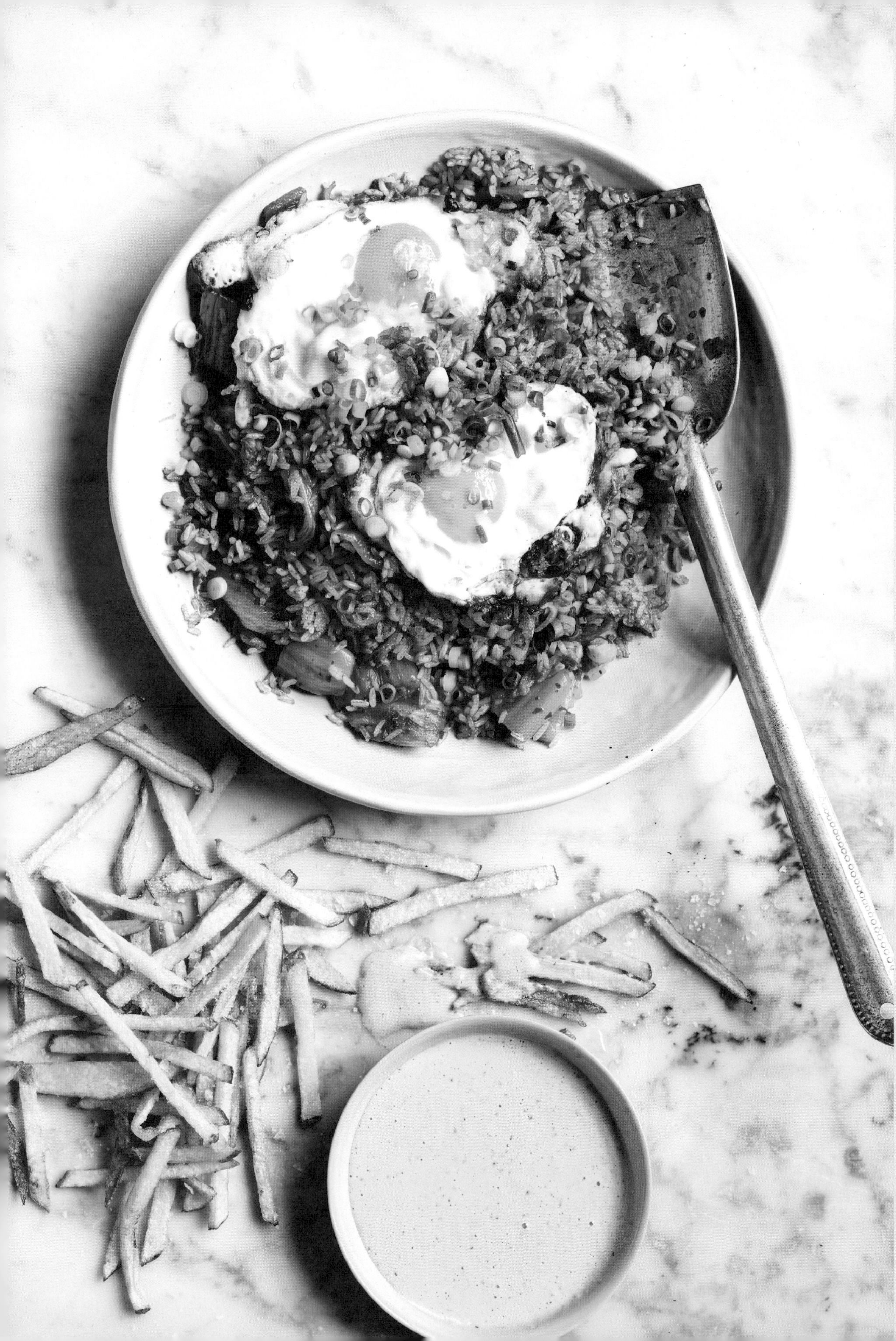

자두 소스를 넣은 색다른 배추 슬로
Chang-ed Wombok Slaw with Plum Sauce

고등학교에서 간이 주방 역할을 하는 싱크대 옆으로 직원들이 우리를 믿고 맡긴 주전자, 토스터, 버튼이 닳은 전자레인지 등이 놓인 오래된 책상이 있는 3학년 휴게실에 처음 들어갔을 때, 얼마나 어른이 된 기분이었는지 지금도 결코 잊을 수가 없다. 사실 우리 사이에는 '생라면 먹기'라는 새로운 요리 혁신의 물결이 대유행 중이었기 때문에 직원들이 별로 걱정할 필요도 없었다. 그렇다. 우리는 마침내 먹을 만한 음식을 만들 수 있는 열원을 확보했음에도 불구하고 2분 조리용 라면을 봉지에서 꺼내 토스트처럼 우적우적 부숴 먹고 있었다. 내가 생라면을 먹던 당시보다는 조금 성장했다고 생각하고 싶지만, 바삭바삭한 면(튀긴 것이다)과 논란의 여지가 있는 시판 허니 캐슈너트를 넣어서 완성한 이 슬로도 그때만큼이나 먹기 재밌고 맛도 좋다. 물론 어른 입맛에도 맞는다.

분량 6~8인분(사이드 메뉴)

곱게 송송 어슷 썬 실파 3대 분량
4등분해서 얇게 저민 래디시 4개 분량
곱게 채 썬 배추 1/2통 분량(약 600g)
바삭한 튀긴 국수(창스Chang's 제품 사용) 100g
다진 허니 캐슈너트 1/3컵(50g)

• 자두 소스 드레싱

자두 소스(참고 참조) 1/3컵(80ml)
쌀 식초 1/4컵(60ml)
간장 1큰술
참기름 2작은술

볼에 실파와 래디시를 넣고 찬물을 잠기도록 부어서 5분간 그대로 둔다.

볼에 모든 드레싱 재료를 넣고 잘 섞은 다음 간을 맞춘다.

래디시와 실파를 건져서 대형 볼에 넣고 배추를 넣어서 골고루 섞는다.

절반 분량의 국수와 캐슈너트를 뿌리고 절반 분량의 드레싱을 두른다.

식사용 그릇에 담고 나머지 캐슈너트와 바삭한 국수를 얹는다. 나머지 드레싱을 곁들여서 먹기 직전에 마저 뿌린다.

참고 바삭한 질감과 드레싱의 비율이 맛의 비결인 샐러드다. 따라서 드레싱을 너무 빨리 버무리면 균형이 깨질 수 있다. 수북하게 담아서 손님으로 하여금 적당히 드레싱을 추가하게 하면 완벽하게 바삭바삭한 질감을 유지할 수 있다.

남은 트케말리(368쪽의 브로콜리 스테이크 참조)를 마저 해치우고 싶다면 시판 자두 소스 대신 넣어서 톡 쏘는 향을 더해보자. 나한테 직접 SNS로 항의하지만 않으면 된다.

돌아가는 길 허니 캐슈너트를 직접 만들고 싶다면 냄비에 동량의 맥아와 꿀, 설탕, 버터를 넣고 불에 올려 녹인 다음 불에서 내리고 일반 볶은 캐슈너트를 넣는다. 유산지를 깐 베이킹 트레이에 담고 소금 1꼬집을 뿌려서 160℃로 예열한 오븐에서 노릇노릇해질 때까지 10~15분간 굽는다.

글루텐 프리 조리 밀로 만든 국수 대신 버미셀리 쌀국수를 기름에 튀겨서 사용한다. 땅콩 오일이나 해바라기씨 오일을 180℃까지 가열해서 버미셀리 쌀국수를 넣고 부풀어오를 때까지 튀긴 다음 건져서 종이 타월에 얹어 기름기를 제거하고 낸다. 더 간단하게 만들고 싶다면 질감만 살릴 수 있게 채 썬 당근으로 대체하자.

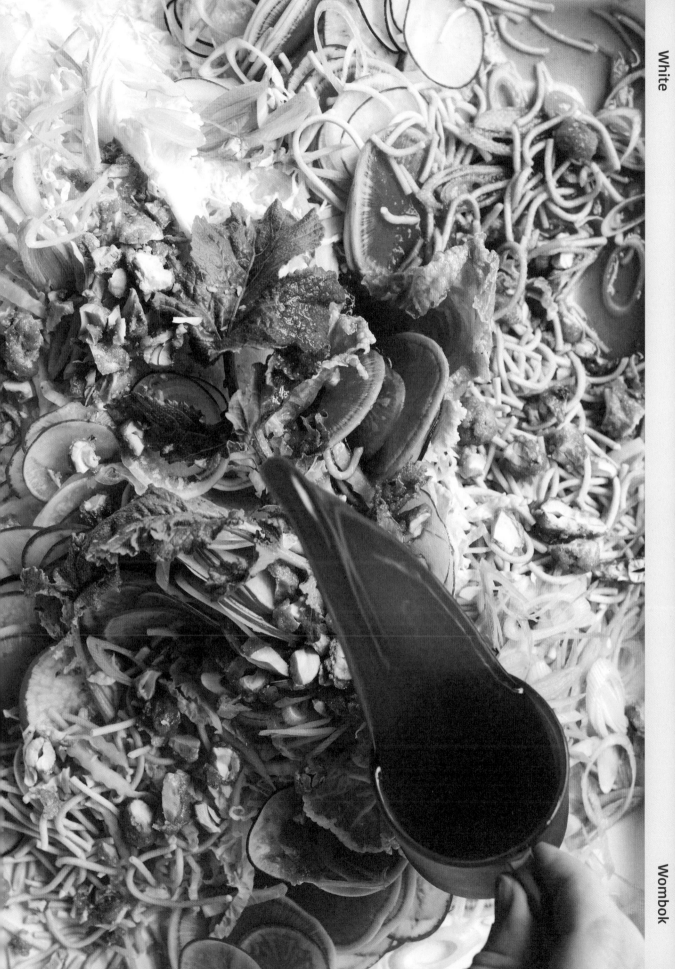

Yellow

* **GINGER**
  + Galangal
  + Turmeric
* **LEMONGRASS**

* **SWEETCORN**
* **PATTY PAN SQUASH**

Ginger

생강

예전에 진저(생강)라는 고양이를 키운 적이 있다. RSPCARoyal Society for the
Prevention of Cruelty to Animals(세계 최초의 동물복지단체로 동물 학대 현장을 감찰하고
법적 조치를 취하는 권한을 가진다 – 옮긴이)에서 데려올 때부터 진저라는
이름이었는데, 톡 쏘는 성격이라 그런 게 아닐까 싶다. 생강 뿌리는
연노랑에서 금색, 갈색까지 다양한 색을 띠지만, 색상 이름으로 진저라는
이름을 쓸 때는 생강 모종의 가장 윗부분에서 피어나는 꽃의 진홍색을
말한다. 진저라고 불리는 붉은 빛 머리카락, 그리고 같은 이름의 내
고양이에게는 모두 매콤하게 불타는 매력이 있다.(내 윗입술에 아직 남아
있는 상처가 그 증거다!) 그러니 시나몬 스틱의 향을 맡으면서 '아, 이 정도로
따뜻하고 향기로우면서 썩둑 베어 물 수 있는 음식이 있으면 좋겠다'고
생각한 적이 있다면 요리할 때 생강을 더 다양하게 사용해 보자. 생강은
엄밀히 '채소'라기보다는 건강한 뿌리줄기에 가깝지만 사람들이 더 많이
사용하기를 바라는 마음에서 이 책에 집어넣게 되었다. 여러 가지 채소의
맛을 훨씬 뛰어나게 만들어주는 보조 향신료 중 하나이기 때문이다.

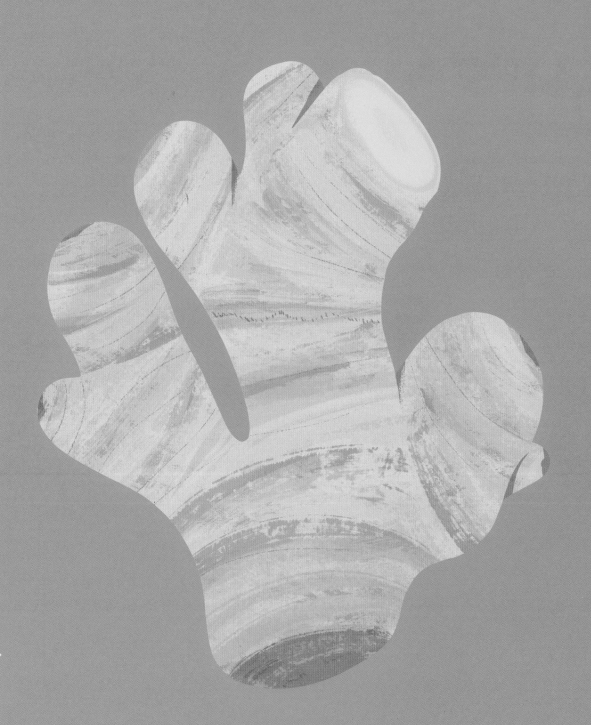

"생강은 가나 요리의 전부다. 심지어 미르푸아mirepoix에도 들어간다. 우리는 그 향과 매운 맛을 아낀다. 대놓고 맵싸하게 자극을 주기도 하고 은은하게 풍미만 낼 수도 있다. 미두누Midunu 레스토랑에서는 캐러멜화한 생강 트러플을 만들어서 내는데, 혈기왕성한 맛이 매력적이라 '야Ya(아칸족의 다산을 상징하는 대지의 여신 아사세 야 - 옮긴이)'라고 부른다."
— 셀라시 아타디카, 가나

구입과 보관하는 법

주로 늦여름에서 초가을에 걸쳐 나오는 신선한 어린 생강의 경우 껍질은 반투명하고, 심지어 군데군데가 고운 분홍빛으로 물들어 손톱으로 건드리기만 해도 벗겨낼 수 있다. 하지만 시간이 지날수록 껍질이 두꺼워지면서 화려하게 반짝이는 금빛을 띠고, 매콤한 맛도 그만큼 강해진다. 그렇다면 '어릴 수록 좋은 것이 아닌가?' 하는 생각이 들겠지만, 땡! 그건 생강을 어디에 넣느냐에 따라 달라진다. 어린 생강은 곱게 저미거나 채 썰어서 샐러드, 딥 소스, 국물 요리에 넣거나 그냥 먹어 치우기에 좋다. 넉넉히 먹을 경우 혀 뒤쪽이 살짝 아릿할 정도로 풍미가 은은하다. 반면 오래 묵은 생강의 매운맛은 콧구멍, 때로는 눈물샘을 직접 강타하고 송송 썰 때면 따뜻한 아열대 향신료 풍미가 공기 중을 메운다. 질긴 섬유질이나 털 때문에 먹기를 포기하지 말자. 오래 묵은 생강의 강하고 자극적인 맛은 갈아서 커리 페이스트를 만들거나 차를 우리고 두껍게 썰어서 육수나 수프 바탕에 넣은 다음 먹기 직전에 건져내는 용도로 쓰기에 제격이다. 어린 생강이든 오래된 생강이든 너무 쪼글쪼글하거나 곰팡이가 핀 곳이 없고 단단한 것을 골라야 한다. 겨울 끝물이라 끄트머리에 곰팡이가 핀 것밖에 없다면 집에 오자마자 《왕좌의 게임》에서 조라 모르몬트Jorah Mormont의 그레이스케일Greyscale이 샘웰 탈리Samwell Tarly에게 그랬던 것처럼 싹둑 잘라내 다른 곳까지 피해가 퍼져 나가지 않도록 한다.

생강을 빨리 소진할 계획이라면 사온 그대로 냉장고 문에 보관하는 것이 가장 좋다. 뿌리를 잘라서 속살이 드러난 후에는 밀랍지로 감싸거나 종이봉지에 담아서 채소 칸에 보관한다. 평소 음식이나 주스, 아침에 마시는 차 등에 신선한 생강을 많이 사용하는 편이라면 생강 뿌리 하나를 작은 화분에 심어서 창틀에 두고 물을 넉넉히 주자. 싹이 트고 나면 흙을 털어낸 다음 한 덩이를 잘라내고 다시 심어서 또 길러낼 수 있다. 마법이다!

조리하는 법: 날생강과 생강가루

생강가루가 들어가는 레시피에 날생강을 넣어도 좋고 그 반대도 마찬가지다. 하지만 날생강으로 대체할 때는 양을 늘려야 가루를 넣을 때만큼 진한 맛을 낼 수 있고, 날생강 대신 넣는 생강가루의 양은 줄여야 너무 매워지지 않는다. 생강가루를 사용할 때는 한 번에 조금씩 넣으면서 맛을 보고 양을 조절하자. 날생강을 넣을 때는 시나몬 가루를 1꼬집 섞어도 좋다.

기능적 효과

'뿔 달린 몸'이라는 뜻의 산스크리트어 이름에 가끔은 무례한 모양으로 자라나는 뿌리줄기인 생강은
상당한 명성을 누린다. 동남아시아에서 서양으로 전해진 이래로 생강은 성감대의 민감도를 높이는
자극적인 기분 강화제이자 혈류 촉진제로 쓰였다. 또한 배멀미와 메스꺼움, 고산병, 임신 초기의 입덧으로
인한 고통을 줄이는 데에도 효과가 좋다. 우연의 일치라고? 나는 그렇게 생각하지 않는다.

어울리는 재료

당근, 중국 오향, 초콜릿(특히 다크), 크림, 생선, 마늘, 꿀, 레몬, 레몬그라스, 라임, 배, 파인애플, 참기름,
간장, 실파, 터메릭, 식초(특히 맛술, 화이트와인, 사과).

생강 그 외: 갈랑갈

생강에게 헐크 같은 분신이 있다면 갈랑갈이 될 것이다. 태국 생강이라고도 부르는 갈랑갈은 껍질이
루비색을 띠고 과육은 섬유질이 질긴 편이며 톡 쏘는 산미에 소나무 향이 살짝 돌아서 더 자극적인 맛이
난다. 두껍게 썰어서 껍질을 굳이 벗기지 말고 톰카카이tom kha kai 등의 국물 요리에 넣어보자. 굵게 갈아서
인도네시아와 말레이시아, 태국의 커리 페이스트를 만들기도 하는데 가는 대신 적당한 크기로 썬 다음
과도로 껍질을 벗기고 굵게 다져서 넣어도 좋다. 갈랑갈은 3개월까지 풍미를 유지하면서 냉동 보관할 수
있다. 일단 적당한 크기로 썬 다음에 냉동하기를 권장한다.

생강 그 외: 터메릭

터메릭turmeric에서 가장 먼저 눈에 띄는 요소는 색상이다. 고운 껍질 아래 숨어 있는 화사한 오렌지 색깔은
날것일 때도 가루일 때도 직접 닿는 모든 것을 금잔화 같은 노란색으로 물들인다. 손끝이 변색될까 봐
걱정된다면 일회용 장갑을 끼거나 건조 가루 제품을 구입해서 커리나 스튜, 밥에 바로 뿌려서 넣는 것이
좋다. 이때 날것 1톨(2.5cm 크기)을 기준으로 가루 약 1작은술을 계량 및 대체하는 것이 기본 규칙이다. 톡
쏘는 맛과 쓴맛을 가미하고 천연 항산화물질이자 항염증 특징을 지니고 있는 것으로 이름난 재료다. 특히
민간 요법에서는 관절 통증이 있을 때 터메릭의 흡수를 돕는 검은 후추와 함께 매일 복용할 것을 널리
권장한다.

"터메릭에는 녹색과 빨간색, 흰색, 장미색, 분홍색, 갈색 등 만화경처럼 다양한 종류가
있다. 내가 본 것 중 가장 신기한 것은 태국 최북단에서 팔던 일렉트릭 블루 색이었다."
— 데이비드 톰슨, 호주

메이플 생강 스파이스 그래놀라
Maple Ginger-Spiced Granola

생강의 특별한 점 중 하나는 날것이거나 당절임한 것, 가루를 낸 것 등 그 형태에 따라 풍미가 매우 달라진다는 것이다. 생강 가루는 짙은 색이 나도록 구워서 하루를 시작하는 식사로 먹기 딱 좋은 구운 그래놀라에 부드러운 흙 향기와 매콤한 맛을 선사한다. 특히 바람이 많이 부는 겨울날 아침에 따뜻한 우유와 함께 먹어보자.

분량 9컵(1kg)

압착 귀리 3컵(270g)

말린 과일(크랜베리와 블루베리, 다진 사과 추천) 2컵(200g)

씨앗류와 견과류(코코넛 칩, 다진 피칸, 아몬드 플레이크, 해바라기 씨 등) 2컵(200g)

얇게 저민 당절임 생강 2/3컵(110g)

꾹 눌러 담은 황설탕 1/2컵(110g)

플레이크 소금 1작은술

메이플 시럽 3/4컵(185ml)

엑스트라 버진 올리브 오일 1/2컵(125ml)

바닐라빈 페이스트 1작은술

생강가루 3작은술

시나몬 가루 1작은술

올스파이스 가루 1/2작은술

카다멈 가루 1/4작은술

오븐을 160℃로 예열한다. 베이킹 트레이 2개에 유산지를 깐다.

대형 볼에 귀리, 말린 과일, 씨앗류, 견과류, 당절임 생강, 설탕, 소금을 넣는다. 메이플 시럽과 올리브 오일, 바닐라 페이스트를 둘러서 골고루 버무린다.

베이킹 트레이에 그래놀라 혼합물을 펼쳐 담는다. 오븐에서 10~15분 간격으로 꺼내 골고루 뒤섞으면서 바삭바삭하고 노릇노릇해질 때까지 45분간 굽는다. 향신료 가루를 넣어서 골고루 버무린다.

한 김 식힌 다음 바로 우유를 곁들여서 낸다. 또는 완전히 식힌 다음 밀폐용기에 담아서 서늘한 응달에 1개월간 보관할 수 있다.

참고 이 '스크로진scroggin(견과류와 초콜릿 등으로 구성된 간식으로 주로 이동 중에 먹는다 – 옮긴이)' 스타일 레시피는 그냥 가이드일 뿐이므로 이를 바탕으로 식료품 저장실에 있는 말린 과일과 견과류를 활용해 다양하게 만들어보자.

지름길 시판 그래놀라나 포리지에 생강가루와 시나몬을 조금씩 뿌려서 따뜻하고 알싸한 풍미를 더한다.

골든 터메릭 라테

Golden Turmeric Latté

뜨거운 음료계의 요가라 할 수 있는 황금색 비약이다. 한창 유행 중인데다 몸에도 좋다. 하지만 역시나 요가처럼 이 터메릭 강장제는 인도의 아유르베다 의학에서 오랫동안 치료용으로 활용해 온 음료다. 가장 단순한 형태로는 뜨거운 우유(또는 간단하게 물)에 터메릭 가루 1큰술을 타서 잠들기 전에 마시는 할디 두드haldi doodh가 있다. 여기서는 신선한 터메릭과 코코넛 밀크를 사용하지만 가지고 있는 우유 종류라면 뭐든지 사용해도 좋다. 운동복을 입었든 일상복을 입었든 잠옷을 입었든, 편안하고 부드럽게 속을 다독여준다.

분량 800ml

껍질을 벗긴 생터메릭(참고 참조) 25g(2.5cm 크기 분량)

껍질을 벗긴 생생강(참고 참조) 25g(2.5cm 크기 분량)

흑후추 가루 1/8작은술

시나몬 가루 1/8작은술

플레이크 소금 1/8작은술

카옌페퍼 1/8작은술(선택)

코코넛 밀크 400ml

꿀이나 메이플 시럽 또는 코코넛 설탕 1큰술(취향에 따라 조절)

스테인리스 스틸 강판으로 터메릭과 생강을 곱게 간 다음 강판을 바로 싱크대의 뜨거운 비눗물에 푹 담근다.(강판에 터메릭 물이 들면 제거하기 상당히 어려우므로 스테인리스 스틸 강판이 없다면 가는 대신 얇게 저민다.) 냄비에 터메릭과 생강, 후추, 시나몬, 소금, 카옌페퍼(사용 시)를 넣는다.

코코넛 밀크와 물 350ml를 넣고 거품기로 가끔 휘저으면서 한소끔 끓인다.

맛을 보고 원하는 대로 당도를 조절한다.(적당한 것 같으면 넣지 않아도 좋다.)

굵은 입자가 거슬리면 우유를 고운 체에 거른다. 또는 컵 아래 가라앉은 파편까지 맛있게 씹어 먹는다. 건강에 좋으니까!

만든 후에는 깨끗한 유리병에 담아서 냉장고에 10일간 보관할 수 있다. 나는 남은 것을 병에 보관하다가 먹기 전에 골고루 흔들어서 향신료가 골고루 섞이게 한 다음 마실 만큼 잔에 따른다.

참고 생터메릭이나 생강이 없으면 가루 제품을 사용한다. 권장량은 터메릭 가루 1작은술과 생강가루 1/4작은술이지만 시행착오를 거치면서 본인이 원하는 맛과 강도를 찾아가 보자.

지름길 건강식품 전문점에 가면 분말형 골든 밀크를 쉽게 구할 수 있지만 직접 만들 수 있게 되면 이만큼 가성비 좋은 음료도 없다. 나마스테.

라우의 생생강을 가미한 채소 요리
Lau's Vegetables with Fresh Ginger

사람들이 멜버른에서 '집밥' 같은 음식을 먹을 수 있는 곳을 알려달라고 하면 나는 세인트 킬다의 라우스 패밀리 키친Lau's Family Kitchen을 찾아가라고 답한다. 이 도시의 상징적인 플라워 드럼 레스토랑의 설립자인 길버트 라우와 그의 아들 마이클, 제이슨이 말 그대로 우리가(우리의 새로운 친구 약 50명과 함께) 가장 깔끔하고 또렷한 광둥 요리를 찾아 그들의 집에 방문한 듯한 느낌을 선사한다. 나는 처음 이곳을 방문해서 식사를 했을 당시부터 나를 완전히 사로잡은 이 메뉴를 아직까지도 제일 먼저 주문하고 있다. 길버트에게 이 레시피를 알려줄 수 있겠냐고 물어보자 그는 나를 곧장 주방으로 초대해서 만드는 법을 보여주었다. 우리 남편은 집에서 적어도 일주일에 한 번은 이 요리를 만들어 달라고 요청하는데, 아마 여러분이 사랑하는 이도 비슷한 반응을 보일 거라고 확신한다.

분량 4인분

한입 크기로 썬 모둠 녹색 채소(주키니, 깍지완두, 어린 잉글리시 시금치, 청경채, 브로콜리니, 가이란, 배추 등) 500g
해바라기씨 오일 1/4컵(60ml)
껍질을 벗기고 굵게 다진 생생강 1톨(엄지 크기) 분량
닭 육수 또는 채수 1/4컵(60ml)
플레이크 소금 1꼬집
설탕 1꼬집

• 생강 양념 재료(선택)

해바라기씨 오일 1/4컵(60ml)
껍질을 벗기고 곱게 채 썬 생생강 1톨(엄지 크기) 분량

가이란gai lan이나 브로콜리니 등 단단한 채소는 냄비에 물을 바글바글 끓여서 줄기는 약 2분간, 송이 부분은 1분간 데친 다음 건져서 얼음물 볼에 담가 더 익지 않도록 한다.

식으면 건져서 채소 탈수기에 돌려 수분을 완전히 털어낸다. 수분이 남아 있으면 튀길 때 기름이 튀기 쉽다.

그동안 궁중팬이나 바닥이 넓은 대형 프라이팬을 연기가 오를 정도로 뜨겁게 달군다.(인덕션 사용 시 15~20분 정도 소요.) 생강 양념을 만들 경우 팬에 오일을 붓고 생강을 넣어서 기포가 사라지고 생강이 바삭바삭해질 때까지 1~2분간 볶는다. 종이 타월에 얹어서 기름기를 제거한다.

팬에 해바라기씨 오일을 두른다. 생강을 넣어서 휘저은 다음 채소를 적당량씩 나눠서 밀도의 차이에 따라 순서대로 넣는다. 심이 굵거나 질긴 것을 먼저 넣어서 볶고 그 다음으로 완두콩 종류와 주키니 또는 청경채를 볶은 다음 마지막으로 부드러운 잎채소를 익힌다. 순서대로 익힌 채소는 다른 접시에 옮겨 담아 둔다.

익힌 모든 채소를 다시 전부 팬에 넣고 육수를 부어서 잠시 그대로 두어 골고루 배어들게 한다. 소금과 설탕을 뿌리고 마지막으로 한 번 버무린 다음 접시에 담아서 바로 낸다.

참고 어린 청경채가 딱 어울리는 요리지만 켜켜이 끼어 있는 흙먼지를 제대로 꼼꼼하게 씻어내야 한다. 잎을 잘라내고 4등분한 다음 심 부분을 흐르는 물에 꼼꼼하게 훑으면서 씻어낸다.

지름길 미처 채소를 데칠 시간이 없다면 질긴 채소만 바글바글 1분 정도 끓인 다음 뜨거운 궁중팬에 넣어서 볶는다. 또는 부드러운 채소만 이용하면 더 빠르게 조리할 수 있다.

6가지 향신료를 넣은 생강 쿠키

Six-spice Ginger Cookies

진저브레드 팬이라면 가운데는 쫀득쫀득하고 가장자리는 바삭바삭하면서 반짝반짝 윤이 나는 이 쿠키가 제격이다. 보통 이런 레시피는 온갖 종류의 다양한 향신료를 요구해서 새로운 식재료 쇼핑을 하게 만들곤 한다. 여기서는 그 대신 비율은 조금씩 다르지만 대부분 팔각과 펜넬 씨, 시나몬(또는 계피), 통후추와 정향 등의 조합으로 구성된 중국의 오향 가루를 사용한다. 생강가루는 따뜻하면서 풍성한 맛을 제공한다. 여기에 무엇이든 따뜻한 음료를 곁들이면 훨씬 자극적인 향신료도 받아들일 수 있는 분위기가 완성된다. 내 취향은 따뜻한 우유나 블랙 필터 커피다. 이 반죽을 수 배로 늘려서 만들어 구우면 주변 이웃은 전부 이길 수 있는 진저브레드 하우스를 지을 수 있다. 여기에 생강맛 하드 캔디를 녹여서 창문을 채워 스테인드글라스를 완성해 보자.

분량 쿠키 50개

흑당밀(또는 당밀, 참고 참조) 1/3컵(115g)

무염버터 120g

체에 친 베이킹 소다 1작은술

달걀물 1개 분량

밀가루 2와1/3컵(350g), 덧가루용 여분

생강가루 1과1/2큰술

오향 가루 1과1/2작은술

황설탕 150g

크리스털 커피 설탕(참고 참조) 1/4컵(55g)

채칼이나 굵은 강판 혹은 아주 날카로운 칼로 얇게 저민 당절임
　　생강 1/4컵(70g)

대형 냄비에 당밀과 버터를 넣고 강한 불에 올려서 한소끔 끓인다. 베이킹 소다를 넣어서 골고루 잘 저어 섞는다. 거품이 보글보글 일어나면서 2배로 부풀 것이다. 불에서 내리고 한 김 식힌 다음 달걀을 넣어서 스패츌러로 골고루 섞는다.

볼에 밀가루와 향신료, 황설탕을 넣고 골고루 잘 섞은 다음 가운데를 우묵하게 판다. 따뜻한 당밀 혼합물을 스패츌러로 깨끗하게 훑어내 밀가루 볼에 넣은 다음 밀가루가 뭉친 부분이 없을 정도까지만 가볍게 섞는다.

깨끗한 작업대에 올려서 한 덩어리로 뭉친 다음 공 모양으로 빚는다. 반으로 잘라서 각각 동글납작한 원반 모양으로 만든다. 랩으로 잘 감싸서 냉장고에 최소한 1시간에서 하룻밤 정도 차갑게 굳힌다.

오븐을 180℃로 예열한다. 대형 베이킹 트레이 3개에 유산지를 깐다.

밀대와 작업대에 덧가루를 가볍게 뿌린 다음 반죽 하나를 5mm 두께로 민다. 6cm 크기의 쿠키 커터(또는 할머니 서랍에서 꺼낸 올록볼록한 모양의 받침 접시)를 이용해서 반죽을 찍어내 베이킹 트레이에 서로 1cm 간격을 두고 얹는다. 나머지 반죽으로 같은 과정을 반복한다.

쿠키에 크리스털 커피 설탕과 당절임 생강을 뿌린다. 오븐에서 살짝 노릇노릇해질 때까지 7~8분간 굽는다. 꺼내서 트레이째 식힘망에 얹어서 식힌다.

밀폐용기에 담아서 찬장에 보관하는 것이 가장 좋으며 1주일 정도 보관할 수 있다. 1개월간 냉동 보관할 수도 있으므로 마음에 들면 2배로 만들어서 두고두고 먹자.

참고 대추야자 시럽이나 코코넛 시럽, 종려당 시럽 등 짙은 색의 당밀 같은 설탕 시럽이라면 무엇이든 사용해도 좋다. 크리스털 커피 설탕(입자가 크고 옅은 갈색을 띠는 설탕으로 천천히 녹는 것이 특징이다 – 옮긴이)은 슈퍼마켓이나 고급 식료품점 또는 어지간하면 힙스터 카페에서 구입할 수 있다.

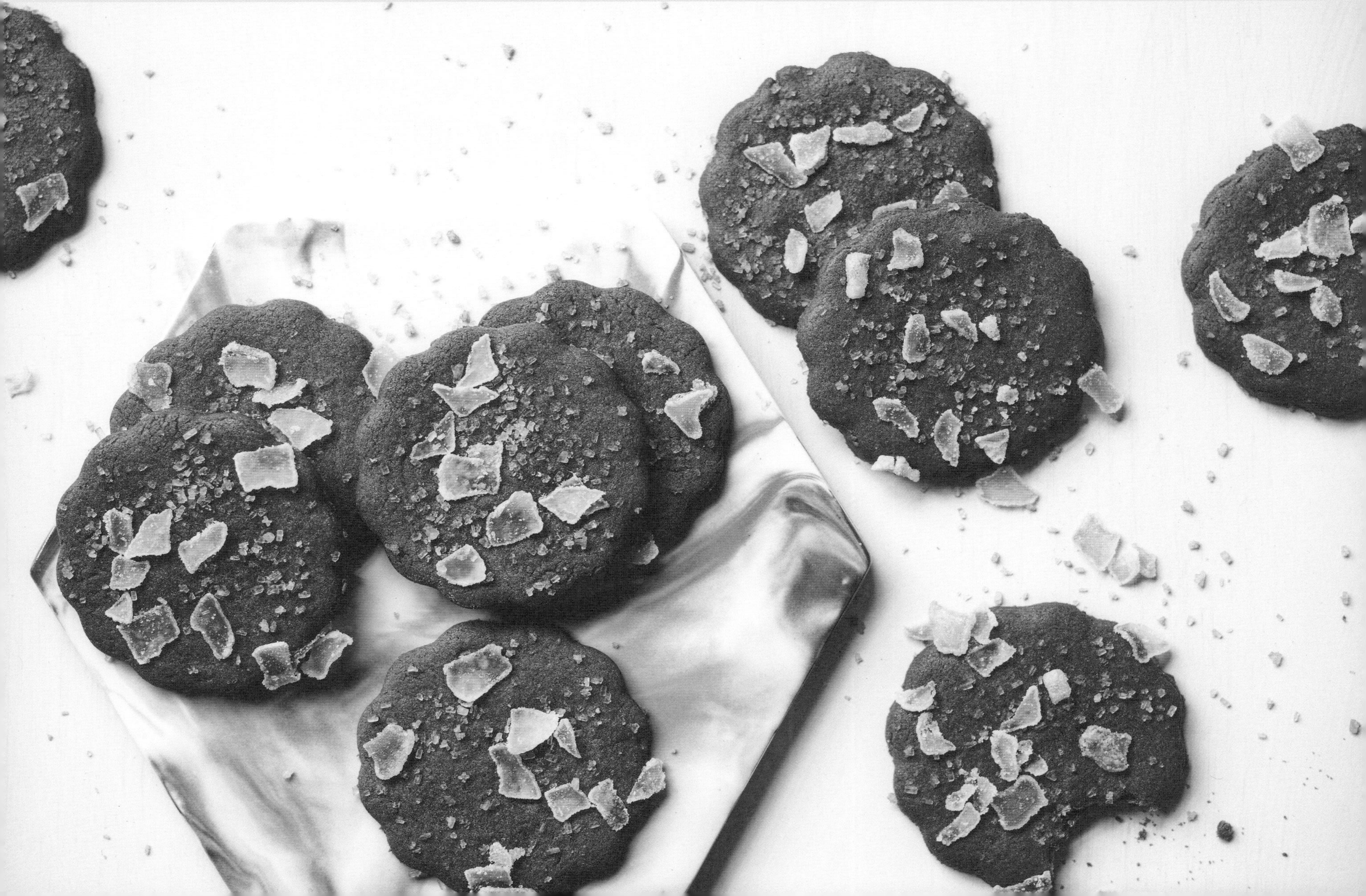

Lemongrass

레몬그라스

지금쯤이면 내가 '쾅'이라는 단어를 많이 쓴다는 사실을 눈치챘을 테니, 여기서 레몬그라스는 '제대로 쾅' 두들겨야 좋다고 말해도 비유적인 표현이라고 생각할지도 모른다. 하지만 오해하지 말자. 친애하는 독자 여러분, 신선한 레몬그라스 줄기는 되도록 묵직한 식칼의 등 부분을 이용해서 적절하게 쾅쾅 내리쳐야 한다. 기본적으로 큼직하고 바싹 마른 풀뿌리인 레몬그라스에 조용히 숨어 있는 모든 톡 쏘는 후추 및 레몬 풍미를 풀어내는 과정이다. 밝고 화사한 향과 감귤류가 가미된 뒷맛 덕분에 짭짤한 요리와 디저트에 모두 활용하기 좋다. 커리 페이스트의 기본 풍미나 닭고기 및 채소의 절임액으로 쓰거나 크림 또는 커드에 레몬 대신 넣는다. 전체적으로 쾅쾅 두들기고 나면 줄기째 구부려서 묶은 후 온갖 종류의 동남아시아 국물이나 소스에 넣어 향을 우려보자. 마치 오늘의 저녁 식사라는 선물에 리본을 묶듯이 풍미가 부드럽게 어우러진다.

"껍질을 벗겨서 종이처럼 얇게 저민 레몬그라스는 샐러드 드레싱을 신들의 진미에 가까운 수준으로 끌어올린다. 나는 고운 허브를 듬뿍 넣은 따뜻한 해산물 샐러드나 수프 육수에 즐겨 사용한다."
— 팔리사 앤더슨, 태국

구입과 보관하는 법

레몬그라스는 주로 구근 같은 모양의 옅은 뿌리가 붙은 잎줄기의 형태로 판매한다. 수확하고 나면 곧장 마르기 시작하므로 굉장히 쪼글쪼글하게 건조해진 상태가 아니라면 먹기보다는 뭔가를 엮어서 만드는 용도로 써야 할 것처럼 생겼다 하더라도 걱정하지 말자. 구근 뿌리의 거의 끝부분(눈에 보이는 손상을 최소화하기 위하여)에 손톱을 살짝 찔러 넣어서 가볍게 흔들어보자. 향기가 빠르게 흘러나올수록 신선한 것이다. 집에 가져오자마자 윗부분을 잘라낸 다음(수분이 날아간다) 밀랍지나 젖은 타월로 잘 감싼다. 냉장고에서 수 주일간 보관할 수 있다.

조리하는 법

가장 달콤하고 향기로운 부분은 뿌리부터 몇 cm 윗부분, 즉 줄기의 색깔이 어두워지기 시작하는 부분까지다. 뿌리부터 3마디 정도 떨어진 부분까지 잘라낸 다음 곱게 다지거나 2cm 길이로 송송 썰어 요리에 넣고 먹기 전에 제거한다.(그냥 두면 거칠고 소박한 분위기를 연출할 수 있다.) 티백과 마찬가지로 레몬그라스를 오래 담가둘 수록 풍미와 향이 깊게 우러나므로 요리하는 초반에 넣는 쪽이 효과를 극대화할 수 있다.

기능적 효과

레몬그라스 차는 위장 장애를 치료하는 효능이 있는 것으로 알려져 있으며, 일부 연구에 따르면 매일 차에 신선한 레몬그라스(또는 말린 것)를 1조각 넣기만 해도 스트레스를 억제하는 데에 도움이 된다고 한다. 또한 시트로넬라의 사촌격이므로 정원에 레몬그라스를 심으면 천연 모기장 역할을 한다.

어울리는 재료

고추, 코코넛, 갈랑갈, 마늘, 허브(특히 고수, 민트, 베트남 민트, 타이 바질), 피시 소스, 카피르 라임makrut lime, 종려당palm sugar, 실파, 바닐라.

자투리 활용

짙은 색을 띠는 윗부분과 질긴 뿌리 끄트머리 부분은 곱게 다지거나 갈아서 냉동 보관하다가 해동 없이 바로 절임액이나 커리 페이스트에 사용할 수 있다. 물 1컵에 신선한 레몬그라스 뿌리를 담그고 며칠에 한 번씩 물을 갈아주면 2주일 안에 신선한 싹이 올라온다.

그린 망고 샐러드를 곁들인 레몬그라스 피시 팝
Lemongrass Fish Pops with Green Mango Salad

케이크 팝(케이크를 공 모양으로 뭉쳐서 막대사탕처럼 막대기에 끼운 디저트 – 옮긴이)과 어묵fish cake을 합해서 섞으면 이것과 비슷한 요리가 된다. 가장 드문 공통 분모로 나눌 경우 피시 팝이라고 부를 수 있을 것이다. 꼬치에 꽂지 않은 채로 그릴에 구운 다음 송송 썬 레몬그라스를 뿌려서 내도 좋다.

분량 12인분

레몬그라스 4줄기
고수 1/3단
굵게 다진 아귀나 블루노즈blue-eye cod 등 살이 단단한 흰살 생선
    500g
양질의 태국 그린 커리 페이스트(염도가 너무 높지 않은 것) 3큰술
종려당 1작은술
곱게 다진 카피르 라임 잎 6장 분량, 장식용 여분
조리용 땅콩 오일 또는 해바라기씨 오일

• 레몬그라스 드레싱
피시 소스 2큰술
종려당 또는 황설탕 2큰술
라임즙(카피르 라임 권장) 1/4컵(60ml)
두들겨 으깬 홍고추(형태는 온전히 유지할 것) 1개
땅콩 오일 1큰술
칠리 플레이크 1꼬집

• 그린 망고 샐러드
과육만 채 썬 길쭉한 그린 망고(풋망고) 1개 분량
껍질을 벗겨서 과육만 분리한 후 굵게 뜯은 포멜로(속껍질과 씨까지
    제거) 1개 분량
곱게 채 썬 바나나 샬롯 1개 분량
곱게 어슷 썬 실파 2대 분량
민트 잎 1/3단 분량
볶아서 다진 캐슈너트 1/4컵(40g)
볶아서 다진 땅콩 1/4컵(35g)

레몬그라스는 3등분해서 옅은 흰색 부분은 드레싱용으로 곱게 간다. 고수 잎은 샐러드용으로 따서 따로 둔다. 고수 줄기는 곱게 다져서 드레싱용으로 보관한다.(다진 고수 줄기는 약 1큰술 정도면 충분하다.)

푸드프로세서에 생선을 넣는다. 커리 페이스트와 종려당, 라임 잎을 넣고 입자가 굵은 페이스트 상태가 될 때까지 간다. 물을 담은 볼을 준비하고 베이킹 트레이에는 유산지를 1장 깐다.

손에 물을 적셔서 생선 혼합물을 4~5cm 크기의 공 모양으로 빚어서 레몬그라스 12개에 하나씩 꽂는다. 반죽이 많이 달라붙으면 손바닥에 물을 조금씩 적신다. 완성한 꼬치는 유산지를 깐 트레이에 담아서 냉장고에 20분간 차갑게 굳힌다.

드레싱을 만든다. 남겨둔 레몬그라스 줄기를 곱게 갈아서 소형 냄비에 넣는다.(간 레몬그라스는 약 1큰술 정도면 충분하다.) 피시 소스와 종려당, 라임즙 2큰술을 넣는다. 한소끔 끓여서 설탕이 녹으면 불에서 내린다. 으깬 고추와 땅콩 오일, 칠리 플레이크, 다진 고수 줄기, 남은 라임즙을 넣고 잘 섞는다. 맛을 보고 간을 맞춘다.

샐러드를 만든다. 볼에 망고와 포멜로pomelo, 샬롯, 실파, 대부분의 민트를 넣어서 섞는다. 남겨둔 고수 잎 대부분을 넣는다. 볶은 견과류를 장식용으로 조금만 남겨두고 전부 넣는다. 드레싱을 조금 남기고 두른 다음 골고루 버무린다. 남겨둔 견과류와 허브를 뿌린다.

그릴 팬이나 바비큐 그릴판을 연기가 오를 정도로 뜨겁게 달군다. 유산지에 물을 가볍게 적신 다음 여분의 물기를 털어내고 그릴 팬에 얹는다.(그래야 생선이 달라붙지 않는다.) 조리용 솔로 생선 꼬치에 오일을 바른 다음 그릴에 얹어서 앞뒤로 약 4분씩 굽는다. 생선 반죽의 겉부분이 탄탄해지면 유산지를 제거하고 그릴에 바로 얹어서 그릴 자국이 나도록 만든다.

샐러드에 남겨둔 민트와 고수를 뿌려서 생선 꼬치에 곁들인다. 남은 드레싱을 소스 볼에 담아서 함께 낸다.

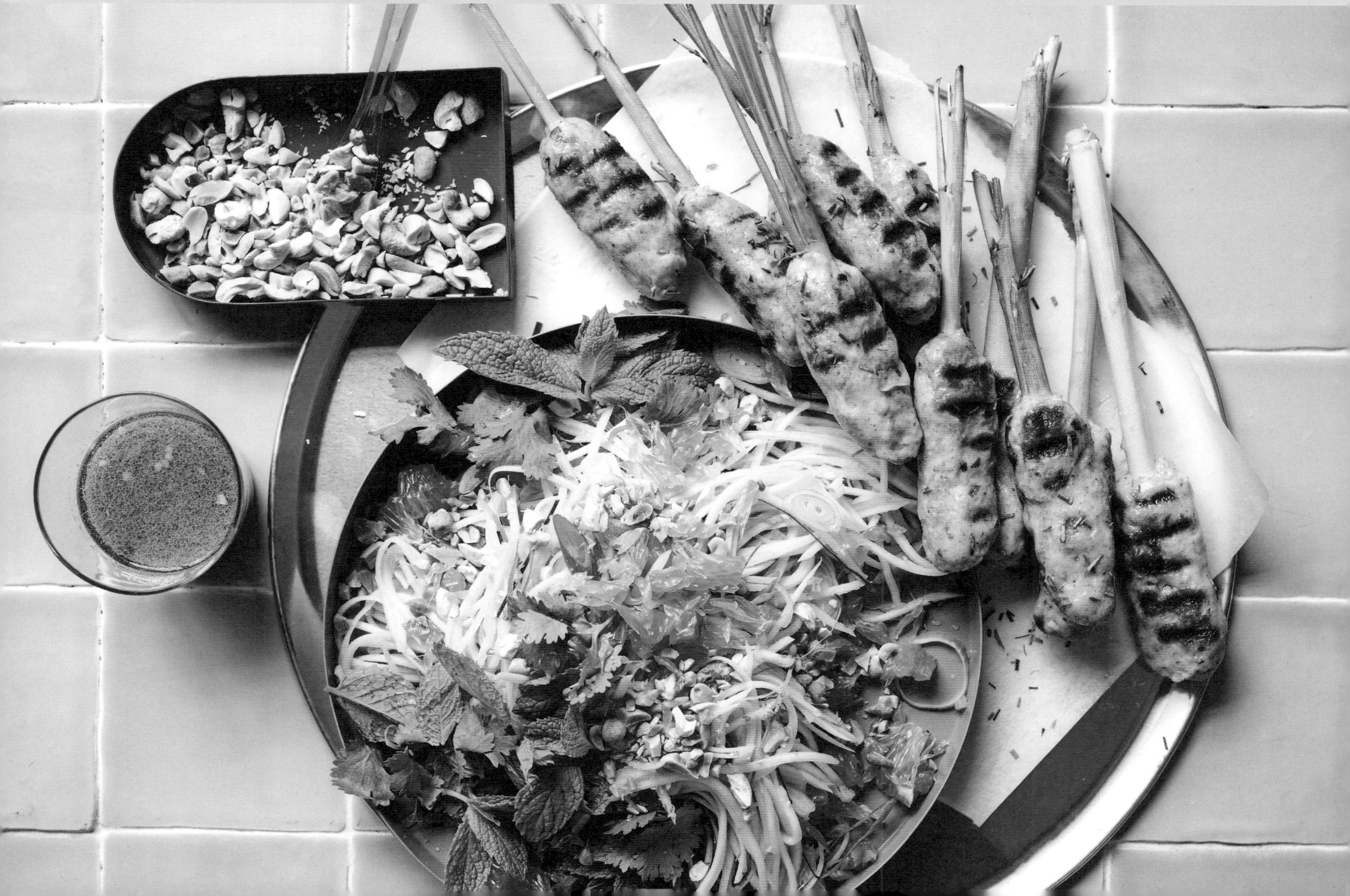

레몬그라스 커드와 생망고를 곁들인 코코넛 사고

Coconut Sago with Lemongrass Curd & Fresh Mango

레몬그라스의 풍미는 달콤한 요리와 짭짤한 음식 모두에 잘 어울린다. 다음은 레몬그라스의 산뜻한 맛을 이용해서 코코넛 크림의 진한 맛을 정돈하고 사고sago 펄의 탱탱한 탄력을 돋보이게 만든 디저트다. 세상에서는 대부분 '사고'와 '타피오카 펄'을 혼용해서 판매하고 있지만, 진짜 사고는 소철sago palm 전분으로, 타피오카 펄은 카사바로 만든다. 둘 중에 구할 수 있는 것이라면 아무거나 사용해도 좋고 둘 다 엄밀히 말하자면 채소에 속하므로 이 레시피는 '샐러드'로 분류해야 한다고 생각한다.

분량 4인분

서빙용 깍둑 썬 망고나 기타 과육이 도톰한 과일
장식용 채 썬 라임 제스트

• 코코넛 사고

말린 흰색 사고 펄 150g
두들겨 으깬 녹색 레몬그라스 줄기 3대 분량
코코넛 크림(카라Kara 제품 추천) 400ml
소금 1/4작은술
설탕 1큰술(선택, 특히 카라 제품처럼 단맛이 강한 코코넛 크림을 사용할
    경우 취향에 따라 조절)

• 레몬그라스 커드

흰 부분만 굵게 다진 레몬그라스 줄기 3대 분량
곱게 간 라임 제스트(가능하면 카피르 라임 사용) 3개 분량
라임즙 1/2컵(125ml)
설탕 1/2컵(110g)
달걀노른자 3개, 달걀 1개
깍둑 썬 버터 80g

사고를 만든다. 냄비에 물 12컵(3L)을 담고 한소끔 끓인다. 사고 펄과 으깬 녹색 레몬그라스를 넣고 중약 불에서 가끔 휘저으면서 가운데 부분만 살짝 불투명할 정도로 부드러워질 때까지 20~30분간 뭉근하게 익힌다.

고운 체에 밭쳐서 사고만 건지고 레몬그라스는 제거한 다음 찬물에 헹군다. 볼에 코코넛 크림과 소금, 설탕(사용 시)을 넣어 섞는다. 사고를 넣어 섞는다. 냉장고에 살짝 걸쭉해질 때까지 1시간 동안 차갑게 식힌다.

커드를 만든다. 바닥이 묵직한 냄비에 다진 레몬그라스와 라임 제스트, 라임즙, 설탕을 넣는다. 끓기 직전까지 가열한 다음 불에서 내려 20분간 향을 우린다. 고운 체에 걸러서 다시 냄비에 넣는다. 달걀노른자와 달걀을 넣고 옅은 노란색을 띨 때까지 거품기로 골고루 잘 섞는다. 스패출러로 바꿔서 냄비 내용물이 커스터드 같은 상태가 되어서 숟가락 뒷면에 고르게 묻어날 때까지 7~8분간 계속 휘저으면서 익힌다. 숟가락 뒷면에 묻혀서 손가락으로 긁으면 선이 그대로 남아 있어야 한다.

냄비 내용물을 믹서기나 푸드프로세서에 넣고 5분간 한 김 식힌다. 믹서기를 느린 속도로 돌리면서 깍둑 썬 버터를 조금씩 넣어가며 골고루 매끄럽게 잘 섞는다.

커드를 전부 바로 사용할 경우 체에 내려서 볼에 담고 유산지를 표면에 닿도록 씌워서 막이 생기지 않도록 한다. 냉장고에서 최소한 1시간 정도 완전히 식힌다.(또는 체에 내려서 살균한 병에 담고 사용하기 전까지 냉장 보관한다. 미개봉 상태로 3개월까지, 개봉 후에는 1~2주일까지 보관할 수 있다.) 먹을 때는 커드를 유리잔 4개에 나누어 담는다.

사고를 얹고 망고를 올린 다음 채 썬 라임 제스트로 장식해 낸다.

참고 설탕 대신 취향에 따라 종려당이나 코코넛 설탕을 사용해도 좋지만 정말 화사한 색의 커드를 만들고 싶다면 백설탕을 쓰는 것이 낫다.

Sweetcorn

옥수수

멕시코에서 8만 년 전의 옥수수 꽃가루 화석이 발견되었다는
점을 감안하면 인류는 그동안 이 훌륭한 옥수숫대 하나를 참으로
알뜰살뜰하게 벗겨 먹고 살아온 셈이다. 옥수수에는 분홍색에서
보라색, 흰색과 노란색이 섞인 2색 종류까지 수백 가지의 품종이 있다.
요즘 시장에 나와 있는 대부분의 옥수수는 천연 당분을 더 오랫동안
유지하고 있는 '슈퍼스위트' 종류다. 그리고 아주 어릴 적에 수확해서
볶음 요리와 락사laksa 등에 훌륭한 질감을 선사하는 영콘baby corn, 속대에
붙은 채로 햇볕에 말린 다음 버터를 발라서 뚜껑을 꽉 닫은 냄비에
넣고 불에 올리거나 바로 전자레인지에 돌려 펑펑 터지게 만든 팝콘용
옥수수까지 온갖 참신한 제품도 존재한다.

"옥수수는 그냥 레몬과 소금만 뿌려서 구워도 굉장한 맛이 난다! 이파리를 숯처럼 태워서 가루를 내어 쿠키에 향신료로 사용하기도 하고, 옥수수 속대를 푹 담가서 아이스크림용 크렘 앙글레즈에 풍미를 주입할 수도 있다."
— 대런 로버트슨, 영국

구입과 보관하는 법

믿거나 말거나 옥수수는 수확 후 고작 6시간만 지나도 당이 40%까지 손실된다! 그러니 정말 놀라운 맛을 보고 싶다면(항상 최상의 맛을 볼 수 있는 것은 아니다) 겉껍질이 옅은 녹색을 띠고 마른 수풀 같은 옥수수 수염이 아직 시들거나 짙은 색을 띠지 않는 것을 고른다. 옥수수는 따뜻한 날씨에 제철을 맞이하므로 여름부터 초가을 사이에 가장 달콤한 맛이 난다. 갈수록 껍질을 모두 벗겨서 플라스틱 랩과 스티로폼으로 꽁꽁 포장해서 판매하는 옥수수가 늘어나고 있다. 물론 그러면 옥수수 낱알을 제대로 살펴보고 구입할 수 있기는 하다. 하지만 그래도 윤리적인 기준에서, 그리고 천연 껍질의 보호 효과로 늘어나는 보존기간을 위해서라도 나고 자란 그대로 판매하는 옥수수를 구입할 것을 권장한다. 끄트머리 부분의 냄새를 한 번 맡아보자. 랩에 싸여 있더라도 시큼하거나 톡 쏘는 냄새가 아니라 신선하고 달콤한 향이 나야 한다. 색이 약간 회색을 띠거나 낱알이 움푹 패이기 시작한다면 옥수수를 너무 빠르거나 너무 늦게 수확한 것이다.

신선한 옥수수를 찾을 수 없거나 바로 요리할 수 없다면 냉동 또는 통조림 옥수수를 구입하는 것도 좋은 선택이다. 가능하면 껍질이 그대로 붙어 있는 신선한 옥수수를 구입하고, 그렇지 않다면 집에 오자마자 플라스틱 포장재를 전부 제거한다. 끝부분에서 약간 신냄새가 나기 시작하면 껍질을 모두 벗기고 바로 익힌 다음 낱알만 깎아내서 다음날 안에 모두 먹어 치우자.

조리하는 법

신선한 옥수수는 많이 건드리지 않을수록 좋다. 윗부분의 부드러운 껍질과 수염을 잡고 아래쪽으로 끌어당겨 제거한 다음 손가락으로 잘 쓸어가며 남은 옥수수 수염을 제거한다. 끓는 물에 통옥수수를 넣고 색깔이 화사하게 살아날 때까지 3~8분간 삶는다. 이때 물에 소금을 넣으면 옥수수 낱알이 단단해지므로 주의한다. 생옥수수의 낱알만 깎아내서 그대로 샐러드를 만들 수도 있고, 뜨거운 국물에 넣어서 단맛과 아삭아삭한 질감을 즐기기도 한다. 남은 속대로는 액상 금이나 마찬가지인 육수를 낼 수 있다. 육수용 봉지에 담아서 냉동 보관하면 지금부터 만들 모든 채수에 영원히 달콤한 맛을 선사할 수 있다. 여름이면 바비큐 그릴에 구운 옥수수, 특히 천연 껍질에 꽁꽁 싼 채로 그릴에 구운 옥수수로 별미를 즐길 수 있다. 플레이크 소금은 옥수수를 위한 개박하나 마찬가지니 넉넉하게 뿌려서 단맛이 제대로 두드러지게 하자. 채소 버전의 가염 캐러멜이라 할 수 있다.

어울리는 재료

버터, 치즈(특히 파르메산), 고추, 레몬, 올리브 오일, 후추.

간단 옥수수 프리터
Fool-proof Corn Fritters

일단 손에 익기만 하면 틈나는 대로 원하는 조합의 재료를 첨가해 만들어보게 될 레시피다. 사실 채소를 다양하게 많이 넣을수록 맛있다. 호박, 냉동 완두콩, 채 썬 홍피망 등을 고려해 보자. 옥수수를 냉동해 두면 수분을 보존할 수 있을 뿐만 아니라 아무 때나 해동해서 먹을 수 있다. 바삭바삭하고 따끈할 때 아침 식사로 먹어도 좋지만 점심 도시락으로 싸도 환상적일 메뉴다.

분량 4인분

냉동 옥수수 낟알 2컵(300g)
셀프 레이징 밀가루(여기서는 글루텐 프리 사용) 1/2컵(75g)
가볍게 푼 달걀 2개 분량
우유 1/3컵(80ml)
간 할루미 치즈 1/2컵(55g)
플레이크 소금 1/2작은술
즉석에서 간 흑후추 1/2작은술
조리용 땅콩 오일 또는 해바라기씨 오일

볼에 냉동 옥수수 낟알과 밀가루를 넣어서 골고루 버무린다. 달걀과 우유, 할루미haloumi, 플레이크 소금, 후추를 넣고 골고루 잘 섞는다. 보글보글 기포가 살짝 올라올 때까지 15분간 그대로 재운다.

원하는 향미 재료를 넣는다.(아래 참조. 마음껏 창의성을 발휘할 수 있는 순간이다.)

대형 프라이팬에 오일을 1cm 깊이로 붓고 중강 불에 올린다. 트레이에 종이 타월을 깔고 철망을 하나 얹어서 준비한다.

적당량씩 나눠서 조리해야 한다. 반죽을 숟가락으로 수북하게 퍼서 뜨거운 오일에 넣고 노릇노릇해질 때까지 1~2분간 튀긴다. 뒤집어서 노릇노릇하게 완전히 익을 때까지 1~2분 더 튀긴다. 철망에 얹어서 기름기를 제거하고 나머지 반죽으로 같은 과정을 반복한다. 뜨겁게 낸다.

• 텍스멕스 프리터

반죽에 훈제 파프리카 가루 1작은술과 간 적양파 1개(소) 분량, 채 썬 고수 1/2단 분량을 섞는다. 위와 같은 방식으로 익힌다. 웨지로 썬 라임과 여분의 고수, 칠리 소금 또는 치폴레 고추나 훈제 파프리카 가루로 매콤한 맛을 낸 마요네즈를 곁들여 낸다.

• 인도네시아식 프리터

반죽에 곱게 송송 썬 깍지콩 또는 갓끈동부 100g, 곱게 간 생강 1작은술, 씨째 곱게 다진 홍고추 1개 분량을 섞는다. 위와 같은 방식으로 익힌다. 베트남 그린 느억참nuoc cham이나 레드 느억참(221쪽 참조)을 곁들여 낸다.

• 인도식 프리터

커리 잎 2단 분량 또는 고수 1/2단 분량을 바삭바삭하게 튀긴 다음 3분의 1 분량을 반죽에 섞는다. 터메릭 가루 1작은술을 섞는다. 위와 같은 방식으로 익힌다. 남은 잎을 뿌리고 고수 라이타(280쪽)나 망고 피클을 얹어서 가볍게 휘저은 플레인 요구르트를 함께 낸다.

참고 생옥수수에서 낟알만 도려낸 다음 반죽에 사용해도 좋다. 다만 이때는 우유의 양을 1큰술 이상 늘려서 팬케이크 반죽과 비슷한 농도가 되도록 조절해야 한다.

지름길 시판 팬케이크 반죽을 사용해도 좋다. 액상 반죽이 들어 있는 시판 반죽 통에 바로 냉동 옥수수 낟알을 넣고 간 할루미 치즈와 우유, 달걀을 넣어 잘 섞은 다음 튀긴다.

옥수수 스크램블
Corn Scramble

옥수수 프리터와 프리타타frittata를 섞은 것과 비슷하지만 훨씬
빨리 만들 수 있는 메뉴다. 신선한 옥수수는 생각보다 빨리 익고,
달콤한 과즙이 터져 나와 기분 좋은 맛이 나는 데다가 모든 것을
부드럽게 감싸는 달걀은 크리미한 구름 같은 질감을 선사한다.
나는 크리스마스가 지나간 후 남은 햄을 처리하기 위해서 자주
만드는 편이지만 베이컨으로 대체해도 상관없다. 육류를 배제하고
싶다면 스크램블에 염소 치즈 또는 버터를 넣어서 진한 맛을
보충해 보자.

분량 2인분

옥수수 1대
베이컨 4장 또는 두껍게 썬 햄 2장
버터 40g(베이컨 대신 햄을 쓰거나 둘 다 쓰지 않을 경우 첨가)
달걀 6개
굵게 다진 딜 2큰술
마무리용 흑후추

옥수수를 도마에 놓고 날카로운 칼로 옥수수 낟알을 한 번에
몇 줄씩 잘라낸다. 베이컨은 길고 가늘게 썬다. 햄을 사용할
경우에는 깍둑 썬다.

프라이팬에 베이컨과 옥수수를 넣고 중강 불에서 콘이 약간
노릇노릇해지고 베이컨 가장자리가 살짝 바삭바삭해질 때까지
약 4분간 볶는다. 베이컨에서 빠르게 기름기가 배어 나오기
시작할 것이다.(베이컨 대신 햄을 사용할 경우에는 팬에 버터를 녹인
다음 옥수수와 햄을 넣는다.) 그동안 볼에 달걀을 깨 담고 가볍게
풀어서 전체적으로 고르게 노란 색이 되도록 한다.

옥수수 팬에 달걀물을 붓고 불 세기를 약간 낮춘 다음
스패출러로 8자를 그리면서 골고루 잘 섞는다.

딜을 넣어서 섞은 다음 즉석에서 간 흑후추를 뿌리고 달걀이
완전히 굳기 전에 불에서 내린다. 바로 낸다.

참고 본인의 취향이나 냉장고에 있는 식재료에 따라 색다른 방식으로
다양하게 활용해 보자. 생옥수수 대신 냉동 완두콩이나 냉동 옥수수를
사용해도 전혀 상관없다.

육류 배제 시 베이컨이나 햄을 사용하지 않을 경우에는 버터 또는 염소
치즈 40g을 사용한다. 팬에 옥수수를 넣고 노릇해지기 시작하면 버터를
더한 다음 달걀물과 함께 염소 치즈를 넣으면 된다.

옥수수 수프
Sweetcorn Soup

닭고기가 들어간 것이든 아니든 상관없이 내 마음 속에는 옥수수 수프를 위한 특별한 자리가 따로 마련되어 있다. 옥수수 속대에는 숨겨진 저만의 국물 맛을 내는 풍미가 숨겨져 있기 때문에 이걸 활용할 줄 아는 똑똑한 사람이라면 누구나 같은 값에 달콤한 감칠맛이 가미된 육수를 얻어낼 수 있다. 하단에 닭고기를 넣은 옥수수 수프 만드는 법을 따로 소개하고 있지만 채식 버전으로도 충분히 훌륭한 맛이 난다.

분량 4~6인분

옥수수 4대
실파 10대
얇게 저민 마늘 3쪽 분량
곱게 간 생생강 1작은술
즉석에서 간 흑후추 1작은술
바삭한 튀긴 샬롯 1/4컵, 서빙용 여분
간장 2큰술
참기름 1큰술
채수(또는 물) 8컵(2리터)
사과 식초 1큰술
거품기로 가볍게 푼 달걀흰자 2개 분량
곱게 송송 썬 아스파라거스 1단 분량(선택)
서빙용 볶은 참깨

옥수수에서 낟알만 떼어낸 다음 속대와 낟알을 모두 대형 냄비에 넣는다.

실파를 곱게 송송 썬 다음 흰 부분과 녹색 부분을 분리한다.

옥수수 냄비에 실파의 흰색 부분과 마늘, 생강, 후추, 바삭한 튀긴 샬롯, 간장, 참기름을 넣는다. 채수를 붓는다.

한소끔 끓인 다음 뚜껑을 닫고 불 세기를 약하게 낮춘 다음 옥수수가 부드러워지고 국물에 풍미가 진하게 배어나올 때까지 45분간 뭉근하게 익힌다.

불에서 내린 다음 긴 집게로 옥수수 속대를 꺼낸다. 스틱 블렌더로 수프를 가볍게 갈아서 옥수수가 일부는 크림 상태가 되고 절반 정도는 낟알 형태가 그대로 남아 있도록 한다.

식초를 붓고 달걀흰자를 넣어서 나무 주걱으로 휘젓는다. 실파의 녹색 부분을 조금만 남겨 두고 전부 뿌린 다음 아스파라거스(사용 시)를 넣는다. 잔열에 달걀흰자가 익을 때까지 그대로 3~4분 정도 둔다.

식사용 그릇에 수프를 나누어 담는다. 참깨와 여분의 튀긴 샬롯, 남은 실파를 뿌려서 낸다.

참고 옥수수를 자를 때는 대형 나무 도마에 옥수수를 눕힌 다음 낟알을 한 번에 수 줄씩 잘라내고 돌려서 다음 줄을 자른다. 나는 시중의 옥수수 낟알 털이용 도구는 너무 잘 고장나서 그다지 신뢰하지 않는다.

번외 닭고기 옥수수 수프를 만들려면 채수 대신 닭 육수를 이용한다. 수프가 완성되기 30분 전에 닭 허벅지 2개를 통째로 수프에 넣었다가 다 익으면 꺼내서 살만 발라내 잘게 찢는다. 식사용 그릇 바닥에 닭고기를 넣고 수프를 부어서 낸다.

지름길 간단 닭고기 옥수수 수프를 만들려면 시판 바비큐 또는 로티서리rotisserie 치킨을 구입해서 살만 잘게 찢은 다음 그릇에 담고 뜨거운 수프를 담아서 낸다. 더 깊은 풍미를 내고 싶다면 여유 시간이 있는 날에 저녁때쯤 할인 스티커가 붙은 닭 1마리를 구입해서 간단하게 육수를 낸다. 이 닭고기 육수를 냄비에 붓고 옥수수를 삶은 물을 부어서 양을 보충하자. 1~2인분만 만든다면 옥수수가 익는 시간을 포함해서 10분만에 맛있는 수프를 완성할 수 있다.

사과 치폴레 바비큐 소스를 곁들인 치즈 클라우드 옥수수 구이
Cheese-cloud Corn Cobs with Apple Chiporle Barbecue Sauce

'치즈 클라우드'에 시큰둥한 사람이라도 '사과 치폴레'에는 구미가 당길 수밖에 없을 것이다. 통옥수수를 훨씬 특별하게 먹는 레시피로, 여름을 만끽하는 데에는 이만한 노력을 들일 가치가 있다. 옥수수를 먹은 후에도 남은 바비큐 소스는 얼마든지 다양하게 활용할 수 있다. 버섯이나 패티팬 호박, 주키니를 그릴에 구울 때 조리용 솔로 듬뿍 묻혀도 좋고 케첩 대신 딥 소스로 먹어도 맛있다. 냠냠.

분량 4인분(사이드 메뉴)

옥수수(껍질째) 4대

조리용 올리브 오일

달걀로 만든 걸쭉한 마요네즈(또는 마늘 아이올리, 37쪽 참조)
    1/2컵(125g)

페코리노 또는 파르메산 치즈 25g

서빙용 곱게 다진 차이브

• 사과 치폴레 바비큐 소스(분량 2와1/4컵)

사과 소스 1컵(250ml)

토마토소스 1/2컵(125ml)

바비큐 소스 1/2컵(125ml)

메이플 시럽 1/4컵(60ml)

곱게 다진 아도보 소스에 재운 치폴레 고추 2개(매운 맛에 약하면
    1개)

우스터소스 1큰술

훈제 파프리카 가루 1작은술

그릴 팬 또는 바비큐 그릴을 강한 불로 예열한다.

옥수수는 껍질을 뜯지 않고 살짝 벗겨낸 채로 채소용 솔이나 손가락을 이용해서 수염을 제거한다. 소금을 넉넉히 탄 물에 옥수수를 최소한 10분 정도 푹 담가 둔다. 그러면 껍질이 부드러워져서 옥수수가 완전히 익기 전에 바짝 타버리는 일이 없다.

옥수수 껍질에서 여분의 물기를 털어낸 다음 소량의 올리브 오일을 문질러 바른다. 껍질을 다시 옥수수에 씌워서 그릴의 불꽃에 낱알이 바로 닿지 않도록 한다. 바비큐 그릴에 옥수수를 어슷하게 얹고 5분마다 돌려가면서 껍질이 완전히 새까매질 때까지 15~20분간 굽는다. 꺼내서 10분간 식히며 껍질째 살짝 잔열에 쪄지도록 한다.

그동안 모든 바비큐 소스 재료를 잘 섞어서 맛을 보고 간을 맞춘다.(양이 넉넉한 편이므로 남은 것은 깨끗한 밀폐용기에 담아서 냉장고에 1개월간 보관할 수 있다.) 우선 바비큐 소스 1/4컵(60ml)에 마요네즈를 섞어서 딥 소스를 만든다. 소형 냄비에 남은 바비큐 소스 중 1/4컵(60ml)을 넣고 가볍게 데운다.

옥수수가 한 김 식으면 껍질을 제거한다. 조리용 솔로 따뜻한 바비큐 소스를 골고루 바르고 곱게 간 치즈를 뿌려서 안데스 산맥 위의 보송보송한 구름처럼 보이는 상태로 만든다. 차이브를 뿌리고 딥 소스를 곁들여 낸다.

지름길 옥수수를 반으로 자르거나 동강내서 끓는 물에 넣고 밝은 노란색이 될 때까지 4~5분간 삶는다. 그동안 소스를 만든다. 치즈를 갈아서 뿌리고 차이브를 뿌리면 완성이다.

변주 레시피 남은 옥수수(치즈를 뿌린 것도 상관없다)에서 낱알을 잘라낸 다음 크림 또는 채수을 조금 섞어서 갈면 크림드 콘 creamed corn (옥수수를 익힌 다음 일부만 곱게 갈아서 덩어리가 남아 있도록 만든 음식- 옮긴이)또는 훈제 치폴레 옥수수 수프를 만들 수 있다!

Patty pan squash

패티팬 호박

조롱박의 나라에 오신 것을 환영합니다! 어린 노란 호박baby yellow squash이나
가리비 호박scalloped squash이라고도 불리는 패티팬 호박은 누가 반짝이는
노란 주키니 1봉지를 찻길에 내버려뒀다가 밟고 지나가 뭉개진 것처럼
생겼다. 참신하다는 이유 하나만으로도 선택 받곤 하는 패티팬 호박을 처음
접한 사람은 식탁 한가운데 장식하면 예쁘고 귀여운 것은 물론 튼튼해서
요리하기에도 좋다는 사실을 발견하고 기뻐한다. 일반 주키니는 씨앗이
들어 있는 부드러운 부분이 잘 물러져서 내부 구조가 잘 망가지는 단점이
있지만 패티팬 호박은 씨앗 부분이 더 촘촘하게 붙어 있어서 각박한 환경
속에서도(예를 들어 오븐에서 굽는 등) 형태와 화사한 색상이 잘 유지된다.

"나는 생각보다 활용도가 높은 조롱박(힌디어로는 라우키)에 푹 빠져 있다. 우리 어머니는 조롱박에 요구르트와 머스터드 오일, 쿠민, 월계수 잎, 카다멈을 넣어서 스튜를 만들곤 하셨다. 나는 조롱박과 요구르트로 짭짤한 팬케이크를 만들어서 카슈미르 칠리 처트니를 곁들여 즐겨 먹는다."

— 프라티크 사두, 인도

구입과 보관하는 법

패티팬 호박은 땅딸막한 봉지에 햇살을 담아 놓은 것처럼 기분 좋게 빛나는 껍질을 지니고 있다. 작을수록 단맛이 강하고 큰 것은 속을 채워 굽기 좋다. 주키니를 고를 때처럼 줄기에 시든 부분이 없는지 살펴보고, 가장자리에 울퉁불퉁하거나 멍든 부분이 없는지 훑어보자. 가볍게 쥐어서 너무 부드럽게 푹 들어가지 않는지 확인하는 것도 좋다. 수분이 상당히 손실되었다는 뜻이다. 속살과 껍질이 섬세해서 냉장고에서는 수 일밖에 보관할 수 없으니 최대한 요리하기 직전에 구입하는 것이 좋다. 장기간 보관하려면 주키니처럼 깍둑 썰거나 적당히 썰어서 쟁반에 담은 다음 냉동하자. 그런 다음 소분해서 용기에 담아 냉동 보관한다.

조리하는 법

패티팬 호박은 친척 관계인데다 사람들한테 더 익숙한 편인 길쭉한 노란색 주키니처럼 다루면 된다. 길게 자르면 바비큐 그릴에서 쉽게 구울 수 있고, 4등분해서 커리나 캐서롤에 넣거나 갈아서 프리터 반죽에 섞어 넣고, 잘게 썰어서 가리비 관자처럼 볶아도 맛있다. 작은 것은 통째로 굽거나 찌기도 하고, 큰 것은 손질해서 예쁜 담음새를 연출하기에 좋다. 일반 호박처럼 요리하고 싶다면(친척 관계이기는 하니까) 큼직한 노란색 패티팬 호박을 골라서 속살을 찻숟가락으로 파낸 다음 잘게 다진다. 쌀과 향신료 또는 다진 고기, 허브를 넣고 잘 섞은 다음 다시 호박 속에 넣는다. 토마토 바탕의 소스에 넣어 굽거나 간단하게 올리브 오일만 둘러서 '뚜껑'을 다시 덮어 쿠킹 포일에 싼 다음 굽는다. 그러면 인당 하나씩 먹을 수 있는 맛있는 속 채운 구운 호박이 완성된다.

어울리는 재료

치즈(특히 페타, 염소 커드, 파르메산, 리코타), 고추, 마늘, 허브(특히 바질, 마조람, 오레가노, 파슬리, 타임), 적양파.

신호등 치미추리 호박
Traffic Light Chimichurri Squash

바비큐 그릴에서 만든 요리의 가장 멋있는 부분은 그릴 자국이다. 하지만 우리에게는 그릴 팬이라는 훌륭한 도구가 있으니 그릴 자국을 내기 위해서 밖에 나가 파리를 쫓으며 서 있어야 할 필요가 없다. 기름을 전혀 두르지 않고 패티팬 호박을 그릴 팬에 넣는다고 하면 실패의 지름길인 것처럼 느껴지겠지만, 팬을 충분히 뜨겁게 달구면 호박이 그릴에 잘 달라붙지 않는 것은 물론 기름에 푹 젖어 질척해질 염려가 없다. 그릴 팬이 없다면 그냥 바닥이 묵직한 팬을 사용해도 좋다. 그릴 자국 대신 거뭇거뭇한 얼룩무늬가 생긴다는 사실만 받아들이면 된다. 그리고 무슨 팬을 사용하든 절대 오일을 두르지 말고 호박이 바닥에서 떨어져 나올 때까지 구워야 한다. 인내하자!

분량 4~6인분

패티팬 호박(연노랑) 또는 기타 여름 호박(또는 모둠) 6~7개
4등분한 방울토마토 250g
서빙용 민트 잎

· 레드 & 그린 치미추리
다진 긴 풋고추 1개 분량
다진 마늘 1쪽 분량
잎과 줄기를 다진 파슬리 1/2단 분량
잎과 줄기를 다진 고수 1/2단 분량
다진 적양파 1개(소) 분량
훈제 파프리카 가루 1큰술
올리브 오일 1/2컵(125ml)
레드와인 식초 1/4컵(60ml)
꿀 1큰술
까맣게 구워서 다진 홍피망(200쪽 참조) 150g

치미추리를 만든다. 홍피망을 제외한 모든 재료를 소형 푸드프로세서에 넣고 곱게 다진다. 소금과 후추로 간을 맞춘 다음 현재 녹색인 치미추리를 약 1/2컵 정도 덜어낸다. 남은 치미추리에 홍피망을 넣고 다시 곱게 갈아서 빨간 치미추리를 만든다. 둘 다 먹기 전까지 차갑게 보관한다.

먹기 전에 그릴 팬을 불에 올려서 연기가 피어오를 때까지 5분 정도 뜨겁게 달군다.

호박을 가로로 2등분한다. 약 1.5cm 두께가 되어야 한다. 너무 굵으면 3등분해서 두께를 맞춘다.

뜨거운 그릴 팬에 호박을 단면이 아래로 가도록 한 켜로 올린다. 너무 많으면 적당량씩 나눠서 작업한다. 이때 호박을 올리면 지글지글거리는 소리가 나야 한다. 소리가 나지 않으면 팬이 충분히 달궈지지 않은 것이므로 호박을 꺼내고 조금 더 달군다. 앞뒤로 3분씩 살짝 거뭇하게 그슬릴 정도로 구운 다음 나머지 호박을 굽는 동안 팬 가장자리로 빼서 따뜻하게 보관한다.(이 정도로 두꺼우면 과조리하는 것이 거의 불가능하다. 열원 가까이에 조금 더 오래 두면 살짝 더 부드러워진다.) 조리용 솔로 녹색 치미추리를 골고루 바른다.

남은 녹색 치미추리에 방울토마토를 넣고 버무린다. 접시에 레드 치미추리를 바른 다음 토마토와 구운 호박을 얹는다. 민트를 뿌려서 뜨거울 때 낸다.

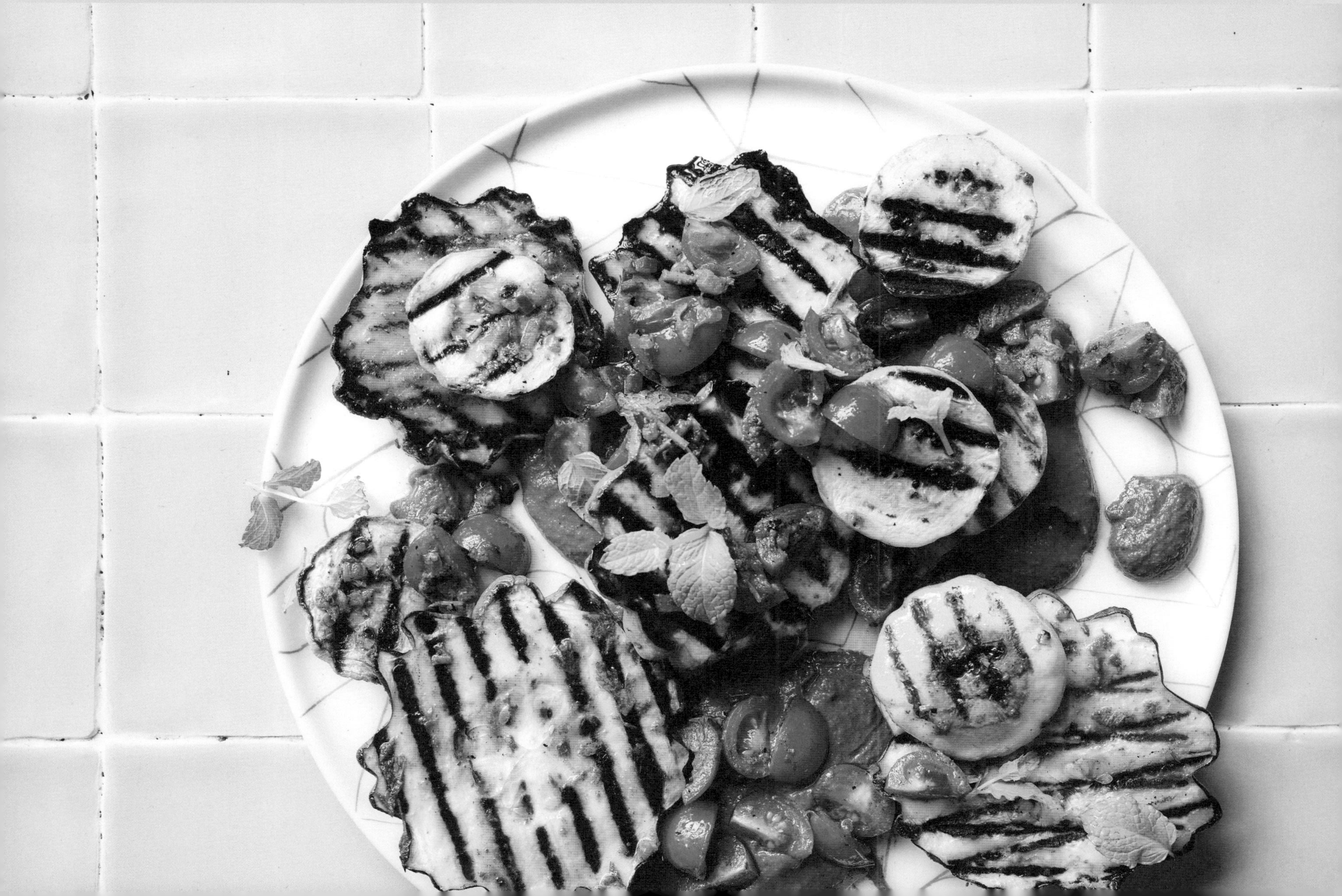

골든 번트케이크
Golden Bundt Cake

이 케이크를 촬영한 날, 조금씩 나눠서 포장한 다음 출판사 식구들에게 나누어 줬더니 어느 집의 딸아이가 이렇게 말했다고 한다. "채소 케이크 같은 맛이 안 나는데?" 나도 동의한다. 왜냐면 케이크에 채소를 넣는 사람들은 대체로 '모르고 먹을 수 있도록' 몰래 집어넣기 때문이다. 하지만 여기서는 촉촉한 벨벳 같은 스폰지 케이크 사이로 노란색과 녹색 파편이 여실히 드러날 정도로 패티팬 호박(원한다면 주키니도)을 풍성하고 넉넉하게 넣는다. 얼마나 만족스러운 맛이 나는지, 대접하는 것이 얼마나 즐거운지 표현할 방법이 없다. 오후 내내 사람들이 이 케이크에 대한 이야기만 하게 될 것이다. 금처럼 빛나라, 호박 케이크여.

분량 8인분

녹인 무염버터 20g

굵게 간 패티팬 호박(연노랑) 또는 주키니(참고 참조) 2컵(250g)

설탕 1/2컵(110g)

곱게 간 레몬 제스트 1개 분량

곱게 다진 레몬 타임 잎(또는 일반 타임 잎) 1큰술

라이트 엑스트라 버진 올리브 오일 3/4컵(180ml), 틀용 여분

달걀 3개

버터밀크 1컵(250ml)

황설탕 3/4컵(170g)

코코넛 슬라이스 1/2컵(45g)

셀프 레이징 밀가루 2와1/2컵(375g)

플레이크 소금 1/2작은술

슈거파우더 1과1/2컵(175g)

레몬즙 1/3컵(80ml)

• 건조 호박꽃 재료
채칼이나 날카로운 칼로 얇게 저민 패티팬 호박(연노랑) 2개 분량

오븐을 160°C로 예열한다. 25cm 크기의 물결무늬 링 모양 틀(번트 틀)에 녹인 버터를 골고루 바른 다음 냉장고에 넣어서 차갑게 굳힌다.

볼에 간 호박과 설탕, 레몬 제스트, 레몬 타임 잎을 넣고 골고루 섞는다. 그대로 10분간 재운다.

볼에 오일과 달걀, 버터밀크, 황설탕을 넣고 골고루 섞는다. 코코넛을 넣고 밀가루와 소금을 체에 쳐서 넣는다. 나무 주걱으로 골고루 섞는다. 이때 과하게 휘젓지 않도록 주의한다.

케이크 틀에 넣은 다음 오븐의 가운데 단에 넣고, 꼬챙이로 가운데를 찌르면 깨끗하게 나올 때까지 1시간 정도 굽는다. 꺼내서 틀째로 식힘망에 얹어 10분간 식힌 다음 케이크를 꺼내서 식힘망에 얹어 완전히 식힌다.

건조 호박꽃을 만들 경우에는 오븐을 100°C로 예열한다. 철망에 저민 호박을 길게 늘어지도록 얹는다. 오븐에서 주름진 '꽃 모양'이 될 때까지 20분간 건조시킨다.

그동안 아이싱을 만든다. 볼에 슈거파우더를 넣고 레몬즙 1/4컵(60ml)를 부어 잘 섞는다. 남은 레몬즙을 1작은술씩 더하면서 매끈하게 펴 바를 수 있는 농도로 조절한다.

식은 케이크에 아이싱을 바르고 호박 꽃으로 장식한다. 이 케이크는 유산지나 쿠킹 포일을 느슨하게 씌워서 냉장고 아래칸에 넣으면 오랫동안 보관할 수 있다. 하지만 어차피 맛있어서 많이 남지도 않을 것이다.

참고 주키니를 사용하면서도 케이크를 옅은 색깔로 만들고 싶다면 껍질을 벗긴다. 그냥 내버려두면 채소 케이크다운 존재감을 발휘하는 모습이 된다.

지름길 아이싱과 건조 '호박꽃'은 생략 가능하다. 그럴 경우 슈거파우더를 체에 쳐서 케이크에 뿌리고 생레몬 타임 잎으로 장식한다. 여기에 플레인 요구르트를 한 덩어리 곁들여서 내면 좋다.

Orange

* CARROT
* SWEET POTATO
* BUTTERNUT SQUASH
  + Spaghetti squash
* PUMPKIN

Carrot

당근

당근을 직접 길러본 적이 있다면 길쭉하니 곧은 모양에 균일하게 주황색을 띠는 작물을 길러내는 것이 상당히 까다롭다는 사실을 깨닫고 실망했을 가능성이 크다. 그건 당근이 원래 심지어 주황색이지도 않았기 때문이다. 아마 보라색이나 흰색, 심지어 노란색이었을 것으로 추측하는데, 우리는 지금 이 모든 색상을 멋진 재래 품종으로 인식하고 있다. 네덜란드인이 강력했던 오라녜 나사우^{Orange–Nassau} 가문을 지지한다는 사실을 공표하기 위해 주황색 당근을 재배하기 시작한 것은 16세기나 된 후의 일이었다. 네덜란드 내에서 해당 가문의 권력은 강력할 때도 있고 약화될 때도 있었기 때문에, 주황색 당근을 소유하거나 판매하는 것이 가끔 반역에 해당하는 것으로 간주되기도 했다. 오늘날 오라녜 나사우 가문은 네덜란드의 입헌군주제를 유지하고 있으며 네덜란드 나라 전체, 특히 스포츠 팬은 아직도 주황색에 열광한다. 그리고 한때 반역 취급을 받기도 했던 당근은? 감자에 이어 세계에서 두 번째로 인기 있는 채소 반열에 올랐다.

"나는 당근에 푹 빠진 사람이다. 굽고 즙을 내고 돌돌 돌려 깎고, 저며서 날것으로 내기도
한다. 퓌레도 하고 건조시키거나 베이킹을 하고 튀김을 만든다. 다들 으레 당근은 달콤한
채소라고들 생각하지만 충분히 오래 구우면 적당한 쓴맛이 발달된다. 다른 채소까지
최고로 돋보이게 만드는 화사한 매력을 지닌 채소다."
— 아만다 코헨, 캐나다

구입과 보관하는 법

우리는 다행히 반역자가 되지 않고도 일 년 내내 주황색은 물론 갖은 당근을 구할 수 있는 행운아지만,
시장에 재래 품종이 더 자주 등장하는 서늘한 계절이 되면 맛이 더 좋아진다. 재래 품종은 풍미가 더
깊고 섬유질이 더 밀집되어 있어서 열을 가해도 모양을 더 잘 유지하기 때문에 찜이나 스튜, 통째로
굽기, 심지어 피클 등에도 잘 어울린다. 자주색 당근은 비트나 적양배추처럼 안토시아닌 색소로 그릇에
얼룩을 남길 수 있다. 날것인 채로 갈아서 샐러드를 만들 때는 시럽처럼 달콤한 향과 아삭아삭한 매력을
지닌 향기로운 플루오르 오렌지색 당근만한 것이 없다. 장식처럼 무성한 이파리가 붙은 채로 판매하는
당근을 발견했다면 허브를 고를 때처럼 밝은 녹색을 띠고 무성한 것을 고르도록 한다.(어차피 당근은 딜
및 파슬리와 가까운 작물이다.) 이파리를 제거한 당근을 살 때는 냄새를 맡아보자. 달콤한 냄새가 나면서
껍질에는 윤기가 흐르고 잿빛을 띠지 않으며, 뿌리는 구부러지지 않고 탄탄하게 형태를 유지해야 한다.
조리 시간이 긴 요리를 할수록 더 굵은 당근을 사용하는 것이 좋으므로 낮은 온도에 오랫동안 천천히
익히는 찜 등의 요리에는 밀도가 높고 뭉툭한 당근을 고른다. 땅밑에서 자라는 만큼 당근은 차가운 온도를
좋아하므로 냉장고 채소 칸에 보관하는 것이 제일 좋다.
　집에 가져온 다음에는 당근 이파리를 잘라내서 허브처럼 손질해 보관한다. 당근 잎은 파슬리 대신
요리에 사용할 수 있지만 상당히 쓴맛이 나므로 들어가는 소금과 지방 함량을 높여야 한다. 당근을 막대
모양으로 썰어 오후의 간식으로 먹거나 도시락에 싸고 싶다면 밀폐용기에 넣고 얼음물을 잠기도록 부어서
보관한다.

기능적 효과

내가 오래된 속설인 당근을 먹으면 어두운 곳에서도 앞이 잘 보이게 된다는 말을 늘어놓을 거라고
단정하지 말고 일단 계속 읽어보자. 왜냐하면 그건 가짜 뉴스이기 때문이다! 말 그대로 꾸며낸 말이다.
제2차 세계 대전을 치르는 동안 영국 공군은 첨단 레이더 기술을 이용해서 적기를 탐지하고 격추했다는
사실을 숨겨야만 했다. 그래서 영국 정부는 선전 포스터를 제작해 야간 시력이 갑자기 좋아진 비결은
뽀빠이가 시금치를 먹듯이(참고로 이건 또 완전히 다른 속설이다) 조종사에게 당근을 지급했기 때문이라고
주장하는 허위 캠페인을 퍼트리기 시작했다. 덕분에 당근의 판매량이 갑자기 급증해서 영국의 당근
재배업자는 이득을 봤다. 고급 식재료가 드물지만 뿌리채소는 넉넉했던 시절이라 꽤나 유리하게 작용했을
것이다. 전략적으로 따져볼 때 그 계략이 효과가 있었는지는 사람마다 의견이 다르겠지만, 만일의 경우를
대비해서 독일 전투기에서도 당근 다발을 싣고 다녔다는 기록이 남아 있다. 물론 당근에는 기본적으로
눈 건강에 좋은 비타민 A가 풍부하다는 점은 짚고 넘어가야 할 것이다. 하지만 당근을 먹는다고 해서 곧
스마트폰의 손전등을 켜지 않아도 될 것이라고 기대하지는 말자.

어울리는 재료

치즈(특히 페타, 염소, 그뤼에르, 파르메산), 크림, 생강, 올리브 오일, 오렌지(특히 제스트), 세이지, 향신료(특히 시나몬, 정향, 너트메그).

글루텐 프리 오렌지 당근케이크

Zesty Gluten-free Carrot Cake

지금까지 구운 중 가장 촉촉한 당근 케이크를 소개한다. 즉석에서 갈아 올린 신선한 오렌지 제스트를 뿌린 크림치즈 아이싱은 빵에 바른 버터처럼 구석구석까지 촉촉하게 스며들고, 한 입 먹을 때마다 향신료와 견과류가 풍성하게 느껴진다. 시어머니가 글루텐 프리 베이킹을 시작할 당시에는 좋은 대체 재료를 찾기가 거의 불가능한 수준이었지만 요즘에는 글루텐 프리 가루 등도 쉽게 구할 수 있다. 일반 밀가루를 사용하고 싶다면 얼마든지 그래도 상관없지만, 나는 드디어 먹을 수 있는 케이크를 찾았다는 사실을 알게 된 사람들의 얼굴에 피어난 기뻐하는 표정을 보는 것이 좋아서 글루텐 프리 베이킹 쪽을 선호한다.

분량 6~8인분

껍질을 벗긴 당근 2개(320g)

껍질을 벗긴 생생강 1톨(엄지 크기)

굵게 다진 호두 150g

흑설탕 200g

식물성 오일 1/2컵(125ml)

달걀 4개

천연 바닐라 엑스트랙트 1작은술

쿠민 가루 1작은술

시나몬 가루 1/2작은술

글루텐 프리 밀가루(중력분) 2컵(300g)

소금 1꼬집

베이킹 파우더 1과1/2큰술

베이킹 소다 1작은술

• 크림치즈 아이싱

부드러운 실온의 크림치즈 500g

부드러운 실온의 무염버터 120g

체에 친 슈거파우더 1과1/4컵(155g)

오렌지 제스트 1개 분량, 장식용 여분

오븐을 180°C로 예열한다. 13 x 24 cm크기의 로프loaf 틀의 바닥과 옆면에 유산지를 깐다. 따로 보관한다.

볼에 설탕과 올리브 오일을 넣고 골고루 휘저어서 걸쭉한 갈색 페이스트를 만든다.

달걀을 한 번에 하나씩 넣으면서 매번 골고루 잘 섞는다. 당근 혼합물과 바닐라, 쿠민, 시나몬을 넣고 스패출러로 잘 섞는다.

밀가루와 소금, 베이킹 파우더, 베이킹 소다를 체에 쳐서 넣고 뭉친 곳이 없을 때까지 잘 섞는다. 로프 틀에 붓고 오븐에서 가운데를 꺼내면 깨끗하게 나올 때까지 45~50분간 굽는다.

로프 틀을 식힘망에 얹어서 틀째로 완전히 식힌다.

아이싱을 만든다. 푸드프로세서 또는 스탠드 믹서에 크림치즈, 버터, 슈거파우더, 오렌지 제스트를 넣고 곱게 잘 섞는다.

식은 케이크 윗면에 아이싱을 두껍게 펴 바른다. 먹기 직전에 여분의 오렌지 제스트를 갈아서 뿌려 낸다.

참고 상미기한이 없는 당근 케이크다. 아이싱을 바르지 않은 채로 썰어서 냉동 보관하면 바나나브레드처럼 팬에 구워서 먹을 수 있다. 밀폐용기에 담아서 냉장 보관하는 것이 제일 좋으며, 전날 밤에 구워서 냉장 보관하다가 먹기 직전에 아이싱을 연극적인 퍼포먼스처럼 슥슥 발라 내면 환상적이다.

지름길 크림치즈 아이싱을 바르는 대신 간단하게 슈거파우더를 뿌려도 좋다. 여기에 오렌지 제스트를 조금 가미하면 장식 효과를 낼 수 있다.

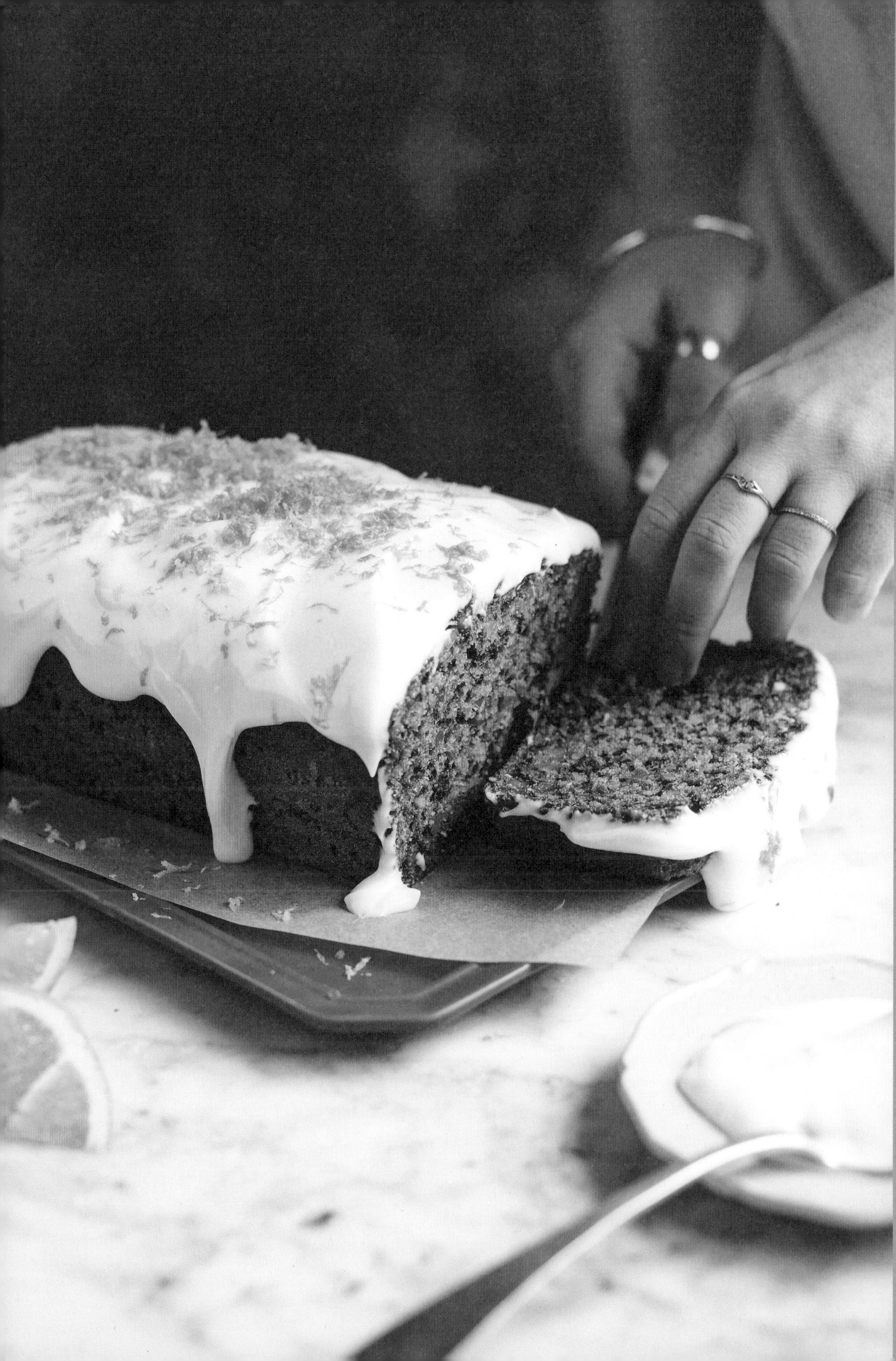

Orange Carrot

당근 잎 리가토니
Carrot Top Rigatoni

운 좋게 녹색 이파리가 달린 당근 한 다발을 손에 넣었다면 허브 잎처럼 손질해서 곱게 갈아 페스토를 만들어보자. 잣 대신 호박씨를 넣으면 견과류nut 프리 페스토가 되어서, 견과류를 싫어하는 페스토 애호가도 먹을 수 있는 음식이 된다. 찬양하라!

분량 4인분

잎을 제거하고 특히 조심스럽게 씻은 더치 당근(길고 가느다란
　　모양의 주황색 당근 – 옮긴이)(참고 참조) 2단 분량

호박씨 1/2컵(75g), 서빙용 여분

잘게 썬 페코리노 치즈 50g, 장식용 간 것 여분

레몬 제스트와 즙 1개 분량

껍질 벗긴 마늘 2쪽

플레이크 소금 1작은술

즉석에서 간 흑후추 1/2작은술

엑스트라 버진 올리브 오일 1/2컵(125ml)

리가토니 파스타 400g

루콜라 잎 50g

대형 냄비에 소금을 넉넉히 푼 물을 넣고 한소끔 끓인다.

당근 잎을 장식용으로 조금만 남겨놓고 전부 끓는 물에 넣어 숨이 죽을 때까지 20초간 데친다.

긴 집게로 건져서 체에 넣고 흐르는 찬물에 식힌다.

꽉 짜서 물기를 제거한 다음 푸드프로세서에 넣고 호박씨, 페코리노, 레몬 제스트, 레몬즙, 마늘, 소금, 후추, 올리브 오일을 넣는다. 곱게 갈아서 페이스트를 만든다. 맛을 보고 간을 맞춘 다음 따로 보관한다.

당근은 껍질을 벗긴 다음 채소 필러로 얇고 어슷한 타원형으로 깎아낸다. 당근 잎을 데친 냄비의 물을 다시 한소끔 끓인다. 파스타를 넣고 봉지의 안내에 따라 삶는다. 완성 1분 전에 깎은 당근을 넣어서 함께 삶는다.

파스타 삶은 물을 1컵(250ml) 따로 남겨놓고 파스타와 당근을 따라낸다. 빈 냄비에 다시 파스타와 당근을 넣고 페스토, 절반 분량의 파스타 삶은 물을 넣어서 골고루 버무린다. 너무 뻑뻑하면 파스타 삶은 물로 농도를 조절한다. 루콜라를 넣어서 접듯이 섞는다.

식사용 접시 또는 개별용 볼에 담는다. 남겨둔 당근 잎과 여분의 페코리노 치즈, 호박씨를 뿌려서 낸다.

참고 당근 잎은 특히 폭우가 내린 후에는 흙이 많이 묻어 있기로 악명이 높다. 따라서 페스토를 제대로 만들려면 찬물에 10분 정도 푹 담가서 흙먼지를 완전히 제거해야 한다. 페코리노 치즈가 없다면 파르메산 치즈를 써도 좋다. 어느 정도 숙성시킨 제품을 고르도록 하자. 12개월 이상이면 충분하다. 호박씨와 당근 잎에서는 가끔 쓴맛이 느껴질 때도 있으므로 내기 전에 반드시 맛을 보고 간을 맞춰야 한다. 쓴맛이 나면 소금과 올리브 오일을 조금씩 더 친다.

대체 재료 당근 잎이 없다면 바질이나 파슬리로 페스토를 만들어도 좋다. 페코리노 치즈를 빼면 채식 요리가 된다. 이때 호박씨, 올리브 오일, 소금을 추가하면 쓴맛을 가릴 수 있다.

바삭한 당근 이파리와 살사 베르데를 곁들인 당근 수플레

Carrot Soufflés with Crispy Carrot Tops & Salsa Verde

수플레 레시피를 보자마자 '이건 포기할래!' 하는 사람이 있더라도 탓할 생각은 없다. 수플레는 원래 상당히 겁을 먹게 하는 레시피인데다가 셰프들이 만들 경우에는 더더욱 그렇게 된다. 그래서 빅토리아의 모닝턴 페닌슐라Mornington Peninsula에 위치한 피트 레오 에스테이트Pt Leo Estate 와이너리에서 근무하는 내 친구 필 우드Phil Wood에게 그 유명한 당근 수플레 레시피를 물어봐서 거의 기밀 폭로에 가까운 수준으로 얻어낸 다음 집에서 만들 수 있는 쉬운 버전으로 바꿨다. 수플레를 레스토랑 특식처럼 보이게 만드는 튀긴 당근 이파리 장식은 생략해도 무방하다.

분량 8인분

버터 100g, 틀용 여분
껍질을 벗기고 1cm 두께로 썬 작은 당근 650g
가볍게 볶은 캐러웨이 씨 1작은술
꿀(살짝 풍미가 강한 꿀이 어울린다) 1큰술
플레이크 소금 1작은술
곱게 간 파르메산 치즈 50g, 서빙용 여분
밀가루 1/3컵(50g)
우유 1과1/2컵(375ml)
흰자와 노른자를 분리한 달걀 3개 분량
장식용 으깬 피스타치오

• 살사 베르데

바질 잎(또는 녹색 당근 잎) 1/2컵
파슬리 잎 1/2컵
케이퍼 2큰술
레몬즙 1/4컵(60ml, 약 1개 분량)
엑스트라 버진 올리브 오일 1/4컵(60ml)

오븐을 180°C로 예열한다. 3/4컵(180ml)들이 수플레 틀 또는 라메킨 8개에 버터를 위쪽 방향으로 골고루 바른다.

모든 살사 베르데 재료를 소형 푸드프로세서에 넣고 곱게 다진다. 따로 둔다.

냄비에 당근과 캐러웨이 씨, 꿀, 소금, 물 2컵(500ml)을 넣는다.

잔잔하게 한소끔 끓인 다음 종이 뚜껑을 덮는다.(만드는 법은 다음 장의 버터 당근 레시피 참조.) 약한 불에 올려서 포크로 당근을 찌르면 푹 들어갈 정도로 부드러워질 때까지 15~20분간 익힌다.

당근 400g을 믹서기에 옮겨 담는다.

틀 바닥에 파르메산 치즈를 뿌린 다음 틀을 이리저리 기울여서 옆면에도 치즈가 골고루 묻도록 한다. 남은 당근을 틀에 나누어 담는다.

냄비를 다시 불에 올린다. 절반 분량의 버터를 넣어서 녹으면 밀가루를 넣고 나무 주걱으로 휘젓는다. 계속 휘저으며 버터와 밀가루가 잘 섞여서 노릇노릇하게 금색을 띠고 쿠키 냄새가 나는 '루roux'가 될 때까지 2분간 익힌다. 거품기로 바꿔서 우유를 천천히 부으면서 한소끔 끓을 때까지 골고루 잘 섞으며 익힌다. 약한 불로 낮추고 나무 주걱으로 자주 휘저으면서 소스가 으깬 감자 같은 질감이 될 때까지 5~6분간 마저 익힌다.

소스를 당근을 넣은 믹서기에 붓고 곱게 갈아 퓌레를 만든다. 남은 버터 50g을 넣어서 곱게 간다. 10분간 식힌 다음 달걀 노른자를 넣어서 간다.

그동안 달걀흰자를 스탠드 믹서에 넣고 부드러운 뿔이 설 때까지 친다.

당근 혼합물에 거품낸 달걀흰자를 한 숟갈 넣고 섞은 다음 나머지 거품낸 달걀흰자를 넣고 스패츌러로 조심스럽게 8자를 그리며 접듯이 섞는다. 틀에 약 3/4 정도 채운 다음 엄지손가락으로 가장자리를 깨끗하게 훑어낸다.

틀을 베이킹 트레이에 얹고 오븐에서 수플레가 노릇노릇하게 부풀 때까지 15~18분 정도 굽는다. 여분의 파르메산 치즈와 으깬 피스타치오를 뿌리고 살사 베르데 1숟갈을 얹어서 바로 낸다.

인도식 가잘 마크니 버터 당근

Gajar Makhani Indian-style Butter Carrot

커리는 항상 만든 다음날이나 심지어 며칠 후에 훨씬 맛이
좋다. 하지만 대부분의 채식 커리는 하루 이틀 후면 묽어지기
시작한다. 하지만 이 커리는 다르다. 당근은 얼마든지 필요한 만큼
이상적인 밀도를 유지하고 열을 가하면 부드러워져서 완벽한 알
덴테al dente가 된다. 당근을 한입 크기로 썰고 밥과 난을 곁들인
다음 식기는 서랍에서 꺼내지도 말자. 이건 손으로 먹어야 하는
음식이다! 남은 그레이비 소스는 난이나 로티 빵으로 닦아 먹기
딱 좋다. 또는 당근을 다 먹어치운 후에, 아니면 그냥 그 전이라도
숯불에 구운 닭고기를 섞어서 간단한 버터 치킨 커리를 완성해
보자.

분량 4~8인분

버터 50g

식물성 오일 2큰술

생캐슈너트 1컵(150g)

곱게 다진 마늘 2쪽 분량

곱게 간 생생강 1큰술

브라운 머스터드 씨 1큰술

커리 잎 4줄기 분량(약 35~40장)

잎은 따내고 줄기와 뿌리는 깨끗하게 씻어서 곱게 다진 고수 1단
　　분량

가람 마살라 3작은술

터메릭 가루 1작은술

카다멈 가루 1작은술

마일드 칠리 가루 1작은술

그리스식 요구르트 1과1/2컵(375g)

껍질을 벗기고 3cm 크기로 어슷 썬 당근 800g

황설탕 1큰술

토마토 파사타(토마토 퓌레) 700g

코코넛 크림 1컵(250ml), 서빙용 여분

서빙용 바스마티 쌀밥

서빙용 난 또는 로티 빵

대형 냄비에 버터와 오일을 넣고 중강 불에 올려서 달군다.
캐슈너트를 넣고 노릇노릇하게 3분간 볶는다.

마늘과 생강, 머스터드 씨, 커리 잎을 넣고 향이 올라올 때까지
2분간 볶으면서 익힌다. 절반 분량의 캐슈너트는 서빙용으로
따로 보관한다.

고수 줄기와 향신료를 넣고 계속 휘저으면서 향이 올라올
때까지 1분간 볶는다.

요구르트를 넣고 잘 섞은 다음 당근을 넣어서 골고루
버무린다. 설탕과 파사타, 코코넛 크림, 물 1컵(250ml)을 넣고 잘
섞어서 한소끔 끓인다.

커리 표면에 종이 뚜껑(참고 참조)을 한 장 덮어서 국물이 너무
빨리 졸아들지 않도록 한다. 또는 뚜껑을 비스듬하게 덮는다.
약한 불에서 제일 큰 당근이 포크로 찔러도 푹 들어갈 정도로
부드러워지고 그레이비가 살짝 졸아들어 걸쭉해질 때까지
45분간 뭉근하게 익힌다.

여분의 코코넛 크림을 두르고 남겨둔 캐슈너트와 고수 잎을
뿌린 다음 쌀밥과 난 또는 로티 빵을 곁들여 낸다.

참고 유산지로 '종이 뚜껑'을 만들면 수분이 완전히 졸아들지 않으면서
전체적으로 천천히 고르게 익힐 수 있다. 부드럽게 삶거나 낮은 온도에서
천천히 국물을 내는 식의 요리를 할 때 효과적인 방법이다. 정사각형
유산지를 4등분으로 접은 다음 냄비 지름에 맞춰서 가위로 모서리를
둥글게 잘라낸다. 가운데 부분도 살짝 잘라서 공기가 빠져나갈 작은
구멍을 만든다. 환상적인 빵인 난과 로티는 인도 슈퍼마켓에서 쉽게 구할
수 있다. 유통기한이 짧고 성분이 너무 많이 들어가지 않은 것을 고르도록
한다. 직화로 살짝 구워서 정통 탄두르 화덕에 구운 것처럼 노릇노릇하게
만들거나 토스터에 바삭바삭하게 구워 보자.

Sweet potato

고구마

호주의 사촌 국가 뉴질랜드에서는 쿠마라kumara라고 불리는 고구마는 오랜 세월을 거치고 살아남은 뿌리줄기 작물이다. 서양에서 가장 흔한 주황색 고구마는 보통 감자 코너의 다른 '구이용 채소' 부분에서 일 년 내내 언제나 찾아볼 수 있다. 하지만 크기는 계절에 따라 달라지기 때문에 추운 계절이면 바이커의 팔뚝처럼 구불구불하고 큼직해지고, 따뜻한 계절에는 엄지손가락처럼 작은 것도 구할 수 있다. 색깔도 노란색에서 보라색까지 다양하다. 색깔에 따라 맛이 달라지는지 궁금하다면, 고구마에 있어서만큼은 그 대답은 '그렇다'이다! 보라색 고구마는 전분 함량이 높아서 모양을 잘 유지하기 때문에 오븐에 구워 달콤한 칩을 만들기 좋다. 자그마한 빨간색 고구마는 껍질째 통째로 구우면 속살이 놀랍도록 부드러워지면서 엄청나게 맛있다.

"고구마는 쿠마라가 사랑받는 뉴질랜드에서 자란 나의 어린 시절을 떠올리게 한다. 나는 주로 부드럽게 캐러멜화될 때까지 껍질째 구워서 먹곤 한다."
— 모니카 갈레티, 사모아

구입과 보관하는 법

다른 뿌리채소와 마찬가지로 절대 휘어지지 않는 단단한 것을 골라야 한다. 구부려봐서 휘어진다면 알고 싶지 않을 정도로 오래된 것이라는 뜻이다. 어느 정도의 흙먼지는 보관기간을 늘리는 자연스러운 보호구역할을 하기 때문에 전혀 문제되지 않는다. 크기가 서로 비슷한 것을 고르면 특히 통째로 구울 때 같은 속도로 익기 때문에 손질하기에 손이 덜 간다. 실제로 감자보다는 공심채와 사이가 더 가깝지만 저장법은 감자와 비슷하다. 직사광선을 피하고, 서늘하고 어두운 곳에 약 1개월간 보관할 수 있다. 하지만 감자와 달리 양파와 함께 보관해도 서로 피해를 입히지 않는다.

조리하는 법

나는 고구마 껍질을 굳이 벗기지 않는데, 껍질에 영양분이 풍부할뿐더러 형태를 유지하는 역할을 하기 때문이다. 모양이 울퉁불퉁해서 로스트할 때 같은 크기로 자르기가 조금 까다롭지만 그래도 고르게 익히려면 최대한 비슷하게 맞추는 것이 좋다. 나는 수프나 랩, 샌드위치는 물론 달걀이 들어가는 모든 요리에 남은 군고구마를 넣어서 풍미와 질감을 더하는 것을 좋아한다. 혈당 지수가 낮기 때문에 활력을 끌어올리는 아침식사를 만들기에도 좋은 음식이다.(안녕, 군고구마 프리터와 해시 브라운아.) 가나의 셰프 셀라시 아타디카Selassie Atadika가 알려주는 라이베리아Liberian식 고구마 잎 찜 레시피는 다음과 같다. "저는 고구마로 뢰스티rosti를 만들 때 반죽에 커리 가루를 조금 섞고, 코코넛 처트니를 곁들여서 내요. 그리고 고구마 잎을 코코넛밀크로 조려서 먹곤 하죠. 그대로 먹어도 좋지만 갈아서 퓌레를 만들거나 바삭하게 튀긴 고구마 칩을 찍어 먹어도 맛있어요."

어울리는 재료

아보카도, 베이컨, 버터, 치즈(특히 염소젖, 페타, 파르메산), 시나몬, 정향, 고수, 쿠민, 꿀, 메이플 시럽, 너트메그, 올리브 오일, 사워크림.

자투리 활용

고구마 껍질을 기름에 바삭하게 튀겨서 카옌페퍼를 뿌리면 바삭바삭한 간식을 만들 수 있다. 음식물 쓰레기를 줄이는 친환경 전사가 되었다는 생각에 훨씬 만족감이 깊어지는 음식이다. 우연히 야생 고구마를 발견할 기회가 있을지도 모르니 고구마는 순과 잎까지 먹을 수 있다는 사실을 알아두자. 시금치처럼 볶거나 데치고 샐러드에 넣어 먹는다.

카옌 고구마 칩

Cayenne Sweet Potato Chips

고구마 칩은 감자 칩의 열화된 버전이라고 생각하는 사람도
있지만, 내 생각은 다르다. 솔직히 완전히 다른 영역의
음식으로 대접받아 마땅하다고 본다. 특히 일반 감자튀김처럼
미리 삶거나 굽고 튀겨야 할 필요가 없다는 점에서 그러하다.
조리 과학을 조금 활용해서 겉에 전분을 조금 뿌려주면 훨씬
바삭바삭한 질감을 살릴 수 있다.

분량 4인분

잘 문질러 씻은 고구마(껍질째) 4~6개 분량(약 600g)

글루텐 프리 밀가루 또는 옥수수 전분 2큰술

땅콩 오일 또는 해바라기씨 오일 2큰술

훈제 파프리카 가루 1과1/2작은술

카옌페퍼 1작은술

마늘 가루 1작은술

플레이크 소금 2작은술

고구마를 반으로 자른 다음 단면이 아래로 가도록 도마에 얹고
약 5mm 두께로 길게 썬다.(전부 비슷한 크기로 자르는 것이 좋다.)

그동안 오븐을 220℃로 예열한다. 베이킹 트레이 2개에
알루미늄 포일을 깐다.

넉넉한 크기의 볼에 고구마를 넣는다. 밀가루를 뿌려서 골고루
버무린다. 오일을 두르고 손으로 고구마를 가볍게 휘저으면서
가루가 남은 곳이 보이면 손가락으로 문질러 전체적으로 잘
섞는다.

베이킹 트레이에 고구마를 너무 가득 차지 않도록 담는다.
서로 조금씩 간격이 있는 정도가 좋다. 오븐에서 가운데까지
완전히 부드러워질 정도로 30~35분간 굽는다.

고구마를 버무린 큰 볼을 깨끗하게 닦은 다음 파프리카
가루와 카옌페퍼, 마늘 가루, 플레이크 소금을 넣어서 잘 섞는다.
고구마를 오븐에서 꺼내자마자 양념 볼에 넣고 골고루 버무린다.
뜨거울 때 먹는다.

참고 오븐은 기기마다 차이가 크기로 악명이 높으며, 우리 집 오븐을
가장 잘 아는 사람은 나 자신이다. 한쪽만 타지 않고 전체적으로 골고루
익으려면 중간에 베이킹 트레이를 교체하거나 방향을 바꿔야 할 수도
있다.

지름길 채칼을 이용해서 고구마를 얇고 둥근 모양으로 썬 다음 오일에
버무려서 알루미늄 포일을 깐 트레이에 한 켜로 펼쳐 담는다. 170℃로
예열한 오븐에서 중간에 한 번 뒤집어가며 바삭바삭해질 때까지
15~20분간 굽는다. 향신료와 함께 버무려서 낸다.

푸짐한 토핑을 얹은 보라색 베이크드 고구마
Purple Loaded Sweet Potato

다들 예상했겠지만 제일 먼저 언급할 내용은 주황색 고구마보다 계절을 타는 경향이 있는 보라색 고구마를 구하기 힘들다면 그냥 아무 고구마나 쓰라는 것이다. 그러나 보라색 고구마를 구할 수만 있다면 마음껏 뽐내기에 딱 어울리는 레시피다. 겉과 속이 모두 보라색이라서 극적인 효과를 끌어올릴 수 있는 품종이 있는가 하면 겉만 보라색이고 속은 흰색인 품종도 있다. 그러니 껍질을 남겨서 어떻게든 화사한 색상을 드러낼 수 있는 이 레시피가 마음에 들 수밖에. 또한 껍질을 그대로 두면 토핑을 잔뜩 올려도 무거워서 형태가 무너져버릴 걱정이 없다. 인생, 모 아니면 도 아니겠는가.

분량 4인분

엑스트라 버진 올리브 오일 2큰술

훈제 파프리카 가루 1작은술

잘 문질러 씻은 보라색 고구마 4개(개당 250g)

플레이크 소금 1/4컵(35g)

사워크림 125g

옥수수 낟알(생 또는 물기를 제거한 통조림 제품) 125g

굵게 간 체더치즈 1컵(100g)

서빙용 고수 잎

서빙용 다진 차이브

오븐을 200℃로 예열한다. 베이킹 트레이에 유산지를 깐다.

소형 볼에 올리브 오일과 파프리카 가루를 잘 섞은 다음 따로 둬서 향이 우러나게 한다.

고구마 윗부분에 각각 4cm 정도로 칼집을 넣는다.(이때 고구마가 똑바로 서 있을 수 있는 상태가 아니라면 바닥을 살짝 도려내서 굴러다니지 않게 한다.)

내열용 볼에 팔팔 끓는 물 2컵(500ml)을 붓고 플레이크 소금을 넣어서 녹인다. 고구마를 넣어서 소금물을 골고루 적신다.

고구마를 베이킹 트레이에 담고 오븐에서 과도로 고구마를 찌르면 끝까지 푹 들어갈 정도가 될 때까지 40~50분간 굽는다.

오븐에서 꺼낸 다음 5분간 한 김 식힌다. 고구마에 길게 칼집을 넣어서 벌려 토핑을 쌓을 공간을 만든다.

사워크림을 나누어 얹고 옥수수와 체더 치즈를 뿌린다. 파프리카 오일을 두른 다음 소금과 후추로 간을 하고 고수와 차이브를 뿌려 마무리한다. 따뜻하게 낸다.

변주 레시피 작은 고구마나 카옌 고구마 칩으로 대체해서 넓은 접시에 넉넉하게 담은 후 모든 필링을 수북하게 얹는 방식으로 차려도 좋다.

지름길 전자레인지 조리가 가능한 그릇에 고구마를 담는다. 윗부분에 작게 칼집을 내고(이 부분을 기준으로 활짝 벌어진다) 껍질에 파프리카 오일을 가볍게 바른다. 전자레인지의 '강' 모드로 고구마가 완전히 익을 때까지 8~10분간 돌린다. 만져보고 아직 단단하면 1분씩 더 돌리면서 마저 익힌다.

달의 달

Darl's Daal

내 좋은 친구 제인 '그릴타운' 그릴스의 달 레시피로, 이 맛을 보면 알 수 있겠지만 제인은 업계 최고의 미각을 가진 사람이다. 다양한 색상과 질감을 지닌 채소를 여러 개 섞어서 넣어도 좋다. 냉장고 채소 칸 바닥에서 묵어가던 채소에게 새 생명을 부여하는 진한 코코넛맛 수프다. 추운 계절이면 제인은 170℃로 예열한 오븐에 넣고 한두 시간 정도 천천히 달을 익히곤 하는데, 계속 휘저을 필요가 없는 것은 물론 빅토리아 지방에서도 집을 따뜻하게 만들 수 있다. 제인은 이렇게 표현한다. "더블 보너스잖아!"

분량 4~6인분

올리브 오일 1큰술

버터 50g

깍둑 썬 갈색 양파 1개 분량

간 마늘 2쪽(대) 분량

간 생생강 1톨(1.5cm) 분량

잘 씻어서 곱게 다진 고수 줄기(잎은 장식용) 1단 분량

깍둑 썬 호박 300g

1cm 크기로 깍둑 썬 고구마 200g

터메릭 가루 1큰술(또는 생 터메릭 약 2큰술)

가람 마살라 1큰술

커리 가루 1큰술

칠리 가루 1꼬집

커리 잎 2다발(약 20장)

시나몬 스틱 1개

월계수 잎 2장

코코넛 밀크 400ml

통조림 토마토 400g(선택)

잘 씻은 스플릿 레드 렌틸(말려서 껍질을 제거해 빨리 익도록 손질한
　렌틸- 옮긴이) 1컵(200g)

채수 2컵(500ml)

간 종려당 50g

레몬즙 1/2개 분량

어린 시금치 잎 100g

냉동 또는 생완두콩 1컵(150g)

서빙용 플레인 요구르트

서빙용 송송 썬 홍고추

서빙용 레몬 웨지

직화 가능한 대형 캐서롤 그릇에 올리브 오일과 버터를 두르고 불에 올려 달군다. 양파를 넣고 뚜껑을 닫은 다음 중약 불에서 양파가 반투명해질 때까지 약 8~10분간 익힌다. 마늘과 생강, 고수 줄기를 넣고 잘 섞는다.

　호박과 고구마, 향신료, 커리 잎, 시나몬, 월계수 잎을 넣는다. 수 분간 잘 볶는다.

　팬에 코코넛 밀크와 토마토(사용 시)를 붓고 바닥의 달라붙은 파편을 잘 긁어낸다. 렌틸과 채수, 종려당, 물 1컵(250ml)을 넣는다.

　주기적으로 골고루 뒤섞어가며 한소끔 끓인 다음 렌틸이 부드럽게 뭉개질 정도로 잘 익고 고구마가 포크로 찌르면 푹 들어갈 정도가 될 때까지 20~25분간 뭉근하게 익힌다.

　시나몬 스틱과 월계수 잎을 건져낸다. 레몬즙을 넣어서 잘 섞은 다음 맛을 보고 소금과 즉석에서 간 흑후추로 간을 맞춘다.

　먹기 직전에 시금치와 완두콩을 넣는다. 완두콩이 익고 시금치가 숨이 죽을 때까지 2분간 익힌다.

　요구르트 1덩이와 송송 썬 고추, 남은 고수 잎을 얹은 다음 레몬 웨지를 곁들여 낸다. 냉동 보관이 매우 용이한 메뉴이므로 남은 달은 적당량씩 나눠서 냉동 보관한다.

지름길 렌틸을 따로 정수물 또는 육수 4컵(1리터)에 25분간 뭉근하게 삶는다. 그동안 다른 냄비에 양파를 색이 나지 않도록 천천히 볶는다. 호박과 고구마를 갈아서 양파 팬에 넣고 향신료와 기타 달 재료를 더한 다음 골고루 잘 섞는다. 렌틸이 익으면 호박 팬에 넣어서 마저 섞는다.

비건으로 만들기 버터와 요구르트 대신 코코넛 오일과 코코넛 요구르트를 사용한다.

변주 레시피 스틱 블렌더로 달을 갈면 향신료를 가미한 렌틸 채소 수프가 된다.

고구마 셰퍼드 파이

Sweet Potato Shepherd's Pie

고구마에서 내가 좋아하는 점 중 하나는 충분히 오랫동안 구우면 껍질 속에서 서서히 쪄지면서 부드럽게 속살이 뭉개진다는 것이다. 여기서는 이 방법을 최대한 활용해서 바삭바삭한 질감까지 살 수 있도록 껍질째 으깬 고구마를 만들어 원래 감자를 사용하는 고전 셰퍼드 파이의 위에 올렸다. 여기서는 소고기와 돼지고기를 섞어서 파이 필링을 맛있고 푸짐하게 만들었지만, 팬에 볶은 버섯이나 이 책에 실린 다진 버섯 템페(428쪽 참조) 혹은 콩과 렌틸 등으로 대체해도 좋다. 다음에 양치기가 찾아올 때면(셰퍼드 파이의 셰퍼드는 양치기라는 뜻이 있다 - 옮긴이) 양고기를 먹는 사람이든 채식주의자이든 상관없이 이 파이를 만들어서 대접해 보자.

분량 4~6인분

잘 씻은 고구마 1kg(소)

녹인 무염버터 50g

엑스트라 버진 올리브 오일 1/4컵(60ml), 틀용 여분

곱게 깍둑 썬 판체타 60g

다진 돼지고기(방목 사육) 300g

다진 소고기(목초 비육) 400g

곱게 다진 양파 1개 분량

곱게 다진 당근 1개 분량

곱게 다진 셀러리 1대 분량

우스터 소스 2큰술

곱게 다진 마늘 1쪽 분량

토마토 페이스트(농축 퓌레) 2큰술

소고기 육수 1컵(250ml)

액상 크림(또는 전지 우유) 2큰술

살짝 해동시킨 냉동 완두콩 1컵(140g)

서빙용 곱게 다진 파슬리

서빙용 튀긴 샬롯

오븐을 200℃로 예열한다. 포크로 고구마를 골고루 찌른다. 베이킹 그릇에 고구마를 담고 오븐에서 완전히 부드러워질 때까지 45분간 굽는다. 나무 수액처럼 고구마에서 '캐러멜'이 흘러나올 수도 있다.

오븐에서 꺼낸 다음 한 김 식힌 후 굵게 다진다.(껍질을 벗길 필요가 없다.) 볼에 넣고 너트메그, 버터, 올리브 오일 1큰술을 넣어서 골고루 버무린다. 따로 둔다.

10컵들이 캐서롤 그릇에 오일을 바른다.

그동안 가장자리가 높은 빈 프라이팬을 중강 불에 올리고 판체타를 노릇노릇하게 볶는다. 볼에 판체타를 담는다. 다른 볼에 다진 돼지고기와 다진 소고기를 넣고 으깨서 잘 섞은 다음 팬에 오일 1큰술을 더 두르고 고기를 넣는다. 꾹꾹 눌러서 하나의 커다란 패티 모양으로 만든다. 바닥이 노릇노릇해질 때까지 4분간 지진 다음 잘게 부숴서 강불에 3분 더 볶는다. 판체타를 담아둔 볼에 담는다.

팬에 남은 오일을 두른다. 양파, 당근, 셀러리, 우스터 소스를 넣고 자주 휘저으면서 채소가 전부 부드러워질 때까지 8분간 볶는다. 마늘을 넣고 향이 올라올 때까지 1분간 익힌다. 판체타 볼의 내용물을 팬에 붓고 토마토 페이스트와 육수, 크림을 더해서 잘 섞는다. 살짝 졸아들 때까지 3~5분간 뭉근하게 익힌다.

완두콩을 넣어서 잘 섞은 다음 캐서롤 냄비에 옮겨 담는다. 그 위에 고구마를 얹고 플레이크 소금을 뿌린 다음 보글보글 끓으면서 노릇노릇해질 때까지 30분간 굽는다. 파슬리와 튀긴 샬롯을 뿌리고 샐러드를 곁들여 낸다.

참고 재료의 질이 좋을수록 맛이 좋아진다. 양을 줄여야 하더라도 질이 좋은 고기를 구입하고 부족한 부분은 버섯이나 콩, 렌틸 등을 더해서 보충하도록 하자.

달콤 짭짤 고구마 갈레트
(152~153쪽)

달콤 짭짤 고구마 갈레트
Sweet & Savoury Sweet Potato Galettes

영어로 달콤한 감자sweet potato라고 부르듯이 고구마는 달콤한 재료지만, 짭짤한 음식으로도 흔하게 등장한다.
여기서는 고구마의 천연 단맛에 짭짤한 페타 치즈를 더해서 아름답게 균형 잡힌 맛에 자연스러운 형태를 갖춘 파이를
완성했다. 디저트 파이로는 메이플과 시나몬을 가미해서 단맛을 충분히 끌어낸 다음 구운 마시멜로를 올려 매우
미국다운 풍미로 완성했다. 와우! 다음에 파티를 열 때면 필링을 각각 절반씩 만들어서 짭짤한 맛과 달콤한 맛을 반반
담은 파이를 내도 좋을 것이다. 하지만 미리 경고하건대, 흥분한 사람들이 앞다투어 순식간에 먹어 치울 수 있다!

갈레트 크러스트

분량 갈레트 2개

통밀가루 3컵(450g), 덧가루용 여분
플레이크 소금 1작은술
다진 발효 버터 250g
사과 식초 1큰술
찬물 200ml

볼에 밀가루와 플레이크 소금을 넣는다. 버터를 넣고 손끝으로
비벼가면서 전체적으로 고른 빵가루 같은 느낌이 나도록 섞는다.
식초와 찬물을 넣고 손으로 섞어서 거칠게 한 덩어리로 뭉친다.
균등하게 2등분한 다음 각각 원반 모양으로 다듬는다. 랩으로
싸서 밀봉한 다음 냉장고에 30분간 넣어서 차갑게 굳힌다.
  베이킹 트레이 2개에 유산지를 가장자리에 약간 늘어지도록
넉넉하게 깐다.
  작업대에 덧가루를 가볍게 뿌리고 반죽 2개를 각각 40cm
크기의 원형으로 민다. 밀대에 반죽을 감아서 베이킹 트레이에
옮겨 펼쳐 담는다. 사용하기 전까지 냉장고에서 최대 하룻밤까지
차갑게 보관한다.

짭짤한 고구마, 리크 & 타임 갈레트

분량 8인분

얇게 어슷썬 고구마 300g
절인 페타 치즈 200g
엑스트라 버진 올리브 오일(또는 페타 치즈를 절인 오일) 2큰술, 서빙용
  여분
흰 부분만 곱게 송송 썬 리크 1대(소) 분량
얇게 저민 마늘 2쪽 분량
타임 잎 1/2단 분량, 장식용 여분
캐러멜화한 양파 1/3컵(100g)
살짝 푼 달걀물 1개 분량
캐러웨이 씨 2작은술
마무리용 플레이크 소금

오븐을 200℃로 예열한다.
  볼에 고구마와 페타 치즈, 올리브 오일, 리크, 마늘, 절반
분량의 타임 잎을 넣고 골고루 버무린다. 페이스트리 반죽에
가장자리를 5cm 정도 남겨놓고 캐러멜화한 양파를 펴 바른다.
고구마 혼합물을 얹는다.
  페이스트리 가장자리에 달걀물을 조리용 솔로 바른다.
캐러웨이 씨와 플레이크 소금을 뿌린 다음 남은 달걀물은 고구마
혼합물 가운데에 붓는다. 남은 타임 잎을 뿌린다.
  오븐에 넣고 오븐 온도를 160℃로 낮춘다. 페이스트리 바닥이
트레이에서 쉽게 분리될 때까지 1시간 정도 굽는다. 중간에 한 번
상태를 확인하고 너무 빨리 색이 나기 시작하면 알루미늄 포일을
덮는다. 소량의 엑스트라 버진 올리브 오일을 두르고 여분의
타임을 뿌린다. 웨지로 썰어서 낸다.

고구마 메이플 갈레트

분량 8인분

문질러 씻어서 길고 얇게 썬 고구마 300g

메이플 시럽 1/2컵(125ml)

시나몬 가루 1작은술

너트메그 가루 1/4작은술

아몬드 가루 1과1/2컵(150g)

원당 1/4컵(55g), 마무리용 여분

흰자와 노른자를 분리한 달걀 1개 분량

바닐라 빈 페이스트 1작은술

아몬드 플레이크 1/4컵(25g)

가위로 반으로 자른 마시멜로 2컵(180g)

오븐을 200℃로 예열한다.

볼에 고구마를 넣고 메이플 시럽과 시나몬, 너트메그를 넣은 다음 골고루 버무린다.

다른 볼에 아몬드 가루와 설탕, 달걀흰자, 바닐라 빈 페이스트를 넣어서 섞는다. 원형 페이스트리에 가장자리를 5cm 정도 남기고 아몬드 페이스트를 펴 바른다.

메이플 시럽 혼합물에 담근 고구마를 건진 다음 시럽은 그대로 볼에 남겨두고 고구마만 아몬드 페이스트 위에 예쁘게 담는다. 남겨둔 메이플 시럽 볼에 달걀노른자를 넣고 잘 섞은 다음 조리용 솔로 페이스트리에 골고루 바르고 남은 것은 고구마 가운데 부분에 붓는다. 아몬드를 뿌리고 여분의 설탕을 뿌린다.

오븐에 넣고 온도를 160℃로 낮춘다. 페이스트리가 트레이에서 잘 떨어질 때까지 1시간 동안 굽는다. 중간에 상태를 살펴서 갈레트가 너무 빨리 노릇노릇해지면 쿠킹 포일을 1장 덮는다.

오븐에서 꺼낸 다음 반으로 자른 마시멜로를 담는다. 오븐 온도를 220℃로 높이고 갈레트를 다시 넣어서 5분 더 굽는다.

웨지 모양으로 썰어서 낸다.

참고 갈레트를 한 번에 하나만 굽는다면 나머지 페이스트리는 굽지 않은 채로 4주일간 냉동 보관할 수 있다. 반드시 랩으로 꼼꼼하게 잘 감싸서 보관해야 한다. 그럴 경우에는 준비한 토핑은 절반만 사용하면 된다.

지름길 갈레트 페이스트리를 만든 다음 남은 반죽 하나를 냉동 보관했다면 꺼내서 해동한 다음 남은 구운 채소와 페타 치즈를 얹는다. 오븐에서 노릇노릇해질 때까지 굽는다.

Butternut squash

땅콩호박

자, 여기 한 손에는 노란 겨울호박pumpkin이, 다른 한 손에는 땅콩호박이 들려 있고 머리 위에는 물음표가 떠 있다. 아마 이런 의문이 들 것이다. 이거 2개가 서로 다른 거야? 이에 대한 대답은 그렇다, 그리고 아니다. 그렇다, 영어로는 버터넛 스쿼시 또는 버터넛 펌킨(!)이라고 불리는 땅콩호박은 겨울호박보다 과육이 건조하고 섬유질이 많아서 열을 가했을 때 형태를 더 잘 유지한다. 하지만 아니다, 대부분의 레시피에서 땅콩호박과 겨울호박은 서로 대체해서 사용할 수 있다. 만약에 시간이 촉박하다면 썰기 더 쉽고 묵직한 아래쪽에 씨와 과육pulp이 모여 있는 땅콩호박을 쓰는 것이 낫다. 통째로 구워서 채식주의자가 둘러 앉은 테이블 가운데에 차려 연극적인 효과를 내고 싶을 때도 역시 땅콩호박이 제격일 것이다. 날카롭고 단단한 칼로 길게 반으로 썬 다음 씨앗을 전부 긁어내고 원하는 마리네이드를 골고루 바른 다음, 단면이 아래로 가도록 담아서 190℃로 예열한 오븐에 포크로 찌르면 푹 들어갈 정도로 부드러워질 때까지 약 45분간 굽는다.

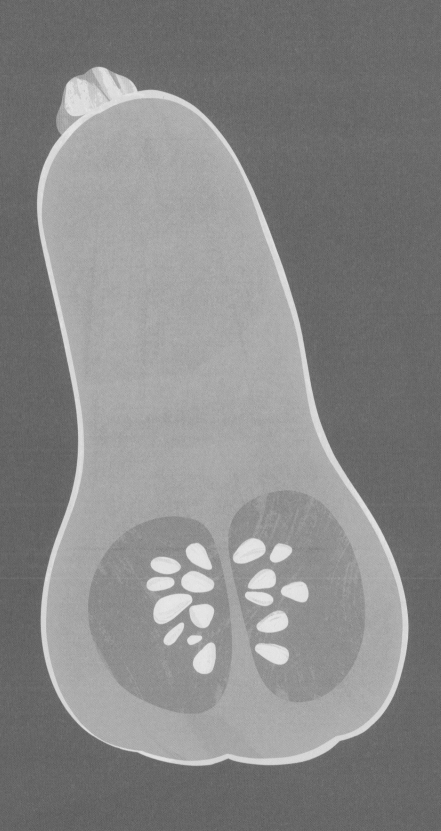

"언뜻 보기에는 내가 다녔던 엄숙한 공립학교 벽처럼 광택 없는 밋밋한 색깔을 띠고 있지만, 그 지루해 보이는 껍질 속에는 고소한 맛이 숨어 있다. 내 주방에서 땅콩호박의 껍질을 벗긴다는 것은 모욕에 가깝고, 이걸 찌는 것은 범죄다! 아주 거칠게 다뤄야 한다. 큼직하게 썰어서 뜨거운 오븐에 굽거나 강렬하게 볶으면 그 보상을 맛볼 수 있게 된다."
— 사이먼 브라이언트, 영국

구입과 보관하는 법

땅콩호박은 원래 장바구니에 들어오기 전부터 여기저기 부딪힐 운명을 타고났지만, 그래도 깊게 상처가 났거나 무른 부분이 있는 것은 피하도록 한다. 서늘한 날씨가 제철인 호박은 완숙되기까지 시간이 걸리므로, 덩굴에 매달린 채로 충분히 익을 여유가 있었다는 증거인 껍질이 두꺼운 땅콩호박을 고르는 것이 좋다. 또한 크기에 비해 무거운 것을 고르도록 하는데, 이는 호박이 신선하고 안쪽이 건조해지기 시작하지 않았다는 뜻이다. 땅콩호박을 손바닥 위에 놓고 한쪽으로 기울이면서 무게중심이 어떻게 이동하는지 확인하는 것도 좋다. 위쪽으로 너무 많이 기울면 아래쪽에 과육보다 빈 부분이 더 많을 가능성이 있다. 땅콩호박은 습기를 피해서 서늘한 응달에 보관해야 하며, 최소 1개월간 보관할 수 있다. 반만 요리에 사용할 때는 가로로 반으로 잘라서 공기에 노출되는 부분을 최대한 줄인 다음 덮개를 씌워서 냉장 보관한다. 굽거나 찐 다음에 남은 땅콩호박은 냉장 보관하면서 일반 샌드위치나 랩 샌드위치, 샐러드를 만들거나 으깬 호박을 만들 수 있다. 참고로 으깬 다음 냉동 보관해도 좋다. 수프의 훌륭한 점도 조절제로 사용할 수 있고 간단한 파스타나 리소토 소스를 만들면 구운 호박씨나 잣만 뿌려서 먹을 수 있다. 나는 신선한 땅콩호박을 적당히 썰어서 트레이에 담아 급속 냉동한 다음 용기에 담아서 그때그때 필요한 만큼만 나누어 사용하는 쪽을 선호한다. 단호박도 이렇게 보관할 수 있지만 땅콩호박이 훨씬 건조하고 단단해서 냉동하기 좋다.

어울리는 재료

카옌페퍼, 차이브, 쿠민, 마늘, 허브(특히 오레가노, 고수, 민트), 너트메그, 올리브 오일, 파프리카.

호박 그 외: 국수호박

애호박 '면' 요리의 팬이라면 스파이럴라이저를 내려놓자. 왜냐면 대자연이 우리를 위해 모든 궂은 일을 이미 해치워버렸으니까. 국수호박은 스쿼시 호박 중에서도 특히 섬유질이 많은 품종으로 익힌 다음 포크로 살살 긁으면 금빛 호박살이 가닥가닥 찢어져 나온다. 맛은 솔직히 평범하고 밋밋한 편이지만 훨씬 완벽하게 진짜 스파게티를 대체할 수 있는 호박이다. 수많은 전통 조리법에서는 삶기를 권장하지만 개인적으로 국수호박은 오븐 로스팅을 정당화할 만큼 수분량이 충분하다고 본다. 세로로 길게 반 자른 다음 씨앗을 전부 긁어내고 뒤집어서 포크로 껍질에 충분히 구멍을 낸다. 단면이 아래로 가도록 트레이에 담아서 200℃로 예열한 오븐에 30~40분간 굽는다. 부드러워지면 꺼내서 포크로 과육을 발라낸다. 생각보다 빨리 결대로 잘 찢어져서 '세상에, 파르메산과 마늘, 올리브 오일을 섞어서 껍질을 그릇삼아 그대로 담아 내야겠다!' 싶을 것이다.

땅콩호박 버터구이

Buttered Nut Squash

내가 말장난보다 더 사랑하는 것이 뭔지 아는가? 태운 버터, 우아하게 말해 뵈르 누아제트beurre noisette다. 버터의 유고형분이 팬에서 익어갈 때면 주방 전체에 세상에서 가장 맛있는 고소한 향이 가득 퍼진다. 그리고 그 속에서 구운 쿠키 풍미가 느껴지면 뵈르 누아제트가 완성된 것이다. 뵈르 누아제트에 가장 고전적인 짝꿍 허브는 세이지지만, 이 레시피는 단맛과 바삭한 질감, 허브, 짠맛이 이루는 균형을 느끼기 위한 것이므로 그 구성을 어떻게 구현할지는 본인에게 달렸다. 자유롭게 창의력을 발휘해 보자. 다른 견과류가 있다면 넣어보자. 세이지가 내키지 않는다면 다른 부드러운 허브를 넣고, 심지어 안초비 대신 올리브를 넣어도 아주 잘 어울릴 것이다. 무려 버터 대신 올리브 오일을 넣고 완전 채식 레시피로 바꿨다고 해도 나는 신경쓰지 않는다. 다만 오일을 태우려고 들지만 말자... 대신 하단의 '변주 레시피' 안내를 참고해서 함께 먹어볼 것을 권장한다.

분량 4인분

땅콩호박 1개

황설탕(여기서는 머스코바도 사용) 1작은술

플레이크 소금 1작은술

올리브 오일 1/3컵(80ml), 조리용 여분

마카다미아 너트 100g

버터 80g

칼라마타 올리브(씨째) 50g

생세이지 잎 1줌, 장식용 여분

오븐에 베이킹 트레이를 넣고 190°C로 예열한다.

먼저 호박을 길게 반으로 자른다. 날카로운 칼을 가운데에 찔러 넣고 그대로 누르면서 반대쪽 끝까지 길게 반으로 썬다. 씨를 긁어낸다. 씨를 긁어내고 빈 부분을 볼처럼 사용해서 설탕과 소금, 올리브 오일 2큰술을 넣고 잘 섞어 페이스트를 만든다. 페이스트를 호박의 단면에 골고루 펴 바른다.

뜨거운 베이킹 트레이를 꺼내서 조심스럽게 유산지를 한 장 깐다. 올리브 오일 2큰술을 골고루 두른 다음 호박을 단면이 아래로 가도록 얹는다.

오븐에 넣고 포크로 껍질 윗부분을 찌르면 푹 들어갈 정도로 부드러워질 때까지 40~50분간 굽는다.

완성 15분 전에 마카다미아 너트를 깨끗한 티타월에 감싼다. 밀대나 절굿공이, 유리병 아랫부분 등을 이용해서 두들겨 가볍게 부순다.

차가운 프라이팬에 부순 마카다미아 너트를 넣는다. 버터와 나머지 올리브 오일 1작은술을 넣어서 중간 불에 올린다. 올리브는 엄지와 검지로 눌러서 반으로 가르고 씨를 제거한다. 씨를 제거한 올리브와 세이지를 팬에 넣고 버터가 견과류처럼 노릇노릇한 갈색이 될 때까지 약 2~3분간 천천히 지글지글 익힌다.

호박이 익으면 꺼내서 호박의 빈 곳에 볶은 견과류 혼합물을 소복하게 채우고 남은 버터 소스를 호박에 골고루 두른다. 여분의 세이지로 장식하고 간을 한 다음 낸다.

지름길 호박을 하루 전 날 구운 다음 견과류를 익히는 사이에 180°C의 오븐에서 데운다. 그러면 약 10분만에 극적인 채소 요리를 차려낼 수 있다.

변주 레시피 오븐용 소형 그릇에 올리브와 마카다미아 너트를 담고 올리브 오일을 두른 다음 200°C의 오븐에서 8~10분간 구우면 간단한 애피타이저가 된다.

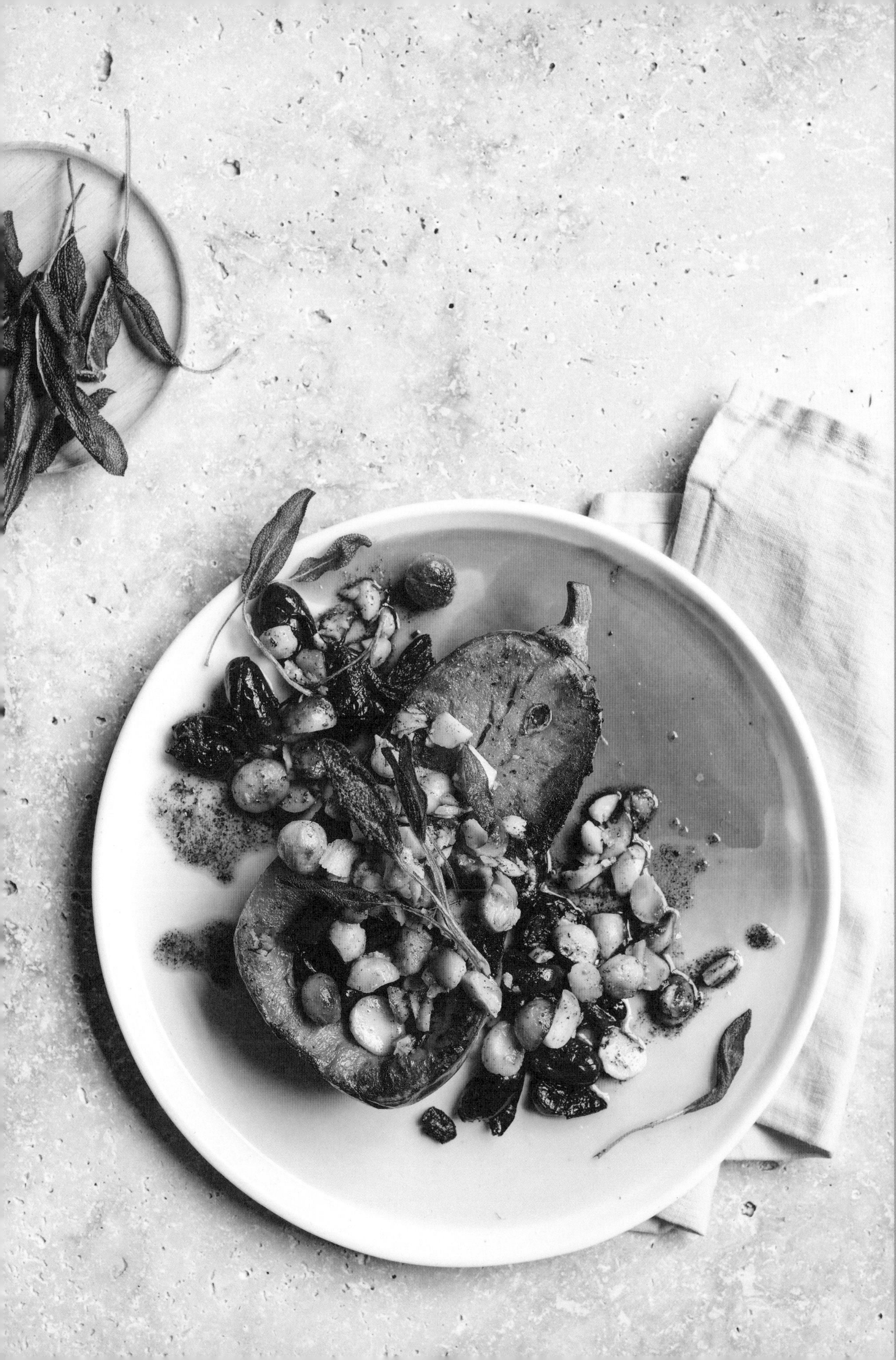

7가지 향신료 땅콩호박 그라탕
Seven-spiced Butternut Tagine

북아프리카 요리 문화권에 속하는 무어 요리에는 아무리 먹고 먹어도 더 먹고 싶어지는 음식이 여럿 있다. 그중 하나가 타진이다. 혼합 향신료는 언제나 필요한 것보다 더 많이 만들게 되지만, 남은 건 병에 담아두면 최대 2개월까지 향기롭게 보관할 수 있으며 447쪽의 완두콩 필라프 등에 섞으면 환상적인 맛이 난다. '타진'은 원래 재료를 넣어서 익히는 특별한 모양의 그릇을 의미하지만 굳이 또 다른 주방기구를 사야 할 필요는 없다. 뚜껑이 있고 직화 가능한 무쇠 냄비나 얕은 캐서롤 냄비가 있으면 충분하다.

분량 6인분

땅콩호박 1개(중)
엑스트라 버진 올리브 오일 1/3컵(80ml)
곱게 다진 갈색 양파 1개 분량
잎과 줄기를 나눠서 각각 곱게 다진 파슬리 1단 분량
얇게 저민 마늘 2쪽 분량
설타나 또는 다진 말린 살구 1/4컵(50g)
말린 유럽매자열매barberry 2큰술(선택)
물에 헹군 통조림 병아리콩 400g
껍질을 제거한 통조림 홀토마토 2캔(각 400g들이) 분량
석류 당밀 2큰술, 서빙용 여분
웨지 모양으로 썬 붉은 파프리카 2개 분량
플레이크 소금 넉넉한 1꼬집
가볍게 빻은 호두 1/2컵(80g)
장식용 민트 잎
장식용 레몬 제스트
장식용 플랫브레드 또는 쿠스쿠스

• 세븐 스파이스 재료(분량 1/2컵)
흑후추 가루 2큰술
쿠민 가루 2큰술
코리앤더 가루 1큰술
정향 가루 1큰술
너트메그 가루 2작은술
시나몬 가루 2작은술
카다멈 가루 1작은술

밀폐용기에 모든 세븐 스파이스 재료를 넣고 흔들어서 골고루 잘 섞는다.

오븐을 180℃로 예열하고 베이킹 트레이에 유산지를 깐다.

날카로운 칼로 호박을 길게 반으로 자른다. 씨를 긁어낸 다음 4등분한다. 호박 1컵(150g) 분량을 굵게 갈아서 따로 두고 나머지는 3cm 크기로 깍둑 썬다.

직화 조리 가능한 캐서롤 냄비나 무쇠 그릇에 올리브 오일 1/4컵(60ml)을 담고 중간 불에 올린다. 양파와 파슬리 줄기를 넣는다. 뚜껑을 닫고 가끔 휘저으면서 양파가 반투명하게 부드러워질 때까지 8~10분간 볶는다. 세븐 스파이스를 1큰술 뿌리고 갈아낸 호박과 마늘, 설타나, 유럽매자열매(사용 시)를 넣어 섞는다. 전체적으로 잘 섞어서 윤기가 흐를 때까지 2분간 익힌다.

병아리콩과 토마토, 석류 당밀을 넣고 토마토 캔에 물 400ml를 채워서 붓는다. 잔잔하게 한소끔 끓인 다음 오븐에 넣어서 소스가 걸쭉해질 때까지 1시간 동안 익힌다.

그동안 볼에 깍둑 썬 호박을 넣고 파프리카와 나머지 올리브 오일을 넣어서 골고루 버무린다. 베이킹 트레이에 한 켜로 깔고 플레이크 소금을 뿌린 다음 오븐에서 호박이 완전히 익어서 살짝 노릇노릇해질 때까지 25분간 굽는다.

구운 호박과 파프리카를 냄비에 넣어서 접듯이 섞는다. 호박과 다진 파슬리 잎, 민트 잎, 레몬 제스트를 뿌린다. 엑스트라 버진 올리브 오일과 석류 당밀을 두른 다음 플랫브레드나 쿠스쿠스를 곁들여서 바로 낸다.

지름길 호박과 파프리카를 하나하나 손질해서 굽는 대신 먹고 남은 구운 채소를 넣는다.

변주 레시피 오븐용 그릇에 남은 요리를 넣고 달걀을 1~2개 깨서 넣은 다음 오븐에 익힌다. 남은 플랫브레드를 구워서 곁들여 낸다. 또는 남은 쿠스쿠스를 위에 얹고 오븐에서 데워 타진 '그라탕'을 만든다.

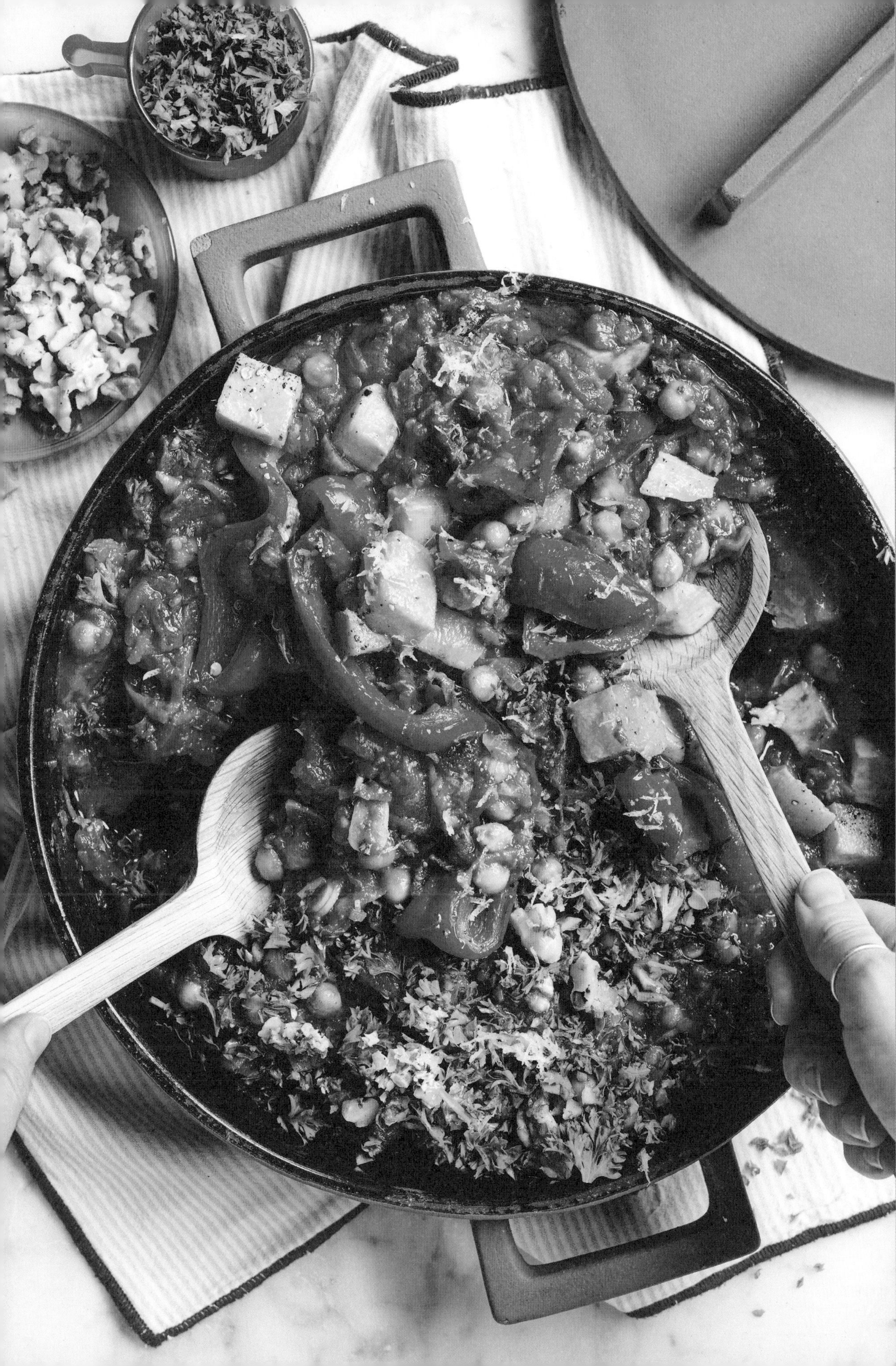

Pumpkin

펌킨 호박

요정 대모가 신데렐라의 마차로 호박을 선택했을 때는 절대 그냥 아무
생각 없이 지팡이를 흔든 것이 아니다. 이 다재다능한 박과 열매는
단단해서 구운 후에도 형태를 잘 유지하기 때문에 무도회장까지
신데렐라를 데려다 줄 훌륭한 탈것이 되어주며(농담이다!), 서늘한
응달에서 수 개월간 보관하면서 여러 가지 방식으로 조리할 수 있다.
날것으로 갈아서 샐러드를 만들거나 익혀서 으깬 다음 라이스 푸딩에
섞으면 입에서 살살 녹는 찐 디저트가 되며, 구워서(내가 제일 좋아하는
조리법이다) 먹은 다음 남은 것을 갈면 수프가 된다. 펌킨 호박을
겨울호박winter squash라고 널리 부르며 디저트 재료로 사용하는 북미
지역에서는 제철을 맞이하면 그 인기가 절정에 달한다. 여기서 '제철'이라
함은 잭오랜턴Jack-o-Lanterns 품종이 나오는 할로윈(껍데기는 두껍고 맛은 비교적
밋밋한 편이다)과 호박 파이를 먹는 추수감사절(주로 통조림 호박을 사용한다)을
뜻한다. 그 외의 나라에서는 호박을 주로 커리나 타진, 캐서롤 요리에
단맛과 씹히는 맛, 부드러운 질감을 선사하는 재료로 즐겨 사용한다.

"어머니가 훌륭한 정원사여서 우리 집에는 항상 호박이 넘쳐났다. 호박이 놀랄 정도로 촌스러운 재료였던 35년 전 아티카Attica 주방에서는 아무 양념 없이 12시간 동안 찌는 것을 비롯해 호박을 조리하는 새로운 방법을 고안해 냈다. 나는 호박이 햇볕 아래에서 충분히 시간을 보낼 경우 그만한 가치가 있는 맛이 살아난다고 생각했다. 그건 손님들도 마찬가지여서 우리 메뉴 중에서 호박 요리가 제일 마음에 든다고 곧잘 언급하곤 했다."
— 벤 쉐리, 뉴질랜드

구입과 보관하는 법

펌킨 호박의 제철은 가을에서 초겨울까지다. 색상은 품종에 따라 다양하지만 단단하고 마른 줄기가 붙어 있으며 비 피해를 입었다는 징표이자 저장 기간을 엄청나게 단축시키는 곰팡이가 전혀 보이지 않는 것을 고르도록 한다. 참고로 줄기가 길수록 호박의 수명이 길어진다. 속이 빈 소리가 나는 호박이 잘 익은 것이므로 탕탕 두들겨서 농구공 같은 소리가 나는지 주의 깊게 들어본다. 자신이 없다면 차라리 반으로 잘라서 파는 것을 사는 쪽이 과육이 탄탄하고 색상이 화사하며 미끈미끈한 부분이 없는지 정확하게 확인할 수 있다. 하지만 공기에 노출된 호박 과육은 자정을 울리는 타종 소리만큼 빠르게 상하기 시작하므로 구입 후에는 빨리 소진하는 것이 좋다. 껍질이 변색되었거나 사마귀가 난 것은(마치 햇볕에 표백된 것처럼 보이는 반점 등) 사실 잘 익었다는 증거이므로 포기하지 말자. 요즘에는 신기한 호박이 많이 나오는 편이지만 내가 제일 좋아하는 것은 단호박이다. 사랑스러운 단맛이 느껴지면서 껍질이 고와서 통째로 구워 먹을 수 있으며, 구운 후에도 제 형태를 온전히 유지한다.

적절한 환경, 즉 서늘한 응달에 바닥에서 떨어진 곳에다 통째로 보관하면 호박은 몇 개월도 두고 먹을 수 있다. 나는 바닥 부분에 압력이 가해져서 수분이 고이지 않도록 수 주일 간격으로 호박을 뒤집어준다. 잊지 말고 주기적으로 물러진 부분이 없는지 확인해서 잘못하다가 전부 썩어버리는 일이 없도록 미리미리 먹어치우도록 하자. 자른 후에는 단면에 밀랍 유산지를 씌워서 공기를 차단한 다음 냉장고에 보관한다. 호박 요리를 하나만 만들고 나머지는 한동안 사용할 계획이 없다면 깍둑 썰어서 냉동 보관한다. 그러면 언제든지 굽거나 찌거나 스튜에 넣어서 색다른 맛을 가미할 수 있다.

어울리는 재료

황설탕, 버터, 치즈(특히 염소, 페타, 그뤼에르, 파르메산), 시나몬, 정향, 크림, 생강, 메이플 시럽, 너트메그, 오렌지(특히 제스트), 세이지.

자투리 활용

호박 껍질을 벗기고 싶어졌다면 벗겨낸 껍질을 버리는 대신 올리브 오일, 소금과 함께 버무려서 180℃의 오븐에 바삭바삭해질 때까지 구워보자. 껍질을 제거하면 페피타pepitas라고도 불리는 호박씨가 나오는데 채소계에서 가장 귀한 '내장' 부위다. 씨가 많이 들어 있는 호박을 통째로 샀다면 그대로 은행에 가져가도 된다! 아니면 최소한 오븐에 넣자. 우선 호박씨를 아주 꼼꼼하게 세척해서 씨를 둘둘 휘감고 있는 섬유질을 최대한 제거한다.(이 또한 채수를 만들 때 넣을 수 있으니 버리지 말자.) 씻고 나면 170℃의 오븐에 넣고 20분 후에 상태를 확인해서 노릇노릇하고 완전히 건조해져서 '탁탁' 소리가 날 때까지 굽는다. 땅콩호박 씨앗도 마찬가지다. 나는 호박씨를 주로 호박 요리에 장식용으로 사용하거나 간단하게 꿀과 간장을 둘러서 구운 다음 간식으로 먹는다. 사실 지금도 하나 집어 먹는 중이다.

각오를 단단히 다지자

호박은 손질하다가 가장 다치기 쉬운 채소다. 어색한 각도에 딱딱한 과육, 윤기나는(이라고 쓰고 '미끄럽다'고 읽는다) 껍질이 모두 힘을 합쳐서 써는 순간 사고가 발생하기 쉽다. 먼저 칼을 잡아뺄 때를 대비해서 보호장치 삼아 접은 수건을 위에 한 장 깐 다음 묵직한 칼날을 이용해서 호박을 다루기 쉬운 크기로 나누고(큼직하고 좋은 중식도가 유용하다) 칼날이 얇은 칼로 바꿔서 껍질을 벗기거나 송송 썰면 부상을 어느 정도 방지할 수 있다. 사실 곱게 갈아서 멋진 수프를 만들거나 예쁜 주황색을 그대로 유지해야 할 때가 아니라면 나는 호박 껍질을 아예 벗기지 않는다. 혹은 껍질이 얇고 왁스를 입히지 않은 호박(구분하기 힘들면 반으로 잘라서 파는 호박을 찾아보자)을 구하면 땀을 뻘뻘 흘리거나 손톱을 날려 먹을 일이 없다.

호박 수프

오븐을 190℃로 예열한다. 중간 크기의 호박 1/2개를 껍질째 2cm 크기로 썬다. 제일 큰 볼에 넣고 껍질째 두들겨 부순 마늘쪽, 마찬가지로 껍질째 머리부터 뿌리까지 길게 반으로 자른 샬롯, 타임 줄기, 로마 토마토를 적당히 넣은 다음 플레이크 소금을 넉넉히 1꼬집 뿌리고 올리브 오일을 둘러서 골고루 버무린다. 베이킹 그릇에 붓는다. 사치를 부리고 싶다면 더블 크림 약 2큰술을 얹는다. 오븐에서 호박이 완전히 부드러워질 때까지 20~25분간 굽는다. 마늘과 샬롯을 껍질에서 속살만 짜낸 다음 믹서기에 넣는다. 화사한 주황색 수프를 만들고 싶다면(그렇지 않으면 껍질째 사용) 과도나 날카로운 숟가락으로 호박을 과육만 파낸 다음 베이킹 그릇에 남은 재료와 함께 믹서기에 넣는다. 육수 4컵을 부어서 곱게 간다.

클래식 제스트
호박 리소토(168쪽)와
아란치니(170쪽)

골든 시럽 호박
리소갈로(169쪽)

훌륭한 호박 리소토와 리소갈로
Great Pumpkin Risotto & Risogalo

많으면 3가지, 혹은 요리사의 창의성에 따라 4가지 방식으로 활용할 수 있는 레시피다. 우선 리소토 만드는 법을 배워두면 다양한 채소와 향신료의 풍미 조합을 가지고 놀 수 있는 훌륭한 기술을 습득하게 된다. 여기에 버터와 쌀, 호박 간 것을 동량으로 넣으면 멋진 그리스식 쌀 푸딩으로 머그잔에 담긴 따뜻한 포옹과 같은 리소갈로risogalo를 만들 수 있다. 리소토를 차갑게 식히면 궁극적인 핑거 푸드인 카나페 메뉴로 가는 길이 열린다. 바로 치즈를 채워 짭짤하게 만들거나 남은 리소갈로로 만들어서 시럽을 두르면 달콤하게도 만들 수 있는 아란치니arancini다.

전통 제스트 호박 리소토

분량 4인분

무염버터 80g
곱게 다진 프렌치 샬롯 3개 분량
곱게 다진 마늘 2쪽 분량
굵게 간 호박(겨울 펌킨 호박) 2컵(250g)
아르보리오 쌀 1과1/2컵(330g)
엑스트라 버진 올리브 오일 1큰술
팔팔 끓는 물 2컵(500ml)
닭 육수 또는 채수 3컵(750m)
곱게 간 레몬 제스트와 즙 1개 분량
곱게 간 파르메산 치즈 50g, 서빙용 깎아낸 것 여분
서빙용 페르시아산 페타 치즈
잎과 줄기를 나눠서 곱게 다진 파슬리 1단 분량
서빙용 곱게 다진 차이브 1큰술

바닥이 묵직하고 넓은 대형 프라이팬 또는 냄비에 버터 60g을 넣고 중간 불에 올려서 녹인다. 샬롯을 넣고 지글지글 소리가 날 때까지 2분 정도 익힌 다음 뚜껑을 닫고 불 세기를 낮춰서 5분간 익힌다. 뚜껑을 열고 샬롯이 부드럽고 반투명해질 때까지 1분 정도 더 익힌다.

마늘과 호박을 넣고 부드럽지만 노릇해지지는 않을 정도로 2분간 익힌다. 쌀과 올리브 오일을 넣고 쌀이 버터에 골고루 버무려지도록 3분간 볶는다.

불에서 내린 다음 뜨거운 물을 붓고 골고루 잘 섞는다. 약한 불에 올려서 주기적으로 천천히 휘저어가며 수분을 거의 흡수할 때까지 뭉근하게 익힌다.

육수 1/2컵(125ml)을 붓고 마찬가지로 수분을 완전히 흡수할 때까지 익힌다. 남은 육수를 1/2컵(125ml)씩 부으면서 쌀이 완전히 익고 국물을 거의 흡수할 때까지 마저 익힌다. 총 약 18분 정도가 소요된다.

불에서 내리고 레몬 제스트와 즙, 나머지 버터 20g, 파르메산 치즈를 넣어 잘 섞는다. 뚜껑을 닫고 1~2분간 뜸을 들인다.

소금과 후추로 간을 맞춘다. 페타 치즈를 얹고 파슬리와 차이브, 여분의 파르메산 치즈를 뿌려서 낸다.

골든 시럽 호박 리소갈로

분량 4인분

무염버터 80g

아르보리오 쌀 1과 1/2컵(330g)

설타나 1/2컵(85g)

시나몬 스틱 1개 또는 시나몬 가루 1작은술

오렌지 제스트와 즙 1/2개 분량

레몬 제스트 1개 분량

굵게 간 호박(겨울 펌킨 호박) 2컵(250g)

바닐라 빈 씨 긁어낸 것 1/2개 분량(또는 바닐라 빈 페이스트 1작은술)

골든 시럽(또는 조청) 1/4컵(60ml), 서빙용 여분

팔팔 끓는 물 2컵(500ml)

우유 2와 1/2컵(625ml)

크렘 프레슈 1/2컵(125g), 서빙용 여분

서빙용 다진 허니 캐슈너트(또는 다른 견과류)

• 간단 캔디드 오렌지 필 재료

길고 가늘게 채 썬 오렌지 껍질 1과 1/2개 분량

설탕 1컵(220g)

바닥이 묵직하고 넓은 대형 프라이팬 또는 냄비를 중간 불에 올리고 버터를 넣어서 녹인다. 쌀과 설타나, 시나몬, 오렌지, 레몬 제스트를 넣는다. 휘저으면서 쌀이 버터에 골고루 버무려지도록 3분간 볶는다.

호박과 바닐라를 넣어서 골고루 섞는다. 호박이 살짝 부드러워질 때까지 2분 더 볶는다. 불에서 내리고 골든 시럽과 뜨거운 물을 부어서 잘 섞는다. 약한 불에 올려서 주기적으로 휘저어가며 쌀이 수분을 거의 흡수할 때까지 천천히 익힌다.

우유 1/2컵(125ml)을 붓고 수분이 거의 남지 않을 때까지 익힌 다음 우유 1/2컵(125ml)을 붓기를 반복하면서 쌀이 수분을 거의 흡수하고 완전히 익을 때까지 익힌다. 약 18분이 소요된다.

그동안 캔디드 오렌지 필을 만든다. 내열용 볼에 오렌지 껍질을 넣고 끓는 물을 잠기도록 부은 다음 체에 거른다. 넓은 팬에 설탕과 물 1/2컵(125ml)을 붓고 강한 불에 올려서 설탕이 녹을 때까지 휘저으면서 4분간 익힌다. 불 세기를 낮추고 오렌지 껍질을 넣어서 끈적끈적하게 당절임이 될 때까지 5~10분간 뭉근하게 익힌다. 그물국자로 오렌지 껍질을 건지고 시럽은 따로 남겨서 다른 요리에 사용한다.(다른 과일을 익히거나 207쪽의 루바브 요리에 쓴다.)

쌀 냄비를 불에서 내리고 크렘 프레슈를 넣어서 잘 섞는다. 뚜껑을 닫고 5분간 뜸을 들여서 살짝 되직해지게 만든다.

여분의 크렘 프레슈 1덩이를 곁들이고 여분의 시럽을 두른 다음 캔디드 오렌지 필을 뿌려서 낸다.

아란치니

분량 24개(카나페 크기)

완전히 식힌 짭짤한 아란치니용 완성된 리소토(168쪽) 1회 분량
　　또는 완전히 식힌 달콤한 아란치니용 완성된 리소갈로(169쪽)
　　1회 분량
달걀 2개
밀가루 1컵(150g)
빵가루 3컵(180g)
튀김용 미강유

• 짭짤한 아란치니

1cm 크기로 썬 모차렐라 치즈 100g
바질 잎 1단 분량
서빙용 마늘 아이올리(37쪽)

• 달콤한 아란치니

골든 시럽(또는 조청) 1/2컵(125ml)
곱게 다진 다크초콜릿 100g
서빙용 딸기
서빙용 슈거파우더

리소토나 리소갈로를 24구짜리 얼음틀에 담아서 냉장실에 넣어 차갑게 식힌다.(1구당 약 1큰술들이.)

볼에 달걀 1개를 깨 담고 가볍게 푼다. 다른 볼에 밀가루를 넣고 3번째 볼에 빵가루를 넣는다.

차갑게 식은 쌀을 손바닥으로 동글동글하게 굴려서 공 모양으로 빚는다. 물을 담은 볼을 가까이 둬서 손을 자주 적셔 쌀이 달라붙지 않도록 한다.

이 단계에서 짭짤한 아란치니를 만든다면 가운데에 홈을 파서 모차렐라를 넣고 여민다. 손으로 다시 돌돌 굴려서 둥글게 빚어 모차렐라가 밥에 완전히 파묻히도록 한다.

잘 빚은 아란치니를 밀가루에 굴린 다음 달걀물을 묻히고 마지막으로 빵가루를 입힌다. 냉장고에 20분간 넣어서 살짝 단단해지도록 차갑게 식히거나 다음 날까지 넣어둔다.

식사 때가 되면 대형 냄비에 오일을 3/4 정도 채우고 중강 불에 올려서 180℃ 또는 빵조각을 오일에 넣으면 15초만에 노릇노릇해질 때까지 가열한다. 아란치니를 5회 분량으로 나눠서 넣고 노릇노릇해질 때까지 2~3분간 튀긴 다음 건져서 종이 타월에 잠깐 얹어 기름기를 제거한다.

짭짤한 아란치니 내는 법 뜨거운 오일에 바질 잎을 조심스럽게 넣는다. 이때 오일이 튈 수 있으니 뒤로 물러서는 것이 안전하다. 기포가 가라앉을 때까지 1분간 튀긴다. 그물국자로 건져서 기름기를 제거한다. 따뜻한 아란치니에 소금을 뿌린 다음 바삭하게 튀긴 바질을 잘게 부숴서 뿌린다. 아이올리를 곁들여서 찍어 먹게 하거나 300쪽의 뇨끼 페이지에 실린 간단 수고를 바닥에 깔고 아란치니를 얹어 낸다.

달콤한 아란치니 내는 법 따뜻한 아란치니에 골든 시럽을 두르고 초콜릿을 뿌려서 살짝 녹게 한다. 딸기를 뿌리고 슈거파우더를 체에 쳐서 뿌린 다음 따뜻하게 낸다.

참고 아란치니를 튀기는 대신 굽고 싶다면 오븐을 180℃로 예열한다. 유산지를 깐 베이킹 트레이에 아란치니를 담고 오븐에서 노릇노릇하고 바삭바삭해질 때까지 20~25분간 굽는다. 아란치니는 튀긴 다음 식혀서 소분해 냉동 보관하다가 나중에 먹어도 좋다! 3개월까지 냉동 보관할 수 있다. 180℃로 예열한 오븐에서 속까지 따뜻해질 때까지 데우면 된다.

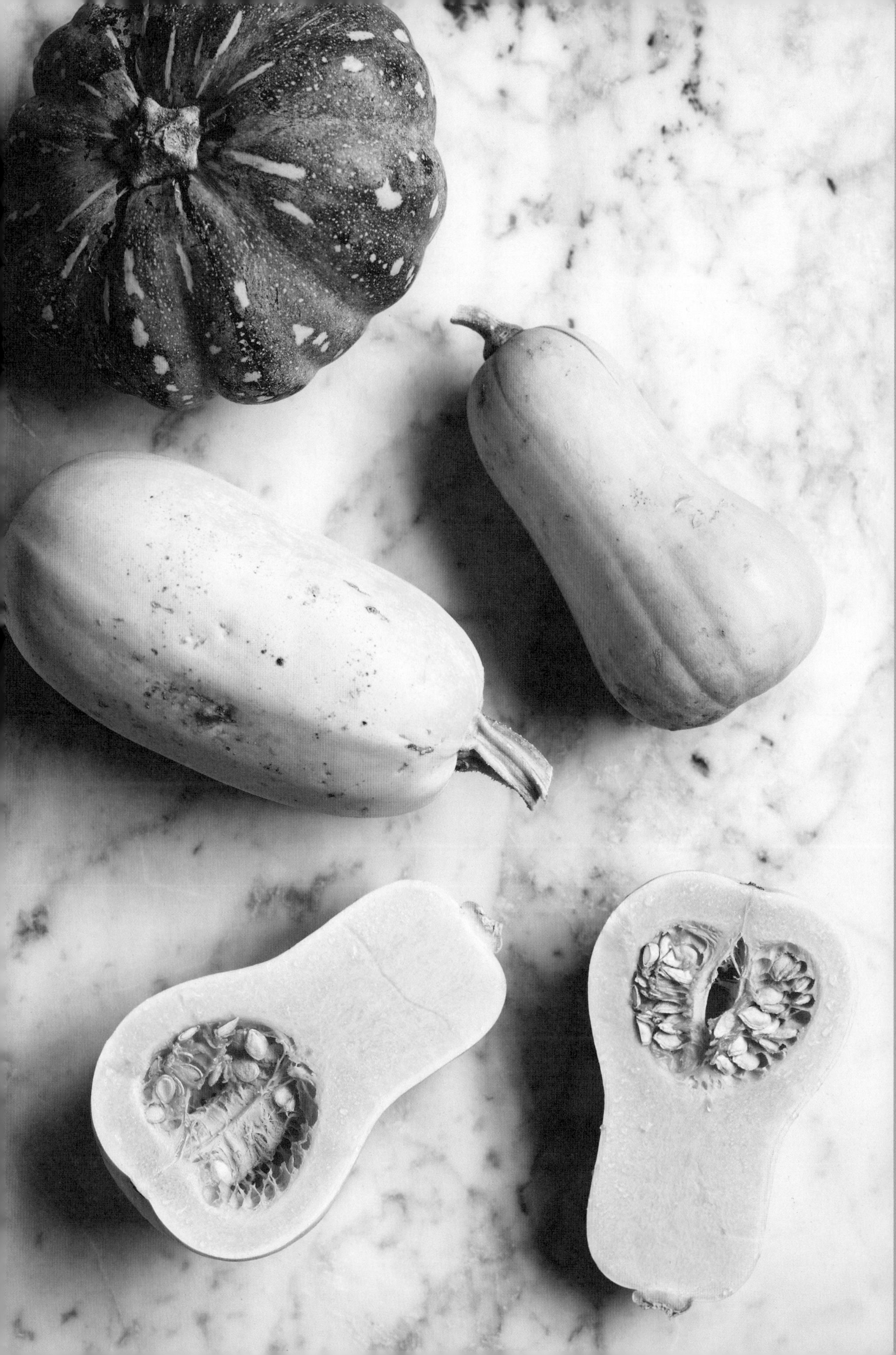

Red

* **TOMATO**
  + Tomatillo
* **RADISH**
* **RED CAPSICUM**
* **RHUBARB**
* **CHILLI**

Tomato

토마토

토마토는 한여름의 즐거움이다. 물론 일 년 내내 구할 수 있다는
것은 알고 있지만, 속지 말자. 겨울에 만나게 되는 그 단단한 주황색
구체는 돈을 투자할 가치가 없다! 토마토를 좋아하는 사람이라면 추운
계절에는 통조림 토마토나 병조림 파사타(토마토 퓌레)에 투자를 하도록
하자. 운 좋게 토마토 모종을 기르고 있거나 벽이 낮은 이웃집에 튼튼한
토마토 덩굴이 자라나고 있다면 망설이지 말자. 항상 집에서 재배한
토마토가 가장 달콤하다. 냉장고에 들어가는 굴욕을 견딜 필요가
없기 때문이다. 여름에 어울리는 다양한 색상의 재래 품종 토마토가
등장하는 농산물 시장과 농장이 그 다음으로 훌륭한 선택지가 된다.
황소의 심장Ox Heart처럼 홈이 파인 울퉁불퉁한 품종이나 그린 지브라Green
Zebra 혹은 블랙 러시안Black Russian처럼 색상이 특이한 품종도 아주
특별하므로 모양이나 질감이 고르지 않다고 해서 내려놓지는 말자.
접힌 부분보다 과육이 많은 것만 잘 고르면 된다. 날것으로 샐러드를
만들 때는 껍질이 얇은 토마토가 제일 좋지만 피클이나 발효, 천천히
굽기 위한 토마토를 고를 때는 보존용으로 최고이자 플럼 토마토라고도
불리는 직사각형 모양의 로마 토마토로 직행하자.

"토마토는 우리 가족과 요리에 매우 중요하다. 나이가 들기 전까지는 '토마토의 날'이 있다는 것에 그다지 감사한 기분을 느낀 적이 없었지만, 제철 농산물의 풍요로움과 그에 수반되는 문화적 전통을 보존하는 것의 가치를 후대에 가르치는 역할을 한다는 사실을 깨달은 후로는 이탈리아 달력에서 가장 특별한 날이라고 생각하고 있다."
— 가이 그로씨, 호주

구입과 보관하는 법

햇볕에 잘 익은 달콤한 토마토를 고르는 최고의 도구는 우리의 코다. 토마토를 수확할 때가 되면 특히 톡 쏘는 매운 향이 나기 시작하는데, 트뤼스truss라고 불리는 줄기 부분에서 가장 뚜렷하게 맡을 수 있다. 상태가 정말 좋으면 꽤나 멀리서도 이 냄새를 맡을 수 있으니 후각을 예민하게 발휘해 보자. 토마토는 묵직하면서 꼭 쥐어보면 스펀지보다는 볼살에 가까운 느낌으로 살짝 말랑하게 들어가야 한다. 줄기토마토처럼 덩굴이나 줄기가 아직 조금이라도 붙어 있는 것이 가장 오래간다.

토마토는 냉장고가 아니라 과일 그릇에 담아 놔야 한다! 이건 나에게도 계시와 같은 깨달음이었다. 껍질이 섬세하고 과육에 수분이 많기 때문에 냉장고 냄새를 쉽게 흡수해서 달콤한 맛과 향을 망칠 수 있다. 그리고 따뜻한 날씨를 사랑하기 때문에 냉장고 특유의 차가운 온도는 토마토의 활력을 제대로 약화시킨다. 토마토를 미리 구입해야 한다면 단단한 것을, 먹기 직전에 구입할 때는 더 말랑한 것을 구입하자. 보통 말랑한 것이 더 저렴하고 풍미가 좋다. 통조림 토마토에 있어서는 '현지 제품'과 '구세계 제품' 중 어느 것이 좋은지 학설이 나뉘는 편이다. 어느 쪽을 선택하든 'BPA프리'(환경호르몬인 비스페놀A 성분을 사용하지 않은 용기라는 뜻- 옮긴이) 라벨이 붙어 있고 토마토 외의 재료는 첨가하지 않은 것을 고른다.

기능적 효과

매년 호주에 발렌타인 데이가 돌아오면 초콜릿과 장미 대신 자연이 너무나 사랑하는 풍미 조합이자 여름에 최고의 맛을 자랑하는 토마토와 바질이 내 마음을 사로잡는다. 요리에 함께 넣으면 숭고한 맛이 날 뿐만 아니라, 열정적인 정원사라면 누구나 이 둘은 서로의 성장에 도움을 준다고 말한다. 토양의 영양소를 함께 공유하는 것 외에도 바질은 토마토의 자연스러운 당도를 높이는 데에 도움을 주고, 바질 향이 사방에 퍼지면서 벌레가 침입하는 것을 막는다. 그래서 작물이 무성하게 잘 자라는 주방용 정원을 보면 토마토와 바질을 함께 심어둔 모습을 흔히 볼 수 있다. 그리고 부서진 마음을 다시 재건하려는 사람에게 꼭 필요한 토마토는, 가운데를 반으로 자르면 작은 하트 모양이 될 뿐만 아니라 항산화물질과 비타민A, 비타민C, 엽산, 베타카로틴, 그리고 가장 중요한 리코펜이 가득 함유되어 있다. 카로틴은 여러 이점 중에서도 특히 상처 치유와 혈압 강하, 염증 감소에 도움을 주는 것으로 밝혀진 영양소다. 참고로 리코펜의 영양학상 이점은 고전적인 지중해식 동반자인 올리브 오일을 포함해 지질(일명 '지방') 분자가 함께할 때 더 쉽게 흡수할 수 있다. 토마토가 풍미를 충분히 흡수하게 하려면 우선 소금과 후추로 넉넉하게 간을 한 다음(지방은 토마토에 물이 흥건해지는 것을 막는 장벽 역할을 한다) 오일을 둘러서 골고루 버무린다. 하지만 신선한 허브를 넣을 때는 먹기 직전까지 기다려야 한다. 오일 분자의 무게로 인해 허브 이파리가 슬픈 표정의 이모티콘처럼 시들어버린다.

어울리는 재료

바질, 피망, 치즈(특히 모차렐라, 파르메산), 가지, 마늘, 올리브 오일, 양파, 조개류 및 갑각류, 주키니.

자투리 활용

토마토를 데칠 때마다 나오는 껍질을 건조시켜서 토마토 가루를 만들어보자! 아주 간단하다. 우선 껍질을 전자레인지의 '강' 모드에 4~5분간 돌려서 말리거나 가장 낮은 온도로 예열한 오븐에 넣고 문을 살짝 연 상태로 하룻밤 동안 건조시킨다. 완전히 마르고 나면 소금 약간과 어쩌면 카옌페퍼도 살짝 뿌려서 곱게 간다. 블러디 메리 잔 입구에 묻히거나 수란에 뿌려 먹기 아주 좋다. 또는 튀겨서 요리 장식으로 쓰거나 '육수용' 봉지에 넣어서 냉동 보관한 다음 채수나 수프, 스튜를 만들 때 넣기도 한다.

토마토 그 외: 토마티요

'작은 토마토'라는 뜻인 토마티요는 얼룩꽈리cape gooseberry처럼 '꽃받침'으로 알려져 있는 갈고리 모양의 껍질에 싸인 녹색(또는 보라색)의 토마토처럼 생긴 과채류다. 토마토와 토마티요, 얼룩꽈리는 모두 가지속에 속한다. 유일한 차이점은 부드러운 단맛의 토마토는 실제로 전 세계에 널리 퍼져 있지만 살짝 끈적거리고 풀맛과 떫은 맛이 강한 꽈리와 토마티요는 생산 지역이 제한적이라는 정도다. 정통 멕시코식 살사 베르데를 만들고 싶거나 궁극의 그린 토마토 튀김을 만들 생각이라면 신속하고 민첩하게 토마티요를 구해야 한다. 단단하고 껍질이 제대로 싸여 있는 것을 고른 다음 요리하기 직전까지 껍질을 벗기지 않고 보관하도록 하자.

풍미 쌓아가기

토마토가 들어가는 요리를 할 때 크게 법석을 떨지 않고도 조리법만 조금 바꾸면 풍미에 깊이를 더할 수 있다. 신선한 토마토를 푹 익히면 걸쭉하고 진한 소스가 되고, 요리 막바지에 넣으면 산뜻한 산미가 살아난다. 수분감이 풍부한 파사타(토마토 퓌레)에 시럽 같은 토마토 페이스트를 1~2작은술만 더하면 맛이 훨씬 진해지고, 다진 통조림 토마토나 통조림 홀토마토 1통은 신선한 토마토처럼 쉽게 물크러지지 않기 때문에 질감과 밀도를 더할 수 있다. 가끔은 설탕 1꼬집을 넣으면 토마토의 천연 단맛이 확 살아나기도 한다. 그리고 온갖 방법을 다 써도 '이거다' 싶은 맛이 나지 않는다면 토마토 케첩 약간을 넣으면 절대 잘못될 일이 없다. 조리 마지막 단계에 짜 넣어도 좋고 접시에 담아서 곁들여도 무방하다.

"소금과 올리브 오일을 두른 아주 잘 익은 토마토는 더운 여름날의 물 한 잔만큼이나 상쾌할
수 있다."
— 아나 로스, 슬로베니아

데칠 것인가, 데치지 않을 것인가?

그것이 문제로다. 그리고 그 답은 토마토로 뭘 할 생각인가에 따라 달라진다. 만일 진한 토마토 수프나
파스타 소스를 만들 생각이라면 살짝 데쳐도 전혀 상관없다. 나는 치아에 걸린 껍질이 잘 익은 과육의
부드러운 풍미를 방해하는 것을 원하지 않을 때처럼 꼭 필요할 때만 토마토를 데친다. 제일 큰 냄비에
물을 한소끔 팔팔 끓인 다음 톱니칼로 토마토 바닥에 살짝 십자 모양 칼집을 넣는다. 그리고 얼음물을
담은 큰 볼을 준비한다. 토마토를 한 번에 4~5개 정도 끓는 물에 넣고 20~30초 정도 데친 다음
그물국자로 건져서 얼음물에 담근다. 만질 수 있을 정도로 식으면 바로 건져서 껍질을 벗긴다.

토마토 파사타

'파사타passata'의 어원을 찾아보니 '페이스트paste'와 '패스드passed', '패스트past'가 동시에 등장했는데,
이 진홍색 바다의 정체를 제대로 설명하는 단어의 조합이라고 할 수 있다. 토마토 파사타는 토마토를
체에 내려서 만든 묽은 페이스트로 잉여 농산물을 수 년간 최대한 활용할 수 있도록 보존하는 방법이자
이탈리아 가족과 토마토가 잔뜩 들어간 요리를 사랑하는 사람이 햇빛이라고는 테이블 위에 올라간 병조림
형태로만 존재하는 계절을 무사히 살아남을 수 있도록 만들어주는 음식이다.

　아주 잘 익은 토마토 2kg을 깨끗하게 씻는다. 많이 익은 것일수록 좋다. 4등분한 다음 유산지를
깐 베이킹 트레이에 담는다. 올리브 오일 1큰술을 두르고 소금 1작은술을 뿌린 다음 180℃로 예열한
오븐에서 토마토가 탁탁 터지고 건드리면 뭉개질 정도가 될 때까지 45분간 굽는다.(또는 큰 냄비에 넣고
토마토가 뭉개질 때까지 가끔 휘저으면서 45분간 뭉근하게 익힌다. 이때 바질이나 타임 등의 허브, 양파나 마늘
등의 향미 재료를 넣는 사람도 있다.) 그리고 껍질과 씨까지 모두 회전식 강판 또는 체에 내리거나 블렌더에
갈아서 원하는 질감의 퓌레로 만든다. 뜨거운 살균한 병에 붓고 즉시 밀봉한다. 이후 뚜껑의 상태를
확인해야 한다. 다음날 아침에 뚜껑이 봉긋하게 부풀어 오른다면 1년 내내 보관하면서 요리에 사용할 수
있다. 봉긋하게 올라오지 않는다면 냉장 보관하면서 2주 안에 사용한다. 물론 개봉 후에는 무조건 냉장
보관해야 한다.

칠리 토마토 콩피

Confit Chilli Tomatoes

점심으로 맛있는 토마토 수고sugo를 대접해 준 내 친구 산드라와 조에게 영감을 받은 레시피다. 알고 보니 맛의 비결은 토마토를 낮은 온도에서 천천히 익히는 것이었다. 기본은 그대로 유지하되 더 쉽게 만들 수 있도록 조리법을 약간 수정했다. 우리 모두 이게 이제 누구의 레시피라고 해야 할지 결정하기 어려웠기 때문에, 내 생각에는 그냥 모두의 레시피라고 해도 될 것 같다. 다음 장의 브루스케타 위에 얹어서 최상급의 이탈리아다움을 만끽해 보자.

분량 3컵(750ml)들이 병 1개

줄기 방울토마토 1kg

엑스트라 버진 올리브 오일 1/2컵(125ml)

설탕 1작은술

플레이크 소금(입맛에 따라 조절)

반으로 자른 마늘 5~6쪽(대) 분량

칠리 플레이크(입맛에 따라 조절)

오븐을 100℃로 예열한다.

베이킹 트레이에 방울토마토를 줄기째(초록색) 담는다. 올리브 오일을 토마토에 골고루 두른 다음 설탕과 소금을 뿌리고 마늘과 칠리 플레이크도 뿌린다. 이때 마늘은 오일에 푹 잠겨야 한다.

오븐에서 토마토가 아주 부드럽지만 형태는 유지될 정도로 1시간 30분~2시간 정도 굽는다. 오븐에서 꺼내 한 김 식힌다. 마늘의 껍질을 벗긴다.

바로 사용하거나 토마토와 사랑스러운 허브 향 오일을 모두 딱 맞는 뚜껑이 있는 깨끗한 3컵(750ml)들이 용기에 담는다. 냉장고에서 2주일까지 보관할 수 있다. 먹기 전에 실온으로 되돌리거나 살짝 데우기만 하면 된다.

돌아가는 길 조금 더 섬세한 질감을 느끼고 싶다면 토마토의 껍질을 벗기자. 가장 쉬운 방법은 토마토의 윗부분 껍질을 살짝 도려내고 끓는 물에 잠시 담갔다가 빼서 바로 볼에 넣는 것이다. 여기서는 얼음물에 담그는 수고를 할 필요가 없다. 잔열로도 충분히 껍질을 벗길 수 있으므로 물에 풍미가 빠져나갈 위험을 무릅쓰지 않아도 된다. 껍질은 건조한 다음 소금과 함께 갈아서 블러디 메리 칵테일을 마실 때 잔 입구에 묻히는 용도로 쓸 수 있다.

토마토 토스트 3종
Tomatoes On Toast 3 Ways

토마토를 얹은 토스트. 그 이상의 설명이 더 필요할까? 어차피 구구절절 이야기를 늘어놓을 공간도 없다.

각각 토스트 4장 분량

베이글 벨트 토마토

프라이팬에 버터 50g을 녹인다. 베이글 2개를 반으로 갈라서
단면이 아래로 가도록 얹은 다음 노릇노릇하게 굽는다. 그동안
재래종 토마토 3개를 두껍게 저민 다음 고급 식초(맥아나 셰리
등) 또는 282쪽의 양파 절임즙을 약간 두른다. 코티지 치즈
1/2컵(125g)을 구운 아래쪽 베이글에 펴 바른다. 토마토를
얹고 채 썬 양파 피클 또는 생적양파를 올린다. 바질을 얹어서
장식하고 즉석에서 간 흑후추를 넉넉히 뿌려 낸다.

브리오슈 땅콩버터 토마토 토스트

썰어서 구운 브리오슈 4장에 크런치 땅콩 버터 2/3컵(180g)을
펴 바른다. 방울 토마토 250g을 반으로 자른 다음 즉석에서 간
흑후추 1/8작은술로 간을 해서 잘 섞은 후 브리오슈에 수북하게
쌓는다. 꿀 또는 골든 시럽 1큰술을 두른다. 볶아서 다진 땅콩
3큰술(사용 시)을 뿌리고 파슬리나 바질처럼 부드럽고 작은
이파리 허브를 뿌려 낸다.

그슬린 발사믹 토스트

뜨겁게 예열한 그릴 팬에 사워도우 빵
4장을 구운 다음 꺼낸다. 같은 팬에 방울
토마토(다양한 색깔을 섞으면 더 좋다) 250g과
씨를 제거한 검은 올리브 1/2컵(75g)을 넣고
토마토 껍질이 터지기 시작할 때까지 굽는다.
볼에 토마토와 올리브를 담고 올리브 오일
1/3컵(80ml), 발사믹 식초 2큰술, 즉석에서 간
흑후추 약간을 넣어서 토마토를 살짝 으깨가며
골고루 잘 섞는다. 마늘 1~2쪽을 반으로 잘라서
단면을 사워도우 토스트에 문지른다. 토마토를
얹고 깎아낸 파르메산 치즈와 타임 잎을 뿌려서
낸다.

파투시 플래터
Fattoush Platter

토마토를 많이 사용하는 요리 문화권에는 대체로 토마토와 빵, 오일의 조합이 들어가는 형태의 샐러드가 존재한다. 토마토의 풍부한 즙은 딱딱해진 묵은 빵을 부드럽게 만드는 방법으로 활용하면서 동시에 촉촉해진 빵이 가득 머금은 토마토 즙을 즐길 수 있는 음식이다. '부수다'는 뜻의 아랍어 단어에서 유래한 파투시Fattoush 샐러드는 속에 잘게 부순 플랫브레드가 들어가는 것이 특징이다. 나는 모두가 직접 빵을 부숴 먹을 수 있도록 특별히 큼직한 플랫브레드를 사용한다. 스뫼르고스보르드smorgasbord(스웨덴에서 뷔페 형식으로 다양한 빵과 치즈, 샤퀴테리 등의 재료를 차려 나누어 먹는 방식 – 옮긴이) 샐러드를 만들듯이 손님이 직접 좋아하는 부분을 골라 먹을 수 있게 하되 중독성이 강렬한 바삭바삭한 피타를 넉넉히 준비하는 것만 잊지 말자.

분량 4인분

올리브 오일 1/2컵(125ml)
레몬즙 1/4컵(60ml), 서빙용 웨지로 썬 레몬
으깬 마늘 3쪽 분량
둥글게 썬 다양한 형태와 크기의 토마토 6~8개 분량
굵게 다진(또는 예쁘게 만들고 싶다면 채칼로 얇게 저민) 짧은 오이
    3~4개(소) 분량
송송 썬 홍피망 1개 분량
곱게 채 썬 적양파 1/2개 분량
수막 가루 1/8작은술
곱게 다진 파슬리 1큰술
곱게 다진 민트 1큰술
서빙용 웨지로 썬 레몬

• 바삭한 피타
한입 크기의 삼각형으로 썬 피타 4개(소) 또는 피타 2개(대)
올리브 오일 2큰술

오븐을 220℃로 예열한다.

볼에 올리브 오일과 레몬즙, 마늘을 넣고 골고루 섞어서 드레싱을 만든다. 소금과 후추로 간을 한다.

접시에 최대한 많은 양의 토마토와 오이를 담고 홍피망과 양파를 함께 얹는다. 수막을 뿌리고 드레싱 1/4컵(60ml)을 두른 다음 전체적으로 맛이 어우러지도록 재운다.

그동안 피타를 바삭바삭하게 굽는다. 삼각형으로 자른 피타에 올리브 오일을 둘러서 골고루 버무린 다음 베이킹 트레이에 한 켜로 펼쳐 담고 노릇노릇하고 바삭바삭해질 때까지 10분간 굽는다.

접시에 삼각형 피타를 예쁘게 담는다. 허브를 뿌리고 레몬 조각과 드레싱을 곁들여서 바로 낸다.

참고 피타 브레드는 유통기한이 다 되어갈 무렵이면 천대받는 경향이 있다. 그럴 때면 곧바로 냉동했다가 이 파투시 샐러드를 만들거나 위에서 설명하는 것처럼 구운 다음 냉장고에 있는 크리미한 질감의 뭔가를 곁들여 내면 된다.

지름길 피타를 썰지 말고 통째로 토스터에 구운 다음 적당한 크기로 부숴서 곁들인다.

Radish

래디시

크리스마스 트리 장식처럼 동글동글하든, 겉과 속이 모두 수박처럼
분홍색을 띠든, 길쭉한 모양새에 끝부분만 염료에 담근 것처럼
불그스름하든, 래디시는 그냥 보기에도 참으로 황홀한 채소다. 나는
래디시를 얇게 저며서 샐러드에 버무려 눈에 띄는 색상과 아삭한 질감을
가미하거나 통째로(잎까지 붙어있는 채로!) 휘핑한 버터를 곁들여 브런치
뷔페처럼 아침 식사의 일부로 차려 내곤 한다. 생래디시에서는 편도선을
자극하는 부드러운 겨자 맛에서 확실하게 톡 쏘는 후추 맛에 이르기까지
다양한 풍미를 느낄 수 있다. 머스터드 씨 드레싱으로 매콤한 맛이
확실하게 드러나게 하거나 크림 종류의 드레싱으로 부드럽게 다독여보자.
열을 가해도 색과 모양을 잘 유지하는 편이며, 특히 반짝반짝 윤기가
나기 시작하면 소박한 매력이 배가된다. 래디시의 이파리는 후추 맛
로켓(아루굴라arugula) 잎처럼 곱게 채 썰어서 샐러드에 넣거나 수프 또는
스튜에 넣어 뭉근하게 익히는 식으로 활용할 수 있다.

"우리는 채칼로 얇게 저민 래디시를 얼음물에 담가서 아삭아삭함을 배가시킨 래디시
카르파초carpaccio를 만든다. 샐러드에 넣거나 간단하게 버터와 천일염을 곁들여 내기도 하고
오징어나 갑오징어, 송어에 함께 내기 좋다."
— 마우로 콜라그레코, 아르헨티나

구입과 보관하는 법

봄에 한창 제철인 래디시는 거의 항상 녹색 이파리가 붙어 있는 채로 다발로 묶어 판매한다.
잎은 밝은 녹색이나 진녹색 등 다양한 색을 띠는데, 미끈미끈하지 않고 만져서 탄탄하게 느껴지기만
하면 상관없다. 벌레들도 래디시 이파리를 좋아하므로 구멍난 것이 1~2장 정도 있다고 해서 단념하지
말자. 누구나 먹고 싶어할 만큼 맛있다는 좋은 증거다. 색상은 붉은 빛을 띠는 분홍색에서 흰색, 자홍색,
보라색에서 검은색에 이르기까지 다양하다. 오래 묵을수록 색과 밀도가 떨어지므로 크기에 비해서
묵직하고 통통한 모양에 최대한 화사한 색을 띠고 있으며 꼭 쥐어도 푹 들어가지 않는 것을 고른다.
껍질을 만지면 차갑게 느껴지고 속살은 최대한 흰색을 띠어야 한다. 조금이라도 변색된 것은 선반(또는
냉장고 뒤쪽)에 보관한 지 오래되었다는 뜻이다. 줄기 밑동에 가까운 부분은 초록색을 띠지 않을수록
좋은데, 녹색이 도는 것은 햇볕에 노출되었다는 뜻으로 유통기한이 짧아진다.
　이파리가 붙은 래디시를 구입했다면 집에 오자마자 잎을 떼어내야 한다. 구입 후 며칠 안에 먹을 예정이
없을 때도 잎을 떼어내야 한다. 잎은 과육의 수분이 빠져나가게 만들기 때문이다.(물론 굽거나 통째로 낼 때
점점 가늘어지는 귀여운 모양을 유지하고 싶다면 시들지 않는지 잘 살펴보면서 그대로 둬도 좋다.) 래디시를 바로
꼼꼼하게 씻은 다음 물기를 제거하지 않은 채로 젖은 면포나 종이 타월로 싸 용기에 담아 냉장 보관한다.
그러면 나고 자란 토양처럼 축축하고 어두운 환경이 보장된다.

조리하는 법

래디시는 흙모래가 끼기 쉬우므로 특히 이파리 밑동 주변을 꼼꼼하게 씻어야 한다. 잎은 볼에 푹 담갔다가
채소 탈수기에서 물기를 털기를 최소 3회 이상 반복해야 수프에서 모래가 씹히는 실망스러운 상황이
연출되지 않는다. 래디시는 썰기 최소 1시간 전, 또는 통째로 낸다면 심지어 하룻밤 정도 찬물에 푹 담가
놓는다. 훨씬 깨끗하고 윤기가 흐르는 것은 물론 손실된 수분이 보충되고 아삭아삭한 질감이 강조된다.
타고나길 씁쓸하고 맵기 때문에 지방과 소금을 상당히 좋아하는 편이라 맛있는 버터 한 덩어리와
플레이크 소금만 곁들이면 실로 빛을 발한다.

어울리는 재료

버터, 치즈(특히 코티지, 블루, 페타), 오이, 허브(특히 처빌, 차이브, 딜, 민트, 파슬리), 실파, 식초(특히 사과,
샤도네이 와인).

와사비 마요네즈를 곁들인 간단 브렉퍼스트 래디시 피클
Breakfast Radish Quickle with Wasabi Mayonnaise

순식간에 만들 수 있는 피클이니 '퀴클'이라고도 불러도 좋다. 과일이나 채소는 다공성이 높을수록 절이는 시간이 짧아진다. 즉 순수한 수분 함량이 높아 스펀지 같은 내부가 통통하게 물로 가득 차 있는 래디시는 완벽한 피클 후보라는 뜻이다. 마치 프랑스인이 버터와 함께 래디시를 먹듯, 간단 래디시 피클에 와사비 마요네즈를 곁들여 아침 식사로 내거나 주요리에 곁들여서 산미와 아삭한 질감을 즐겨 보자.

분량 4~6인분(간식)

깨끗이 잘 문질러 씻은 잎이 달린 래디시 1단

화이트와인 식초 1컵(250ml)

핑크 페퍼 1큰술, 서빙용 으깬 것 여분

플레이크 소금 2작은술

꿀 2작은술

으깬 마늘 1쪽

길게 반으로 자른 긴 홍고추 1개 분량

큐피 마요네즈 1/2컵(125ml)

와사비 페이스트 2작은술

서빙용 토가라시togarashi(고춧가루) 또는 무청 후리카케 (52쪽 참조)

래디시는 거친 겉잎만 떼어내고 작은 잎은 붙어 있는 채로 둔다. 작은 래디시는 그대로 두고 큰 것은 반으로 자른다. 래디시를 1과1/2컵(375ml)들이 내열용 그릇 또는 머그잔 2개에 나누어 담는다.

냄비에 식초와 핑크 페퍼, 소금, 꿀, 마늘, 고추, 물 1컵(250ml)을 넣고 한소끔 끓인다. 끓인 식촛물을 래디시에 붓되 최대한 잎은 숨 죽지 않은 상태를 유지할 수 있도록 피해서 붓는다. 15분간 절여서 피클을 만든다.

소형 볼에 마요네즈와 와사비를 잘 섞어서 연두색 소스를 만든다. 다른 소형 볼에 으깬 핑크 페퍼와 토가라시 또는 후리카케를 잘 섞는다.

래디시가 원하는 만큼 절여지면 잎과 줄기를 잡아서 맨손으로 집어든 다음 와사비 마요네즈를 찍어서 토가라시를 뿌려 먹는다.

래디시는 피클한 채로 밀폐용기에 담아 냉장고에서 1주일간 보관할 수 있다.

참고 래디시는 특히 잎과 뿌리가 달린 틈새에 흙먼지가 많이 끼는 편이다. 찬물에 10~15분간 푹 담가둔 다음 꼼꼼하게 문지르면서 남은 잔여물을 완전히 제거해야 한다.

변주 레시피 남은 래디시 피클은 샐러드에 넣어서 함께 버무리거나 햄버거에 넣기 좋다. 와사비 마요네즈는 샌드위치나 랩 샌드위치에 스프레드로 펴 바르기 좋고 해산물이나 기타 채소 등에 둘러 먹어도 어울린다.

허브 버터 글레이즈드 래디시
Herb-butter Glazed Radishes

주말의 신선한 농산물 쇼핑 시간이 지나가고 나면 부모님의 주방 작업대 위에는 마치 시계처럼 정확하게 래디시 1그릇이 올라가 있다. 한 주일이 반쯤 지나가고 난 후에도 그릇은 그대로인 채라, 래디시는 슬슬 본인이 태어난 목적이 무엇일지 고뇌하기 시작한다. 나는 가끔 집에 들러 래디시들을 밤새 얼음물에 담가서 다시 신선하게 되돌려 놓곤 한다. 가끔 이 래디시가 오븐에 들어갔다 나와서 정확히 이런 모양새가 될 때가 있다. 풍요로움의 정신에 입각해서 이 기회를 빌어 여러분에게 생각보다 훨씬 활용도가 높은 허브 가향 버터 만드는 방법을 소개하고자 한다. 오븐에 구운 그 어떤 채소는 물론 스테이크와도 어울리고 간단하게 마늘빵을 만들기에도 좋다.(38쪽 마늘빵의 지름길 참조.)

분량 4인분

- 불린 래디시 1kg
  올리브 오일 1큰술

• 허브 가향 버터
굵게 다진 마늘 2쪽 분량
플레이크 소금 1/2작은술
타라곤 잎 피클 1/4컵, 장식용 여분
파슬리 잎 1/4컵, 장식용 여분
부드러운 가염버터 185g

오븐을 190°C로 예열한다.

큰 래디시는 뿌리와 녹색 잎이 예쁘게 붙어 있도록 주의해서 반으로 자른다. 아주 큰 래디시는 4등분한다.

올리브 오일에 버무린 다음 베이킹 트레이에 펼쳐 담아서 오븐에 넣고 20분간 굽는다.

그동안 허브 버터를 만든다. 푸드프로세서에 마늘과 플레이크 소금, 허브를 넣고 굵은 페이스트 상태가 될 때까지 간다. 버터를 넣고 짧은 간격으로 마저 갈아 잘 섞는다. 랩이나 유산지 등을 한 장 펼쳐서 허브 버터를 얹고 감싸서 손가락으로 눌러가며 원통형으로 돌돌 말아 빚는다.

허브 버터를 1/4 정도 잘라내서 잘게 다진다. 오븐에서 꺼낸 베이킹 트레이에 넣고 골고루 버무려서 래디시에 글레이즈를 입힌다. 남은 허브 버터는 단단하게 여며서 다음에 쓸 때까지 냉동 보관한다.

래디시를 다시 오븐에 넣고 5분 더 굽는다.

여분의 허브와 플레이크 소금 1꼬집을 뿌리고 취향에 따라 허브 버터를 1조각 더 올려서 따뜻하게 낸다.

참고 위기 상황이라면 어린 순무나 어린 당근으로 만들어도 좋다.

지름길 허브 버터를 만드는 대신 래디시가 부드러워질 만큼 익고 나면 다진 마늘 약간과 버터 1덩어리를 넣고 골고루 버무린 다음 오븐에서 1~2분 더 굽는다.

Red capsicum

홍피망

아메리카가 원산지인 피망은 가지과에 속하며 북아메리카에서는 벨
페퍼bell pepper, 영국에서는 스위트 페퍼sweet pepper라는 명칭으로 널리
불린다. 빨간색, 녹색, 노란색, 주황색, 분홍색에 심지어 보라색 피망도
찾아볼 수 있지만 이들 대부분이 같은 모종에서 자라난 열매를 다른 숙성
시기에 땄을 뿐이라는 사실을 알면 누구나 깜짝 놀라게 될 것이다! 녹색
피망은 익기 전에 딴 것이기 때문에 쓴맛이 더 강한 편이며 빨간 피망은
천연 당분이 충분히 발달한 후, 가장 잘 익었을 때 수확한다. 일 년 내내
구할 수 있지만 가장 맛있는 시기(그리고 가장 달콤한 시기)는 여름이다.

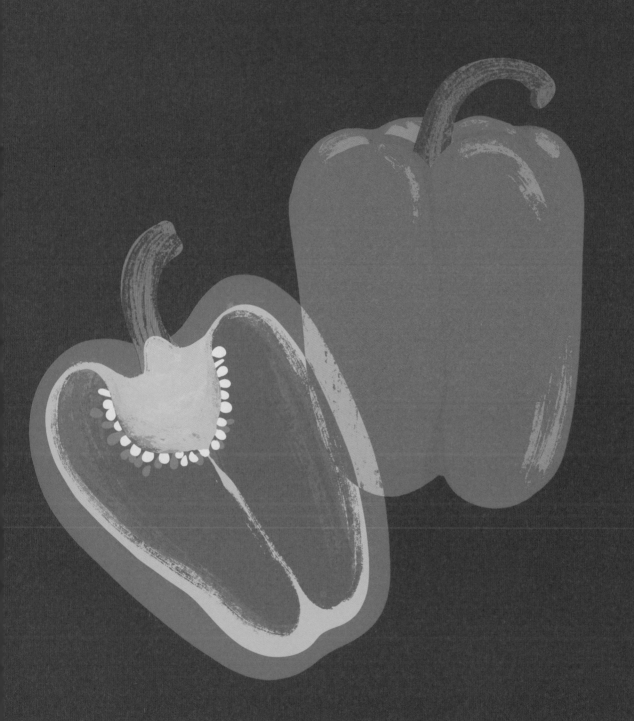

"우리는 채소 자체가 하는 말에 더 귀를 기울여야 할 필요가 있다. 본인이 어떤 대우를 받고 싶은지는 채소 스스로가 잘 알고 있기 때문이다. 피망은 강렬한 풍미를 가진 존재감 뚜렷한 채소이므로 다른 재료와 함부로 섞어서 조리하면 안된다. 마치 저녁 식사에 초대할 때면 어디 앉혀야 할지 고민이 되는 손님처럼 훌륭한 맛을 보려면 어느 정도 존중하는 태도를 보여야 한다. 제대로만 하면 파티에 생기를 더해준다."
— 이반 브레험, 브라질

구입과 보관하는 법

피망의 껍질은 아주 곱다. 마치 과육이 껍질보다 살짝 더 빨리 자라나서 이를 수용하기 위해 늘어난 것 같은 느낌이다. 나는 피망 고르는 법에 대해 논할 때면 '풍선' 비유를 즐겨 사용하는데, 색깔과 상관없이 어떤 상태가 이상적인지 쉽게 이해할 수 있기 때문이다. 껍질에 주름지거나 푹 꺼진 부분 없이 윤기가 흐르는 탄력 있는 것을 고른다. 접힌 부분의 색이 어두우면 속에 곰팡이가 피었다는 징표일 수 있다. 피망 중에는 봉우리가 3개인 것이 있고 4개인 것이 있다. 나는 송송 썰어서 샐러드에 넣을 때는 주로 봉우리 3개 짜리 피망을(곡선이 적어서 손질하기 편하다), 속을 채우거나 구울 때는 모양새가 안정적이라 이리저리 굴러다녀서 속이 쏟아질 위험이 적은 4개 짜리 피망을 고른다. 일반 원예학 이론에 따르면 피망의 암수 구분에 따라 봉우리 개수가 달라진다고 하지만 성적 특성이 드러나는 것은 과실이 아니라 꽃이므로 이는 미신에 불과하다. 달콤한 피망을 고르는 가장 좋은 방법은 항상 그렇듯이 향을 맡아보는 것이다. 파프리카 가루나 처트니 향이 살짝 나야 한다.

며칠 안에 요리할 계획이라면 사실 냉장고에 넣지 않아도 문제가 없으며 아삭아삭한 질감이 유지된다. 하지만 그보다 오래 보관할 경우에는 봉지에 느슨하게 담아서 서늘한 곳에 보관하는 것이 좋다. 섬세한 껍질과 촉촉한 과육을 보호하려면 공간이 넉넉해야 하므로 너무 많은 식재료와 함께 빼곡하게 채워 두지 않도록 한다. 그리고 멍이 들면 확실하게 상하기 시작하므로 피망 위에 무거운 채소를 올려놓는 것은 피해야 한다. 또한 전반적으로 냄새와 가스에 민감한 편이므로 사과나 배, 특히 바나나와 너무 가까이 두지 않도록 하자. 집에 오자마자 구입한 모든 농산물을 깨끗하게 세척하는 사람이라면 씻은 다음 피망의 물기를 꼼꼼하게 제거해야 한다. 습기가 차면 지저분하게 곰팡이가 피기 때문이다.

조리하는 법

나는 색깔이 화려한 피망은 색다른 존재감과 촉촉하고 아삭한 질감을 선보이기 위해 날것으로 샐러드에 즐겨 넣는 편이다. 녹색 피망은 속을 채워 조리하거나 오랫동안 굽는 식의 손이 가는 요리에 적합하다. 홍피망은 뜨거운 오일과 만나면 윤기와 광택이 흐르고 부드러워질수록 캐러멜 향이 강렬하므로 볶음 요리에 탁월하게 어울린다. 피망은 캡사이신 가족 중에서 가장 포괄적인 구성원이다. 고추가 미각을 강렬하고 맹렬하게 자극한다면 피망은 달콤하고 겸손한 성격으로 한 걸음 물러서 있는 쪽을 선호한다. 거뭇하게 구운 피망(200쪽)의 풍미를 좋아하지만 직화를 쓰기 힘든 상황이라면 4등분해서 씨를 제거하고 뜨거운 오븐에서 그슬릴 때까지 20분간 굽는다. 씨를 제거한다는 말이 나와서 말인데, 내가 볼 때는 심과 함께 한 번에 뜯어내는 것이 제일 간단하다. 피망의 과육과 녹색 심이 만나는 윗부분에 최대한 가깝게 칼집을 넣은 다음 한 번에 비틀어서 빼내는 것이다. 그 외에는 피망의 위쪽 1/5 부분을 수평으로 잘라낸 다음 겉으로 드러난 심과 씨를 제거하는 방법이 있다.

어울리는 재료

치즈(특히 염소, 모차렐라, 파르메산), 가지, 마늘, 허브(특히 바질, 고수, 파슬리), 올리브 오일, 파프리카 가루, 감자, 적양파, 식초(특히 발사믹, 레드와인, 셰리), 토마토.

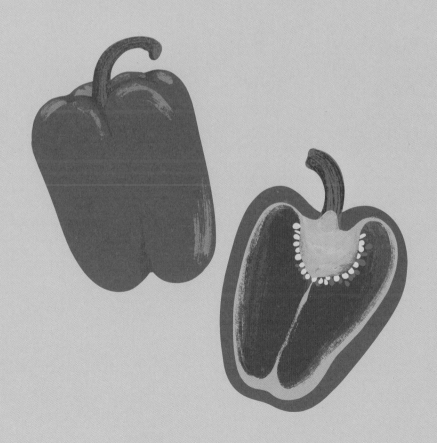

원팬 로메스코 수프(198쪽)

원팬 로메스코 수프
One-pan Romesco Soup

카탈로니아Catalonia에서 유래한 로메스코romesco는 전통적으로 생선에 곁들여 내는 선명한 붉은색 소스다. 주 재료인 토마토와 피망이 모두 아메리카에서 돌아온 상인과 선원에 의해 이 지역에 전파되었다는 점을 고려하면 한때는 상당히 퇴폐적인 요리였을 것이다. 소스라기에는 수프에 가까운 면도 있어서 그냥 육수를 조금 섞기만 하면 바삭바삭한 크루통, 느닷없을지언정 맛은 끝내주는 신선한 모차렐라식 이탈리아 부라타 치즈와 더없이 잘 어울리는 수프가 된다. 여기 부라타가 등장할 여지는 전혀 없지만 놀랍게도 엄청나게 궁합이 잘 맞는다.

분량 4~6인분

씨를 제거하고 4등분한 홍피망 4개 분량
으깬 마늘 1쪽
방울토마토(줄기째) 250g
껍질을 제거한 통조림 홀토마토 400g
훈제 파프리카 가루 1작은술, 서빙용 여분
카옌페퍼 1/2작은술
채수(참고 참조) 2컵(500ml)
엑스트라 버진 올리브 오일 1/2컵(125ml), 서빙용 여분
셰리 식초 2큰술
아몬드 슬라이스 1/2컵(65g)
부라타 4개(소, 선택)

• 마늘 크루통
잘게 자른 사워도우 빵 350g
곱게 간 마늘 2쪽 분량
올리브 오일 2큰술
녹인 무염버터 50g

오븐을 190℃로 예열한다.

대형 캐서롤 그릇이나 로스팅 팬에 홍피망과 마늘, 모든 토마토를 넣는다. 파프리카 가루와 카옌페퍼를 뿌린다. 채수와 올리브 오일, 식초를 붓고 아몬드를 뿌린 다음 골고루 잘 섞는다.

뚜껑을 닫거나 알루미늄 포일을 덮고 모든 재료가 부드러워질 때까지 오븐에서 45분간 굽는다.

뚜껑이나 포일을 제거하고 오븐 온도를 210℃로 높인다. 아몬드가 살짝 구워질 때까지 15~20분 더 굽는다.

마늘 크루통을 만든다. 볼에 모든 재료를 넣고 골고루 버무린다. 베이킹 트레이에 담고 음식 완성 15분 전에 오븐 윗단에 넣어 같이 굽는다. 오븐에서 꺼내 먹기 전까지 그대로 둔다.

오븐에서 꺼낸 수프는 4분의 1씩 나눠서 믹서기에 넣고 곱게 갈아 수프 냄비에 옮겨 담는다. 또는 한 번에 수프 냄비에 붓고 스틱 블렌더로 곱게 간다. 수프를 한소끔 끓인 다음 간을 맞춘다.

볼에 수프를 나누어 담고 올리브 오일을 두른다. 파프리카 가루를 1꼬집 뿌리고 크루통을 얹는다. 부라타를 넣을 경우 그릇마다 하나씩 넣고 껍질에 살짝 칼집을 넣어서 안쪽 속살이 치즈에 녹아나오도록 한다. 바로 낸다.

참고 200쪽의 구운 피망에서 흘러나온 '피망의 눈물'이 있으면 이 수프 육수에 첨가해 보자. 훈제 피망의 풍미가 살아난다.

변주 레시피 이 수프로는 끝내주는 치킨 파르미지아나parmigiana 소스를 만들 수 있다. 이미 상당히 걸쭉한 소스이므로 더 졸이지 않아도 된다.

구운 홍피망 절임
Chargrilled Capsicums

우리 할머니는 항상 쓰레기통에 들어가기 직전인 할인 코너에서 농산물을 사냥해 온 다음 과도를 능수능란하게 활용해서 먹을 만한 부분만 도려내서 맛있는 밤과 후 간식과 저렴한 소련식 저녁 식사를 만들어내는 재주가 있었다. 나도 아직까지 항상 이 최소 유통기한이자 최대 풍미를 보장하는 코너에 항상 이끌리는 편이라 냉동 및 베이킹용으로 물러진 과일을, 주스용으로 촉촉한 채소를, 그리고 운이 좋다면 살짝 물러진 부분이 있지만(과도로 순식간에 제거할 수 있다) 과감하게 숯불에 구워서 매끈매끈 부드러운 진미를 만들어낼 수 있는 홍피망을 골라 장바구니에 넣곤 한다. 샐러드와 샌드위치, 랩 샌드위치, 모둠 전채 접시에 넣기 딱 좋다. 남은 기름은 드레싱과 소스에 사용할 수 있다.

분량 3컵, 750ml들이 병 1개

홍피망 1kg
레드와인 식초 1/4컵(60ml)
엑스트라 버진 올리브 오일 1/2컵(125ml), 여분
즉석에서 으깬 흑후추 1작은술
스위트 파프리카 가루 1작은술(선택)
얇게 저민 마늘 2쪽 분량
월계수 잎 6장
플레이크 소금 2작은술

만일 이 절임을 만들어 1주일 이상 보관할 예정이라면 병을 뜨거운 비눗물에 깨끗하게 씻은 다음 철망에 뒤집어 얹어서 완전히 말린다.

그릴 플레이트를 강한 불의 바비큐에 얹어서 뜨겁게 달군다. 홍피망을 통째로 얹어서 껍질이 완전히 새까맣게 탈 때까지 5~10분마다 뒤집어가면서 25분간 굽는다. 또는 오븐 그릴(브로일러)을 강불 모드로 예열한 다음 홍피망을 오븐 철망에 바로 얹고 그 아랫단에 베이킹 트레이를 놓고 굽는다. 또는 가스레인지의 불을 켜고 홍피망을 직화로 바로 얹은 다음 내열용 집게로 뒤집어가며 골고루 완전히 새까맣게 탈 때까지 굽는다.(경고: 다 굽고 나면 가스레인지를 깨끗하게 청소해야 하는 상태가 된다!) 홍피망을 내열용 볼에 넣고 쿠킹 포일로 단단하게 봉한다. 5~10분간 그대로 찌듯이 둔다.

포일을 이용해서 까맣게 탄 홍피망의 껍질을 벗긴다.(그러면 마찰을 쉽게 일으킬 수 있고 손끝을 델 걱정이 없다.) 심지를 제거하고(씨를 대부분 제거할 수 있다) 남은 씨를 전부 털어낸다. 볼에 고인 즙은 체에 걸러서 따로 보관한다.(참고 참조.) 홍피망은 물에 헹궈서 송송 썬다.

대형 볼에 나머지 재료를 넣고 잘 섞는다. 송송 썬 홍피망을 넣어서 골고루 버무린다.

바로 먹거나 병에 홍피망을 넣고 오일을 완전히 잠길 만큼 부은 후 밀봉한다. 오일에 완전히 잠긴 채로 냉장고에서 3개월까지 보관할 수 있다.

참고 구운 홍피망에서 흘러나온 즙은 액체로 된 금이나 다름없다. 셰프 제레미 폭스Jeremy Fox는 여기에 '피망의 눈물'이라는 완벽한 별명을 붙였다. 수프나 소스, 그레이비, 드레싱 등 흔히 육수를 사용하는 모든 곳에 활용할 수 있다.

지름길 델리숍에서 시판 병조림 구운 홍피망을 구입한다. 위 레시피의 오일과 식초, 가향 재료를 천천히 따뜻하게 데워서 같은 방식으로 절임액을 만들어 구운 홍피망을 넣고 재운다.

피프라드

Pipérade

살사 로하salsa roja와 라타투이를 섞은 듯한 피프라드는 바스크 지방에서 유래한 음식으로 활용도가 환상적으로 높아 육류와 생선에 곁들이는 톡 쏘는 사이드 메뉴는 물론 바삭한 빵에 올려서 주요리로도 만들 수 있다. 이 레시피의 특히 마음에 드는 부분은 길고 복잡하게 홍피망을 직화에 한참 태워서 불향을 가미하는 원래 레시피보다 훨씬 간단하고 덜 지저분하게 완성된다는 것이다.(하지만 원래 레시피가 더 손에 익어 빨리 만들 수 있다면 다음 장의 레시피를 참조하자.) 최고의 멀티태스킹 요리다. 홍고추가 그릴에서 보글보글 타는 동안 소스를 순식간에 만들어낼 수 있다.

분량 4~6인분

올리브 오일 1큰술, 마무리용 여분

곱게 채 썬 갈색 양파 1개 분량

굵게 다진 마늘 4쪽 분량

토마토 페이스트(농축 퓌레) 1큰술

황설탕 1작은술

소금 1작은술

에스플레트 고춧가루 또는 매운 파프리카 가루 1작은술

껍질을 제거한 통조림 홀토마토 400g

길고 가늘게 채 썬 녹색 피망 2개 분량

오븐 또는 그릴(브로일러)를 250℃ 또는 최대한 높은 온도로 예열한다.

오븐용 대형 냄비에 올리브 오일을 두르고 중약 불에 올려서 따뜻하게 데운 다음 양파를 넣고 뚜껑을 닫아서 반투명해질 때까지 5~7분간 익힌다.

마늘과 토마토 페이스트, 설탕, 소금, 칠리 파우더를 넣어서 잘 섞는다. 토마토를 손으로 으깨면서 냄비에 넣은 다음 골고루 잘 섞는다. 뚜껑을 닫고 보글보글 끓인다.

그동안 피망에 올리브 오일을 두르고 베이킹 트레이에 한 켜로 고르게 담는다. 오븐이나 그릴에 넣고 가장자리가 그슬리고 과육은 부드러워질 때까지 약 15분간 굽는다.

냄비에 피망을 넣고 뚜껑을 다시 닫은 다음 풍미가 어우러질 때까지 중간 불로 5분 더 가열한 다음 낸다.

참고 조금 더 고급스럽게 만들고 싶다면 피망을 직화에 천천히 골고루 태운 다음 탄 껍질을 깨끗하게 벗긴 후 길게 채 썰어서 소스에 넣는다.

녹색 피망은 맛이 강하고 쓴맛이 나는 편이라 거북스럽게 느끼는 사람도 있으니 취향에 따라 노란색, 붉은색, 녹색 피망을 섞어서 만들어도 좋다. 그러면 보기에도 훨씬 아름답다!

지름길 이미 피망을 한 판 구워놨다면 마지막 단계에 냄비에 넣기만 하면 피프라드가 된다.

변주 레시피 누가 봐도 베이크드 에그를 만들기에 딱 좋은 음식이다. 오븐용 팬에 넣어서 한소끔 끓인 다음 이곳저곳을 움푹하게 파고 달걀을 깨서 하나씩 넣는다. 그릴(브로일러)에 넣어서 달걀이 굳을 때까지 익힌다. 꺼내서 파프리카 가루를 조금 더 뿌리고 잔열로 달걀이 마저 익도록 한다. 짜잔, 샥슈카shakshuka 완성이다!

다양한 사모사를 채운 피망

Samosa-mix Stuffed Peppers

피망은 타고나길 컵 모양이라 크게 노력하지 않고도 속 재료를 간단하게 채워 구울 수 있다. 나는 아대륙subcontinental의 사모사든 본인이 고안해 낸 레시피든 뭐든지간에 피망 속에 채우는 필링으로는 향신료를 강렬하게 버무리는 쪽을 좋아한다. 어떤 모양의 피망이나 고추를 사용해도 상관없다. 일반 파프리카에서 쉽게 구하기 힘든 불혼 고추bullhorn pepper 종류까지 다양한 채소로 만들어보자. 먼저 살짝 부드러워질 때까지 초벌구이한 다음 원하는 필링을 채우는 것만 잊지 않으면 된다.

분량 6인분

길게 반으로 가른 빨강 또는 노랑 피망 6개 분량

그리스식 요구르트 1/3컵(95g)

으깬 마늘 3쪽 분량

서빙용 으깬 포파돔poppadoms (선택)

서빙용 고수 잎

• 사모사 믹스

껍질을 벗기고 2cm 크기로 썬 분질 감자(데지레desiree 등) 500g(중간 크기)

머스터드 오일 또는 식물성 오일 1/4컵(60ml)

옐로우 머스터드 씨 2작은술

터메릭 가루 1큰술

커리 가루 1작은술

가람 마살라 1작은술

즉석에서 간 흑후추 1작은술

곱게 다진 마늘 2쪽 분량

곱게 송송 썬 가느다란 풋고추 2개 분량

다진 커리 잎 1~2단 분량, 장식용 여분

다진 소고기 400g

해동한 냉동 완두콩 1컵(140g)

황설탕 1큰술

백식초 1큰술

오븐을 200℃로 예열한다.

먼저 사모사 믹스를 만든다. 냄비에 감자를 넣고 소금을 넉넉히 넣은 찬물을 잠기도록 붓는다. 강한 불에 올려서 한소끔 끓인 다음 중간 불로 낮춰서 감자가 익을 때까지 15분간 삶는다. 건져서 사용하기 전까지 따로 둔다.

그동안 프라이팬에 머스터드 오일을 넣고 중강 불에 올려서 달군다. 손바닥을 10cm 높이에 대서 열이 느껴질 정도가 되면 머스터드 씨를 넣어서 잘 섞는다. 바로 탁탁 튀기 시작할 것이다. 절반 분량의 씨를 건져내서 따로 둔다. 팬에 터메릭 가루와 커리 가루, 가람 마살라, 후추, 마늘, 고추, 커리 잎을 넣어서 가끔 휘저으며 향이 올라올 때까지 1분 정도 볶는다.

팬에 다진 소고기를 넣는다. 감자 으깨개를 이용해서 잘게 부숴가면서 갈색을 띨 정도로 노릇노릇해질 때까지 5분간 볶는다. 감자와 완두콩, 설탕, 식초를 넣어서 잘 섞는다. 소금과 후추로 간을 한다.

베이킹 트레이에 피망을 단면이 아래로 가도록 얹고 오븐에서 즙이 살짝 배어나오고 전체적으로 따뜻해질 때까지 10분간 굽는다.

피망에서 씨와 심을 제거한 다음 안쪽에 사모사 혼합물을 채운다. 다시 오븐의 제일 윗단에 넣고 거뭇하게 그슬리고 바삭해질 때까지 5~10분간 굽는다.

그동안 요구르트에 남겨둔 머스터드 씨와 마늘을 넣어서 섞는다. 포파돔과 여분의 커리 잎을 사용할 경우에는 기름에 빠르게 튀긴다.

피망에 요구르트를 얹고 고수로 장식한 다음 포파돔과 튀긴 커리 잎을 곁들여서 바로 낸다.

지름길 피망을 구울 때 냉동 사모사를 같이 데운 다음 피망에 통째로 집어넣는다. 조금 꽉 낄 수도 있겠지만 나름 재미있지 않을까? 아니면 피망을 깍둑 썰어서 사모사 혼합물에 섞은 다음 필로 페이스트리나 퍼프 페이스트리로 감싸서 굽는다.

Rhubarb

루바브

루바브는 한때 시나몬과 사프란보다 비싼 가격에 거래될 정도로 귀한 대접을
받았던 채소로, 교황조차 바티칸에 심기 위한 루바브 씨앗이 담긴 금 상자를
받을 정도였다. 이는 원산지인 중국, 티베트, 몽골 등 험준한 산에서 수확해
이동시켜야 했고 러시아 군주가 무역과 재배를 엄격히 통제했기 때문이었다.
로마노프 왕조는 17세기까지 발트해 연안 전반에 걸쳐 루바브를 독점하면서
예카테리나 2세의 광범위한 군사 확장에 자금을 지원하고 나머지 유럽 영토를
주도했다. 이후 시작된 '루바브 경쟁'은 전직 외과의사가 러시아에서 입수한
루바브 종자를 차르에게 밀수출하면서 마침내 끝났고, 이 종자가 유럽 전역에서
왕성하게 자라냈다. 또한 근면한 러시아 선원이 괴혈병 치료에 사용하기 위해
루바브를 기르면서 미국에 건너가게 된 이후 19세기 후반이 되면서 현지에서
'파이 작물'이라는 새로운 별명을 얻었다.

"나는 달콤하게 먹든 짭짤하게 먹든 루바브를 사랑한다. 루바브의 천생 연분은 레몬 타임이다. 잎만 따서 위에 뿌리거나 차가운 식물성 오일과 함께 곱게 갈아서 조린 루바브 위에 둘러서 먹는다."
— 조 바렛, 호주

구입과 보관하는 법

루바브는 보통 거대한 코끼리 귀 같은 잎을 잘라낸 채로 판매한다. 물론 잎에는 옥살산oxalic 성분과 기타 식용시 유독한 화합물이 많이 함유되어 있지만, 루바브가 수확한 지 얼마나 오래된 것인지 보여주는 매우 명확한 지표가 되어준다. 잎이 붙은 루바브를 발견했다면 가장 화사한 색깔에 코끼리 덤보 귀처럼 생긴 잎이 달린 줄기를 고른다. 잎을 떼버렸다면 대신 뿌리 쪽을 살펴보자. 잘 익었을 때 수확한 루바브는 땅에서 뽑아낼 때 더 두꺼운 뿌리 끝부분이 붙어서 따라온다. 너무 일찍 수확하면 뿌리가 땅에 그대로 남아 있어서 줄기 전체의 두께가 고르다. 그렇다고 해서 문제될 것은 없지만 덜 익은 줄기 특유의 떫은 맛을 상쇄하기 위해서 설탕량을 늘려야 한다. 늦은 겨울부터 이른 봄까지가 루바브의 제철이지만 여름이 되어갈 때까지도 아직 맛있는 루바브를 구할 수 있다. 수 일 이내에 사용한다면 꽃다발처럼 물병에 꽂아서 종이 봉투를 가볍게 씌워 에틸렌을 생성하는 과일과 채소로부터 보호한다. 더 오래 보관하려면 셀러리처럼 왁스지나 포일로 느슨하게 감싸서 줄기가 마르지 않으면서 공기가 통하도록 만들어 채소 칸에 보관한다. 또한 냉동 보관이 아주 용이하기 때문에 깨끗하게 씻어서 물기를 제거한 다음 굵게 썰어서 쟁반에 담아 냉동한 다음 라벨을 붙여서 소분하여 용기에 담는다. 이대로 1년까지 냉동 보관할 수 있다.

기능적 효과

우리는 루바브를 푸딩에 기분 좋은 분홍색을 가미하는 식재료로 생각하지만 처음에는 더욱 기능적인 목적을 위해 재배했다. 바로 변비 완화! 한의학에서는 '정화와 하수', 즉 몸의 열을 내보내고 위장의 운동을 촉진하는 데에 사용하는 약초로 분류했으며 그 덕분에 지금까지도 약초 처방에 인기리에 사용되고 있다. 루바브의 섬유질과 안트라퀴논으로 알려진 화합물이 규칙적인 배변 활동에 도움을 주므로 조리거나 삶은 루바브 몇 줄기를 아침 식사용 스프레드에 섞어 넣으면 유용하게(그리고 맛있게) 먹을 수 있다.

어울리는 재료

사과, 카다멈, 치즈(특히 블루, 할루미haloumi), 시나몬, 크림(클로티드 크림, 액상 크림, 아이스크림, 크렘 프레슈, 마스카포네), 생강, 레몬, 오렌지, 딸기, 바닐라.

루바브 로스트 2종

Rhubarb Roast-up 2 Ways

루바브는 채소 세상에서 가장 교활하게 변신하는 식재료다. 먼저 우리의 요리적 의식 속에서 교묘하게 채소에서 과일로 변하고, 부드럽게 익히면 진홍색 셀러리 같던 줄기가 실크처럼 부드러운 연어색 가닥으로 바뀐다. 나는 사과와 함께 루바브를 졸여서 겨울철 크럼블을 만들거나 그냥 요구르트나 클로티드 크림을 듬뿍 얹어서 내는 것을 좋아한다. 그리고 루바브는 달콤한 요리로 그 명성을 얻기는 했지만 짭짤하게 만들어도 매력적이다. 반 단은 구운 할루미에 샬롯, 방울토마토와 함께 곁들여서 짭짤한 새콤달콤 브런치 메뉴를 만들고 나머지 반 단으로는 고전적인 풍미 친구인 딸기, 바닐라와 함께 달콤한 아침 식사를 만들어보자. 놀러 와서 자고 일어난 우유부단한 친구를 위해서 두 요리를 한꺼번에 전부 차려내고 싶어질지도 모른다.

루바브 로스트를 곁들인 구운 할루미

분량 4인분

루바브 4대(약 250g)

곱게 채 썬 프렌치 샬롯 2개 분량

황설탕 1/4컵(60g)

레드와인 식초 2큰술

으깬 흑후추 1작은술

플레이크 소금 1작은술

반으로 자른 방울토마토 100g

1cm 두께로 썬 할루미 치즈 200g

올리브 오일 2큰술

서빙용 퍼플 바질 잎(선택)

오븐을 190℃로 예열한다. 베이킹 그릇에 유산지를 깐다.

루바브를 4cm 길이로 송송 썬 다음 굵은 것은 반으로 길게 잘라서 전체적으로 고르게 익도록 약 1cm 굵기로 조절한다.

베이킹 그릇에 루바브와 샬롯, 설탕, 식초, 후추, 소금을 잘 섞는다. 쿠킹 포일로 단단하게 감싸 봉한 다음 오븐에서 루바브가 부드럽지만 형태는 아직 유지하고 있을 정도로 10~15분간 굽는다.

내열용 볼에 토마토를 넣는다. 베이킹 그릇의 유산지를 들어올려서 모든 루바브 혼합물을 방울토마토 볼에 붓는다. 5분간 재워서 토마토가 잔열에 살짝 익도록 한다.

그동안 코팅 프라이팬을 최소 5분간 뜨겁게 달군다. 할루미 치즈에 오일을 발라서 앞뒤로 노릇노릇하게 2~3분씩 굽는다.

할루미 위에 루바브와 토마토, 양파를 얹고 구우면서 흘러나온 국물을 두른 다음 퍼플 바질(사용 시)을 뿌려서 낸다.

딸기 바닐라 루바브 로스트

분량 4인분

루바브 4대(약 250g)

황설탕 1/4컵(60g)

곱게 간 오렌지 제스트와 즙 1개 분량

얇게 저민 딸기 100g

그리스식 요구르트 1과1/2컵(375g)

바닐라 빈 페이스트 1/2작은술

꿀 1큰술

로즈 워터(선택) 1작은술

잘게 부순 메이플 생강 스파이스 그래놀라(102쪽) 또는
쇼트브레드 비스킷

오븐을 190℃로 예열한다. 베이킹 그릇에 유산지를 깐다.

루바브를 4cm 길이로 송송 썬 다음 굵은 것은 반으로 길게
잘라서 전체적으로 고르게 익도록 약 1cm 굵기로 조절한다.

베이킹 그릇에 루바브와 설탕, 오렌지 제스트, 오렌지즙을
넣고 잘 섞는다. 쿠킹 포일로 단단하게 감싸 봉한 다음 오븐에서
루바브가 부드럽지만 형태는 아직 유지하고 있을 정도로
10~15분간 굽는다.

내열용 볼에 딸기를 넣는다. 베이킹 그릇의 유산지를
들어올려서 모든 루바브 혼합물을 딸기 볼에 붓는다. 5분간
재워서 딸기가 잔열에 살짝 부드러워지도록 한다.

그동안 볼이나 컵에 요구르트와 바닐라, 꿀, 로즈 워터(사용
시)를 잘 섞는다.

달콤한 루바브 혼합물에 그래놀라나 잘게 부순 비스킷을
뿌리고 요구르트를 곁들여 낸다.

루바브 로스트를 곁들인
구운 할루미 (206쪽)

딸기 바닐라 루바브 로스트(207쪽)

글루텐 프리 루바브 사과 크럼블

Gluten-free Rhubarb & Apple Crumble

우리 시어머니 재키의 크럼블은 남은 겨울 과일을 처리하는 방법
중에서 내가 가장 좋아하는 레시피다. 글루텐 프리라서 어떤
종류의 식단을 하는 사람이 문을 열고 들어올지 확실하지 않을
때 만들기 좋고, 간단하게 미리 만들어놓을 수도 있다. 며칠 전에
미리 과일을 졸인 다음 손님이 오기 직전에 크럼블만 비벼서
만들어 골고루 뿌리면 된다. 아니면 아예 크럼블을 건너뛰고
그릇에 분홍빛으로 졸인 과일을 담고 플레인 요구르트나 크림을
얹어서 내자. 크림 이야기가 나와서 말이지만 내가 여기에 그냥
액상 커스터드를 멋지게 부르는 이름인 크렘 앙글레즈를 더했다고
해서 재키가 너무 마음을 쓰지 않기를 바란다. 굳이 만들지 않아도
상관없지만 먹어보면 만들기 잘했다고 생각하게 될 것이다.

분량 6~8인분

껍질을 벗겨서 3cm 크기로 썬 그래니 스미스 사과 1.2kg

2cm 길이로 송송 썬 루바브 500g

황설탕 2큰술

시나몬 스틱 1개

팔각 2개

· 크럼블

깍둑 썬 차가운 버터 120g

글루텐 프리 밀가루(중력분) 100g

황설탕 1/2컵(100g)

퀴노아 플레이크 1/3컵(70g)

볶아서 굵게 간 헤이즐넛 1/4컵(30g)

볶아서 굵게 간 아몬드 1/4컵(40g)

아몬드 가루 1/4컵(25g)

베이킹 파우더 1작은술

올스파이스 가루 1/4작은술

· 크렘 앙글레즈

달걀노른자 4개 분량

설탕 1/3컵(75g)

액상 크림 1과1/2컵(375ml)

바닐라 빈 페이스트 2작은술

바닥이 묵직한 대형 냄비에 사과와 루바브, 설탕, 시나몬 스틱,
팔각을 넣는다. 물 1/4컵(60ml)을 붓고 뚜껑을 닫은 다음 가끔
휘저으면서 사과가 퓌레가 될 때까지 30~40분간 뭉근하게
익힌다. 어느 정도 굵은 조각이 남아 있는 것은 씹는 질감을
더해주므로 괜찮다. 한 김 식힌 다음 6컵(1.5L)들이 베이킹
그릇에 담는다.

오븐을 180℃로 예열한다.

크럼블을 만든다. 볼에 버터와 밀가루를 넣고 손끝으로 가볍게
문질러 섞은 다음 나머지 재료를 넣어서 나무 주걱으로 골고루
휘젓는다. 과일 위에 여기저기 수북하게 쌓이도록 뿌린다.
오븐에서 윗부분이 노릇노릇해질 때까지 15~20분간 굽는다.

그동안 크렘 앙글레즈를 만든다. 볼에 달걀노른자와 절반
분량의 설탕을 넣어서 옅은 색을 띨 때까지 거품기로 친다.
바닥이 묵직한 냄비에 크림과 바닐라 빈 페이스트, 나머지
설탕을 넣고 뭉근하게 익히면서 휘저어서 설탕을 녹인다.

거품기를 이용해서 골고루 휘저으면서 뜨거운 크림을
달걀노른자 볼에 천천히 부으면서 잘 섞는다. 깨끗한 냄비에
옮겨 담아서(쓰던 냄비를 깨끗하게 씻은 다음 물기를 제거해서 다시
사용한다) 중약 불에 올린다. 계속 휘저으면서 냄비 내용물을
나무 주걱 뒷면에 묻혀서 손가락으로 그었을 때 단면이 그대로
남아 있을 때까지 6~8분 정도 익힌다. 고운 체에 내려서 먹기
전까지 따뜻하게 보관한다.

크럼블에 크렘 앙글레즈를 곁들여서 따뜻하게 낸다.

부드럽게 익힌 과일은 그대로 1주일간 냉장 보관할 수 있다.

참고 중국 오향 가루에는 이 요리에 필요한 모든 향신료가 들어가
있다.(그 외의 향신료도 들어 있으므로 적당히 사용해야 한다.)

조금 더 씹는 질감을 살리고 싶다면 다진 사과를 2줌 정도 남겨서
갈변하지 않도록 레몬즙을 조금 뿌려 둔다. 과일을 익힌 다음 남겨둔
생사과를 골고루 섞은 후 나머지 과정에 따라 마저 조리한다.

지름길 사과 1개를 포크로 골고루 찔러서 구멍을 낸 다음 루바브를 깍둑
썰어서 소량의 물과 함께 전자레인지의 '강' 모드로 부드러워질 때까지
6~8분간 돌린다. 그래놀라를 얹고 시나몬 가루를 뿌린 요구르트를 곁들여
낸다.

Chilli

고추

신세계에서 구세계로 표류하는 고추의 여로를 탐구하는 것은 매혹적인
작업이다. '표류'는 16세기 선박의 돛이 펄럭일 수 있는 속도만큼
빨랐다는 뜻이다. 스페인과 포르투갈 정복자는 음식에 들어간, 당시
고향에서 인기를 누리던 고가의 흑후추를 연상시키는 매콤한 고추에
특히 매료되고 말았다. 근면성실한 선원은 괴혈병을 예방하기 위해서
주머니에 말린 고추(비타민C가 풍부한)를 잔뜩 집어넣었고, 덕분에 고추는
아프리카와 인도, 동남아시아, 중동의 음식 문화에 파고들 수 있었다.
적당히 매콤한 고추 품종인 카옌페퍼 가루를 살짝 뿌리면 온갖 종류의
스튜에 은은한 열기를 더할 수 있다. 잘게 썬 신선한 홍고추나 풋고추는
평범한 샐러드도 미각에 충격을 선사하는 요리로 만들어준다. 칠리
소스는 미뢰가 톡톡 터지도록 자극한다. 라유가 없다면 만두도 심심할
것이고, 속을 채운 할라페뇨 튀김은 맛의 새로운 세상을 보여준다.
기본적으로 고추는 작을수록 더 맵다. 자그마한 새눈고추와 크고 통통한
할라페뇨 고추를 조심스럽게 비교해 보자.

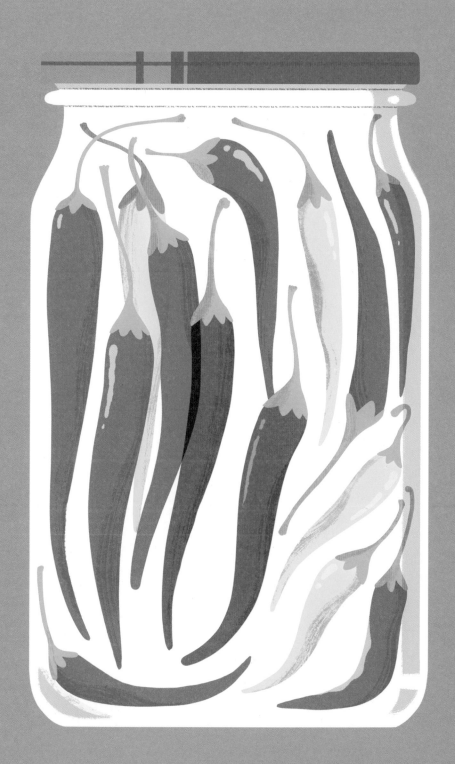

"내가 제일 즐겨 요리하는 고추는 할라페뇨와 하바네로다. 말려서 소금과 함께 곱게 빻거나 오일에 재워 풍미를 우려낸다. 또한 말린 고추를 불려서 초콜릿과 함께 곱게 갈아 닭고기 몰을 만들 때 넣는다."
― 로시오 산체스, 멕시코

구입과 보관하는 법

신선한 고추는 껍질에 피망처럼 광택이 흐르고 매끄럽지만 귀신 고추Ghost pepper(부트 졸로키아)나 저승사자 고추Reaper pepper(캐롤라이나 리퍼)처럼(이름만 봐도 우리가 질 것 같은 느낌이 든다) 신랄하게 매운 고추 중에는 뜨거운 오일에 지지기라도 한 것처럼 움푹움푹 패어 있는 것도 있다. 고추를 구입할 때는 줄기를 잡아 보고 화사한 녹색을 띠고 곰팡이가 피거나 끈적끈적하지 않은지 확인한다. 고추는 냉장고 옆 칸에 보관하는 것이 좋다. 줄기를 부드럽게 제거한 다음 면포나 종이 타월에 감싸면 1~2주일간 보관할 수 있다. 한 번에 소량만 사용할 경우에는 신선할 때 다져서 소분하여 냉동하면 필요할 때 수프나 스튜, 소스에 넣기 좋다. 냉동 보관하기에는 풋고추가 더 좋은데, 홍고추는 얼리면 색깔이 흐려지기 때문이다. 홍고추는 길게 반으로 자른 다음 씨를 제거하고 건조기나 가장 낮은 온도의 오븐에 문을 연 채로 하룻밤 동안 직접 말려서 보관할 수 있다. 또한 굵게 다져서 굵은 소금과 함께 섞은 다음 건조하면 요리에 뿌리거나 선물하기 좋은 저렴하고 유쾌한 '고추 소금'을 만들 수 있다. 남은 고추를 콕콕 찔러서 구멍을 낸 다음 입구가 넓은 유리병에 넣고 뜨겁게 데운 올리브 오일을 잠기도록 부으면 직접 신선한 라유를 만들 수 있다. 이때 라유는 오래 보관할수록 매운 맛이 강해지며 드레싱이나 절임액, 글레이즈에 매콤한 맛을 가미하는 용도로 사용할 수 있다. 냉장고에 2개월까지 보관 가능하다. 고추는 또한 특히 따뜻한 기후를 좋아하는 기르기 쉬운 작물 중 하나므로 연한 녹색 엄지손가락과 창턱을 가지고 있는 매운맛 마니아라면 길러보는 것도 생각해 볼 만하다.

조리하는 법

신선한 고추의 경우 손님이 매운 음식을 얼마나 잘 먹을지 확신이 없다면 내부의 막과 씨를 찻숟가락으로 파냈다가 절반만 남겨 놔서 식탁에 차린 다음 취향에 따라 넣을 수 있도록 한다. 핫 초콜릿에 길다란 홍고추를 넣어서 우리면 퇴폐적이며 악마 같은 음료가 된다. 그저 약간 은은하게 매콤한 맛을 내고 싶을 뿐이라면 파프리카 가루와 카옌페퍼, 칠리 플레이크 삼총사의 힘을 빌리자. 셋 중 가장 순한 것은 파프리카 가루다. 훈제 가루는 진한 소스에, 단맛이 나는 가루는 가벼운 소스에 넣는다. 카옌페퍼는 맵다. 8분의 1작은술이면 새눈고추 하나를 굵게 다진 것과 맞먹는다. 칠리 플레이크는 그 중간에 속해서 파프리카 가루보다는 맵고, 카옌페퍼보다는 과일 향이 강해 활용하기 좋다. 나는 만두용 라유를 만들 때 즐겨 사용한다. 라유를 직접 만들고 싶다면 중성 풍미의 오일 1컵(250ml)에 칠리 플레이크 3~4큰술을 넣고 소금을 몇 꼬집 섞은 다음 중약 불에서 5분간 천천히 데운 후 식혀서 깨끗한 유리병에 플레이크까지 모두 옮겨 담는다. 냉장고에 넣으면 최대 6개월까지 최상의 상태를 유지한다. 말린 고추는 복합적인 훈제 향이 나며 활용도가 높다. 치폴레처럼 화사하고 밝은 빨간색이나 주황색에 과일 향과 산미가 두드러지는 말린 고추는 닭고기와 생선, 채소에 잘 어울리고 안초ancho처럼 자줏빛을 띠는 갈색과 검은색의 진한 색 고추는 짙은 색의 야생 육류와 버섯과 잘 어울리며 짙은 코냑 등의 풍미가 나는 몰 같은 소스를 만들 때 넣는다. 말린 고추는 먼저 액상 재료에 불린 다음 갈아야 한다. 가위로 줄기를 잘라낸 다음 껍질을 갈라서 쓴맛이나 퀴퀴한 냄새가 날 수 있는 씨를 톡톡 치거나 긁어내 제거한 후 불린다. 더 거칠고 강렬한 풍미를 살리고 싶은 고추 애호가라면 말린 고추를 먼저 소량의 오일에 탁탁 터질 때까지 볶거나 마른 팬에 색이 살아날 때까지 덖어서 불려보자. 이때 고추를 불린 물을 레시피에 들어가는 물과 동량으로 대체해서 믹서기에 소스 농도를 조절하는 용도 등으로 쓸 수 있다.

기능적 효과

통후추와 고추는 서로 관련이 없으며 후추의 매운맛은 피페린piperine, 고추의 매운 맛은 캡사이신이라는 천연 화합물로 인한 것이다. 야생에서는 포식자에게 먹히지 않기 위한 식물의 방어 체계로 기능한다. 하지만 인간에게는 뇌를 속여서 입에 불이 붙었다고 생각하게 만들어 그에 대한 반응으로 엔돌핀과 도파민이 분출되게 만든다. 매운맛에 푹 빠지는 사람이 많은 이유다. 고추의 캡사이신 함량은 스코빌 척도로 측정한다. 캡사이신이 많을 수록 매운 맛도 강해진다. 어쩌다가 머리가 통째로 날아가는 기분이 들 정도로 매운 고추를 먹었다면 물보다 우유로 입을 헹구는 것이 좋다. 혀에 달라붙은 캡사이신을 그대로 미끄러져 통과해 버리는 물과 달리 우유의 카제인 성분은 세제가 기름을 제거하듯이 캡사이신을 갈라내기 때문에 수 모금만 꿀꺽 꿀꺽 삼키면 타는 듯한 감각을 가라앉힐 수 있다.

어울리는 재료

아보카도, 콩(깍지콩 또는 통조림), 코코넛(워터, 밀크, 크림, 무엇이든 코코넛 향이 나는 것), 고수, 옥수수, 커리 잎, 피시 소스, 마늘, 생강, 라임.

매콤함을 찾는 이에게 : 스코빌 지수

맵지 않음	매콤함	매움	꽤 매움	아주 매움	무섭게 매움
0 스코빌	2,000~50,000 스코빌	50,000~100,000 스코빌	100,000~500,000 스코빌	500,000~1,500,000 스코빌	1,500,000 이상 스코빌
피망 집시 고추	할라페뇨 고추 세라노 고추	새눈고추 카옌페퍼 타바스코 고추 칠레 데 아르볼	하바네로 고추 레드 사비나 스코치 보닛	부트 졸로키아 7 포트 페퍼 브레인 스트레인	캐롤라이나 리퍼 7 포트 더글라 트리니다드 스콜피언

할라페뇨 파퍼

JalaPeño Business

내가 이 할라페뇨 파퍼는 꼭 만들어봐야 할 음식 목록에 반드시 들어가야 할 레시피라고 말한다고 해서 부담을 느끼지는 않기를 바란다. 솔직히 부드럽고 훈제 향이 느껴지면서 은은한 매콤함이 감돌아 편하게 대접하기 좋고, 다들 좋아하는 메뉴다. 이 레시피를 기본으로 삼고 허브나 향신료를 추가하거나 치즈를 2배로 늘리는 등 나만의 레시피로 변형해 보자.

분량 튀김 12개

할라페뇨 고추(참고 참조) 12개
크림치즈 200g
훈제 파프리카 가루 1/2작은술(마무리용 여분)
마늘 가루 1/2작은술
곱게 다진 고수 줄기(취향에 따라 잎은 장식용으로 사용) 1큰술
소금 1/4작은술, 마무리용 여분
간 체더치즈 100g

오븐을 200℃로 예열한다. 베이킹 트레이에 유산지를 깐다.

고추는 줄기를 잡은 채로 작은 톱니칼을 이용해 윗부분에 수상한 실눈 같은 형태로 칼집을 낸다. 칼이나 찻숟가락을 이용해서 심과 씨를 제거한다. 고추를 뒤집어 들고 탁탁 두들긴 다음 잘 씻어서 남은 씨앗을 모두 제거한다.

볼에 크림치즈와 파프리카 가루, 마늘 가루, 고수 줄기, 소금을 넣고 포크로 고루 으깨면서 잘 섞는다.

찻숟가락을 이용해서 크림치즈 혼합물을 고추 속에 밀어 넣는다. 이때 체더치즈를 넣을 공간은 움푹하게 남겨 놔야 한다.

고추에 체더치즈를 넣는다. 고추를 베이킹 트레이에 담고 오븐에서 치즈가 보글보글 끓을 때까지 13~15분간 굽는다. 제대로 구운 맛을 내고 싶다면 오븐의 그릴(브로일러) 모드에서 재빠르게 살짝 구워낸다.

파프리카 가루를 뿌려서 낸다.

참고 둘 다 똑같은 고추이므로 빨간색 할라페뇨와 녹색 할라페뇨 중 어느 것이나 사용해도 상관없지만 약간 덜 익어서 조금 탄탄한 편인 녹색이 모양을 더 잘 유지하는 편이다.

체더치즈와 크림치즈를 따로 채우는 것은 속 재료가 보글보글 끓어 넘치는 것을 막기 위해서지만 시간이 부족하면 전부 다 섞어서 한 번에 채워 넣어도 상관없다.

훈제 베이크드 빈
Smoky Baked Beans

아침 식사 메뉴로 풍미 가득한 베이크드 빈만큼 만족스러운 것이 또 있을까? 파프리카를 듬뿍 넣은 초리소chorizo 소시지와 토마토의 톡 쏘는 맛을 십분 활용해서 부분의 합보다 훨씬 진한 맛을 자랑하는 따뜻한 한 그릇 메뉴로 새롭게 태어난 푸짐한 베이크드 빈을 만나보자.(솔직히 그냥 통조림 몇 개를 까서 잘 휘젓기만 하면 된다.) 초리소 없이 만들고 싶다면 그래도 전혀 상관없다. 그냥 올리브 오일과 파프리카 가루, 쿠민의 양을 조금 늘리면 제맛이 날 것이다.

분량 4인분

껍질을 제거하고 곱게 깍둑 썬 훈제 초리소 소시지 1개 분량
올리브 오일 1큰술
곱게 깍둑 썬 양파 1개 분량
굵게 다진 마늘 2쪽 분량
쿠민 가루 1/2작은술
스위트 파프리카 가루 1/2작은술
곱게 송송 썬 말린 안초 고추 1개 분량(선택)
껍질을 제거한 통조림 홀토마토 2통(각 400g 들이) 분량
토마토 페이스트(농축 퓌레) 2작은술
황설탕 1작은술
플레이크 소금 1작은술
물에 헹군 통조림 칸넬리니 콩 2통(각 400g 들이) 분량
달걀 4개
서빙용 곱게 다진 파슬리
서빙용 따뜻한 토스트

오븐용 팬에 초리소를 넣고 밝은 주황색 오일이 배어 나올 때까지 볶는다. 올리브 오일을 두르고 양파를 넣어서 골고루 잘 섞은 다음 뚜껑을 닫아서 반투명해질 정도로 최소 10분간 천천히 익힌다.

마늘과 쿠민, 파프리카 가루, 고추(사용 시)를 넣어서 섞는다. 토마토와 토마토 페이스트, 설탕, 소금을 넣고 나무 주걱으로 토마토를 굵직하게 으깬다. 한소끔 끓인다.

그동안 오븐을 180℃로 예열한다.

토마토 팬에 콩을 넣고 오븐을 예열하는 동안 전체적으로 풍미가 잘 배어들게 둔다.

팬을 오븐에 넣고 뚜껑을 연 채로 10분간 익힌다.

오븐에서 꺼내 나무 주걱으로 군데군데 4군데에 우묵하게 홈을 판다. 달걀을 깨서 하나씩 넣은 다음 오븐에서 흰자가 굳고 노른자가 적당히 익을 때까지 5~6분 더 익힌다.(잔열로 마저 익을 것이다.)

파슬리를 뿌리고 토스트를 곁들여서 뜨겁게 낸다.

참고 아무 흰콩이나 사용해도 맛있게 만들 수 있지만 스페인의 포차스pochas 콩을 구할 수 있다면 꼭 넣어보자. 그 무엇도 따라올 수 없는 맛이 된다.

지름길 통조림 베이크드 빈 하나에 허브와 향신료, 고추를 같은 방식으로 첨가해서 화려하게 만들어보자. 염분과 당이 많이 들어 있지 않은 제품을 고르도록 한다.

칠리 소스
Chilli Sauces

내가 고추에 대해 배운 점이 하나 있다면 매운맛에 중독되는 것은 전 세계의 보편적인 현상인 것 같다는 것이다. 거의 모든 요리 문화권에는 특정한 형태의 고추 요리가 존재하며, 현지에서 구할 수 있는 재료에다 단맛과 신맛, 그리고 때때로 매운맛을 상쇄시키는 부드러운 재료를 섞어 저마다의 고유한 음식을 만들어낸다.

수단의 다콰 칠리 땅콩 소스

분량 약 3컵(750ml)

굵게 간 샐러드용 흰 양파 1개 분량

레몬즙 1개 분량

채수 1컵(250ml)

씨를 제거하고 곱게 다진 길쭉한 홍고추 2개 분량

곱게 다진 마늘 1~2쪽 분량

크런치 땅콩버터 1컵(240g)

플레이크 소금 2작은술

바하랏Baharat(구입한 제품에 장미 꽃잎이 없으면 로즈워터나 장미 꽃잎
　　가루 1/2작은술 추가) 1과1/2작은술

굵게 간 토마토 2개(대) 분량

서빙용 고수 잎(선택)

볼에 양파와 레몬즙을 넣고 10분간 재워서 가볍게 절인다.

대형 프라이팬에 채수를 넣어서 한소끔 끓인다. 절인 양파 혼합물과 고추를 넣어서 살짝 부드러워질 때까지 1~2분간 익힌다. 마늘과 땅콩버터, 소금, 바하랏을 넣고 잘 섞어서 한소끔 끓인 다음 전체적으로 3분의 1 정도가 졸아들 때까지 뭉근하게 익힌다. 간 토마토를 넣고 간을 맞춘다.

바로 먹을 경우 고수(사용 시)를 뿌려서 낸다.

또는 3컵(750ml)들이 유리병이나 소스 병을 뜨거운 비눗물에 씻은 다음 깨끗하게 헹궈서 말린다. 뜨거운 소스를 부어서 밀봉하면 1개월간 냉장 보관할 수 있다.

먹을 때는 약한 불에 따뜻하게 데운 다음 고수를 넣어서 섞는다.

딥 소스로 내거나 채소, 닭고기, 양고기 꼬치 등에 둘러서 낸다.

인도네시아의 파인애플 삼발

분량 약 2컵(500ml)

다진 길쭉한 홍고추 200g

다진 홍피망 1개 분량(매운 맛을 조절하기 위함이므로 생략 가능)

껍질을 벗긴 마늘 2쪽

껍질을 벗기고 다진 생생강 1톨(3cm 크기) 분량

통조림 파인애플(시럽에 절인 것) 225g

플레이크 소금 1큰술

백식초 1컵(250ml)

설탕 1/4컵(55g)

2컵(500ml)들이 병을 뜨거운 비눗물로 씻은 다음 깨끗하게 헹궈서 건조시킨다.

푸드프로세서에 고추, 피망(사용 시), 마늘, 생강, 파인애플(과 시럽), 소금을 넣는다. 곱게 다져지도록 간다.

냄비에 옮겨 담고 나머지 재료를 넣는다. 휘저으면서 한소끔 끓인 다음 내용물이 수분을 거의 흡수할 때까지 10~15분 정도 계속 휘저으면서 익힌다.

뜨거운 소스를 병에 담고 뚜껑을 밀봉한다.

삼발은 서늘한 응달에 6개월까지 보관할 수 있다. 개봉 후에는 1개월간 냉장 보관할 수 있다.

밥이나 채소, 수프, 커리 등 매콤한 자극이 필요한 메뉴에 양념으로 곁들여 낸다.

홍콩의 비건 XO

분량 400ml들이 병 3개

말린 표고버섯 50g

채수 4컵(1L)

물에 헹군 발효 검은콩 1컵(150g)

물기를 제거한 통조림 죽순 250g

생땅콩 1/3컵(50g)

다진 프렌치 샬롯 4개 분량

다진 마늘 12쪽 분량

껍질을 벗겨서 곱게 다진 생생강 30g(약 2와1/2컵)

씨를 제거하고 다진 길쭉한 홍고추 3개 분량

땅콩 오일 1컵(250ml)

참기름 2큰술

토마토 페이스트(농축 퓌레) 1/3컵(90g)

고춧가루 1/4컵(30g)

칠리 플레이크 2큰술

쓰촨 후추 1작은술

소흥주 1/2컵(125ml)

간장 2큰술

중국 흑식초 2큰술

팔각 4개

볼에 말린 버섯을 넣고 채수를 잠기도록 붓는다. 다른 볼에 콩을 넣고 찬물을 잠기도록 붓는다. 둘 다 실온에서 하룻밤 동안 불린다.

다음날 콩을 건져서 물에 헹군 다음 다시 물기를 제거한다. 종이 타월을 깐 대형 트레이에 옮겨 담아서 건조시킨다. 버섯은 건지고 버섯 불린 물은 따로 둔다. 푸드프로세서에 버섯을 넣고 돌려서 곱게 다진다. 종이 타월을 깐 트레이에 얹어서 물기를 제거한다.

푸드프로세서에 죽순과 땅콩을 넣고 곱게 다져질 때까지 돌린 다음 같은 트레이에 얹는다. 마지막으로 푸드프로세서에 샬롯과 마늘, 생강, 생 고추를 넣고 곱게 다져지되 퓌레가 되지는 않을 정도로 돌린다.

바닥이 묵직한 대형 냄비에 땅콩 오일과 참기름을 두르고 중강 불에 올린다.

버섯과 콩, 죽순 혼합물을 넣고 바삭바삭해지기 시작할 때까지 10분간 볶는다.

샬롯 혼합물을 넣고 바닥에 달라붙기 시작할 때까지 10분 더

익힌다. 토마토 페이스트와 고춧가루 전량, 쓰촨 후추를 넣고 잘 휘저은 다음 짙은 색이 될 때까지 1~2분간 익힌다.

팬에 청주를 부어서 바닥에 붙은 파편을 긁어낸 다음 골고루 잘 섞어서 한소끔 끓인다. 간장과 식초, 팔각, 남겨둔 버섯 불린 물을 넣는다.

뭉근하게 한소끔 끓인 다음 수분이 거의 날아갈 때까지 20~25분간 익힌다.

그동안 400ml들이 병 3개를 뜨거운 비눗물에 씻은 다음 깨끗하게 헹궈서 건조시킨다.

뜨거운 소스를 깨끗한 병에 넣고 뚜껑을 밀봉한다. XO 소스는 밀봉한 채로 서늘한 응달에 6개월까지 보관할 수 있다. 개봉 후에는 냉장 보관하면서 1~2개월간 사용할 수 있다.

두부부터 밥, 채소 볶음 등 다양한 요리에 맛내기 양념으로 사용한다.

베트남의 그린 혹은 레드 느억참

분량 약 3/4컵(185ml)

피시 소스 1/4컵(60ml)

라임즙 1개 분량

곱게 간 마늘 1쪽 분량

곱게 다진 오이 1개(소) 분량

곱게 송송 썬 길쭉한 풋고추 또는 홍고추 1개 분량

쌀 식초 또는 백식초 2큰술

설탕 1큰술

깨끗한 3/4컵(185ml)들이 병 또는 밀폐용기에 모든 재료를 넣는다. 2주일간 냉장 보관할 수 있다.

라이스페이퍼 롤이나 스프링롤, 꼬치 등의 베트남 요리에 딥 소스로 내거나 샐러드 드레싱, 해산물 절임액으로 쓸 수 있으며 밥이나 국수 요리에 두르기도 한다.

Purple

* **TURNIP**
  + Swede
* **BEETROOT**
  + Golden beet
* **RADICCHIO**
  + Endive
* **GLOBE ARTICHOKE**
* **EGGPLANT**

Turnip

순무

보라색으로 물든 예쁜 순무는 척박한 환경에서도 잘 자라는 능력 덕분에
전통적으로 '거지의 양배추'라는 혹독한 평판을 얻었고, 부주의한
요리사 때문에 잘못한 것 하나 없이 과소평가를 받았다. 순무를 너무
익히면 보랏빛이 사라지면서 맛과 색이 모두 밋밋해지고 모든 양배추과
식물이 그렇듯이 집안 전체에 유황 냄새를 풍기면서 부드러운 가구와
아마 벽지에까지 쿰쿰하게 스며든다. 하지만 우리가 순무를 더 이상 삶지
않고 노릇노릇하게 굽기 시작하면 포크로 푹 찌르면 쑥 들어갈 정도로
부드러우면서 은은한 머스터드의 매콤한 맛이 느껴지는 달콤한 보석 같은
덩어리가 된다. 또한 순무는 아삭아삭한 질감이 잘 유지되어서 피클에도
잘 어울리기 때문에 케밥과 샤와르마shawarma 요리에 기분 좋은 '아삭!'함을
더할 수 있다. 나는 순무 피클병에 껍질을 벗긴 작은 비트 하나를 넣는
것을 특히 좋아하는데, 색이 순식간에 순무에 스며들어서 멋진 자홍색으로
물들기 때문이다. 50가지 그림자의 갈색으로 점철된 위험한 요리를
화사하게 만들고 싶을 때 특히 유용한 방법이다.

"나에게 채소는 소고기나 양고기보다 요리하기 복잡한 재료다. 좋아하는 요리 중 하나로는 지난 수 년간 만들어온 순무 탈리아텔레tagliatelle를 꼽을 수 있다. 파르메산 치즈 껍질과 버터, 다시, 너트메그로 만든 에멀전에 익혀서 계절에 따라 녹색 페스토나 야생 육류 라구를 곁들여 낸다."
— 세트 베인즈, 영국

구입과 보관하는 법

진주빛 순무에서는 뿌리 끝에 붙은 흙먼지나 운송 중에 생긴 멍, 변색된 부분 등을 쉽게 찾아볼 수 있다. 다행히 곱게 저미거나 간단 피클을 만들고 껍질을 벗겨서 크루디테로 낼 계획이 아니라면 갈색으로 변한 부분 정도는 깎아내거나 구워서 없애버릴 수 있다. 더 작은 중간 크기의 순무의 단맛이 가장 강하고, 더 클수록 풍미는 매콤해지고 질감은 질겨진다. 큰 순무는 피클용으로 남겨두자. 여름에는 비교적 작은 순무를, 가을과 겨울에는 더 크고 거친 순무를 쉽게 구할 수 있다. 잎이 붙은 순무가 있다면 그쪽이 항상 더 바람직하다. 아직 화사한 녹색을 띠면서 보송보송하다면 신선도를 증명하는 표지가 될 뿐만 아니라 가격 대비 여분의 추가 식재료가 되기 때문이다. 집에 도착하자마자 순무 이파리를 떼어내서 허브를 다룰 때처럼 잘 싸서 보관하자. 보통 이런 이파리는 흙먼지가 많이 끼어 있기로 악명이 높기 때문에 요리하기 전에 충분히 물에 담가 씻은 다음 물기를 잘 털어내는 것이 중요하다.

순무 그 외: 스웨덴 순무

우리가 알고 있는 순무는 주로 흰색에 약간 보라색을 띠는 품종으로 유라시아에서 재배된 것으로 추정된다. 그러나 16세기 스칸디나비아에서는 스웨덴 순무(이런 이름이 붙게 된 원인이다)가 재배와 맛 모두에서 튼튼하기로 좋은 평판을 얻었다. 순무와 양배추의 교배종으로 짐작되는 스웨덴 순무는 북아메리카에서는 루타바가rutabaga라고 불리며 순무를 대체해서 사용할 수 있지만 일부 차이점이 존재한다. 가장 눈에 띄는 차이는 색상이다. 스웨덴 순무는 노란색과 오렌지, 갈색이 음영의 변화를 일으키며 어우러지는 색을 띠고 있으며 가끔 보라색이 드러나기도 한다. 크기도 더 크고 순무와 달리 크게 키워도 단맛이 유지된다. 스웨덴 순무가 일반 순무보다 훨씬 맛이 좋다고 주장하는 사람도 있으니 진정성을 고집하는 사람이라면 스코틀랜드의 '닙스 앤드 태티neeps and tatties', 콘월식 페스티, 남부식 글레이즈 루타바가를 만들 때면 스웨덴 순무를 꼭 찾아보자. 로스트해서 통째로 내거나 신선한 크루디테를 만들 때가 아니라면(이때는 자그마한 어린 순무가 가장 잘 어울린다) 스웨덴 순무도 한 번 요리해 볼 만하다. 마지막 참고 사항: 스웨덴 순무의 겉껍질을 주의해서 살펴보자. 건조해지는 것을 막기 위해 파라핀 왁스를 얇게 입혀 놓는 경우가 많다. 대부분의 조리법에서 스웨덴 순무의 껍질을 벗겨서 요리에 사용할 것을 요구하는 것도 이 때문이며, 거친 채소용 솔과 뜨거운 물을 이용하면 왁스를 쉽게 벗겨낼 수 있다.

어울리는 재료

올스파이스, 베이컨, 버터, 캐러웨이 씨, 크림, 허브(파슬리, 타임), 쥬니퍼 베리, 레몬.

채소 예찬

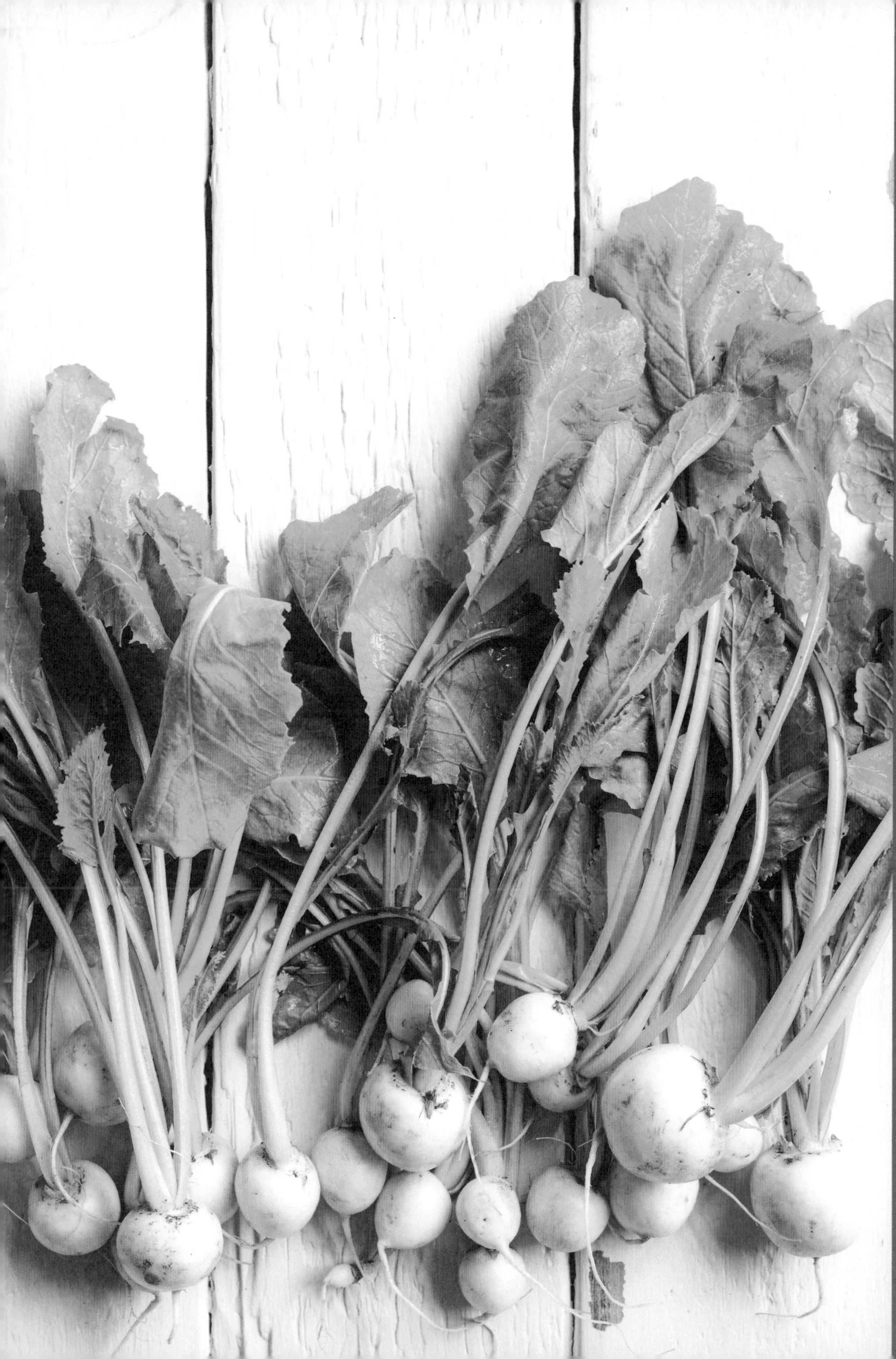

사워도우 크럼을 뿌린 사과주 순무 조림

Cider-braised Turnips with Sourdough Crumb

순무는 놀라울 정도로 다재다능하게 쓸 수 있는 재료다. 솔직히 나는 순무를 알비노 비트라고 생각하곤 한다. 비트와 마찬가지로 순무도 구웠을 때 맛이 좋으며, 찜처럼 향기로운 국물을 부어 흡수하게 하면 특히 매력적이다. 여기서는 국물에 사과주를 가미해서 톡 쏘는 꽃과 과일 풍미를 첨가했다. 부드럽게 익어 타고난 은은한 단맛이 드러난 어린 순무에는 바삭바삭한 사워도우 크럼을 올려서 짭짤한 크럼블처럼 완성한다.

분량 4인분

어린 순무 800g

다진 무염버터 100g

곱게 송송 썬 프렌치 샬롯 2개 분량

곱게 다진 셀러리 또는 펜넬 구근 줄기 1대 분량

으깬 말린 쥬니퍼 베리 1큰술

으깬 코리앤더 씨 1작은술

사과주 2컵(500ml)

닭 육수 1컵(250ml)

황설탕 1작은술

사워도우 빵가루 1컵(110g)

곱게 간 파르메산 치즈 30g

곱게 간 레몬 제스트 1개 분량

서빙용 딜 줄기

순무는 깨끗하게 씻어서 줄기를 2cm 정도 남기고 손질한다. 큰 것은 반으로 자른다.

바닥이 묵직한 냄비에 절반 분량의 버터를 넣고 불에 올린다. 샬롯과 셀러리, 향신료를 넣고 자주 휘저으면서 부드러워질 때까지 3분간 볶는다. 순무와 사과주, 육수, 설탕을 넣고 소금과 후추로 간을 한다. 한소끔 끓인 다음 유산지로 만든 종이 뚜껑(참고 참조)을 얹고 순무가 부드러워질 때까지 15분간 익힌다.

유산지를 제거하고 소스가 졸아들고 순무가 부드러워질 때까지 8분 더 익힌다. 내열용 식사용 그릇에 담는다.

오븐 그릴(브로일러)을 강한 불에 예열한다.

볼에 빵가루, 파르메산 치즈, 레몬 제스트, 나머지 버터를 넣고 골고루 잘 섞은 다음 순무 위에 뿌린다.

그릇을 그릴에 넣고 윗분이 노릇노릇해질 때까지 3~5분간 굽는다. 딜과 즉석에서 간 흑후추, 플레이크 소금을 뿌려서 낸다.

참고 종이 뚜껑은 다음과 같이 만든다. 유산지 1장을 반으로 접고 다시 반으로 접는다. 접힌 모서리 부분을 약간 잘라서 구멍을 내고 바깥쪽 가장자리를 팬에 맞는 크기의 반원 모양으로 자른다. 유산지를 펼쳐서 팬에 맞는 크기인지 확인한 다음 음식 위에 얹어서 증기가 다시 떨어져 섞이는 일 없이 천천히 증발되도록 한다.

변주 레시피 어린 순무와 크림이 남으면 루콜라와 함께 버무린 다음 염소 치즈나 페타 치즈 등의 부드러운 종류의 치즈를 섞어서 간단 신속한 점심용 샐러드를 완성해 보자.

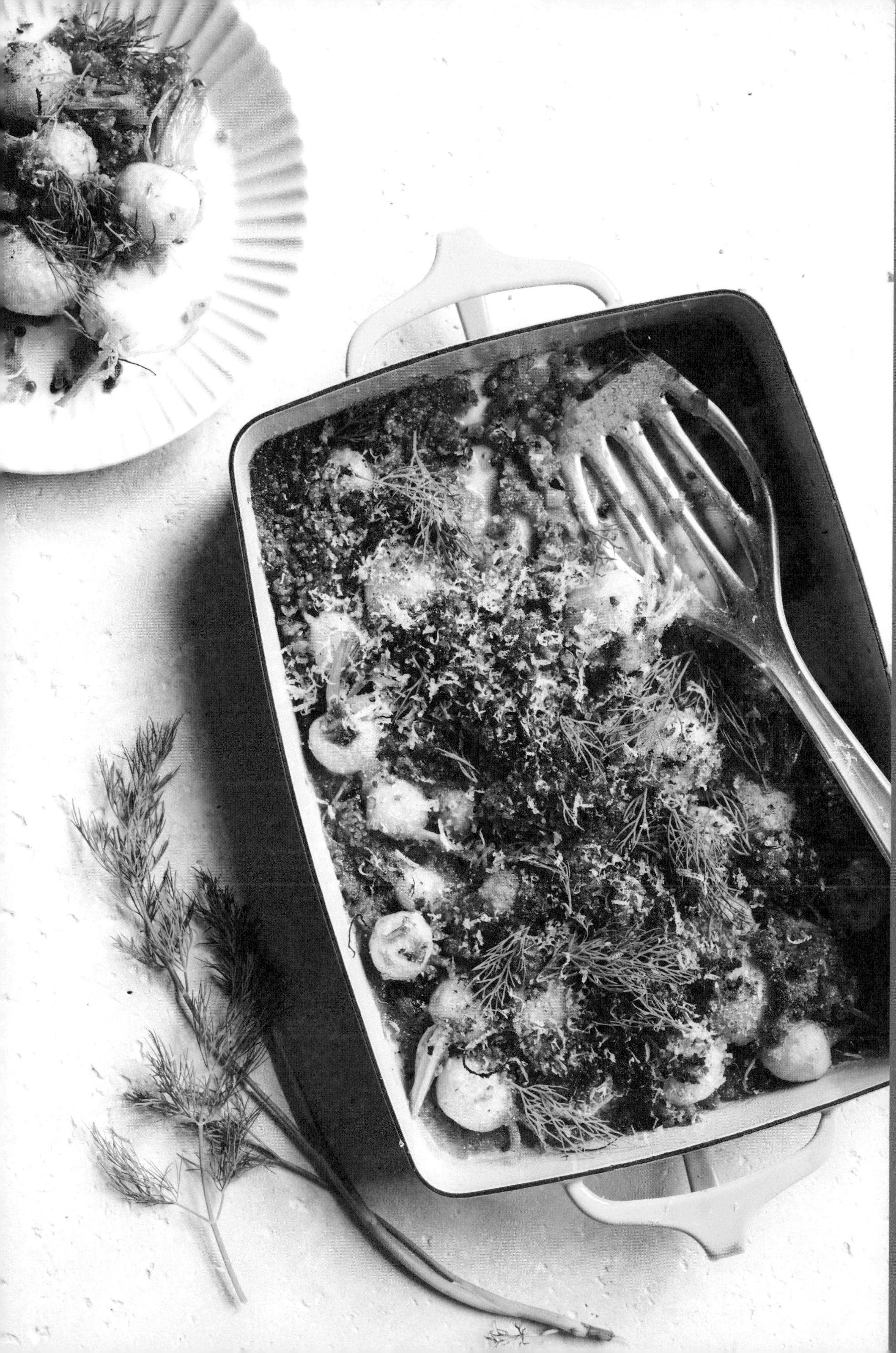

핑크 순무 피클
Pickle Me Pink Turnips

환상적으로 눈길을 사로잡는 이 자홍색 보석에는 팔라펠falafel(또는 무엇이든 튀김옷을 입혀서 고기, 채소와 함께 랩에 싸 먹는 음식)에 곁들이는 약방의 감초이자 한밤중에 병째 포크로 찍어 먹고 싶은 간식이 되어주는 소금과 식초의 새콤짭짤한 매력이 가득하다. 순무가 비트의 색상과 더불어 향기로운 양념을 순식간에 빨아들여서 하루만 있으면 맛있는 반달 모양 피클이 완성된다. 절임액에 오래 담가 둘수록 맛이 더 강렬해지지만 질감이 가장 매력적인 것은 1주일 정도 재웠을 때다.

분량 약 800g

플레이크 소금 1/3컵(25g)

설탕 1/3컵(75g)

1cm 크기로 깍둑 썬 비트 100g

껍질을 벗기고 으깬 마늘 2쪽

레몬 제스트 1개 분량

통후추 1작은술

월계수 잎 4장

껍질을 벗기고 2cm 크기의 반달 모양으로 썬 순무 800g

백식초 1컵(250ml)

냄비에 소금과 설탕, 비트, 마늘, 레몬 제스트, 통후추, 월계수 잎을 넣고 물 2컵(500ml)을 부어서 강한 불에 올려 한소끔 끓인다. 불에서 내린 다음 순무를 넣고 완전히 식힌다. 식초를 넣고 잘 섞는다. 순무를 건져서 그릇에 담고 향신료와 절임액은 그대로 남겨둔다.

1.6L들이 병을 뜨거운 비눗물로 씻은 다음 건조시킨다. 순무와 향신료를 담는다. 절임액을 순무가 완전히 잠기도록 병 윗부분까지 올라오게 붓는다. 뚜껑을 밀봉하고 서늘한 응달에 5일간 두어 순무를 절인다.

이때 절이는 과정에서 생겨나는 압력으로 뚜껑이 완전히 밀봉되어야 한다. 볼록하게 톡 튀어나오는 모양이 된다. 뚜껑이 튀어나오지 않으면 냉장 보관하면서 1개월 안에 먹는다. 그렇지 않으면 서늘한 응달에 3개월간 보관할 수 있다.

참고 어린 순무는 반으로 잘라서 피클을 만들 수 있으며 큰 순무는 웨지나 막대batons 모양으로 썬다.

변주 레시피 솔직히 말해서 이건 굳이 요리를 할 필요도 없다! 나는 그냥 병에서 바로 꺼내 먹는다.

발사믹 글레이즈를 두른 스웨덴 순무 티앙

Swede Spiral Tian with Balsamic Glaze

시각적으로 눈길을 확 사로잡는 요리이자, 솔직히 그냥 봐서는 다소 단조롭게 느껴지는 채소를 활용하는 멋진 방법이다. 또한 애호박과 가지, 토마토, 여름 호박의 라타투이 조합에서 비트, 당근, 순무의 보르시치 티앙까지 창의력을 발휘해서 색다르게 만들어볼 수 있다. 채칼을 쓰면 간편하지만 멋진 푸드프로세서를 활용해도 무방하다.

분량 4~6인분

채칼로 얇게 저민 스웨덴 순무 또는 순무 1.2kg

올리브 오일 3/4컵(185ml)

플레이크 소금 1과1/2작은술

설탕 1과1/2큰술

즉석에서 간 흑후추 1작은술

채수 100ml

서빙용 캐러멜화한 발사믹(340쪽)

오븐을 190℃로 예열한다.

볼에 저민 스웨덴 순무를 담는다. 올리브 오일을 수 큰술 두른 다음 소금과 설탕, 후추를 뿌려서 골고루 버무린다.

둥근 베이킹 그릇에 저민 스웨덴 순무를 나선형으로 담는다. 바깥쪽을 먼저 둘러 담은 후 안쪽까지 마저 예쁘게 나열한다.

올리브 오일을 조금 더 두르고 팬 바닥에 채수를 붓는다. 포일을 씌워서 순무가 칼로 찌르면 푹 들어갈 정도로 부드러워질 때까지 45분간 굽는다.

포일을 벗긴다. 나머지 올리브 오일을 발라서 윤기가 나도록 한 다음 윗부분이 살짝 그슬릴 때까지 30~35분 더 굽는다.

캐러멜화한 발사믹을 둘러서 낸다.

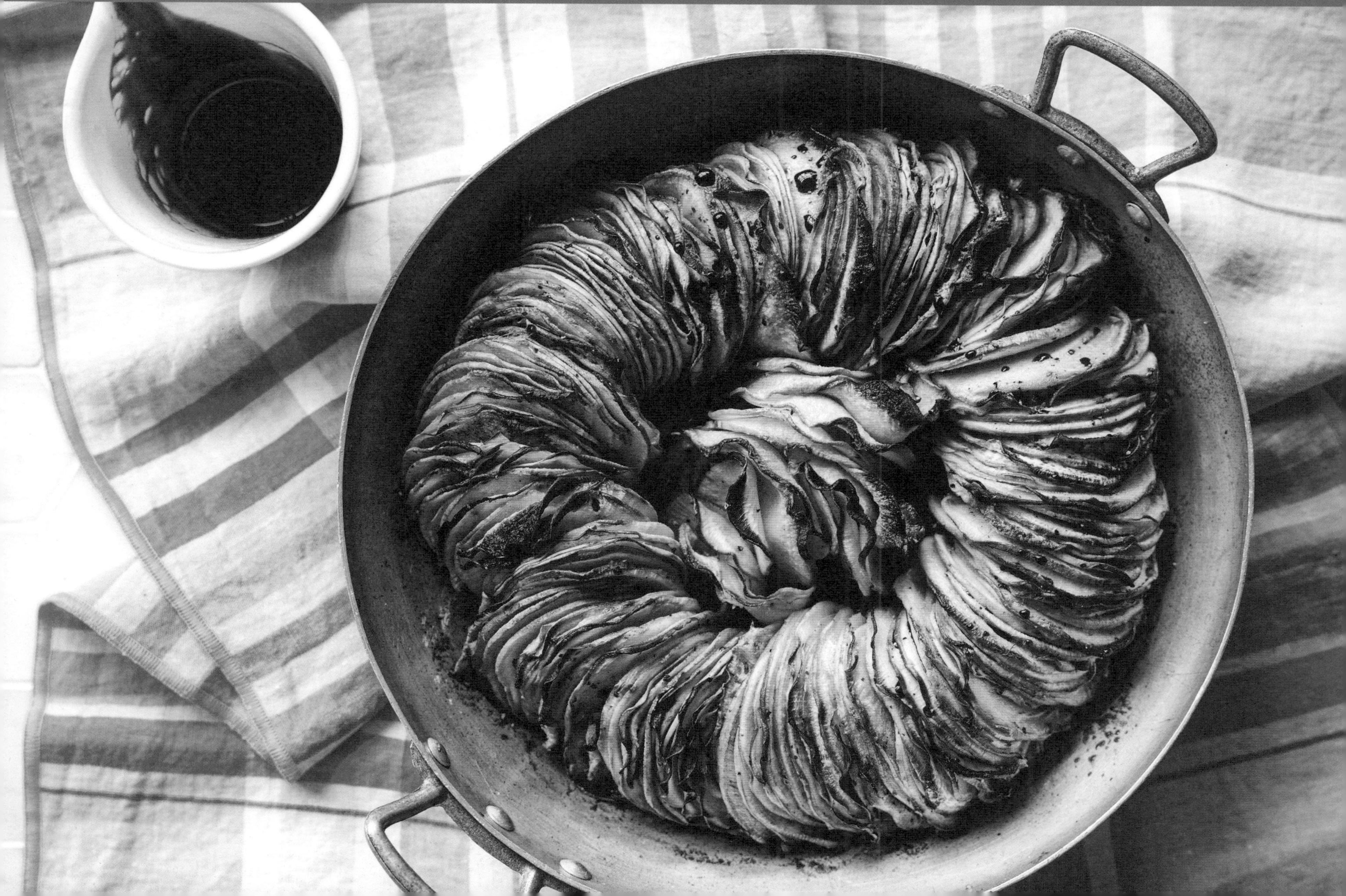

Beetroot

비트

'푸른 피'는 잊어라. 내 혈관에는 10억 개의 비트즙으로 이루어진 보라색 피가 흐른다! 하지만 방과 후에 보르시치를 먹으면서 자란 적이 없는 사람을 위해서 이 채소 세상의 어둠의 왕자를 소개하겠다. 거친 흙 향기와 잘못 볼 수 없는 자홍색을 자랑하는 이 뿌리 채소는 옷이나 식탁보, 그릇, 손에 지울 수 없는 흔적을 남긴다. 비트는 날것이든 찌거나 굽거나 삶은 상태든 모든 요리의 색과 맛을 강화한다. 하지만 진정한 패션계에서는 언제나 쇼의 스타가 되는 쪽이 훨씬 나으므로 가능한 다른 재료는 단순하게 유지해서 비트가 주인공이 되게 하자. 비트 잎 또한 시금치 및 근대와 같은 가족에 속하는 구성원인만큼 믿을 수 없을 정도로 맛있다. 비트 잎을 시금치를 다룰 때처럼 데쳐서 곱게 갈아 딥을 만들거나 볶아서 먹어보자. 또는 다음에 비트 샐러드를 만들 때 작은 비트 잎을 같이 섞어 넣어서 진정한 '뿌리부터 잎까지'에 관한 대화의 물꼬를 트는 용도로 활용해보자. 그리고 잎과 구근 모두 물에 잘 담가서 꼼꼼하게 손질하는 것을 잊지 말자. 우리가 원하는 '흙 향기'는 진짜 흙모래가 아니니까.

"저온에서 조리하면 정말로 질감이 좋아지는 채소로 비트를 꼽을 수 있다. 우리는 심지어
저온 조리 중에 배어 나온 비트즙을 따로 모아서 이 강렬한 붉은색 즙을 이용해 비네그레트나
소스를 만든다."
— 호안 로카, 스페인

구입과 보관하는 법

청과물 가게에 가면(특히 비트가 많이 나는 겨울철) 보통 잎이 아직 달려 있는 신선하고 작은 비트는 단으로
묶어서 팔고, 오래 되었거나 큰 비트는 일 년 내내 하나씩 개별로 판매한다. 잎이 달려 있을 경우 광택이
흐르면서 가장자리는 물결 모양에 늘어지거나 미끈미끈한 부분이 없어야 한다. 이상하게 구부러지거나
부서진 것은 괜찮다. 보통 결함이 있어서가 아니라 상점의 포장 담당 직원이 너무 열정적이어서 생겨나는
사고이기 때문이다. 보통 중간 크기에 빨간색이나 보라색을 띠고 둥근 모양의 비트가 가장 흔하지만
길쭉한 모양의 실린드라 품종을 발견하면 같은 크기로 송송 썰기 좋으니 그냥 지나치지 말자. 친숙한
빨간색과 보라색 외에도 흰색이나 노란색 또는 겉은 푸시아 핑크에 속은 흰색과 분홍색의 줄무늬로
이루어진 불스아이Bulls-eye나 치오기아Chioggia 비트처럼 여러 색조가 섞여 있는 비트 등을 찾아볼 수 있다.
색깔과 상관없이 비트는 흙에서 뽑아낸 후 시간이 지날수록 껍질의 광택이 사라지면서 마치 스크린의
밝기를 조절하기라도 한 것처럼 확실히 느낌이 흐려진다. 하지만 비트 자체가 만지면 단단하게 느껴지고
뿌리 끄트머리 부분이 주름지고 시들기 시작하지 않는 이상 요리하기 전에 잘 문질러 씻으면 색은 다시
돌아온다.

　집에 오자마자 비트 뿌리와 잎을 분리해야 한다. 이파리는 다른 잎채소처럼 젖은 종이 타월이나 면포에
감싸서 냉장 보관한다. 신선한 상태로 구입한 비트는 흙이 그대로 묻은 채로 채소 칸에 넣어 두고 가끔
꼭 쥐어짜서 수분 손실이 없는지 확인하기만 하면 2주일까지 보관할 수 있다. 비트를 일단 삶았다면
냉동하는 것이 제일 좋다. 적당한 크기로 썰어서 쟁반에 담아 냉동한 다음 용기에 담고 이름표를 붙여서
냉동실에 넣으면 1년까지는 충분히 보관할 수 있다. 포크로 찌르면 푹 들어갈 때까지 삶은 다음(크기에
따라 30~45분간) 껍질을 벗겨내고 깨끗한 병에 담은 후 향신료를 가미한 피클 절임액을 부으면 직접 비트
피클을 만들 수 있다. 이때 절임액은 물과 식초를 1:1로 섞은 다음 설탕을 비트 무게와 동량으로 넣어
만든다.

조리하는 법

통째로 내거나 날것으로 갈아서 샐러드를 만들 때는 보기에도 예쁘고 샐러드에 추가할 이파리가 붙어
있는 스쿼시볼 크기의 비트를 고르는 것이 좋다. 수프나 베이크드 비트(감자처럼)를 만들 때는 무조건
큰 비트를 고르도록 한다. 다른 뿌리채소와 달리 비트는 더 자랐다고 해서 질겨지지 않으므로 큰 것을
구입해도 나쁠 것은 없다. 그저 완전히 익을 때까지 시간을 충분히 여유롭게 가져야 한다는 점만 염두에
두자. 삶거나 구운 비트를 곁들여서 음식을 완성할 때는 식탁에 차리기 직전까지 비트를 따로 보관하다가
먹기 직전에 넣어야 요리 전체가 비트즙에 얼룩지지 않는다. 빨간 비트만큼 사악하지는 않지만 노란

비트도 이 부분에 있어서는 상당히 잠재력을 지니고 있다. 참고로 비트는 다음날 화장실에서 용변을 볼 때 어젯밤 리소토에 비트를 좀 갈아 넣었던 걸 떠올리게 만드는 이상한 냄새가 나는 걸로 유명하다는 점을 지적하고 넘어간다.

비트 그 외: 노란 비트

비트 가족에 속하는 노란 비트는 보라색 비트보다 단맛이 강하고 순하지만 닿는 모든 것을 특유의 색으로 물들이지는 않는다. 기술적으로 말하자면 섬유질이 적고 껍질이 얇아서 날것으로 채 썰어 샐러드를 만들거나 얇게 저며서 연질 치즈와 함께 내기 더 좋다. 또한 간단 피클을 만들기에도 좋아서 유리병에 딜, 향신료와 함께 넣어 놓으면 놀랍도록 황금빛으로 빛난다. 보라색 비트보다 전분 함량이 훨씬 높고, 색이 화사해서 그만큼 검은 반점이 쉽게 눈에 띄기도 한다. 노란 비트를 보라색 비트를 다룰 때처럼 고온에 강하게 구운 적이 있다면 가운데부터 '검은색으로 물들기 시작하는' 현상에 직면했을지도 모른다. 또는 다음날 냉장고에서 꺼내 보니 가장자리부터 검게 물들기 시작했을 수도 있다. 이는 포크로 찌르면 푹 들어갈 정도로 부드러워질 때까지 약 130℃ 가량의 낮은 온도로 천천히 굽거나, 차라리 굽기보다 삶는 식으로 해결할 수 있다. 요리하기 전에 하룻밤 동안 보관할 시간이 있다면 오일에 화이트와인 식초나 레몬즙 같은 산성 물질을 동량으로 섞어서 버무려 재워보자.

어울리는 재료

캐러웨이, 치즈(특히 크림치즈, 블루, 염소), 감귤류(특히 레몬, 오렌지, 블러드 오렌지), 허브(특히 처빌, 차이브, 딜, 파슬리, 타라곤), 꿀, 홀스래디시, 마늘, 식초(특히 발사믹), 호두.

통조림도 괜찮다!

비트를 먹고 싶지만 시간이 없다면 미리 조리해서 통조림이나 진공 포장 상태로 판매하는 비트를 구입하는 것을 고려해 보자. 성분표를 확인해서 맛에 영향을 미칠 수 있는 당분이나 아세트산 등의 첨가물이 들어갔는지 확인하는 것이 좋지만, 호주에서 '제대로 된' 버거를 먹어본 사람이라면 은은한 피클 풍미를 더하기 위한 재료로 저민 통조림 비트가 딱 이상적이라는 사실을 이미 알고 있을 것이다. 신선한 비트와 더불어 점점 더 흔하게 구할 수 있게 되고 있는 진공 포장 비트는 이미 익혀서 껍질까지 제거한 상태라 아무 조리도 하지 않고 꺼내서 바로 내놓을 수 있다. 주중에도 비트 요리를 간단하게 만들 수 있는 것은 물론 신선한 농산물을 구할 수 있을지 확신하기 힘든, 사람의 발길이 닿지 않는 곳으로 여행을 떠날 때에도 싸들고 가기 좋다. 모듬 샐러드 채소 1봉지에 비트를 올리고 스트로긴scroggin(말린 과일과 견과류 등을 섞어 간단하게 먹기 좋도록 만든 간식. 트레일 믹스라고도 부른다- 옮긴이) 1봉지만 뿌리면 얼굴에 만면의 미소가 떠오를 것이다.

갈아낸 보르시치

Grate Borsch

내가 어릴 적에는 거의 매일같이 보르시치를 먹었다. 들어가는 재료가 저렴하고 엄마가 대량으로 만들기 좋았기 때문이다. 오빠 스탠과 나는 하교한 후에 작은 냄비를 꺼내서 보르시치를 부은 다음 데우기만 하면 됐다. 또는 빨리 텔레비전 앞으로 돌진해서 <외계소년 위제트>를 봐야 할 때는 전자레인지에 돌려버렸다.

요즘도 나는 가능하면 냉장고에 보르시치 한 냄비를 항상 마련해 두려고 고집하는 편이다. 8가지 가량의 다양한 채소를 한 번에 먹을 수 있는 간편하고 맛있는 요리라 시간에 쫓기거나 기름진 외식을 하고 난 후에도 하루의 마무리로 만족스럽고 건강에 좋은 식사를 할 수 있다. 여름이면 가스파초처럼 차갑게 식혀서 스틱 블렌더로 곱게 갈아 퓌레처럼 만든 다음 저민 오이와 래디시, 마늘 간 것, 딜, 사워크림을 얹어 차갑게 낸다.

분량 6~8인분 이상

굵게 다진 양파 1개 분량

굵게 다진 마늘 2쪽 분량

올리브 오일 2큰술

콜리플라워 700g(큰 것은 1/2통, 작은 것은 1통) 또는 브로콜리 2통

채 썬 양배추 1/2통(소) 분량(또는 큰 것 1/4통 분량)

채 썬 당근 2개 분량

얇게 송송 썬 셀러리 2대 분량, 장식용 셀러리 잎

채 썬 비트 2개 분량(400g)

채수 또는 닭 육수 12컵(3리터)

레몬즙 1/2개 분량

사워크라우트 또는 피클 절임액 1/3컵(80ml)(선택)

· 서빙용

딜 줄기

사워크림 또는 크렘 프레슈

간 마늘

크루통 또는 얇게 썬 바게트

대형 냄비에 올리브 오일을 두르고 양파와 마늘을 넣는다. 중간 불에 올려서 지글지글 소리가 나도록 볶은 다음 뚜껑을 닫고 가끔 휘저으면서 양파가 흘러나온 즙에 익어 반투명해질 때까지 5~10분간 천천히 익힌다.

그동안 콜리플라워를 뒤집어 잡고 줄기를 어슷하게 잘라내 송이만 남도록 한다. 송이를 한입 크기로 나눈다. 따로 둔다.

양파의 부피가 줄어들고 향이 올라오면 양배추와 당근, 셀러리, 비트를 넣는다. 육수를 붓고 여분의 물(정수 물 추천)로 냄비가 3/4 정도 차도록 양을 보충한다. 레몬즙을 짜서 뿌리고(비트의 화사한 색상을 유지하기 위해) 소금을 넉넉하게 한 꼬집 넣는다.

한소끔 끓인 다음 불 세기를 낮추고 약 10분간 뭉근하게 익힌다. 콜리플라워 송이를 넣고 채 썬 비트가 형태는 유지하지만 쉽게 잘리고 콜리플라워는 살짝 부드러워질 때까지 익힌다. 씹는 질감이 살짝 남아 있어야 풍미와 질감이 살아 있는 수프가 된다.

국물 맛을 보고 사우어크라우트 절임액(사용 시)과 소금, 즉석에서 간 흑후추로 간을 맞춘다. 딜과 남겨둔 셀러리 잎으로 장식한 다음 사워크림과 간 마늘, 크루통 등 원하는 것을 곁들여 낸다.

번외 슈말츠(닭 지방, 오리 지방)를 넣으면 풍미가 매우 맛깔나게 살아나는 음식 중 하나다. 또한 양파를 익힐 때 버터를 약간 넣거나 잼 또는 꿀 1숟가락으로 단맛을 더해도 좋다.

보석 쿠스쿠스를 곁들인 구운 비트 파피요트

Parcel-roasted Beetroot with Jewelled Couscous

그야말로 빛나는 아름다움을 지닌 보석 쿠스쿠스에 비트가 완성한
무지개를 더해 드라마틱하게 만들어낸 요리를 소개한다.

분량 6인분

곱게 간 오렌지 제스트와 즙 오렌지 1개 분량

석류 당밀 2큰술, 서빙용 여분

플레이크 소금 1작은술

즉석에서 간 흑후추 1작은술

엑스트라 버진 올리브 오일 1/3컵(80ml)

줄기를 4cm 정도 남기고 손질한 어린 골든, 불스아이 등 모둠
　　비트(작은 잎은 따내서 샐러드용으로 사용) 2단(350g)

곱게 다진 적양파 1개 분량

잎은 따서 다지고 줄기는 곱게 다진 파슬리 1단 분량

다진 말린 살구 1/3컵(60g)

라스 엘 하누트rase l hanout 1/2작은술

인스턴트 쿠스쿠스 1컵(200g)

닭 육수 또는 채수 1과1/2컵(375ml)

석류 씨 1/2통 분량

다진 피스타치오 1/2컵(65g)

서빙용 민트 잎

오븐을 200℃로 예열한다.

　볼에 오렌지 제스트와 즙, 석류 당밀, 소금, 후추, 올리브 오일
2큰술을 넣어서 잘 섞는다.

　유산지를 40cm 크기의 동그라미 모양으로 2장 자른다.

　중형 볼에 둥근 유산지를 1장 깔고 절반 분량의 비트와 절반
분량의 오렌지즙 혼합물을 붓는다. 크리스마스 푸딩을 만들 듯이
유산지 가장자리를 잡아 모아서 조리용 끈으로 단단하게 묶어
여민다. 베이킹 트레이에 얹고 나머지 유산지와 재료로 같은
과정을 반복한다.

　오븐에서 비트를 칼로 찌르면 푹 들어갈 정도로 부드러워질
때까지 30분간 굽는다. 오븐에서 꺼내 한 김 식힌다. 꾸러미
하나를 풀어서 조심스럽게 비트와 즙을 대형 볼에 옮겨 담고
나머지 꾸러미로 같은 과정을 반복한다. 비트를 1/2 또는
1/4등분한 다음 다시 볼에 넣고 즙과 함께 골고루 버무린다.

　그동안 냄비에 나머지 올리브 오일 2큰술을 두르고 강한 불에
올려서 달군다. 양파와 파슬리 줄기, 살구, 라스 엘 하누트를
넣고 양파가 부드러워질 때까지 3분간 익힌다.

　쿠스쿠스를 넣고 골고루 섞어 전체적으로 따뜻해지게 한다.
육수를 붓고 한소끔 끓인 다음 뚜껑을 닫고 불에서 내린다.
10분간 그대로 뜸을인다.

　포크로 쿠스쿠스를 골고루 잘 섞은 다음 볼에 옮겨 담고
파슬리 잎을 넣는다. 조심스럽게 버무려 섞는다.

　식사용 접시에 쿠스쿠스를 수북하게 담는다. 비트와 구운 즙을
얹은 다음 석류 씨와 피스타치오, 민트, 비트 잎(사용 시)을 뿌려
낸다.

참고 만일 여러 종류의 어린 비트를 섞어서 사용한다면 색이 짙은 비트와
색이 옅은 비트를 구분해서 따로 조리해야 색이 서로 물드는 것을 막을
수 있다. 쿠스쿠스에도 비트 색이 들 수 있으므로 색이 짙은 비트는 먹기
직전까지 따로 보관하다가 내기 전에 섞어야 한다. 실험 정신이 강한
사람이라면 242쪽의 머핀 틀 조리법을 활용해도 좋다.

지름길 요즘에는 완조리된 비트를 판매하는 슈퍼마켓이 많으므로
급하다면 이를 활용하여 간단하게 만들 수 있다.

글루텐 프리 조리 시 갈아서 만든 콜리플라워 쿠스쿠스(83쪽 참조)를
이용하면 훨씬 빨리 만들 수 있는 것은 물론 채소 섭취량을 훌쩍 높일 수
있다.

채소 예찬

비트와 허니 로스트 호두 샐러드
Beet & Honey Roasted Walnut Salad

구운 비트는 샐러드에 제격인 재료이고, 견과류와 절대적으로 잘 어울린다. 여기서는 견과류에 꿀을 버무려 구워서 비트 특유의 흙 향기와 어울리는 달콤함을 가미했다. 저녁 파티 전날 밤에 미리 준비해서 각각 따로 보관해 두었다가 먹기 직전에 잘 섞어 차려내기만 하면 된다. 내 친구 세실라가 레시피를 테스트하면서 직장 동료에게 선보였을 때 딱 이런 식으로 만들어냈다. 다들 레시피를 달라고 난리였다. 이 레시피가 바로 그 레시피다.

분량 4인분

비트(살짝 큰 편인 어린 비트 정도면 적절하다) 12개(소)
호두 1컵(115g)
꿀 2큰술
셰리 식초 1/4컵(60ml)
엑스트라 버진 올리브 오일 1/4컵(60ml)
어린 루콜라 60g
얇게 저미거나 잘게 부순 부드러운 블루 치즈 150g

오븐을 200℃로 예열한다. 베이킹 트레이에 오일을 바르고 유산지를 깐다.

비트는 줄기가 3cm 길이로 달려 있도록 손질한다. 잘라낸 잎(사용 시)은 깨끗하게 씻어서 사용하기 전까지 얼음물에 차갑게 보관한다.

12구짜리 머핀 틀에 비트를 하나씩 집어넣는다. 찬물을 3/4 정도씩 붓는다. 머핀 틀에 쿠킹 포일을 씌운 다음 오븐에서 비트를 칼로 찌르면 쉽게 들어갈 정도로 완전히 익을 때까지 40~45분간 굽는다. 오븐에서 꺼내 포일을 벗기고 15분간 식힌다.

그동안 유산지를 깐 베이킹 트레이에 호두를 담는다. 꿀을 두르고 플레이크 소금을 뿌린 다음 꿀이 보글보글 끓고 호두가 구워질 때까지 6분간 굽는다. 오븐에서 꺼내 바삭바삭하게 식힌 다음 굵게 다져서 따로 둔다.

집게로 비트를 머핀 틀에서 꺼낸 다음 손끝으로 껍질을 벗긴다. 웨지 모양으로 썬 다음 볼에 넣고 식초와 올리브 오일을 두른 다음 골고루 버무린다.(이대로 비트를 하룻밤 동안 재울 수 있다. 추운 저녁이라면 덮개를 씌워서 실온에 보관하고 그렇지 않다면 냉장 보관하다가 먹기 전에 실온으로 되돌린다. 그럴 경우 구운 호두는 밀폐용기에 담아야 바삭바삭함이 유지된다.) 먹을 때는 접시에 루콜라를 뿌린다.

비트와 볼에 고인 즙을 붓고 호두와 치즈를 뿌려 낸다.

참고 머핀 틀에 비트를 하나씩 넣어서 물에 삶듯이 익히면 상태에 따라 각각 관리할 수 있다. 또한 불스아이나 골든 비트처럼 다양한 색상의 비트를 사용해도 색이 서로 섞이지 않아 창의력을 자유롭게 발휘할 수 있다.

머핀 틀이 없다면 240쪽의 보석 쿠스쿠스 샐러드처럼 유산지로 비트를 감싸 꾸러미처럼 만들어서 구워보자.

간단 뿌리채소 렐리시
Cheatroot Relish

렐리시는 보통 손이 많이 가기 때문에 바쁠 때는 좀처럼 만들기 힘들다. 여기서는 미리 익힌 비트와 시판 칵테일 양파를 기본으로 사용해서 그냥 대충 갈기만 하면 완성할 수 있다. 위이이이잉! 전형적으로 간단하게 '뭐든지 넣어서 만드는' 음식이므로 특별한 유리병을 돈 주고 구입할 필요가 없다. 그냥 시판 발효 식품이나 잼, 견과류 버터를 먹고 남은 유리병을 보관해 두었다가 먹고 남은 렐리시를 넣으면 된다. 꼭 반드시 넉넉히 만들었다가 프리타타에 곁들이거나 샌드위치에 넣고 뱅어 앤드 매쉬bangers and mash(으깬 감자에 소시지와 그레이비를 둘러 먹는 전통 영국 요리 – 옮긴이)에 곁들여서 차와 함께 먹어보자.

분량 1병(650g 들이)

굵게 간 익힌 비트 500g
칵테일 양파 피클 225g(또는 282쪽의 적양파 절임 120g), 절임액
  1/2컵(125ml)
심을 제거하고 잘게 썬 핑크 레이디 사과 1개 분량
꼭 눌러 담은 황설탕 1/4컵(60g)
정향 5개
올스파이스 가루 1/2작은술

850ml들이 병을 뜨거운 비눗물에 깨끗하게 씻은 다음 식힘망에 얹어서 건조시킨다.

　푸드프로세서에 비트와 양파 피클, 양파 피클 절임액을 넣는다. 사과와 설탕을 넣고 곱게 다지듯이 간다.

　넓은 냄비나 속이 깊은 프라이팬에 옮겨 담고 정향과 올스파이스, 물 2컵(500ml)을 넣는다. 한소끔 끓인 다음 중간 불로 낮추고 수분이 거의 날아갈 때까지 20분간 뭉근하게 익힌다.

　뜨거운 렐리시를 깨끗한 병에 담고 뚜껑을 밀봉한다. 바로 먹거나 2~3주일 안에 소비할 계획이라면 뚜껑이 있는 유리 용기에 담아서 냉장 보관한다.

　그렇지 않으면 중대형 냄비에 병을 넣고 물을 잠기도록 붓는다. 한소끔 끓인 다음 불에서 내리고 15분간 그대로 둔다. 병을 꺼내서 식힌다. 뚜껑이 밀봉되어서 볼록하게 톡 튀어나왔는지 확인한다. 아니라면 병을 다시 물에 넣고 다시 한소끔 끓이면서 같은 과정을 반복한다.

　밀봉한 병은 찬장에 4개월까지 보관할 수 있다. 개봉 후에는 냉장 보관하면서 1개월 안에 소비한다.

참고 대부분 청과물 상점이나 슈퍼마켓의 생과일, 생채소 코너에 가면 완조리해서 진공 포장한 어린 비트를 구입할 수 있다.

지름길 이 렐리시는 통조림 비트로 만들 수도 있다. 양파와 사과가 숨이 죽을 때까지 천천히 익힌 다음 향신료와 설탕, 마늘, 잘게 썬 비트를 넣고 농축될 때까지 15분간 뭉근하게 익힌다.

무지개 라브네 볼(246쪽)

노오븐 비트 샐러드(246쪽)

무지개 라브네 볼을 곁들인 노오븐 비트 샐러드
No-bake Beet Salad with Rainbow Labneh Balls

굳이 언급하지 않는 쪽이 나을 것 같지만 이 책에는 비트 샐러드가
이미 너무 많이 들어가 있다. 사실 나는 비트 샐러드에 좀 중독된
사람이다. 구우면 부드럽고 시럽 같아지고, 이렇게 내면 탄탄한
알 덴테처럼 느껴지는 질감의 변화를 너무나도 사랑한다. 그리고
색상만으로도 손님들이 다들 한 마디씩 거들 만큼 충분히
드라마틱하니까. 이런 종류의 조리법에 어울리는 비트는 따로
있다. 가능하면 질감이 더 고운 불스아이 비트나 노란 비트를
구해보고, 아니면 최소한 섬유질이 덜 질긴 어린 보라색 비트로
만드는 것이 좋다.

분량 4~6인분

· 무지개 라브네
그리스식 요구르트 250g
수막 가루 2큰술
곱게 다지거나 으깬 핑크 페퍼 2큰술
듀카(피스타치오 포함 제품 추천) 3큰술
양귀비 씨 2큰술
즉석에서 으깬 흑후추 2큰술
곱게 다진 딜 잎 3큰술

· 석류 드레싱
석류 당밀 2큰술
디종 머스터드 1작은술
껍질을 벗겨서 으깬 마늘 1쪽
꿀 1작은술
올리브 오일 1/4컵(60ml)
블러드 오렌지 주스 1/4컵(60ml)

· 샐러드
씻어서 문질러 껍질을 벗긴 어린 불스아이 비트 6개
씻어서 문질러 껍질을 벗긴 어린 골든비트 6개
어린 케일 잎 또는 루콜라 3컵(150g)
반으로 자른 블러드 오렌지 1개 분량(선택)

전날 밤 무지개 라브네를 만들기 시작한다. 체나 채반에 면포나
깨끗한 티타월을 깐다. 요구르트를 붓고 체 아래에 볼을 받쳐서
냉장고에 넣어 물기를 제거한다. 아침이 되면 요구르트가 훨씬
탄탄해질 것이다.(볼에 고인 유청은 남겨두었다가 팬케이크 반죽에
넣거나 수제 요구르트를 만드는 데에 쓴다.)

병에 모든 드레싱 재료를 넣고 흔들어서 유화시킨다.
또는 거품기를 이용해서 잘 섞는다. 걸쭉하고 윤기가 흐르는
드레싱이다. 맛을 보고 단맛을 조절한다.

블러드 오렌지에서 쓴맛이 강하게 난다면 꿀을 1작은술
추가한다. 두들겨 으깬 마늘은 그대로 재워서 풍미가 최대한
우러나게 한 다음 먹기 직전에 꺼낸다.

라브네 공을 만들려면 우선 손바닥을 적시는 용도로 물을 담은
작은 볼을 하나 준비한다. 접시 4개를 깐다. 하나에는 수막과
핑크 페퍼, 다른 하나에는 듀카, 다른 하나에는 양귀비씨와 으깬
후추, 다른 하나에는 딜을 담는다. 그 옆에 유산지를 깐 베이킹
트레이를 하나 준비한다.

찻숟가락을 이용해서 라브네를 공 모양으로 빚은 다음
양손바닥으로 가볍게 굴려서 모양을 잡고 접시 하나하나에
올려서 살살 누르면서 굴러 향신료나 허브가 잘 달라붙게
만든다. 완성한 무지개 라브네는 베이킹 트레이에 얹는다. 전부
완성되면 냉장고에 20분간 넣어서 단단하게 굳힌다.

그동안 샐러드를 만든다. 비트는 전부 채칼로 얇게 저며서
식사용 볼에 담는다. 비트에 드레싱을 둘러서 골고루 버무린다.
케일 잎을 얹어 놨다가 먹기 직전에 버무린다.(케일은 오일을
두르고 시간이 지나면 숨이 죽는다.)

샐러드를 버무리고 나면 한쪽에 블러드 오렌지(사용 시)를
담고 무지개 라브네 공을 올린다. 식탁에 둘러앉은 사람들에게
우선 라브네 공을 떠서 그릇에 담은 다음 취향에 따라 블러드
오렌지를 짜서 즙을 뿌리고 접시의 아름다운 크림 드레싱을 찍어
먹어보라고 한다.

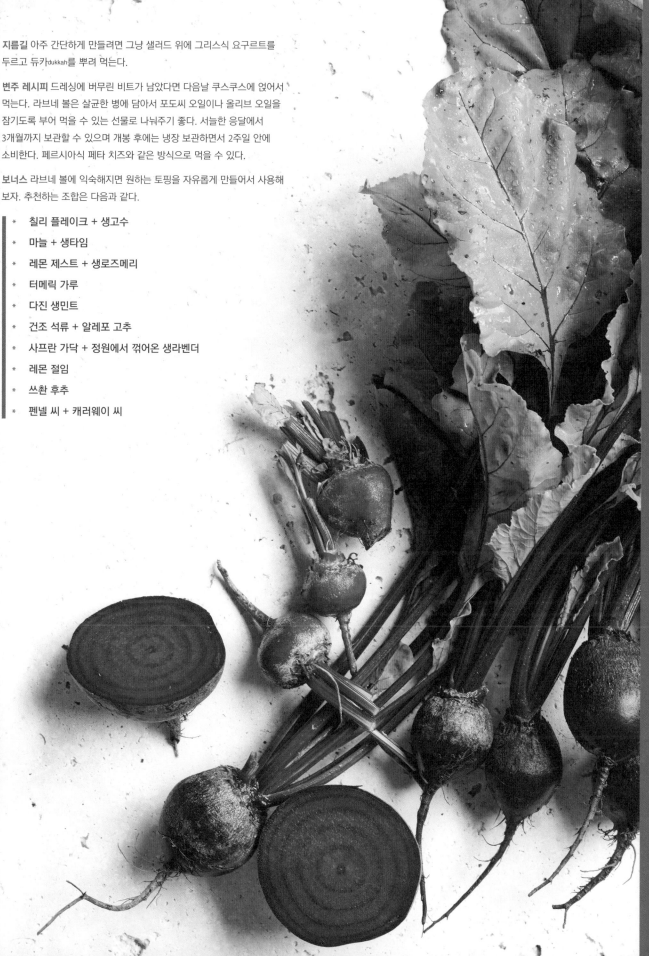

지름길 아주 간단하게 만들려면 그냥 샐러드 위에 그리스식 요구르트를 두르고 듀카dukkah를 뿌려 먹는다.

변주 레시피 드레싱에 버무린 비트가 남았다면 다음날 쿠스쿠스에 얹어서 먹는다. 라브네 볼은 살균한 병에 담아서 포도씨 오일이나 올리브 오일을 잠기도록 부어 먹을 수 있는 선물로 나눠주기 좋다. 서늘한 응달에서 3개월까지 보관할 수 있으며 개봉 후에는 냉장 보관하면서 2주일 안에 소비한다. 페르시아식 페타 치즈와 같은 방식으로 먹을 수 있다.

보너스 라브네 볼에 익숙해지면 원하는 토핑을 자유롭게 만들어서 사용해 보자. 추천하는 조합은 다음과 같다.

* 칠리 플레이크 + 생고수
* 마늘 + 생타임
* 레몬 제스트 + 생로즈메리
* 터메릭 가루
* 다진 생민트
* 건조 석류 + 알레포 고추
* 사프란 가닥 + 정원에서 꺾어온 생라벤더
* 레몬 절임
* 쓰촨 후추
* 펜넬 씨 + 캐러웨이 씨

믹서기 비트 브라우니
Blender Beetroot Brownie

이 촉촉한 글루텐 프리 프라이팬 디저트는 세계적으로 유명한 클라우디아 로덴Claudia Roden의 오렌지 아몬드 케이크에서 영감을 얻은 것이다. 오렌지 아몬드 케이크는 완전히 부드러워질 때까지 삶은 오렌지를 아몬드 가루 반죽에 섞어서 풍미와 촉촉한 질감을 더해 만든다. 나는 여기에 다크초콜릿을 더해서 비트와 함께 곱게 갈아 환상적인 겨울에 어울리는 브라우니 스타일로 만들었다. 거의 레드 벨벳을 떠올리게 하는 깊은 진홍색과 초콜릿 자파 케이크 같은 풍미에 특히 매료될 수 밖에 없다. 여기서는 라바 케이크(가운데가 덜 익어서 자르면 초콜릿 소스가 용암처럼 흐르도록 만드는 케이크 - 옮긴이)처럼 가운데가 아주 끈적끈적한 상태가 되도록 구웠지만 더 깔끔하게 잘라서 내고 싶다면 굽는 시간을 조금 늘리도록 한다.

분량 6~8인분

오렌지(유기농 추천) 1개
오렌지와 비슷한 크기의 비트 1개, 얇게 저민 비트 1개(소) 분량
녹인 버터 200g
녹인 다크초콜릿 200g, 장식용 다진 것 50g
달걀 3개
설탕 1컵(220g)
천연 바닐라 엑스트랙트 또는 페이스트 1작은술
아몬드 가루 2컵(200g)
글루텐 프리 밀가루 1/2컵(75g)
무가당 코코아 파우더 1/2컵(55g)
호두 1/2컵(70g)
베이킹 파우더 1작은술
플레이크 소금 1/4작은술
서빙용 요구르트

냄비에 통오렌지와 통비트를 넣고 물에 삶는다. 이때 주기적으로 끓는 물을 보충해서 항상 완전히 잠겨 있도록 한다. 둘 다 꼬챙이로 찌르면 푹 들어갈 정도로 부드러워질 때까지 약 1시간 정도 익힌다.

20 x 30cm 크기의 브라우니 틀 또는 프라이팬에 유산지를 깐다.(브라우니 틀을 사용할 경우 유산지를 양쪽 가장자리까지 전부 걸치도록 깔면 통째로 쉽게 들어올릴 수 있다. 프라이팬을 사용할 경우에는 바닥에만 깔면 충분하다.) 비트가 한 김 식으면(아직 따뜻할 때) 종이 타월이나 찻숟가락을 이용해서 문질러 껍질을 벗겨낸다.

오븐을 180℃로 예열한다.

따뜻한 비트를 믹서기나 푸드프로세서에 넣고 오렌지, 버터, 초콜릿 200g을 넣는다. 곱게 갈아서 매끄러운 퓌레를 만든다. 달걀과 설탕, 바닐라를 넣고 갈아서 섞는다. 볼에 아몬드 가루와 밀가루, 코코아, 호두, 베이킹 파우더를 넣고 잘 섞는다. 비트 믹서기에 넣어서 짧은 간격으로 여러 번 돌려 밀가루가 뭉친 부분이 없도록 한다. 이때 너무 많이 섞으면 케이크가 딱딱해지니 주의한다.

반죽을 브라우니 틀이나 프라이팬에 붓고 여분의 초콜릿과 저민 비트를 군데군데 얹은 다음 플레이크 소금을 뿌린다. 오븐에서 브라우니가 아직 촉촉한 퍼지 같은 상태가 될 때까지 40~45분간 굽는다. 꼬챙이 테스트는 하지 않아도 좋다. 어차피 묻어나오지 않을 때까지 익혀서는 안 된다.

한 김 식힌 다음 먹는다. 따뜻할 때 요구르트를 곁들여서 사치스러운 푸딩처럼 먹어도 좋고, 작게 잘라서 도시락에 넣거나 오후의 간식으로 즐기기에도 적당하다. 밀폐용기에 담아서 냉장 보관하면 최소 1주일은 맛있게 먹을 수 있다.(하지만 그만큼 남아 있기나 할까?)

참고 여기서는 채칼로 비트를 얇게 저며서 장식용으로 사용했지만 그냥 감자칼로 길게 깎아도 좋다.

지름길 굽기 전에 반죽 1/3컵(80ml)을 따로 퍼서 전자레인지용 머그잔에 담으면 전자레인지에 돌려서 머그 케이크를 만들 수 있다. 오븐에 구운 것만큼 속이 촉촉하지는 않지만 간절하게 빨리 맛을 보고 싶을 때 생각해 볼 만한 선택지다.

채소 예찬

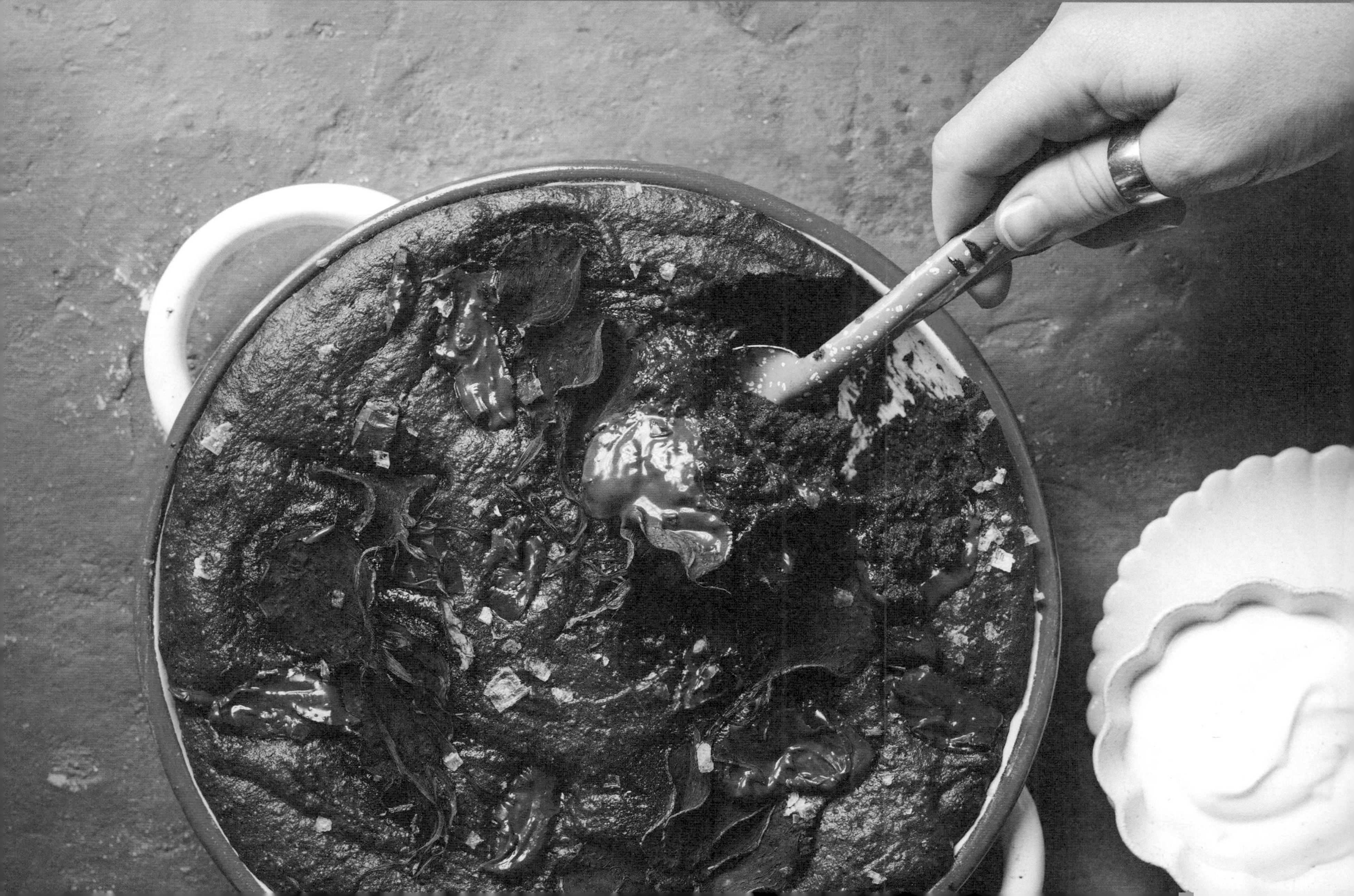

Radicchio

라디키오

네그로니negroni나 얼음을 넣은 캄파리Campari 칵테일을 좋아한다면 이 어두운 색의 이탈리아산 치커리를 꼭 먹어보는 것이 좋다. 인류는 라디키오를 좋아하는 사람과 아직 익숙해지지 않은 사람으로 구분할 수 있다. 특히 아직 교배를 통해서 양상추에 더 가까워지도록 부드럽게 만들지 않은 재래 품종에서 두드러지는 특유의 쓴맛이 호불호가 갈리게 한다. 하지만 전면 입천장을 가로지르는 씁쓸한 첫맛을 참아낼 수 있고 소금과 올리브 오일, 감귤류나 발사믹 식초 등 산성 성분을 넉넉히 섞어서 맛을 완화한다면 충분히 그 보상을 누리게 될 것이다. 라디키오를 처음 먹어본다면 날것인 채로 더 평범한 맛이 나는 양상추, 로켓(아루굴라), 붉은 무늬가 있는 소렐 등의 잎채소나 다양한 어린 잎채소로 구성된 시판 샐러드 믹스와 함께 섞어서 샐러드를 만들어보자. 라디키오 잎 한 장을 먹어서 맛을 본 다음 적당히 뜯거나 송송 썰어서 섞으면 된다. 풍미가 강할 수록 잘게 써는 것이 좋다.

"라디키오는 날것일 때도, 굽거나 튀기는 등 익혔을 때도 맛있다. 단맛과 쓴맛이 동시에 나서 아주 다양하게 활용할 수 있다. 나는 치오기아Chioggia에서 트레비소Treviso에 이르기까지 모든 종류의 라디키오를 좋아한다. 추천하는 조합이 있다면 라디키오에 시실리산 레드와인 식초를 둘러서 네로 다볼라Nero d'Avola 와인과 함께 먹는 것이다."
— 치초 술타노, 이탈리아

구입과 보관하는 법

가죽 같은 질감의 잎이 단단하게 들어차 있는 라디키오는 한 통을 통째로 사거나 분리한 잎만 구입할 수도 있고, 한겨울에서 봄까지가 제철이다. 보통 잎과 무늬가 옅은 색을 띨수록 풍미가 부드럽다. 이름은 원산지인 이탈리아 지역의 명칭에서 따온 것으로 품종에 따라 단맛이 더 강하기도 하고 노란 잎에 자홍색 반점이 박힌 카스텔프란코Castelfranco 품종처럼 특히 부드러운 것도 있다. 반면 그 스펙트럼의 반대쪽 끝에는 둥글둥글하고 탄탄해서 적양배추처럼 생겼지만 속살은 훨씬 밝은 크림색을 띠고 잎이 고우면서 혀 뒤쪽에 확실한 떫은맛을 선사하는 치오기아Chioggia 등의 품종이 존재한다. 그 한가운데에는 긴 직사각형 모양에 뿌리 부분의 줄기는 쭈그러든 형태의 트레비소Treviso가 있다. 진공 포장한 라디키오나 잎만 떼서 판매하는 제품의 경우에는 잎 가장자리나 뿌리 쪽을 살펴본다. 색깔이 크림색에 가까울수록 신선한 것이다.

라디키오는 예민해서 냉장고 채소 칸의 건조한 환경에서는 아주 쉽게 마르거나 시들어버린다. 젖은 종이 타월이나 면포로 잘 싸서 봉지에 넣은 다음 잊어버리는 일이 없도록 채소 칸 위쪽에 보관한다. 조금씩 뜯어서 사용하고 싶다면 먹을 만큼만 뜯어낸 다음 나머지는 표면이 공기 중에 최대한 노출되지 않도록 잘 싸서 보관한다.

여느 섬세한 잎채소와 마찬가지로 라디키오도 '기름'이라는 말을 듣기만 해도 숨이 죽기 시작하므로 먹기 직전이 되었을 때 드레싱을 둘러야 한다. 다음 날 점심 도시락으로 먹을 계획이라면 깨끗한 유리병에 툭툭 뜯어낸 라디키오 잎을 넣어놨다가 다른 드레싱을 입힌 재료 위에 뿌려서 아삭아삭하고 신선한 풍미를 더하는 것이 좋다.

라디키오 그 외: 엔다이브

라디키오의 쓴맛을 근사하게 생각하는 사람이라면 엔다이브를 먹어보자. 한 입만 먹어도 존재감을 확실하게 느낄 수 있는 꽃상추다. 나는 '컬리 엔다이브'라고도 불리는 프리제 상추를 샐러드용 채소로 흔히 섞어 넣곤 하는데, 크림 드레싱 종류와 좋은 대조를 이루는 질감과 떫은 맛을 가미하기 때문이다. 특히 옅은 노란색을 띠는 엔다이브 품종의 경우 잎만 한 장씩 떼어내면 아름답고 맛있는 카나페용 식용 숟가락이 되어준다.

어울리는 재료

버터, 케이퍼, 치즈(블루, 페타, 파르메산), 고추, 초리소, 달걀, 펜넬, 마늘, 허브(차이브, 파슬리, 로즈메리, 타임), 레몬(즙, 제스트), 머스터드, 견과류(헤이즐넛, 잣, 호두), 올리브 오일, 오렌지(즙, 제스트, 블러드 오렌지), 프로슈토, 식초(발사믹, 셰리).

케이퍼 사워 체리 드레싱을 두른 황금빛 라디키오

Bronzed Radicchio with Caper & Sour Cherry Dressing

라디키오의 씁쓸한 이파리는 뜨거운 불에 재빠르게 구워서
살짝 거뭇해지도록 익힌 다음 짠맛과 단맛, 새콤한 풍미와
함께 어우러지게 하면 풍미가 제대로 살아난다. 나는 화사한
오렌지 제스트와 에메랄드빛 차이브가 라디키오의 짙은 보라색
이파리와 함께 어우러지며 다채로운 색의 향연을 보여주는 모습을
좋아한다. 여기에 레드와인 비네그레트와 말린 사워 체리를
섞으면 새콤한 시럽 같은 매력을 더할 수 있다.

분량 6~8인분(사이드 메뉴)

라디키오 2통
오렌지즙과 곱게 간 제스트 1개 분량
레드와인 식초 1/3컵(80ml)
말린 사워 체리 1/4컵(40g)
잘게 부순 할루미 200g
케이퍼(참고 참조) 1/4컵(45g)
엑스트라 버진 올리브 오일 약 1/3컵(80ml)
곱게 다진 차이브 1/2단 분량

오븐을 220°C로 예열한다. 베이킹 트레이에 유산지를 깐다.

라디키오는 심이 아래로 오도록 세운 다음 이파리 윗부분에
중간 크기로 십자 모양의 칼집을 넣는다. 이때 칼집은 겹겹이
싸인 부분이 드러날 정도로는 깊어야 하지만 잎이 떨어져 나올
정도로 깊어서는 안된다.

소형 냄비에 오렌지즙과 식초를 넣고 끓기 직전까지 데운 다음
말린 체리를 넣고 잘 섞어서 5분간 재워 부드럽게 만든다.

그동안 베이킹 트레이에 할루미 치즈와 케이퍼를 펼쳐 담고
올리브 오일을 두른다. 오븐의 낮은 단에 넣는다. 그리고 칼집을
넣은 라디키오를 할루미 위의 철망에 얹어서 잎이 아주 짙은
색을 띠면서 거의 탈 정도가 되고 할루미가 노릇노릇해질 때까지
12~14분간 굽는다.

오븐에서 라디키오를 꺼낸 다음 칼집 부분을 가볍게 눌러서
잎이 조금 더 서로 분리되도록 한다. 접시 또는 볼에 담는다.

체리 비네그레트를 붓고 할루미 혼합물, 차이브, 오렌지
제스트를 뿌린다. 올리브 오일을 한 바퀴 더 둘러서 낸다.

참고 절임액에 재운 케이퍼를 사용할 경우에는 물기를 충분히 제거한
다음 굽는다. 소금에 염장한 케이퍼를 사용할 경우에는 채반에 밭쳐서
찬물을 가볍게 뿌려 소금기를 제거한 다음 여분의 물기를 털어내어
완전히 제거한다.

지름길 잎이 넓은 치오기아 등 맛이 더 부드러운 라디키오를 준비하여
잎을 뜯어서 샐러드처럼 만든 다음 올리브 오일과 오렌지즙, 레드와인
비네그레트를 두른다.

라디키오 소시지 파스타
Radicchio & Sausage Pasta

타이밍이 관건인 파스타다. 멀티태스킹만 제대로 한다면 피자 배달이 오는 것보다 더 빨리 요리를 완성할 수 있다. 나는 이 요리를 워낙 자주 만들어 먹어서 이제는 내 손이 모든 과정을 자동 조종 장치처럼 수행할 지경이다. 나를 한 번 믿어보자. 한 번만 만들어 먹어보면 식사 루틴에 순식간에 포함하게 될 것이다. 녹색 채소를 조금 더 먹고 싶은 날이면 파스타 면의 절반을 스피럴라이저로 깎아낸 주키니로 대체하기 때문에(380쪽의 볼로네제 참조) 선택 사항으로 주키니 면 조리법을 추가했다.

분량 4인분

스파게티 500g
올리브 오일 1/4컵(60ml)
케이싱을 제거한 돼지고기 펜넬 소시지(참고 참조) 500g
곱게 다지거나 으깬 마늘 1~2쪽 분량
얇게 저민 펜넬 구근(잎은 장식용으로 따로 보관) 1통(소) 분량
청주 2큰술(선택)
채 썬 라디키오(참고 참조) 1통 분량
돌려 깎은 주키니 면 2개 분량(선택)
간 파르미지아노 레지아노 치즈 100g

대형 냄비에 소금 간을 넉넉히 한 물을 한소끔 끓인다. 파스타를 넣고 봉지의 안내에 따라 익힌다.

그동안 속이 깊은 대형 프라이팬을 중간 불에 올려 달군다. 손바닥을 가져다 대면 열감이 느껴질 정도가 되면 올리브 오일 1큰술을 두르고 소시지 고기를 넣어서 나무 주걱으로 잘게 부수면서 볶는다. 고기가 노릇노릇해지면 마늘과 펜넬을 넣고 살짝 부드러워질 때까지 3분간 익힌다. 청주(사용 시) 또는 물이나 식초를 부어서 팬 바닥에 달라붙은 파편을 긁어낸다.

고기 혼합물을 볼에 옮겨 담는다. 팬에 라디키오를 넣고 오일을 1큰술 더 두른 다음 불 세기를 높여서 노릇해지고 숨이 죽도록 익힌다.

파스타가 다 익으면 파스타 삶은 물을 1컵 떠낸다. 주키니 면을 사용할 경우 채반에 미리 받친 다음 파스타를 그 위에 부어서 뜨거운 파스타 삶은 물에 살짝 숨이 죽이 부드러워지게 만든다.

팬에 고기 혼합물을 다시 넣고 건져낸 파스타와 주키니(사용 시)를 넣는다. 약 절반 분량의 파르미지아노 레지아노를 뿌리고 남겨둔 파스타 삶은 물을 넣는다. 소스가 졸아들어서 걸쭉해질 때까지 골고루 버무린다.

볼에 나누어 담는다. 나머지 파르미지아노 레지아노와 올리브 오일, 펜넬 잎을 얹고 즉석에서 간 흑후추를 뿌려서 낸다.

참고 들어가는 재료가 많지 않으므로 좋은 것을 써야 한다. 특히 소시지의 품질이 요리의 맛을 좌우하므로 음식의 기본 품질을 올려준다고 생각하고 이 참에 좋은 소시지를 한 번 사보자. 작은 도전이 큰 변화를 가져온다! 방목한 돼지고기와 천연 케이싱, 빵가루 같은 첨가 재료가 들어가지 않은 것이 좋다.

쓴맛이 강한 종류의 라디키오가 정말 잘 어울리는 레시피다. 하지만 치커리나 프리제 상추, 위트로프witlof도 잘 어울린다.

Globe artichoke

아티초크

아티초크를 처음 보고 '와 이 엉겅퀴를 쪄서 레몬하고 올리브 오일을
치면 맛있을까?' 하고 생각한 사람은 요리에 대한 헌신과 용기 면에서
극찬을 받아 마땅하다. 나는 그 장면을 그려볼 수도 있다. 겉부분의
뾰족뾰족한 가시 갑옷을 겨우 뜯어냈다고 생각했더니 가운데에 마치
민들레 꽃씨처럼 말 그대로 사람을 질식시키는 솜털과 마주치는 것이다.
그럼에도 용기 어린 도전자들을 인내하게 만든 것은 오늘날의 진정한
아티초크 애호가에게도 어필하는 매력인 견과류 풍미였을 것이다.
익힌 아티초크에서는 가문비나무 향이 가미된 헤이즐넛 맛이 나며
솜털을 깨끗하게 제거한 속심의 질감은 버터같이 부드럽다. 아티초크는
손질하기 상당히 까다로운 편이기 때문에 부산스러운 분위기기 되기
십상이라, 아티초크 절임을 직접 만드는 사람은 주로 주말 시간을
통채로 할애하곤 한다. 하지만 아직 솜털이 나지 않을 정도로 덜 성숙한
아티초크를 고르거나 통째로 쪄 버리면 이 모든 과정을 생략할 수 있다.
솜털은 무시하고 잎을 떼어서 손잡이처럼 잡은 다음 부드러운 끄트머리
부분을 홀랜다이즈 소스처럼 진하고 레몬 향이 나는 소스에 찍어서
치아로 긁어 먹는 것이다.
내가 환장하고 먹는 음식이다.

"아티초크를 채칼로 곱게 저민 다음 레몬즙과 엑스트라 버진 올리브 오일, 소금, 후추, 곱게
다진 파슬리로 만든 에멀전에 버무려서 얇게 저민 날 소고기 위에 얹으면 훌륭한 스타터
메뉴가 된다. 여기에 파르미지아노 레지아노 치즈와 아삭아삭한 붉은색 아시안 샬롯을 뿌려서
마무리한다. 생아티초크의 고소한 풍미가 소고기, 파르메산 치즈와 멋지게 어우러진다."
— 카렌 마티니, 호주

구입과 보관하는 법

신선한 농산물을 사는 것은 항상 오감을 동원해야 하는 일이다. 잘 익었는지 알아보려면 향을 맡아보라는
말을 몇 번이나 했는지 셀 수 없을 정도다. 하지만 아티초크를 고를 때는 또 다른 감각이 활약한다. 바로
청각이다. 잘 자란 아티초크가 시장에 등장하는 봄철이면 둥근 아티초크 잎을 꼭 쥐어보자. 속이 꽉 찬
아티초크라면 끽끽거리는 소리가 날 것이고, 시들기 시작한 아티초크는 고요하게 쪼그라들 것이다. 더 큰
아티초크에 긴 줄기가 달려 있다면 이 또한 신선하다는 증거다. 줄기부터 먼저 상하기 시작하기 때문이다.
아티초크는 매우 산화되기 쉽고 공기가 닿으면 바로 까맣게 변색되기 때문에 줄기에 검은 반점이 있다고
하더라도 나머지 엉겅퀴 부분이 싱싱해 보인다면(그리고 끽끽거린다면!) 걱정하지 말자. 산소에 대한
민감성은 보관할 때도 진지하게 고려해야 한다. 아티초크는 냉장고 공기에 노출되는 것을 좋아하지
않으므로 반드시 봉지에 담거나 잘 싸서 넣어 놔야 한다. 또한 주방이 충분히 서늘하다면 아티초크를
보관하기 좋은 장소는 조리대 위의 꽃병이다. 꽃을 꽂듯이 줄기를 대각선으로 자른 다음 물을 담은 꽃병에
꽂아서 이틀마다 물을 갈아주면 일주일은 충분히 잘 자란다.

손질하는 법

아티초크를 손질할 때는 준비를 아무리 꼼꼼히 해도 지나치지 않다. 뜯거나 썰어서 아티초크의 세포벽이
파괴되는 순간 변색이 시작되기 때문이다. 레몬즙이나 식초 등의 산으로 중화시켜야 이 효소 반응을 막을
수 있다. 아티초크에 손가락 하나라도 대기 전에 먼저 레몬을 반으로 자른 다음 도마 옆에 레몬 반쪽을
갖다놓는다. 아티초크를 재빠르게 데칠 계획이라면 나머지 레몬 반쪽을 데칠 물에 꽉 짜서 집어넣고
손질한 아티초크를 조금씩 넣어서 삶는다. 만약에 아티초크 한 다발을 손질해야 한다면 솔직히 느리고
힘겨운 과정이 되겠지만, 우선 대형 볼에 찬물을 담고 레몬을 반으로 자른 다음 하나를 꽉 짜서 즙과 함께
물에 넣어 아티초크를 하나씩 손질하자마자 바로 볼에 담근다. 나머지 반쪽짜리 레몬은 도마 옆에 면역력
방패처럼 놓아두었다가 아티초크의 속살이 조금이라도 공기 중에 노출되면 문질러야 한다.

어울리는 재료

빵가루, 잠두broad bean, 버터, 치즈(특히 에멘탈, 염소, 파르메산), 마늘, 허브(특히 월계수 잎, 민트, 파슬리), 레몬, 견과류(특히 헤이즐넛, 호두), 감자.

아티초크 절임

아티초크를 너무 먹고싶지만 제철이 아니거나 번거로운 손질을 할 시간이 없다면 가까운 델리숍에서 아티초크 절임 1병을 사오자. 전채로 내는 플래터에는 아티초크 속심 오일 절임을 내는 것이 주류지만, 오일 절임과 소금물 절임 중에 어느 것이 더 요리에 쓰기 좋은지에 대해서는 배심원단의 의견이 갈린다. 나는 질긴 잎을 전부 제거해서 부드러운 부분만 남은 오일 절임을 좋아하지만, 위대한 제인 그릭슨Jane Grigson을 포함해서 이건 부드럽다 못해 너무 미끈미끈하다고 생각하는 사람도 많다. 탄탄한 질감의 아티초크를 선호한다면 소금물에 절인 것을 사는 것이 좋지만 반드시 성분표를 확인해 보자. 식초나 아세트산 비율이 높을수록 신맛이 강하게 난다. 그리고 입 안에서 독특한 금속 향이 퍼지는 것을 원하지 않는다면 철제 통조림에 든 것은 무조건 피하는 것이 좋다. 하지만 진정한 아티초크의 맛을 보고 싶다면 냉동 아티초크 속심을 찾아보자. 해동하면 마치 신선한 아티초크를 직접 삶아서 쟁반에 담아 냉동 보관한 것처럼 사용할 수 있다. 아티초크가 제철인 시기에 여유 시간이 생기면 아티초크 절임과 더불어 직접 만들어봐도 좋을 것이다.

레몬과 올리브 오일을 두른 아티초크 찜

통 아티초크를 다듬는 데에 방해가 되는 요소를 없애려면 냄비에 물을 약간 붓고 그 위에 접을 수 있는 찜기나 대나무 찜통을 얹은 다음 물을 한소끔 끓인다. 그동안 아티초크를 흐르는 물에 깨끗하게 씻은 다음 줄기와 꼭지를 손질해서 찜기에 똑바로 세워서 넣을 수 있도록 만든다.(줄기는 따로 떼어내서 찌거나 그릴에 굽거나 질긴 겉껍질을 깎아내고 옅은 색의 심만 남겨서 날것으로 샐러드에 넣을 수 있다.) 베이비 아티초크는 약 10분, 중~대형 크기의 아티초크는 25~30분, 아주 큰 아티초크는 30~40분간 찐다.(너무 큰 아티초크는 찜기에 눕혀서 넣어야 한다.) 주기적으로 물 상태를 확인해서 너무 많이 증발했으면 보충한다. 신선한 레몬즙을 듬뿍 뿌리고 올리브 오일을 두른 다음 소금과 후추로 간을 한다. 핑거푸드로 차려 내서 다들 잎을 뜯어내 마늘 아이올리(37쪽)나 여분의 레몬즙에 올리브 오일, 으깬 마늘을 섞은 소스에 찍은 다음 부드러운 안쪽 부분만 치아로 긁어 먹게 한다.

그슬린 델리 아티초크를 곁들인 사프란 오르조

Saffron Orzo with Charred Deli Artichokes

세상에는 가족 대대로 내려오는 가보와 같은 요리가 있고, 행복한 사고로 탄생한 요리가 있고, 단순히 신성한 영감으로 만들어진 요리가 있다. 이 요리는 마지막에 해당한다. 진심으로 '신성한 영감'에 의해 탄생한 것이다. 사프란과 아티초크는 그리스가 세상에 선물한 수많은 미식 재료 중 2가지다. 그리스 신화를 믿는다면 아티초크를 존재하게 해준 제우스에게 감사해야 한다. 향수병에 빠진 여신을 엉겅퀴로 변신시켜 준 것이 제우스이기 때문이다. 여기서는 시간을 들이고 열을 가해서 엉겅퀴가 황금빛 영광을 되찾도록 한 다음, 그리스에서는 크리사라키kritharaki라고 불리는 오르조를 사프란을 이용해 햇빛 같은 색으로 물들이며 살살 녹도록 조리해 그 위에 듬뿍 얹었다. 적절하게도 제우스는 사프란 침대에서 잠을 잤다고 하니, 이 요리는 올림푸스의 제왕과 그의 전여친의 재회라고 볼 수도 있을 것이다. 어색하겠군.

분량 4인분

올리브 오일 1/3컵(80ml)

길게 반으로 자른 익힌 아티초크(줄기째, 참고 참조) 6개 분량

곱게 다진 프렌치 샬롯 2개 분량

줄기는 곱게 다지고 잎은 따서 잘게 다진 파슬리 1단 분량

오르조(또는 리조니) 1과1/2컵(330g)

채수 3컵(750ml)

사프란(가닥) 넉넉한 1꼬집

곱게 다진 레몬절임 2작은술

살짝 구운 다음 굵게 다진 헤이즐넛 1/2컵(60g)

대형 프라이팬에 올리브 오일 2큰술을 두르고 강불에 달군다. 아티초크를 단면이 아래로 가도록 얹고 건드리지 않은 채로 노릇노릇하고 살짝 그슬릴 때까지 4분간 굽는다. 꺼내서 종이 타월에 얹어 기름기를 제거한다.

팬에 남은 오일을 두르고 중약 불에 올린다. 샬롯과 파슬리 줄기를 넣고 부드러워질 때까지 4분간 익힌다. 오르조를 넣고 잘 저으면서 전체적으로 반짝거리고 살짝 구워질 때까지 2분간 볶는다. 채수를 붓고 한소끔 끓인 다음 불 세기를 약하게 낮춘다. 사프란을 넣고 뚜껑을 닫은 다음 오르조가 완전히 익을 때까지 12~15분간 익힌다. 레몬절임을 넣어서 잘 섞는다.

오르조 위에 아티초크를 단면이 위로 오도록 얹는다. 뚜껑을 닫고 따뜻해질 때까지 3분간 익힌다.

그릇에 옮겨 담고 다진 파슬리와 헤이즐넛을 뿌린다. 따뜻하게 또는 차갑게 낸다.

참고 유럽식 델리에서는 대부분 2가지 종류의 아티초크 절임을 판매한다. 보통 속심만 손질해서 사용하는 오일 절임, 그리고 흔히 잎까지 붙은 상태로 사용하는 소금물 절임이다. 선택은 손님 몫이다. 이런 멋진 아티초크 절임이 없다면 일반 병조림 제품을 사용해도 상관없다.

지름길 오르조 대신 인스턴트 쿠스쿠스를 사용하고, 물(또는 채수)을 끓이는 동안 아티초크를 볶는다. 뜨거운 액상 재료를 붓기 직전에 쿠스쿠스에 사프란을 넣어서 잘 섞는다.

변주 레시피 한 발짝만 더 나아가면 파스타 샐러드가 되는 요리다. 절인 아티초크를 다지거나 잘게 찢은 다음 잘게 부순 페타 치즈를 얹어서 차갑게 내보자. 여럿이 나누어 먹는 메뉴나 사무실 자리에 앉은 채로 먹는 점심 식사로 딱 좋은 음식이 된다.

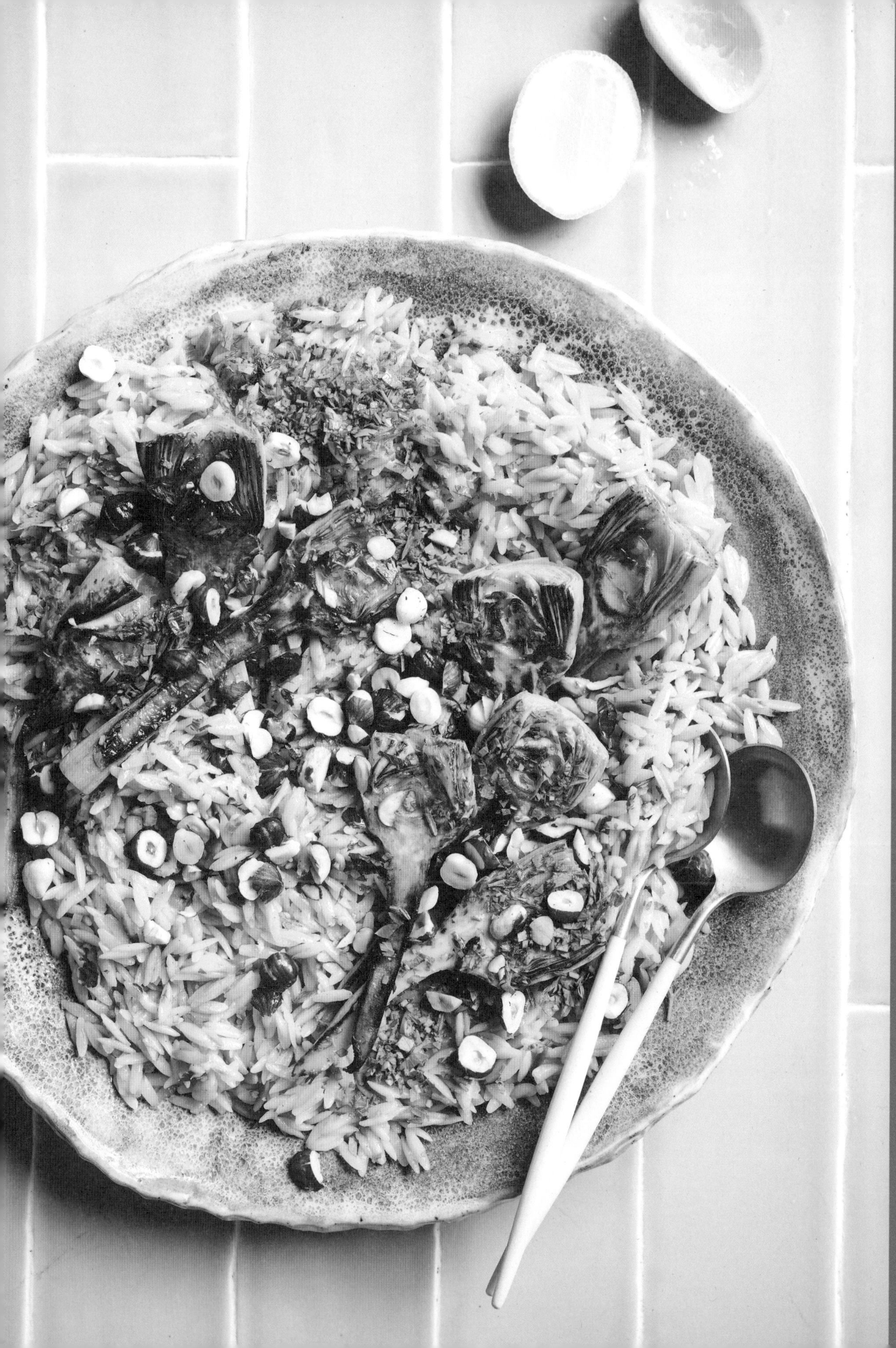

Eggplant

가지

가지는 변덕스럽고 신비하며, 탱탱한 껍질은 롤스로이스 팬텀의 범퍼처럼 어두운 광택이 흐른다. 이탈리아 이름인 멜란자네melanzane(미친 사과)는 고대 로마에서 가지속 사촌인 벨라돈나Belladonna가 처음에는 약용으로, 이후에는 잠재적 독약으로 명성을 얻었던 역사적 증거다. 당시 사람들은 중세에 아랍 상인이 들여온 새로운 작물이 광기나 우울 등 온갖 종류의 질병을 일으킬 수 있다고 믿었다. 어쩌다 영문명 에그플랜트eggplant처럼 '달걀'이 이름에 붙게 되었는지는 문자 그대로의 설명이 남아 있다. 처음 건너온 품종(인도와 중국, 태국에서는 이 당시의 품종이 아직 인기가 높다)은 더 작고 타원형에 가까웠으며 종종 달걀처럼 회백색이 돌곤 했다. 그러나 색과 단맛을 강화하기 위한 교배가 계속되면서 '달걀'에 가까운 모양은 확실한 짙은 보라색으로 바뀌었다. 그보다 흔한 영문명인 오베르진aubergine의 어원은 산스크리트어 '바틴가나vatin-ganah'로 '가스가 차는 증상'(연상되는 그대로의 의미다)을 완화시키는 효과가 있는 것에서 유래했다. 마요네즈에서 미소 된장에 이르기까지 짭짤하고 부드러운 속 재료와 양념을 가미하면 날카로우면서 고소한 맛을 보완해서 다시 한입 먹어보고 싶게 만든다. 만일 가지 요리를 먹고 혀가 살짝 아리다면 충분히 익히지 않았기 때문일 수 있다. 가지에 있어서는 많이 익힐수록 좋다! 알 덴테로 익히면 가스가 차는 증상은 완화할 수 있을지 모르지만 속쓰림은 막을 수 없다.

"나는 가지를 사랑한다. 가운데가 노릇노릇해지도록 반으로 갈라서 굽곤 한다. 가스불이나
그릴에서 직화로 구우면 훈연 풍미가 배어서 아주 맛있는 바바 가누쉬가 된다. 튀길 때는 먼저
우유와 소금에 절인 다음 물기를 꼼꼼하게 제거해서 기름을 최대한 적게 흡수하도록 밀가루
옷을 두껍게 입힌다. 나는 가지 튀김에는 보통 생강을 섞은 백미소나 로메스코 소스, 당밀처럼
진하고 강렬한 소스를 곁들여 낸다."
— 알버트 아드리아, 스페인

구입과 보관하는 법

특히 늦여름에서 가을에 걸쳐 풍성하게 나는 잘 익은 신선한 가지의 광택과 뽀득거리는 소리는 품종과
관계없이 몰라볼 수가 없다. 큼직한 이탈리아산 가지(볶음과 오븐 구이용) 둥글고 통통한 보라색 인도
가지(속을 채워 조리하는 용도), 길고 가늘며 짙거나 연한 보라색을 띠는 일본 가지와 중국 가지(절임과
그릴 구이용), 크림색과 보라색 줄무늬가 있는 시칠리아 가지(칩을 만들기 좋다!) 작고 둥근 녹색이나
흰색 태국 가지(커리에 통째로 넣는다) 상관없이 크기에 비해서 단단하고 묵직하며 흠집이 없고 광택이
흐르면서 색상이 화사한 것을 고른다. 손으로 꼭 쥐어보자. 질감이 거칠면서 단단하게 느껴져야 한다.(가끔
가시에 찔릴 수 있으니 주의한다.) 모자 같은 꼭지의 뾰족한 아랫부분은 껍질에 딱 붙어 있어야 한다.
껍질에서 떨어지고 있다면 쪼그라들기 시작한 것이다. 어두운 반점이 있더라도 건조하고 탄탄한 상태라면
상관없다. 보통 너무 빼곡하게 채워 담아서 운반했기 때문에 생겨난 상처다. 만일 좀 오래 돼서 푹신한
것밖에 선택지가 없다면 전체적으로 비슷하게 말랑하면서 손가락이 푹 들어갈 정도로 부드러운, 갈색
반점이 눈에 띄지 않는 것을 고른다. 이렇게 오래된 가지는 껍질을 벗긴 다음 소금에 살짝 절여서 천천히
찌는 것이 좋다. 가지는 본능처럼 냉장고에 보관하고 싶어지지만 사실 날짜 등을 기입한 봉지에 담아서
식료품 저장실처럼 서늘한 응달에 보관하는 것이 좋다. 부패를 촉진시키는 감자와 양파 근처에 두지만
않으면 된다.

조리하는 법

광택이 흐르는 껍질 아래 숨은 가지의 과육은 만지면 스펀지 같고 크림색을 띠지만 익히면 살짝 푸른기가
남은 황금빛 갈색으로 변하면서 함께 들어간 모든 지방과 풍미를 흡수한다. 이처럼 다공성을 띠는 성질
덕분에 고온에서 굽거나 숯불에 올리면 훈제 풍미가 제대로 배어들고, 세계 지배 측면에서 후무스에
필적하는 라이벌 딥인 바바 가누쉬에서 이 매력이 제대로 발휘된다. 집에서 바바 가누쉬를 만들 때
직화를 쓸 수 있는 상황이라면 가지를 통째로 중간 불에 올린 다음 주기적으로 돌려가면서 전체적으로
겉이 말라서 새까맣게 변하고 속은 완전히 부드러워질 때까지 굽는다(30~45분). 옆에 길게 칼집을 넣는
다음 볼이나 싱크대에 넣어서 여분의 물기가 빠져나오도록 한다. 그런 다음 취향에 따라 껍질에서 속살만
긁어낼 수도 있고, 그대로 남겨둬서 '소박한 자연스러움'을 연출할 수도 있다. 타히니와 마늘, 파프리카
가루, 코리앤더 가루(고수를 좋아한다면 신선한 고수도), 레몬즙 약간, 올리브 오일, 소금을 넣고 포크로

굵게 으깨면 질감이 거친 바바 가누쉬가, 푸드프로세서로 갈면 고운 바바 가누쉬가 된다. 바바 가누쉬를 만들지 않는다 하더라도 가지는 일반적으로 훈제 향이 날 정도로 까맣게 그슬리거나 매끄럽고 부드러워질 때까지 오래 구웠을 때 가장 맛있다. 가지를 마른 채로 그릴에 얹은 다음 앞뒤로 노릇노릇해질 때까지 충분히 구운 후 조리용 솔로 오일을 바르고 마늘과 향신료 등을 뿌리면 스펀지 같은 가지가 오일을 너무 빨아들여서 흥건하게 기름진 상태가 되는 것을 막을 수 있다. 또는 통째로 올리브 오일을 듬뿍 두르고 플레이크 소금을 뿌려서 200ºC로 예열한 오븐에 부드러워질 때까지 굽거나(약 40분 소요), 송송 썰어서 같은 방식으로 노릇노릇해질 때까지 굽는다(15~20분 소요). 나는 담음새를 위해서 줄기를 그대로 둔 채 길게 반으로 가른 다음 단면에 격자 모양으로 칼집을 내고 길이 잘 든 마른 팬을 아주 뜨겁게 달궈서 단면이 아래로 가도록 올려 겉은 거뭇해지고 속은 부드러워질 때까지 익힌다. 환상적인 질감과 경이로운 풍미를 느낄 수 있는 방법이다. 가지는 가열하면 단단한 과육이 유연해지는 성질 덕분에 밥과 다진 고기를 잘 싸서 찌거나 내가 좋아하는 조지아식 호두 가지 롤(266쪽)을 만들기 아주 좋다.

어울리는 재료

빵가루, 피망, 치즈(페타, 염소, 파르메산, 리코타), 고추, 고수, 마늘, 생강, 꿀, 레몬, 마요네즈, 미소, 견과류(캐슈너트, 잣, 호두), 올리브 오일, 파슬리, 석류, 참기름, 간장, 타히니, 토마토, 요구르트.

소금, 칠 것인가 말 것인가 그것이 문제로다

가지 레시피에는 소금에 절이는 과정이(특히 오래된 요리책일수록) 자주 등장하는데, 사실 크게 필요한 단계는 아니다. 처음에는 '쓴맛을 빼기 위해서' 권장하던 과정이었지만 요즘에는 소금에 절일 경우 그저 혀를 속여서 가지의 타고난 쓴맛을 '부드러운 척' 하게 만들 뿐이라는 인식이 강하다. 그러나 소금을 뿌리면 가지의 해면질 세포 구조가 분해되어서 수분이 빠져나와 지방이 더 잘 침투할 수 있게 해준다. 신선하고 탄탄한 가지는 굳이 소금을 뿌릴 필요가 없으며 작은 가지를 커리에 넣거나(이때는 오히려 가벼운 쓴맛이 원하던 풍미 강화 역할을 한다) 가지를 오랫동안 조리할 계획일 때도 마찬가지다. 소금에 절이는 과정이 정말로 효과를 발휘할 때는 튀김을 만들 때다. 속은 부드럽고 겉은 황금처럼 노릇노릇하고 바삭바삭하게 해준다. 가지를 레시피에서 지시하는 대로 썬 다음 플레이크 소금을 골고루 뿌려서 최소 30분(1시간이면 더 좋다)간 충분히 재운다. 생각보다 수분이 빠르게 많이 빠져나온다는 사실에 놀라게 될 것이다. 반드시 요리에 쓰기 전에 종이 타월이나 깨끗한 면포로 두드려 물기를 제거하고, 가지에 충분히 간이 되어 있으므로 마지막에 맛을 볼 때를 제외하고는 요리에 굳이 소금을 치지 않아도 될 수 있다는 사실을 염두에 두고 조리를 시작한다.

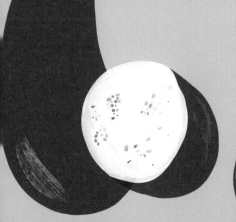

바드리자니: 호두 가지 롤

Badrijani: Walnut Eggplant Rolls

조지아 음식을 요약해서 설명해 달라는 요청을 받을 때마다 나는 항상 '호두와 마늘, 고수'라고 대답한다. 조지아의 삼위일체라고 생각해도 될 것이다. 조지아 요리 중에는 시금치에서 비트, 가지에 이르기까지 호두와 마늘, 고수를 곱게 갈아서 음식에 섞어 넣거나 위에 뿌리는 등 이 조합의 덕을 보는 채소 메뉴가 많다. 다음은 조지아의 삼위일체에 고전적인 코카서스 향신료를 섞어서 곱게 갈아 페이스트를 만들어 가미하는 레시피로, 내가 특히 좋아하는 활용법이다. 오븐에서 충분히 노릇노릇하게 구워 쓴맛과 아릿한 맛은 사라지고 부드러우면서 달콤해진 가지에 돌돌 싸는 것이다.

분량 4~6인분(스타터)

가지 5~6개(소~중, 총 1.5kg)
올리브 오일 스프레이
호두 1컵(120g)
껍질 벗긴 마늘 1쪽
화이트와인 식초 1작은술
코리앤더 가루 1/2작은술
커리 가루 1/2작은술
서빙용 석류 씨
서빙용 고수 잎

• 석류 소스 재료

석류 당밀 1/3컵(80ml)
타히니 1/3컵(80ml)
엑스트라 버진 올리브 오일

오븐을 190°C로 예열한다. 베이킹 트레이 3개에 유산지를 깔고 올리브 오일 스프레이를 뿌린다.

가지를 세로로 8mm 두께로 저민다. 이때 홈이 파인 부분은 모양이 잘 잡히지 않으니 최대한 분리되도록 써는 것이 좋다. 유산지를 깐 베이킹 트레이에 한 켜로 깔고 올리브 오일 스프레이를 뿌린다. 오븐에 넣고 중간에 한 번 뒤집으면서 부드럽게 잘 익어서 노릇노릇해질 때까지 50~60분간 굽는다.

그동안 믹서기에 호두, 마늘, 식초, 향신료, 팔팔 끓는 물 1/4컵(60ml)을 붓고 곱게 갈아서 페이스트를 만든다. 소금과 후추로 간을 한다.

모든 석류 소스 재료를 잘 섞어서 따로 둔다.

가지가 완전히 부드러워지면 오븐에서 꺼내 만질 수 있을 정도로 식힌다. 가지의 짧은 쪽에 호두 페이스트를 1작은술씩 얹고 돌돌 만 다음 끄트머리 부분을 잘 여며서 아래로 가도록 끼워 모양이 유지되도록 한다.

접시에 가지 롤을 둘러 담는다. 디핑 소스를 두르고 석류와 고수를 뿌린다. 나머지 소스를 곁들여 낸다.

참고 호두는 잣과 더불어 일단 까고 나면 산패되기 쉬운 견과류로 유명하다. 밀봉된 봉지에 담긴 유통기한이 긴 제품, 특히 호두에 가루가 앉은 것처럼 보이는 것은 피하는 것이 좋다. 시간을 내서 직접 까보거나 사기 전에 맛을 보고 싶다고 대담하게 물어볼 수 있는 대량 판매점에서 구입하도록 하자. 남은 견과류는 밀폐용기에 담아 냉장 보관한다.

지름길 호두 대신 크런치 땅콩 버터(또는 기타 견과류 버터)를 넣으면 호두 껍질을 벗기는 귀찮은 과정을 건너뛸 수 있다. 가지를 더 빨리 익히고 싶다면 저민 다음 소금을 뿌려서 절였다가 종이 타월로 두드려 물기를 제거하고 오븐 대신 그릴에 굽는다. 조금 더 미끈미끈해지기는 하지만 훨씬 빨리 익힐 수 있다. 그리고 석류 소스 대신 석류 당밀을 뿌리자.

변주 레시피 남은 견과류 페이스트에 마요네즈를 섞어서 묽게 만들면 다음에 샐러드를 만들 때 부드럽고 향기로운 드레싱으로 활용할 수 있다. 또한 354쪽의 조지아식 로비오에 섞어 넣어도 맛있다.

보존식 카포나타

Caponata in a Jar

그리스의 브리암briam, 조지아의 아잡산달리ajapsandali, 프랑스의 라타투이, 그리고 이탈리아의 카포나타 등 이러한 채소 스튜는 대부분의 요리 문화권에서 찾아볼 수 있다. 내가 이런 스튜를 좋아하는 것은 보존 식품이자 딥, 유리병에 담은 식사 역할을 모두 수행하기 때문이다. 레드와인 식초와 레몬의 생기 넘치는 풍미에 끈적한 매력의 건포도를 가미해 맛을 다독이면 카포나타 특유의 독특한 아그로돌체agrodolce(새콤달콤함)를 살릴 수 있다. 모든 재료를 얇게 저민 다음 튀겨서 소스를 두르고 켜켜이 쌓으면 선물하기 딱 좋은 예쁜 모양이 된다. 카포나타는 구운 빵과 잘 어울리고, 따뜻하게 데워 사이드로 내기 좋다. 또는 폴렌타를 깔고 그 위에 얹은 다음 파르메산을 넉넉히 두르면 든든한 채식 메인 요리가 된다. 병에 담은 카포나타를 다 먹어갈 즈음이면 곱게 갈아서 톡 쏘는 가지 딥으로 만들 수도 있다.

분량 약 5컵, 1.25L

건포도 1/4컵(45g)

레드와인 식초 1/4컵(60ml)

2cm 크기로 깍둑 썬 가지 1kg

플레이크 소금 1큰술

엑스트라 버진 올리브 오일 2큰술

1cm 크기로 깍둑 썬 적양파 2개(소) 분량

2cm 크기로 썬 셀러리 2대 분량

잎은 곱게 다지고 줄기는 곱게 송송 썬 파슬리 1단 분량

곱게 다진 마늘 2쪽 분량

줄기를 따고 송송 썬 케이퍼 베리 100g

통조림 방울토마토 400g

레몬 제스트 1개 분량

조리용 미강유 또는 해바라기씨 오일

300ml들이 병 4개를 뜨거운 비눗물에 깨끗하게 씻어서 세워 건조시킨다.

내열용 볼에 건포도와 식초, 끓는 물 1컵(250ml)을 넣는다. 5분간 불린다.

체에 가지와 플레이크 소금을 넣고 골고루 버무린 다음 볼에 얹어서 물기를 제거한다. 이때 가지에 소금이 잘 배어들도록 주무르면 물기가 더 빨리 빠져나온다.

냄비에 올리브 오일을 두르고 중강 불에 올려서 달군다. 양파와 셀러리, 파슬리 줄기를 넣고 부드러워질 때까지 4분간 볶는다. 마늘과 케이퍼 베리를 넣고 향이 올라올 때까지 1분간 익힌다. 토마토와 레몬 제스트, 불린 건포도와 그 물을 부어서 잘 섞는다. 국물이 반으로 줄어들 때까지 15분간 뭉근하게 익힌다.

그동안 넓은 냄비에 오일을 5cm 깊이로 담고 강한 불에 올린다. 가지를 꽉 짜서 남은 물기를 제거한다. 적당량씩 나눠서 냄비에 넣고 노릇노릇해질 때까지 3~4분간 튀긴다. 그물국자로 건져서 바로 보글보글 끓는 소스에 넣는다. 나머지 가지로 같은 과정을 반복한다.

다진 파슬리를 넣어서 잘 섞은 다음 간을 맞춘다. 뜨거울 때 준비한 병에 넣고 뚜껑을 닫는다. 카포나타를 바로 또는 2~3주 안에 먹을 예정이라면 이대로 냉장 보관한다.

그게 아니라면 병을 냄비에 넣고 물을 잠길만큼 붓는다. 물을 한소끔 끓인 다음 불에서 내리고 10분간 그대로 둔다. 병을 꺼내서 식힌다. 이때 병 뚜껑이 아치형으로 봉긋 부풀어올라야 한다. 그렇지 않으면 병을 다시 물에 넣고 한소끔 끓여서 같은 과정을 반복한다. 밀봉한 병은 찬장에서 3~4개월간 보관할 수 있다. 개봉 후에는 1개월간 냉장 보관할 수 있다.

지름길 가지를 튀기는 대신 베이킹 트레이에 담고 올리브 오일을 둘러서 200°C의 오븐에 20분간 굽는다. 튀긴 가지의 극적인 맛은 느끼지 못하겠지만 다른 재료의 맛을 충분히 음미할 수 있을 것이다.

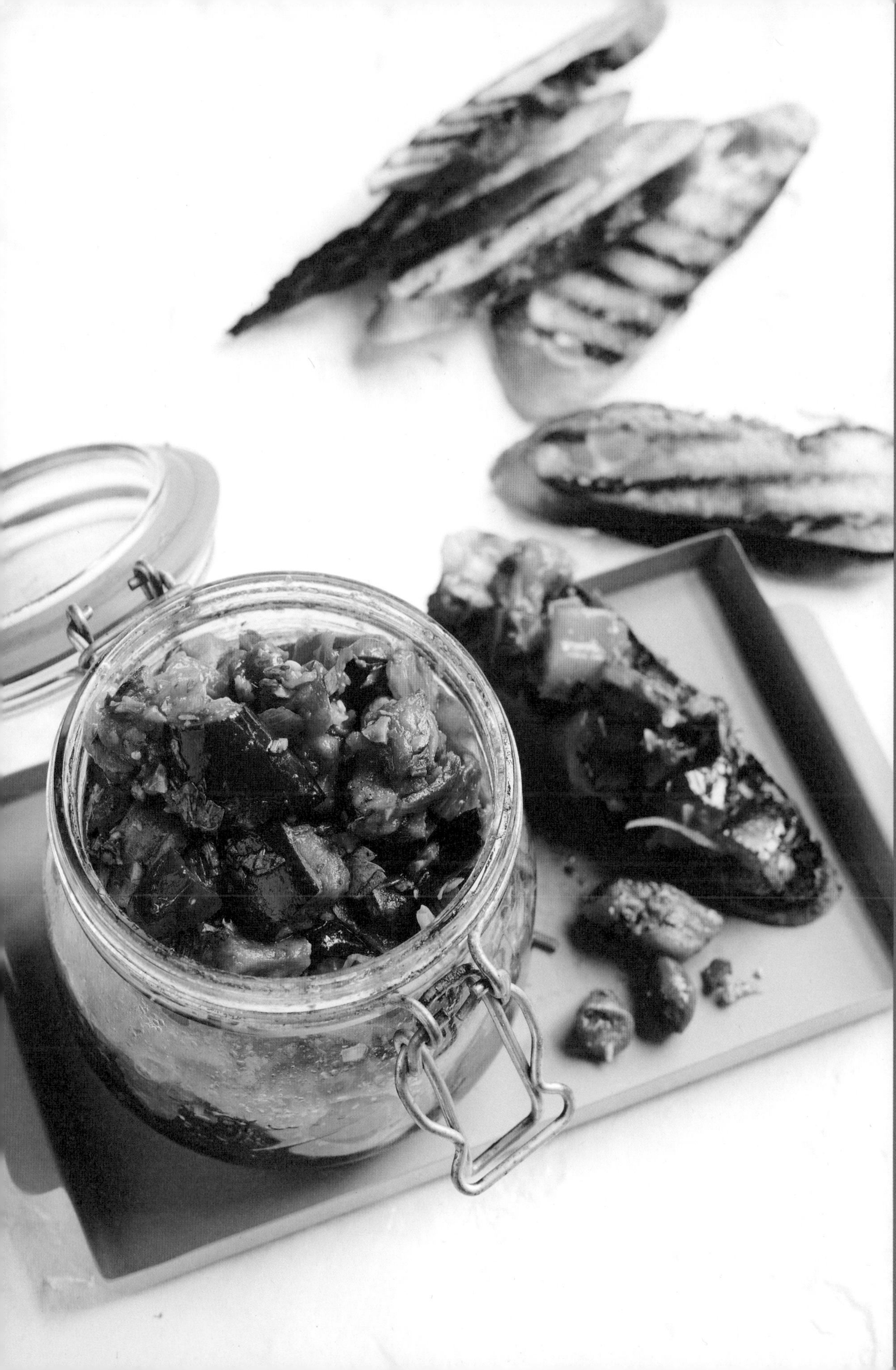

끈적끈적한 쓰촨식 어향가지
Sichuan Sticky Eggplant

쓰촨 요리는 맛과 색이 강렬한 붉은 소스와 뜨겁고 매운 음식이 특징이다. 그리고 그중에 끈적끈적한 어향가지 요리는 해산물이라고는 피시 소스만 약간 들어가지만 '생선 향 가지'라는 뜻의 이름이 붙어 있다. 나에게 있어서 어향가지는 절대적으로 환상적인 맛이 날뿐만 아니라, 전설적인 레스토랑 평론가 고 조너선 골드Jonathan Gold와 함께 하루종일 데인티 쓰촨 레스토랑을 포함한 멜버른의 많은 미식 집결지를 방문했던 씁쓸하고 달콤한 추억을 불러일으키는 음식이다. 그때 조너선이 건넨 음식 글쓰기에 대한 좋은 조언은 지금도 자주 머릿속에 떠올리곤 한다. "음식 작가는 남들에게 아주 사랑받거나, 글을 잘 쓰거나, 마감을 잘 하거나. 셋 중 하나는 할 수 있지만 모두를 다 갖출 수는 없어요." 내가 셋 중 어느 부분이 가장 약한지는 여러분의 상상에 맡기겠다.

분량 4~6인분

1cm 두께의 막대 모양으로 썬 가지 1kg 분량
플레이크 소금 2작은술
골든 시럽 또는 조청 1/2컵(175g)
중국 흑식초 1/4컵(60ml)
두반장(참고 참조) 1/4컵(90g)
땅콩 라유(참고 참조) 1/4컵(60g)
피시 소스 2큰술
레몬즙 1개 분량
옥수수 전분 3/4컵(110g)
조리용 미강유
곱게 송송 썬 홍고추 2개(소) 분량
얇게 송송 썬 마늘 3쪽 분량
볶은 참깨 2큰술
서빙용 송송 썬 실파
서빙용 밥

채반에 가지를 넣고 플레이크 소금을 뿌려서 버무린다. 볼에 얹어서 부드러워질 때까지 1시간 정도 물기를 거른다.

그동안 소스를 만든다. 궁중팬에 골든 시럽과 식초, 두반장, 라유, 피시 소스를 넣고 중간 불에 올린다. 한소끔 끓인 다음 자주 휘저으면서 살짝 졸아들 때까지 4분간 익힌다. 레몬즙을 넣어서 섞은 다음 불에서 내려 따로 둔다.

식사 준비가 되면 가지를 꾹 눌러서 여분의 물기를 제거한다. 볼에 넣고 옥수수 전분을 넣어서 버무린다.

대형 냄비에 오일을 5cm 깊이로 붓고 중강 불에 올려서 180℃ 또는 빵조각을 넣으면 15초만에 노릇노릇해질 때까지 가열한다. 송송 썬 고추와 마늘을 넣고 바삭바삭해질 때까지 1분간 튀긴다. 그물국자로 건져서 종이 타월에 얹어 기름기를 제거한다.

가지를 적당량씩 나눠서 여분의 옥수수 전분을 털어낸 다음 기름에 넣어 살짝 노릇노릇하고 바삭하면서 가운데는 부드러울 때까지 4분간 튀긴다. 그물국자로 건져서 종이 타월 위에 올린 식힘망에 얹어 기름기를 제거한다. 나머지 가지로 같은 과정을 반복한다.

궁중팬의 소스를 다시 한소끔 끓인다. 가지를 넣고 골고루 버무린다.

그릇에 담고 바삭바삭한 고추와 마늘, 참깨, 실파를 뿌린다. 밥을 곁들여 낸다.

참고 중국 흑식초와 두반장, 땅콩 라유는 좋은 아시아 식품 전문점에서 구입할 수 있다. 가까운 곳에 없다면 온라인 쇼핑몰에서 구입하자.

변주 레시피 이 짭짤한 가염 캐러멜(캐러멜보다는 소금에 많이 가깝지만 어쨌든) 같은 어향 소스는 집에 있는 어떤 채소와도 절대적으로 잘 어울린다. 지난 밤에 먹고 남은 구운 채소에 땅콩 오일을 섞어서 묽게 만든 샐러드 드레싱과 함께 둘러서 버무려 먹거나, 밥 한 그릇에 얹어서 실파를 뿌리기만 해도 맛있다.

Brown

* **ONION**
  + Red onion
  + Shallot
* **POTATO**

* **JERUSALEM ARTICHOKE**
* **YAMS & TUBERS**
* **MUSHROOMS**
  + Truffles

Onion

양파

'어니언'의 어원이 '하나' 또는 '통일'을 뜻하는 라틴어라는 점만 미루어봐도 양파가 고대로부터 높은 가치를 인정받아 왔음이 명백하다. 그리고 양파는 너무나 명확하게 요리를 하나로 어우러지게 만드는 역할을 한다. 어떤 요리사에게도 없어서는 안 되는 유일한 재료이자 내 레시피에서도 절대 빼놓을 수 없는 채소다. 냄비 속에서 천천히 부드럽게 볶아지는 이 유황 구근의 향기는 뭔가 맛있는 것을 먹게 될 미래를 예고한다. 스튜나 커리, 파스타, 수프 등 어떤 요리를 만들건 모든 길은 다양한 크기와 색깔의 양파가 말 그대로 모든 맛있는 음식에 인상 깊은 풍미를 더하기 위해 대기하고 있는 팬트리로 이어진다. 그냥 간단하게 신선한 식재료를 빵 2장 사이에 밀어 넣거나 샐러드를 만들 뿐이라 하더라도 양파는 그 맛을 완성시켜 준다. 산뜻한 단맛과 톡 쏘는 맛이 그 속에 들어간 모든 식재료의 맛있는 풍미를 강화시킨다. 양파가 소스에 완전히 녹아들도록 만들거나 깊은 풍미가 빠르게 배어들게 하고 싶다면 양파를 깍둑 써는 것이 좋다. 질감을 느끼고 싶다면 양파를 곱게 채 썰어서 천천히 볶는다. 믹서기로 곱게 갈 생각이라면 굵게 썰고, 구울 때는 덩어리째 쓰도록 한다. 그저 양파 '1개'로는 턱없이 부족하므로 항상 충분한 양을 저장해 놔야 한다는 점만 기억하자.

"풍미가 가득한 양파는 실로 활용도가 높다. 타임과 함께 천천히 구워 양파 타르트를 만들거나 리오네즈 소스를 곁들여 내기도 좋고 양파 수프, 양파 샐러드, 양파 피클, 양파 잼 등… 끝없이 늘어놓을 수 있다. 양파는 모든 채소 중에서 제일 훌륭하고 가성비 좋은 편에 속한다고 본다."
— 클레어 스미스, 북아일랜드, 영국

구입과 보관하는 법

겹겹이 싸인 양파는 밖에서부터 먼저 건조되는 편이므로 껍질이 아직 탄탄하고 만져봐서 단단한 것을 고른다. 흠집이나 무른 부분이 있으면 저장기간이 짧아지지만 달리 선택의 여지가 없다면, 특히 늦겨울에서 다음 양파 수확기 전까지는 그럴 가능성이 높으니 그냥 요리할 때 가장 상처가 많은 것부터 먼저 쓰도록 한다. 지극히 평범한 갈색 양파(갈색 껍질에 흰색 속살)는 일상 요리에 아주 적합해서 실제로 매일 어떤 요리를 하든 일단 양파부터 천천히 캐러멜화되도록 볶게 될 것이다. 동글납작한 치폴리니Cipollini 양파는 맛이 부드럽고 달콤해서 오븐 요리 등 구워 먹기 좋다. 나는 치폴리니를 구할 수 있을 때면 양파 타르트를 즐겨 만들곤 한다. 적양파(278쪽 참조)보다 맛이 부드럽고 날것일 때도 단맛이 나는 흰색 샐러드용 양파도 구해볼 만한 가치가 있다. 바비큐를 하면 아주 맛있다.

양파는 구근이므로 제대로 보관하지 않으면 싹이 터 버린다. 직사광선과 수분, 감자(너무 꼬집어 얘기하는 것 같지만 피해야 한다. 감자와 양파는 서로에게 치명적인 영향을 미친다)를 피해서 통풍이 잘 되는 곳에 두면 1개월 정도 보관할 수 있다. 양파를 반으로 자른 다음에는 랩 등으로 잘 싼 다음 냉장 보관하지만, 그래도 1주일이면 말라버린다. 잊어버리지 않도록 냉장고 문에 보관하도록 하자! 약간 쭈글쭈글해지면 가장 많이 외부에 노출된 부분만 잘라낸다. 나머지 부분은 멀쩡할 것이다. 그러기에도 한계가 있다면 시간적 여유가 있을 때 요리를 하면서 양파 양을 2배로 늘려 천천히 볶거나 캐러멜화한 다음 절반 분량을 냉장 보관하거나 소분해서 냉동 보관한다. 필요할 때 꺼내서 팬에 넣어 해동하면 간단하게 소스나 수프를 만들 수 있다.

조리하는 법

팬에 원하는 종류의 지방(버터나 기, 올리브 오일, 땅콩 오일, 심지어 코코넛 오일도 가능)과 깍둑 썬 양파를 넣고 뚜껑을 닫아서 수분이 날아가 섬세한 양파가 타지 않도록 하면서 천천히 볶는다. 그러면 내내 불 앞에 서서 휘저어야 할 필요가 없다. 나는 가끔 뚜껑을 열고 휘저어서 열이 골고루 퍼지도록 한 다음 완성 2분쯤 전에는 뚜껑을 열어둔 채로 익힌다. 그 외에는 다른 재료의 밑손질에 몰두한다. 천천히 익힌다는 것은 양파가 반투명해질 때까지 기다려야 한다는 뜻이므로 불 세기를 중약 불로 유지하고 인내심을 가져야 한다. 팬에 양파를 얼마나 넣었는가에 따라서 약 10~15분 정도가 소요된다. 캐러멜화된 양파는 천천히 익히다가 완성 5분쯤 전부터 뚜껑을 열고 불 세기를 중간 불로 높여 아름다운 황금빛 갈색으로 반짝이도록 만든다. 색이 너무 빨리 나기 시작하면 물이나 식초, 와인을 조금 두른 다음 계속 휘저어준다. 어떤 요리사는 캐러멜화 과정을 가속화하고 양파의 천연 단맛을 강화하기 위해서 황설탕을 약간 뿌린다. 그 외에는 같은 목적으로 팔각을 1~2개 넣는 사람도 있다. 양파는 또한 육수와 수프, 소테 요리의 기본

향미 재료인 맛있는 미르푸아mirepoix와 소프리토sofrito, 레포가도refogado의 바탕이 된다. 일반적인 비율은 양파와 셀러리, 당근을 2:1:1로 넣는 것이지만 때때로 펜넬이나 리크, 심지어 버섯이 들어가기도 한다. 어떤 레시피에서는 양파부터 먼저 천천히 볶으라고 한다. 양파 껍질은 풍미가 짙으니 벗기지 말고 같이 볶았다가 완성한 후에 꺼내라는 레시피도 있다.

양파 그 외: 적양파

적양파는 생으로 샐러드에 넣거나 곱게 채 썰어서 훈제 연어와 청어에 얹어 먹기 좋다. 케밥 꼬치에 끼워 넣어서 바비큐를 하기에도 더할 나위가 없지만, 개인적으로 갈색 양파 대신 천천히 볶거나 캐러멜화하는 용도로 사용하는 건 피하는 편이다. 날것으로 먹을 때 엄청난 장점이 되는 강한 단맛이 볶을 때는 타기 쉽다는 단점이 되므로 팬에 넣기 전에 두 번 생각해야 할 필요가 있으며, 꼭 볶아야 한다면 불 조절에 각별히 주의해야 한다. 적양파 특유의 '붉은색'은 다른 붉은색 또는 보라색 과일과 채소에도 함유되어 있는 안토시아닌 색소에 의한 것으로, 매력적인 착색 효과를 발휘해서 적양파로 피클을 만들면 절임액이 아름다운 분홍색을 띤다. 만일 떫은 맛이 강해서 샐러드에 양파를 넣지 않는 편이라면 적양파를 채 썬 다음 물에 5분 정도 담갔다가 건져서 섞어 넣어 보기를 추천한다. 아린 맛이 어느 정도 제거되기 때문이다.

양파 그 외: 샬롯

일부 지역에서는 길고 가느다란 실파 종류를 샬롯이라고 오인하기도 하지만, 여기서 말하는 샬롯은 보라색을 띠는 여러 구근이 한 덩어리로 뭉쳐 나는 파속 식물을 뜻한다. 에샬롯eschalots이라고도 부르는 샬롯은 미니어처 양파처럼 생겨서 '큰 양파를 볶으면 되는데 뭐하러 이 쪼끄만 녀석의 껍질을 벗기느라 아등바등해야 하지?' 싶은 의문이 들기도 한다. 하지만 샬롯의 껍질을 아등바등 벗겨야 하는 것은 바로 이들이 쪼끄마하기 때문이다! 파속 식물에는 특유의 톡 쏘는 맛이 있는데, 이 꼬마 로켓은 크기답게 훨씬 맛이 부드럽고 달콤해서 통째로 구우면 겹겹이 쌓인 실크 같은 속살과 특히 끄트머리 부분에서 토피처럼 달콤한 맛을 느낄 수 있다. 또한 날것으로 드레싱이나 딥 소스에 넣기에도 아주 좋다. 굴 미뇨네트mignonette 요리나 섬세한 타르타르 소스를 생각해 보자. 샬롯에는 3가지 주요 품종이 있다. 갈색 껍질에 미니어처 양파처럼 땅딸막한 모양의 프렌치 샬롯, 똑같이 통통하면서 쪼그라든 적양파처럼 생긴 레드 아시안 샬롯, 작은 어뢰처럼 보이는 길쭉한 바나나 샬롯이다. 보통 레시피마다 필요한 샬롯 품종을 적어두는 편이지만 일반적으로 곱게 채를 썰거나 깍둑 썰어야 할 때는 모양이 일정한 바나나 샬롯을 사용하는 것이 편하고 커리, 특히 태국 커리에는 레드 아시아 샬롯을 쓰는 편이며 그 외에는 굽거나 찔 때 대충 샬롯 같은 모양으로 굵게 다져 쓰기 좋다. 샬롯은 또한 샤르도네 식초 등 산성 재료에 절여도 맛있다. 곱게 송송 썬 다음 설탕과 소금 각각 1꼬집에 샬롯과 동량의 식초를 잘 섞은 절임액에 푹 담가 절이면 냉장고에 수 일간 보관하면서 간단하지만 격을 높여주는 잎채소 샐러드의 토핑으로 쓰기 좋고, 곱게 깍둑 썰어서 같은 절임액에 절이면 생굴과 완벽한 조화를 이루는 새콤한 토핑이 된다.

어울리는 재료

버터, 체더치즈나 모든 알파인alpine치즈(스위스, 오스트리아, 프랑스, 이탈리아 인근에서 알프스 산맥과 비슷한 모양으로 만드는 종류의 치즈 – 옮긴이), 마늘, 너트메그, 타임, 토마토, 식초.

눈물은 이제 그만

모든 장미에 가시가 있듯이, 모든 양파는 휘발성 화합물로 우리 눈에서 눈물을 뽑아내겠다고 사람을 위협한다. 하지만 둘 다 고통을 감수할 가치가 있는 존재다. 그리고 익힌 양파에 그토록 우리가 찬미하는 짭짤하게 톡 쏘면서 놀랄 정도로 알찬 풍미를 선사하는 주인공이 바로 황 화합물이다. 그러니 미리 마음의 준비를 하자. 양파를 물그릇에 푹 잠기도록 넣어서 냉장고에 30~60분간 두면 '최루제(일명 눈물 유발 물질)'로 작용하는 휘발성 화학 물질의 작용 속도를 늦추면서 동시에 양파의 종이처럼 바스락거리는 껍질을 부드럽게 해 쉽게 벗겨지게 만들 수 있다. 또한 환기가 잘 되는 장소에서 양파를 썰도록 한다. 필요하면 창문을 열고 주방의 환기 시스템을 작동시킨다. 가장 날카롭게 날이 선 칼을 사용해야 양파가 덜 뭉개져서 불필요하게 황 분자가 터져나올 가능성이 낮아진다. 마지막으로 양파를 일단 길게 반으로 자른 다음 뿌리 끝을 손잡이로 사용하면 가장 휘발성이 강한 단면이 도마에 착 붙어 있게 만들 수 있어서 양파 조각이 여기저기 튀지 않도록 깔끔하게 송송 썰 수 있다.

양파 완두콩 바지 바이트
Onion & Pea Bhaji Bites

나는 양파를 요리에 많이 사용하지만 보통 아삭하고 맵싸하게 만들기보다 천천히 부드럽게 익히는 편이다. 여기서는 달콤하고 짭짤하면서 살살 녹는 양파를 반죽에 섞어서 매콤한 바지를 만들어 바삭바삭 노릇노릇하게 튀겨냈다. 양파의 풍미가 진정한 주인공으로 두드러지는 메뉴다.

분량 4인분, 18개

해동해서 물기를 제거한 완두콩 1과1/2컵(215g)
얇게 송송 썬 갈색 양파 2개 분량
플레이크 소금 1작은술
병아리콩 가루(베산) 215g
밀가루(중력분) 1/2컵(75g)
마일드 커리 파우더 2작은술
터메릭 가루 1작은술
베이킹 파우더 1/2작은술
조리용 미강유 또는 해바라기씨 오일

• 고수 라이타
꽉 눌러 담은 고수 1컵(20g)
꽉 눌러 담은 민트 잎 1/4컵(5g)
그리스식 요구르트 1/2컵(125g)
껍질 벗긴 마늘 1쪽
씨를 제거하고 다진 긴 풋고추 1개 분량, 서빙용 송송 썬 것 여분
곱게 간 레몬 제스트와 즙 1개 분량

• 서빙용
적당히 뜯은 아이스버그 양상추
송송 썬 풋고추
민트 잎
곱게 채 썬 적양파
웨지로 썬 레몬

볼에 완두콩과 양파, 소금을 넣고 손으로 쥐어짜면서 골고루 잘 섞는다. 필요할 때까지 따로 놔둔다.

소형 믹서기나 스틱 블렌더를 이용해서 모든 고수 라이타 재료를 곱게 갈아 녹색 퓌레를 만든다. 맛을 보고 간을 맞춘 다음 필요할 때까지 냉장 보관한다.

볼에 병아리콩 가루와 밀가루, 향신료와 베이킹 파우더를 잘 섞는다. 물 200ml를 부어서 거품기로 골고루 잘 섞는다. 양파 혼합물을 넣어서 골고루 버무린다.

넓은 냄비에 오일을 3cm 깊이로 붓고 180°C로 가열한다. 빵조각이나 튀김옷 약간을 오일에 넣어서 15초만에 노릇노릇해지면 적당한 온도가 된 것이다.

반죽은 적당량씩 나눠서 튀긴다. 바지 혼합물을 1큰술씩 퍼서 뜨거운 오일에 조심스럽게 집어넣은 다음 중간에 한 번 뒤집으면서 노릇노릇하고 바삭해질 때까지 3분간 튀긴다. 건져서 종이 타월에 잠깐 얹어 기름기를 제거한다.

바지가 뜨거울 때 양상추 잎에 얹고 고추와 민트, 양파를 뿌린 다음 레몬 조각과 고수 라이타를 곁들여서 낸다.

참고 완두콩을 해동시킬 때는 체에 받쳐서 흐르는 찬물에 1분간 헹군 다음 건져서 물기를 제거한다.
눈에 띄는 모양으로 만들고 싶다면 스파이더 국자나 널찍한 그물국자를 이용해서 바지를 튀겨 보자. 반죽을 국자에 담은 채로 튀김 오일에 넣고 천천히 휘저으면 양파가 퍼지면서 서로 뒤엉켜 독특한 모양이 된다.

식단 고려 소스에 코코넛 요구르트를 넣고 레몬즙을 살짝 둘러서 산도를 높이면 유제품 없이도 맛있게 만들 수 있다.
일반 밀가루 대신 글루텐 프리 밀가루를 사용하는 것도 좋다.

더블 어니언 버거

DOB: Double Onion Burger

여러 가지 재료를 이것저것 채워서 만족스럽게 만든 버거에는 무언가 특별한 매력이 있다. 양파를 2배로 많이 넣으면 기름진 맛을 상쇄할 수 있고, 바삭바삭한 어니언 링의 형태라면 단맛과 아삭함이 배가된다. 지방의 함량이 높은 다진 소고기를 사용할수록 패티의 맛이 더 좋아진다. 기름기는 다른 재료를 촉촉하고 맛있게 만드는 데에 일조하기 때문이다. 풍성한 맛을 즐기자!

분량 4인분

다진 소고기(목초 비육) 500g
살짝 푼 달걀 1개 분량
곱게 간 마늘 1쪽 분량
훈연 바비큐 소스 2큰술, 서빙용 여분
플레이크 소금 1작은술
해바라기씨 오일 2큰술
슬라이스 체더치즈 4장

• 양파 절임

얇게 송송 썬 적양파 3개(소) 분량
타임 2줄기
통 흑후추 1작은술
껍질을 벗기고 두들겨 으깬 마늘 2쪽 분량
화이트와인 식초 1컵(250ml)

• 어니언링

버터밀크(또는 케피어) 1컵(250ml)
마일드 칠리 가루(또는 훈제 파프리카 가루) 1/2작은술
소금 1작은술
즉석에서 간 흑후추 1작은술
약 1.5cm 두께의 링 모양으로 썬 갈색 양파 2개 분량
밀가루(중력분) 1컵(150g)
조리용 해바라기씨 오일

• 서빙용

반으로 자른 햄버거 번
송송 썬 양상추
저민 토마토
저민 비트(선택)
코르니숑 피클
여분의 소스(입맛에 맞춰서 조절)

가능하면 하루 전에 미리 만들기 시작하는 것이 좋다.

먼저 양파 절임을 만든다. 체에 양파와 타임 줄기, 통후추, 마늘을 담는다. 팔팔 끓는 물을 적당량 부어서 살짝 숨이 죽도록 한다. 소독한 병에 전부 옮겨 담은 다음 식초를 붓고 내용물을 꾹꾹 눌러 푹 잠기도록 한다. 뚜껑을 닫고 밝은 붉은색을 띨 때까지 최소 2시간 정도 그대로 둔 다음 냉장고에 넣는다. 양파 절임은 냉장고에서 1개월간 보관할 수 있다.

어니언링을 만든다. 얕은 그릇에 버터밀크와 칠리 가루, 소금, 후추를 섞는다. 양파를 넣고 덮개를 씌운 다음 냉장고에 1시간, 가능하면 하룻밤 정도 차갑게 보관한다.

패티를 만든다. 볼에 소고기와 달걀, 마늘, 바비큐 소스, 플레이크 소금을 넣는다. 손으로 쥐어짜면서 뻣뻣한 질감이 될 때까지 5분간 잘 섞는다. 5등분한 다음 12cm 크기의 넓은 패티 모양으로 만든다. 가운데를 살짝 우묵하게 누르면 구울 때 가운데가 부풀지 않는다. 냉장고에 10분(또는 최대 24시간)간 차갑게 보관해서 단단하게 굳힌다.

식사 시간이 되면 대형 프라이팬에 오일을 두르고 패티를 넣고 중간에 한 번 뒤집으면서 익을 때까지 6분간 굽는다. 접시에 옮겨 담고 따뜻하게 보관한다.

그동안 어니언링을 완성한다. 볼에 밀가루를 담는다. 넓은 냄비에 오일을 2cm 깊이로 담은 다음 중강 불에 올려서 180℃ 또는 빵조각을 넣으면 15초만에 노릇노릇해질 때까지 가열한다.

양파를 건져서 털어 물기를 제거한 다음 밀가루에 골고루 버무린다. 적당량씩 튀김 오일에 넣고 노릇노릇하고 바삭바삭해질 때까지 3~4분간 튀긴다. 건져서 종이 타월에 얹어 기름기를 제거한다. 소금과 후추를 뿌린다.

버거 번에 샐러드와 코르니숑, 소스를 얹고 슬라이스 치즈를 올린 패티를 얹는다. 양파 절임과 적당량의 어니언링을 올린다. 위쪽 버거 번을 덮고 나머지 어니언링을 곁들여서 낸다.

육류 배제 시 소고기 패티 대신 마른 팬에 구운 포토벨로 버섯을 넣는다. 먼저 갓의 주름진 부분이 아래로 오도록 구워야 수분이 빠져나와서 풍미가 응축된다.

온갖 양파 타르트 타탱 (286쪽).

온갖 양파 타르트 타탱

The 'Any Kind of Onion' Tarte Tatin

사과나 배로 만든 타르트 타탱을 먹어본 적이 있다면 대체
양파와 리크, 샬롯이 디저트에서 뭘 하고 있는 건지 의아할
것이다. 그리고 120년 전 호텔 타탱에서 유래한 타르트 타탱은
확실히 원래 짭짤한 음식으로 만들 의도는 전혀 없었을 가능성이
크다. 하지만 타르트 타탱을 오픈형 파이나 업사이드 다운 채소
타르트라고 생각하면 슬슬 이해가 될 것이다. 입술에 닿을 때 버터
향을 풍기면서 파슬파슬 부서지는 퍼프 페이스트리와 외설적일
정도로 캐러멜화된 부드럽고 매끄러운 양파의 조화가 매우 마음에
드는 요리다. 다른 채소로 만드는 방법 또한 소개하고 있는데,
일단 손에 익고 나면 신나게 계속 되풀이해 만들고 싶어지게 될
것이기 때문이다.

분량 6~8인분

껍질을 벗기고 1cm 두께로 썬 양파(리크, 적양파, 프렌치 샬롯 등
　원하는 종류) 350g

덧가루용 밀가루

해동한 냉동 퍼프 페이스트리(버터 함유) 2개

설탕 1/2컵(110g)

강화 와인(셰리 등) 2큰술

화이트와인 식초 1큰술

버터 50g

백후추 가루 1/2작은술

곱게 다진 안초비(오일에 절인 것) 2개 분량(선택)

타임 줄기 또는 생 월계수 잎 1줌, 서빙용 여분

서빙용 잘게 부순 절인 페타 치즈 또는 염소 치즈

서빙용 퍼플 바질 잎

오븐을 200℃로 예열한다.

　내열용 볼에 양파를 넣고 팔팔 끓는 물을 잠기도록 붓는다.
살짝 숨이 죽을 때까지 10분간 그대로 둔 다음 건져서 물기를
충분히 털어내고 종이 타월을 깐 쟁반에 올려 말린다.

　덧가루를 가볍게 뿌린 작업대에 페이스트리 2개를 겹쳐서
깐다. 밀대로 페이스트리를 약 26cm 크기의 정사각형 모양으로
민다. 트레이에 옮겨 담고 사용하기 전까지 냉장고에 차갑게
보관한다.

　23cm 크기의 오븐용 프라이팬에 설탕과 물 1/4컵(60ml)을
넣고 중간 불에 올린다. 프라이팬을 계속 둥글게 기울이듯
돌리면서 설탕을 완전히 녹인다. 불 세기를 강하게 높인 다음
건드리지 않은 채로 순식간에 전체적으로 갈색을 띠는 캐러멜이
될 때까지 5분간 가열한다.

　불에서 내린다. 튀는 캐러멜에 화상을 입지 않도록 주의하면서
와인과 식초, 버터, 후추, 안초비, 원하는 허브를 넣는다. 다시
불에 올려 팬을 기울이면서 바글바글 끓여 잘 섞는다.

　뜨거운 캐러멜에 양파를 예쁜 모양으로 빼곡하게 담은 후 그
위에 페이스트리를 얹고 가장자리를 안으로 밀어넣어 뒤집었을
때 자연스럽게 아름다운 주름 모양이 되도록 한다.

　오븐에서 30분간 구운 다음 꺼내서 위에 쿠킹 포일을 덮어
겉도 타지 않도록 한다. 다시 오븐에서 페이스트리가 완전히
익고 캐러멜이 보글거릴 때까지 30분 더 굽는다.

　오븐에서 꺼내 10분간 식힌다.

　납작한 접시를 팬에 뒤집어 얹은 다음 조심스럽게 뒤집어서
타르트를 접시에 빼낸다. 플레이크 소금을 뿌리고 으깬 흑후추와
잘게 부순 치즈, 생허브를 뿌려 낸다.

보너스 짭짤한 타르트 타탱에 어울리는 기타 채소들

* **펌킨 호박(겨울 호박) + 세이지**

* **라타투이 : 주키니 + 적양파 + 홍피망(피망) + 가지**

* **파스닙 + 당근 + 캐러웨이 씨**

* **비트 + 염소 치즈**

* **송이 + 타임**

* **감자 + 로즈메리**

* **아티초크 + 레몬 제스트**

* **아스파라거스 + 파르메산 치즈**

* **토마토 + 모차렐라 + 바질**

참고 오븐용 프라이팬이 없다면 일반 프라이팬으로 캐러멜을 만든다.
식초 등을 넣어서 섞은 다음 캐러멜을 약 20cm 크기의 베이킹 그릇 또는
얕은 쟁반(여기서는 284쪽 사진에 등장하는 프렌치 샬롯 타르트 타탱에 얕은
쟁반을 사용했다)에 캐러멜을 붓는다. 여기에 양파를 넣고 나머지 과정대로
진행한다.

지름길 준비한 양파나 샬롯보다 조금 더 큰 크기의 페이스트리 커터를
이용하면 개별용 타르트 타탱을 만들 수 있다. 둥근 모양으로 썬 양파를
레시피에 따라 캐러멜 팬에서 부드럽고 살짝 타는 듯하게 익힌 다음
건져내서 그 위에 퍼프 페이스트리를 올리고 오븐에서 페이스트리가
노릇노릇해질 때까지 20~25분간 굽는다.

눈물 없는 양파 수프
No-tears Onion Soup

양파 수프는 한때 농민들이나 먹는 음식이라는 인식이 있었으니 지금처럼 최고급 프랑스 레스토랑에서 흔하게 등장하는 모습은 그야말로 아이러니라 할 수 있다. 여기서는 양파를 송송 썰기는 커녕 껍질조차 벗기지 않고 원본보다 훨씬 쉽게 만들 수 있는 레시피를 소개한다!

부드럽게 후루룩 넘어가는 수프 국물이 사치스럽다고밖에 할 말이 없다.

분량 4인분

엑스트라 버진 올리브 오일 1큰술
무염버터 25g
뿌리를 자르고 껍질째 길게 반으로 썬 갈색 양파 1kg
껍질째 가로로 반으로 썬 통마늘 2통 분량
말린 월계수 잎 6장
타임 잎 1/2단 분량, 서빙용 여분
올스파이스 가루 1/2작은술
즉석에서 간 흑후추 1작은술
플레이크 소금 1작은술
드라이 화이트와인 1/2컵(125ml)
밀가루 1큰술
소 육수, 닭 육수 또는 채수 4컵(1리터)
셰리 식초 또는 화이트와인 식초 1큰술
큼직하게 뜯은 바게트 1개 분량 또는 굵게 뜯은 묵은 빵 4개
간 그뤼에르 치즈(또는 체더치즈) 150g
서빙용 곱게 다진 차이브

오븐을 160℃로 예열한다.

직화 가능한 대형 캐서롤 그릇에 올리브 오일과 버터를 두르고 중강 불에 올려서 가열한다. 양파와 마늘, 월계수 잎, 타임, 올스파이스, 후추, 플레이크 소금을 넣고 향이 올라올 때까지 2분간 익힌다. 와인을 붓고 뚜껑을 닫은 다음 오븐에서 양파와 마늘이 부드러워질 때까지 1시간 동안 익힌다.

마늘을 꺼내서 만질 수 있을 때까지 식힌다. 집게로 양파의 껍질을 건져내 제거한다.

캐서롤 그릇을 다시 중강 불에 올리고 부드러워진 양파에 밀가루를 골고루 뿌린다. 나무 주걱으로 휘저으면서 노릇노릇해질 때까지 5분간 볶는다.

마늘 살점을 쭉 짜내서 양파 그릇에 넣는다. 육수와 식초, 끓는 물 2컵(500ml)을 붓는다. 한소끔 끓인 다음 국물이 살짝 졸아들 때까지 5~10분간 뭉근하게 익힌다.

오븐 그릴(브로일러)을 강한 불에 달군다. 수프 위에 빵을 올리고 치즈와 여분의 타임을 뿌린다. 그릴(브로일러)에서 치즈가 녹아서 노릇노릇해질 때까지 8~10분간 굽는다.

차이브를 뿌려서 바로 낸다.

지름길 양파와 마늘을 얇게 채 썬다.(잘게 썰수록 빨리 익는다.) 팬에 오일과 버터를 두르고 양파와 마늘을 넣어서 반투명해질 때까지 천천히 익힌 다음 캐러멜화될 때까지 둔다. 그동안 육수에 월계수 잎과 타임, 올스파이스(또는 허브 드 프로방스)를 넣어 따뜻하게 데운다. 빵에 저민 치즈 1장을 얹어서 그릴에 치즈가 녹을 때까지 5분간 굽는다. 육수에서 딱딱한 향신료를 제거한 다음 캐러멜화한 양파, 마늘과 함께 그릇에 담는다. 간을 맞춘 다음 치즈 토스트를 찍어서 먹는다. 땀을 흘릴 일이 없는 수프다!

변주 레시피 양파 육수가 남았다면 묵은 롤빵의 속을 파낸 다음 붓는다. 그뤼에르나 체더치즈를 뿌려서 그릴(브로일러)에 치즈가 녹을 때까지 굽는다. 냠냠!

태운 샬롯과 바삭한 브로콜리 오레키에테
Burnt Shallot & Crispy Brocc Orecchiette

브로콜리를 2가지 다른 방식으로 조리해 질감과 흥미로운 매력을
더하는 재미있는 레시피다. 또한 썰고 껍질을 벗기는 귀찮은
과정이 적은 편이다. 샬롯은 더더욱 그러한데, 머리부터 밑동까지
길게 반으로 잘라서 단면이 아래로 오도록 거뭇하게 구우면
껍질이 자연스럽게 벗겨져 부드럽고 달콤해 입안을 크림처럼
감싸는 보라색 속살이 드러난다. 나는 먹기 직전에 갓 다진 마늘을
살짝 섞어서 톡 쏘는 매운맛을 더하곤 하지만 부드러운 풍미를
좋아한다면 생략해도 무방하다.

분량 4인분

오레키에테orecchiette 300g
송이는 굵게 갈고 줄기는 곱게 다진 브로콜리 1통 분량
양쪽 끝을 손질하고 껍질째 길게 반으로 자른 프렌치 샬롯 6개
　　분량
올리브 오일 1큰술
곱게 간 파르메산 치즈 2컵(200g), 서빙용 여분
레몬즙과 제스트 2개 분량
칠리 플레이크(취향 따라 조절)
으깬 마늘 2쪽 분량(선택)

대형 냄비에 소금 간을 넉넉히 한 물을 한소끔 끓인다. 파스타를
넣고 봉지의 안내에 따라 삶으면서 완성 1분 전에 브로콜리
줄기도 넣는다. 파스타 삶은 물을 1컵(250ml) 남겨놓고
파스타와 브로콜리를 건진다.

그동안 대형 냄비에 샬롯을 단면이 아래로 가도록 넣고 중강
불에 올려서 부드러워지고 바닥이 거뭇하게 탈 때까지 굽는다.
약 8~10분이 소요된다. 집게로 샬롯을 건져서 껍질에서 속살만
짜낸다.

냄비에 올리브 오일을 두르고 굵게 간 브로콜리를 뿌려서
바삭바삭하게 볶는다. 바삭바삭해지면 절반 분량을 덜어내서
장식용으로 따로 보관한다.

냄비에 다시 샬롯을 넣는다. 남겨둔 파스타 삶은 물 약
2/3컵(170ml)을 부어서 바닥에 달라붙은 파편을 긁어내 풍미가
진해지게 한다. 파르메산 치즈를 뿌리고 한소끔 끓인 다음 살짝
졸여서 소스 농도가 되도록 한다. 파스타와 레몬 제스트, 레몬즙,
칠리 플레이크를 넣고 즉석에서 간 흑후추를 넉넉하게 뿌린다.
다진 마늘(사용 시)을 넣고 잘 버무린다.

식사용 그릇에 나누어 담고 남겨둔 브로콜리와 여분의
파르메산 치즈를 뿌려서 바로 낸다.

참고 브로콜리에 잎이 달려 있었다면 샬롯과 함께 바삭바삭하게 구운
다음 꺼내서 기름기를 제거한 후 아름다운 장식으로 사용한다.

번외 로스트 치킨을 구운 팬에 고인 육즙을 넣으면 훨씬 맛있는 파스타가
된다. 샬롯을 구운 다음 파편을 긁어낼 때 넣으면 소스와 훌륭하게
어우러진다.

Potato

감자

감자는 화산 폭발과 엄청난 온도 변화, 세계에서 가장 긴 산맥을 따라 뻗은 얼음으로 뒤덮인 봉우리를 모두 갖춘 안데스 산맥에서 유래했다. 그 지역의 기후와 지진으로 인한 변동성을 고려해 보면 세상에서 가장 수확성이 높은 작물에 속할 수 있을 것 같지 않은 기원이다.(사탕수수와 옥수수, 쌀, 밀에 이어 다섯 번째다.) 그러나 감자에게 오래도록 지속되는 생명력을 부여한 것이 바로 이 환경이다. 진흙이 없다면 연꽃이 탄생할 수 없다. 말하자면 화산이 없었다면 감자도 탄생할 수 없었을 것이다. 그리고 훌륭한 요리사라면 구이용 감자와 삶기용 감자, 으깨기용 감자를 구분할 수 있지만 이건 국제 감자 센터의 페루 본부에 보존된 무려 5천 종이 넘는 품종의 극히 일부다. 세계 대부분의 지역에서 감자 요리법을 찾아볼 수 있으며, 고향집을 떠올리게 하는 가족만의 감자 레시피도 누구나 하나쯤 가지고 있을 것이다. 나에게는 아직도 청어나 고등어, 정어리 같은 기름진 생선에 버터와 적양파를 잔뜩 얹은 삶은 감자를 곁들이는 것이 일요일 브런치의 전통이나 다름없다. 또한 거대한 그릇에 수북하게 담은 고전적인 감자 샐러드가 없다면 크리스마스 같은 기분이 살아나지 않는다. 그리고 '위시 칩wish chip(반으로 접혀 있는 감자칩이다. 발견하면 소원을 빌면서 먹자!)' 1~2개를 기대하면서 감자칩 봉지에 손을 집어 넣는 것을 거부할 수 있는 사람이 누가 있을까?

"감자는 그냥 평범한 감자가 아니다. 무한한 잠재력을 가지고 있다. 감자로 만들어낼 수 있는 요리는 정말 많고 다양하다. 그리고 불행히도 나의 아일랜드 선조는 어렵게 학습했지만, 생존하기에 충분한 미네랄과 비타민이 함유되어 있다."
— 필 우드, 뉴질랜드

구입과 보관하는 법

감자는 일 년 내내 마트에서 구입할 수 있지만 쌀쌀한 계절에 제철을 맞이했을 때가 확실히 가장 맛이 좋다. 그리고 추운 날씨에 만드는 요리에 특히 잘 어울리기도 한다. 나는 더 오래 보관하기 좋은 흙이 묻은 커다란 감자 쪽을 선호하지만 흙이 묻어 있는 경우가 거의 없는 햇감자나 알감자도 빨리 먹을 계획이라면 상관없다. 감자의 눈이나 보라색 싹 등 조금이라도 녹색을 띤 부분은 요리하기 전에 반드시 제거해야 한다.(솔라닌이라는 독소 때문으로, 만만하게 봐서는 안 된다.) 하지만 싹이 조금 난 감자는 아직 싱싱하게 살아 있다는 뜻이기 때문에 구입하는 것은 꺼리지 않는 편이다. 유기농 감자를 사야 할지 고민이 된다면, 감자는 토양의 모든 성분을 빨아들이므로 유기농과 일반 작물 사이에 큰 차이가 있다는 점을 알아두자. 껍질이 종이처럼 얇은 햇감자는 여름에 나는 별미로 환상적인 감자 샐러드를 만들 수 있다. 같은 맥락으로 일 년 내내 구할 수 있는 알감자(별로 특별할 것이 없다)는 그냥 크기가 조금 작을 뿐인 같은 품종으로 귀엽고 조리 시간이 짧다는 정도의 특징이 있다. 특정 요리를 할 목적으로 감자를 구입할 때는 항상 전분 함량을 살펴야 한다. 전분 함량이 높을수록 건조하고 보송보송하다. 전분 함량이 낮으면 매끈하고 크리미하다. 전분 함량이 낮은 점질 감자는 삶아도 형태가 잘 유지되지만 으깨면 끈적거리는 편이고, 전분 함량이 높은 분질 감자는 굽기에는 환상적이지만 잘 부스러져서 스튜보다는 바삭바삭한 튀김에 잘 어울린다. 내가 지키는 기본 규칙은 분홍색 감자는 스튜, 노란 감자는 오븐에 굽기, 햇감자와 알감자는 삶기다. 요즘에는 꽤나 간편하게 상표에 이미 표시되어 나오는 경우도 있으니 설명서를 잘 읽어보거나 친한 청과물 가게 주인한테 어떤 감자를 추천하느냐고 물어보자. 결과물이 상당히 달라진다. 으깨면 끈적거리는 점질 감자와 달리 분질 감자는 원래 끈적거린다. 실제로 이걸로 풀을 쑤는 사람도 있다. 실패 확률을 최소화하기 위해 어느 것이 잘 맞을지 두 종류를 전부 구입할 경우에는 각 감자를 반으로 잘라서 끈적거리는 흰색 잔류물이 어느 쪽에 많은지 살펴보자. 심하면 칼날에서 쓱 미끄러져 떨어지기도 한다.

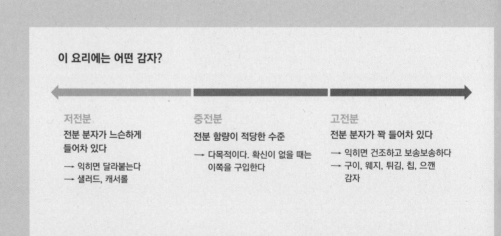

이 요리에는 어떤 감자?

저전분	중전분	고전분
전분 분자가 느슨하게 들어차 있다	전분 함량이 적당한 수준	전분 분자가 꽉 들어차 있다
→ 익히면 달라붙는다	→ 다목적이다. 확신이 없을 때는 이쪽을 구입한다	→ 익히면 건조하고 보송보송하다
→ 샐러드, 캐서롤		→ 구이, 웨지, 튀김, 칩, 으깬 감자

감자는 서늘하고 건조하며 어두운 곳을 좋아한다. 직사광선에 노출시키는 것은 절대 금물인데, '칩스와 감자튀김은 엄연히 달라!'라는 문장을 완성하기도 전에 싹이 트기 시작하기 때문이다. 지하에 가까운 환경을 만들수록 감자가 오래간다. 그리고 어떻게 보관하든 양파 근처에 두지 말자! 둘 다 서늘하고 건조한 보관 환경을 선호하지만 모두 싹이 트고 자라나게 만드는 습기를 방출해서 서로에게 안 좋은 영향을 미친다. 서늘하고 건조하며 어두운 공간이 별로 넓지 않다면 빛에 더 민감한 감자를 우선 순위로 둬야 한다. 신선할 때 구입해서 적절하게 보관하기만 하면 감자는 수 개월도 먹을 수 있는데, 특히 감자 주머니에 사과라는 놀라운 재료를 같이 넣어두면 훨씬 오래간다! 사과는 감자에 싹이 트는 것을 막아준다. 그리고 열대 지방에 사는 사람이 아니라면 절대 감자를 냉장고에 넣어서는 안 된다. 단맛이 강한 구운 감자를 만들기 위해 전분을 당으로 대사하게 만들고 싶다면 냉장고에 잠깐 넣어 두는 것도 나쁘지 않지만, 하루 이틀 이상 냉장고에 넣어두면 감자의 맛이 상한다.

손질하는 법

나는 감자 껍질을 가능하면 벗기지 않는 쪽을 선호한다. 물을 가득 담은 볼에 넣고 채소 손질용 솔로 충분히 문질러 씻은 다음 눈과 싹, 멍든 부분이나 녹색으로 변한 부분을 과도나 채소 필러의 날카로운 부분으로 잘라내면 충분하다. 감자 껍질을 벗길 경우에는 먼저 벗긴 감자는 나머지를 손질할 동안 찬물에 담가 둬야 변색을 막을 수 있다. 또한 감자는 삶아서 한 김 식히고 나면 껍질을 훨씬 쉽게 벗길 수 있다.

조리하는 법

감자로 어떤 요리를 만들 수 있냐고? 감자로 못 만들 것이 뭐가 있냐고 반문해야 할 것이다! 중성적인 풍미에 녹말이 풍부한 뿌리줄기인 감자는 퓌레와 매시, 퐁당의 형태로 기름진 맛을 훌륭하게 담아내는 것은 물론 차우더와 수프에 부피감과 구조를 선사하고 굽거나 심지어 튀기면 바삭바삭함과 부드러움의 상반된 질감을 구현하며(입안에서 감자튀김이 살살 녹을 때까지 기다려본 적이 있는가?) 삶거나 쪄서 샐러드와 캐서롤의 기본 바탕을 만들 수 있다.

삶는 이야기가 나와서 말인데 감자를 삶을 때는 뜨거운 물에 집어 넣지 말고 찬물에서 익히기 시작하자. 그러면 속이 부드러워지기 전에 겉부터 물러지지 않고 전체적으로 고르게 익는다. 따로 지시사항이 없는 레시피라도 감자를 초벌로 한 번 삶은 다음 조리하는 것이 좋다. 정확하게는 딱 포크로 찌르면 살짝 들어갈 정도로만 뭉근하게 익힌 다음 레시피에서 명시하는 조리 방법(보통 이쪽이 고온이다)대로 마저 익히는 것이다. 헤스톤 블루멘탈Heston Blumenthal로 인해 유명해진 '3번 익힌 감자튀김'에서 이 장점이 가장 두드러진다. 원조 레시피에서는 초벌로 삶은 다음 식혀서 저온에 튀기고 다시 고온에 튀겨 마무리하는 힘든 노력과 시간이 필요한 과정을 전부 거치지만 집에서 감자 튀김이나 웨지감자, 구운 감자를 만들 때는 2번 익히는 방법을 적용하는 것이 더 쉽다. 초벌로 1번 익히면 저온에서 감자의 전분이 일부 분해되어 고온에서 튀기거나 구울 때 쉽게 속은 특히 보송보송하고 겉은 노릇하고 바삭바삭해진다.

> **"모든 젊은이는 버터를 듬뿍 넣고 으깬 감자를 만드는 법을 배워야 마땅하다."**
> ― JP 맥머혼, 아일랜드

또한 감자는 오일, 버터, 크림, 우유, 치즈 등 지방을 좋아하고 우리도 이 조합을 사랑한다. 나는 아직 조금이라도(혹은 아주 많이) 파리식 으깬 감자를 편애하지 않는 사람을 만나본 적이 없다. 직관적으로 이해가 되지 않을지도 모르지만, 완벽한 감자 퓌레를 만들려면 전분기가 많은 감자를 사용해야 한다. 핵심은 감자의 전분 입자가 느슨하고 보송보송해지게 만들어서 원하는 지방과 순식간에 결합하도록 만드는 것이다. 점질 감자는 으깨는 데에 힘과 시간이 더 많이 필요하기 때문에 너무 많은 전분이 활성화되어서 결과물이 거칠어진다. 감자를 너무 오래 과하게 으깨야 하는 사태를 피하려면 익힌 감자를 언제나 푸드프로세서보다 감자 라이서ricer, 감자 으깨개, 드럼형 체를 이용해서 으깨는 쪽을 권장한다. 또한 감자의 물기가 너무 많으면 으깨서 한 덩어리로 만들기 어렵기 때문에 주의해야 한다. 전문가가 굵은 소금을 한 켜 깔아서 감자를 그 위에 올리고 굽는 것을 권장하는 이유도 이 때문이다. 하지만 감자를 꼭 삶아야 한다면(조리 시간이 훨씬 짧으니까. 특히 감자를 잘게 썰어서 삶으면 더 빠르다) 소금물에 감자를 넣고 포크로 찌르면 푹 들어갈 때까지 뭉근하게 삶은 다음 물을 따라내고 남은 감자를 냄비에 넣은 채로 잔열을 이용해 여분의 물기를 날려버려야 한다. 마지막으로 사용하는 우유와 버터의 온도를 확인하는 것이 중요하다. 우유는 따뜻하게, 버터는 차갑게 사용한다. 따뜻한 우유는 감자가 굳어서 살짝 파랗게 변하지 않게 하고, 차가운 버터는 유지방과 유고형분이 전체적으로 고르게 퍼지게 해서 퓌레가 골고루 유화되도록 만든다.

감자 ― 단계별 조리법

구이/튀김	으깬 감자	샐러드
초벌 삶기 → 다량의 오일 적용 → 고온	소금에 얹어 굽거나 또는 삶은 후 수분 제거 → 그런 다음 따뜻한 우유, 　차가운 버터 넣고 으깨기	포크로 찌르면 들어갈 때까지 삶거나 또는 찌기 → 그런 다음 껍질을 벗기거나 　또는 그대로 사용

어울리는 재료

버터, 치즈(특히 체더, 그뤼에르), 차이브, 커리 파우더, 마늘, 후추, 로즈메리, 사워크림, 타임.

매시, 크래클 앤드 팝
Mash, Crackle & Pop

으깬 감자를 만들 때면(솔직히 내가 원하는 만큼 자주 만들지는 못한다) 항상 껍질을 그대로 남겨놓고 싶은 유혹에 시달린다. 왜냐면, 풍미가 나니까! 하지만 그러면 으깬 감자가 지저분해 보이고 입 안에서 느껴지는 질감도 좋지 않다. 그렇다면 해결책은? 감자 껍질 바삭하게 만들기다. 감자를 삶아서 체에 내린 다음 남은 껍질은 정말 바삭바삭하게 '크랙' 소리가 날 때까지 튀긴다. 먹을 사람이 2명 뿐이라 하더라도 레시피대로 충분히 만든 다음 남은 것은 다음날부터 온갖 방식으로 활용하고 재창조할 수 있다. 예를 들어 320쪽의 즈라지 등을 참고해 보자.

분량 4~6인분(사이드 메뉴)

문질러 씻은 분질/구이용 감자(데지레, 킹 에드워드, 세바고, 더치 크림 등) 1kg

플레이크 소금 2와1/2큰술

액상 크림 1컵(250ml)

깍둑 썬 무염버터 120g

백후추 가루 1/2작은술

엑스트라 버진 올리브 오일 2큰술

곱게 간 레몬 제스트 1개 분량

곱게 간 마늘 1쪽 분량

서빙용 파슬리 잎과 칠리 플레이크(선택)

대형 코팅 냄비에 감자와 플레이크 소금 2큰술을 넣고 찬물을 완전히 잠기도록 붓는다. 강한 불에 올려서 한소끔 끓인 다음 감자를 포크로 찌르면 푹 들어갈 정도로 부드러워질 때까지 25~30분간 삶는다. 그동안 감자가 내내 물에 푹 잠겨 있어야 하므로 살펴보고 수위가 낮아지면 끓는 물을 추가한다.

감자를 채반에 밭쳐서 잘 흔들어 껍질이 느슨해지도록 한다. 감자가 만질 수 있을 정도로 식으면 껍질을 벗겨내서 따로 보관한다.

냄비에 감자 속살과 크림, 버터, 후추, 남은 플레이크 소금을 넣고 중간 불에 올려서 버터 나이프나 나무 스패출러로 가볍게 으깨가며 잘 섞는다. 한소끔 끓으면 뚜껑을 닫고 감자가 완전히 뭉개져서 크림과 함께 섞일 때까지 5분 정도 가열한다.

대형 볼에 고운 체를 얹고 감자 혼합물을 부어서 스패출러로 으깨가며 곱게 내린다. 전부 체에 내리고 나면 유연한 스패출러로 골고루 휘저어 섞은 다음 간을 맞춘다. 따뜻한 식사용 그릇에 담고 덮개를 씌우거나 티타월을 덮어서 따뜻하게 보관한다.

냄비를 다시 불에 올리고 올리브 오일을 두른다. 오일이 뜨거워지면 남겨둔 감자 껍질을 넣고 바삭바삭하고 노릇노릇해질 때까지 4~5분간 볶는다. 불에서 내리고 레몬 제스트와 간 마늘을 넣어서 잘 섞는다.

따뜻한 으깬 감자에 바삭한 감자 껍질을 뿌리고 취향에 따라 파슬리와 칠리 플레이크를 뿌린 다음 뜨겁게 낸다.

참고 감자를 삶기 전에 껍질에 날카로운 칼 끝 부분으로 십자 모양 칼집을 군데군데 내면 나중에 껍질을 쉽게 벗길 수 있다.

삶은 감자를 체에 내리기 전에 다시 냄비에 넣어서 김을 날리면 완성된 으깬 감자에 수분이 질척하지 않아 좋다. 고운 원통형 체 타미TAMIS가 가장 좋지만 고운 일반 체를 사용해도 무방하다.

지름길 감자를 2~4등분하면 조리 시간이 줄어든다. 또한 껍질을 쉽게 벗길 수 있어 바삭바삭한 껍질을 마음껏 즐길 수 있다!

바삭한 껍질은 좋지만 체에 내리는 수고는 하고 싶지 않다면 감자가 살짝 김이 빠지고 나면 베이킹 트레이에 담아서 올리브 오일을 넉넉히 두른 다음 감자 으깨개로 가볍게 눌러 으깬다. 그런 다음 뜨거운 오븐에 5~10분 정도 구우면 껍질이 바삭바삭해진다.

간단 수고를 곁들인 감자 뇨키
Mash-up Gnocchi with Cheat's Sugo

뇨키와 '간단'은 함께 쓰기 힘든 단어지만, 남은 으깬 감자에 건조 감자 플레이크를 넣어 양을 불린 다음 원팬 토마토 수고를 곁들이면 채 10분도 안 되어서, 레스토랑이라면 '주문하시겠어요?' 하고 물어보기도 전에 뇨키 1그릇을 완성할 수 있다. 아, 그리고 글루텐 프리 메뉴라고 내가 말했던가?

분량 4인분

- **간단 수고**

올리브 오일 1/3컵(80ml)

얇게 저민 마늘 4쪽 분량

껍질을 제거한 통조림 홀토마토 400g

어린 잉글리시 시금치 잎 100g

서빙용 간 파르메산 치즈

- **으깬 감자 뇨키**

으깬 감자(298쪽) 2컵(460g)

건조 감자 플레이크(으깬 감자로 만드는 제품. 채소 통조림 코너에서
　　　판매) 2컵(100g)

가볍게 푼 달걀 2개 분량

너트메그 가루 1/2작은술

글루텐 프리 밀가루 1/3컵(50g), 덧가루용 여분

수고를 만든다. 대형 프라이팬에 올리브 오일을 두르고 마늘을 넣어서 중약 불에 살짝 노릇노릇해질 때까지 2~3분간 볶는다. 토마토를 넣고 살짝 으깬 다음 소스가 걸쭉해질 때까지 5~7분간 익힌다. 불에서 내려서 따로 둔다.

그동안 뇨끼를 만든다. 대형 볼에 으깬 감자와 건조 감자 플레이크를 넣고 나무 주걱이나 유연한 스패출러로 섞는다. 달걀과 너트메그, 소금 1꼬집, 검은 후추를 넣고 잘 섞는다. 밀가루를 골고루 뿌려서 손으로 잘 섞어 부드러운 반죽을 완성한다. 조금 묽게 느껴지더라도 익히면 모양이 유지되니 걱정하지 말자. 또한 여기서는 글루텐 프리 가루를 사용하기 때문에 반죽을 많이 치대도 글루텐이 많이 발생하지 않는다.

대형 트레이에 유산지를 가장자리에 늘어지도록 깐다. 반죽을 4등분한 다음 깨끗한 작업대에 올려서 각각 2cm 굵기의 소시지 모양으로 돌돌 민다. 유산지를 깐 트레이에 반죽을 같은 간격으로 올린다.

페이스트리 커터 등을 이용해서 반죽을 2cm길이로 송송 썬다. 여분의 덧가루를 뿌려서 가볍게 굴려 골고루 가루를 묻힌다. 냉장고에 약 15분 정도 넣어 굳힌다.

대형 냄비에 소금물을 담고 한소끔 끓인다. 유산지를 이용해서 뇨키를 트레이에서 들어올린 다음 끓는 물에 조심스럽게 1/4 분량만 넣는다. 수면 위로 동동 떠오를 때까지 1~2분간 삶는다.

그물국자로 건져서 바로 수고 냄비에 넣고 파스타 삶은 물은 조금 남겨 둔다. 소스와 뇨키를 강한 불에 1분 정도 가열해서 골고루 따뜻하게 데운다.

그동안 그물국자로 어린 시금치 잎을 파스타 냄비에 담가 가볍게 데친 다음 건져서 국자를 탁탁 쳐 여분의 물기를 털어낸다. 그대로 바로 수고 냄비에 넣는다.

식사용 그릇에 담고 파르메산 치즈를 뿌린다.

지름길 이 수고는 시판 뇨키와도 잘 어울린다. 또는 뇨키만 만들어서 시판 파스타 소스에 섞어도 된다. 아니면 아예 158쪽의 태운 세이지 버터 소스를 만들거나 190쪽의 구운 래디시에 사용하는 컴파운드 버터를 녹여서 버무려보자. 뇨키를 먼저 올리브 오일을 두른 팬에 넣어서 골고루 노릇노릇하게 지진 다음 삶아도 좋다.

사계절 감자 샐러드
All-seasons Potato Salad

감자는 환상적인 풍미 운반 수단인데다 샐러드로 만들어 볼에 담으면 파티에 손쉽게 가져갈 수 있는 '운반용 풍미' 재료가 된다. 삶은 감자를 화려하게 장식할 수 있는 사계절 레시피를 소개한다.

가을

대형 볼에 보라색 햇감자(한입 크기로 썬 것) 800g을 넣는다. 로메인 양상추 잎 1통 분량, 다진 차이브와 딜 1줌 분량씩, 송송 썬 아보카도 1개 분량을 넣는다. 사워크림 100g을 두르고 소금과 후추로 간을 해서 잘 섞는다.

봄

대형 볼에 삶은 핑거링 감자 800g, 결대로 찢은 훈제 송어 100g, 곱게 채 썬 적양파 1개 분량, 다진 미니 오이 250g, 송송 썬 셀러리 3대 분량, 딜 1줌을 넣고 가볍게 버무린다. 올리브 오일 1/4컵(60ml)과 레몬즙 1/2개 분량을 두르고 소금과 후추로 간을 해서 섞는다.

채소 예찬

겨울

물기를 제거한 케이퍼 3큰술을 올리브 오일에
바삭바삭하게 볶는다. 도마에 민트 잎 1줌 분량을
차곡차곡 쌓아서 돌돌 만 다음 곱게 채 썬다.
물기를 제거한 통조림 아티초크 100g을 2등분
또는 4등분한다. 대형 볼에 케이퍼와 민트,
아티초크, 삶은 햇감자 800g, 레몬 제스트 1개
분량, 잘게 부순 페타 치즈 100g을 넣어 골고루
버무린다. 올리브 오일 1/4컵(60ml)과 레몬즙
2큰술, 페타 절임액(있으면) 약간, 다진 마늘
1쪽 분량을 섞어서 소금과 후추로 간을 한 다음
샐러드에 둘러서 골고루 버무려 낸다.

여름

얇은 베이컨 3장을 깍뚝 썰어서 마른 팬에
바삭바삭하게 볶는다. 대형 볼에 삶은 햇감자
800g(또는 삶은 점질 감자. 뭐든 한입 크기로 썬다)과
베이컨을 넣는다. 블랙 올리브 1/4컵(30g), 송송
썬 코르니숑 1/2컵(60g), 곱게 다진 실파 2대
분량, 다진 차이브 1줌 분량을 넣는다. 마요네즈
1/3컵(80g)에 올리브 오일 1큰술과 디종 머스터드
1큰술을 넣고 소금과 후추로 간을 해서 골고루
섞은 후 감자 볼에 둘러서 골고루 버무린다.

Jerusalem artichoke

돼지감자

영어로 예루살렘 아티초크 혹은 썬초크라고 불리는 돼지감자는 제철이 아주 짧아서 겨울철에 '눈 깜박할 사이에 놓치고 마는' 채소다. 또한 딱 사람들이 감기를 피하기 위해 생강과 레몬차를 찾는 시기에 같이 나기 때문에 생강과 헷갈리지 않으려면 '돼지감자'라고 적힌 안내문을 제대로 확인해야 한다. 실제로 이 뭉뚝한 뿌리줄기에는 많은 혼란스러운 부분이 존재한다. 첫째로 예루살렘 아티초크라고 부르지만 예루살렘에서 유래한 채소는 아니며, 원래 프랑스어로 해바라기라는 뜻의 '기라솔girasol'에서 유래한 이름이 어쩌다가 예루살렘으로 바뀌고 말았다. 둘째, 심지어 아티초크도 아닐뿐더러 그냥 귀찮은 손질 과정을 거치지 않고도, 아니 약간의 손질 과정만 거치면 아티초크의 속심과 약간 비슷한 맛이 날 뿐이다.

"나는 돼지감자로 '부자와 거지' 놀이를 즐겨 한다. 이 작고 못생긴 채소를 껍질은 아주 까맣고 속은 부드러워질 때까지 구운 다음 크렘 프레시와 캐비아, 송어알처럼 실로 사치스러운 재료를 얹어 내는 것이다."
— 알라 울프 태스커, 러시아

구입과 보관하는 법

일단 신선한 돼지감자는 이눌린이 풍부해서(아래 참조) 장에 가스가 가득 찰 수 있으므로 가장 신선한 것을 고르라고 권장하지는 않을 것이다. 대신 가장 깨끗하고 울퉁불퉁하면서 드러난 속살이 옅은 색을 띠는 것을 고른다. 조금 물렁물렁하다 하더라도 신경 쓰지 말자. 그리고 최대한 같은 속도로 익을 수 있도록 비슷한 크기를 고르도록 하고, 정 힘들면 큰 것은 반으로 잘라서 크기를 맞춘다. 튀어나온 돌기가 적으면 손질하기 더 편하다. 뿌리채소이므로 직사광선을 피해 서늘하고 건조한 곳에 보관하는 것이 가장 좋다. 여분의 수분을 흡수할 수 있도록 종이 타월이나 천으로 싸서 냉장고 채소 칸에 넣으면 조금 더 오랫동안 보관할 수 있다.

조리하는 법

달콤하고 고소한 견과류 향이 느껴지는 돼지감자는 조금 더 수프에 가까운 감자와 비슷한데, 실제로도 감미로운 수프를 만들기 좋다(307쪽 참조)! 구우면 선데이 로스트 메뉴에 추가하기 제격이고, 감자 샐러드에 넣어도 재미있는 맛이 난다. 껍질을 벗겨서 튀겨 칩을 만들면 고급스러운 요리에 멋진 모양새와 질감을 첨가할 수 있다. 특히 퓌레와 함께 짝을 이루면 금상첨화다. 어떻게 조리하든 껍질을 벗기기로 마음먹었다면 살점이 드러나자마자 변색되기 시작하니 미리 물을 담은 볼을 준비했다가 바로 담가야 한다. 껍질째 조리할 경우에는 채소 손질용 솔로 꼼꼼하게 문질러 씻고 까맣게 변색된 부분은 과도로 잘라낸다.

어울리는 재료

버터, 크림, 허브(월계수 잎, 처빌, 차이브, 고수, 파슬리, 로즈메리), 펜넬, 마늘, 레몬, 마요네즈, 향신료(펜넬 씨, 너트메그, 후추, 팔각).

방귀대장!

그렇다, 돼지감자는 방귀를 유발하기로 악명높지만 그럴 만한 이유가 있다. 훌륭한 프리바이오틱 성분인 수용성 섬유질 이눌린이 풍부해서 건강한 장내 세균을 배양하는 데에 도움을 준다. 이 좋은 박테리아가 대사하면서 가스를 생성하는 것이다. 레시피에 일종의 산성 재료(레몬즙, 토마토, 식초)나 피클을 넣거나 발효 과정을 거치면 돼지감자의 이 천연 부작용을 조금 완화시킬 수 있다. 또는 굽거나 볶고 튀기고 삶기 전날부터 물에 하룻밤 동안 담가두면 내부의 전분성 탄수화물을 분해하는 데에 도움이 된다.

케이퍼 그레몰라타를 곁들인 바삭바삭한 누른 돼지감자

Crispy Smashed Jerusalem Artichokes with Caper Gremolata

돼지감자는 감자와 비슷하지만 열을 가하면 그보다 달콤하고 고소해져서 내가 감자로도 즐겨 만드는 '납작하게 눌러 튀기기'로 활용하기 딱 좋다. 가장 두드러지는 차이점은 돼지감자는 옹이가 있기 때문에 전체적으로 고른 모양을 갖출 가능성이 낮아서 초벌로 삶을 때 모두 고르게 익게 만들기 어렵다는 것이다. 그래서 나는 돼지감자를 삶는 대신 찌면서 주기적으로 상태를 확인한다. 덕분에 조리 시간이 넉넉해지기 때문에 짭짤한 대조적인 맛을 선사하는 케이퍼 그레몰라타를 만들 여유가 생긴다.

분량 4인분

깨끗하게 문질러 씻은 돼지감자 800g

곱게 간 레몬 제스트와 즙 1개 분량

올리브 오일 1/4컵(60ml), 드레싱용 여분

플레이크 소금 1작은술

셰리 식초 1작은술

물기를 제거하고 굵게 다진 릴리펏lilliput 케이퍼(참고 참조) 3큰술

곱게 다진 파슬리 3큰술

곱게 다진 마늘 2쪽 분량

곱게 다진 홍고추 1개 분량(선택)

대형 볼에 얼음물을 담고 레몬즙을 섞은 다음 돼지감자를 넣어서 최소 45분간 재우면 이눌린을 중화시키면서 훨씬 아삭아삭하게 만들 수 있다.

돼지감자를 철제 혹은 대나무 찜기를 넣고 팔팔 끓는 물 냄비에 얹은 다음 포크로 찌르면 부드럽게 들어갈 때까지 15~20분간 찐다. 뜨거운 물이 담긴 주전자를 옆에 두면 필요할 때 물을 쉽게 보충할 수 있다. 작은 돼지감자가 부드러워지면 먼저 꺼내서 트레이에 담아 놓고 큰 것을 마저 익힌다. 조금 더 익어도 상관없으니 다 익었는지 확신할 수 없다면 조금 더 내버려두자.

오븐을 220°C로 예열한다.

돼지감자를 로스팅 팬에 담는다. 올리브 오일을 둘러서 골고루 버무린다. 서로 적당한 간격이 있도록 한 켜로 펼쳐 담는다. 감자 으깨개로 모양이 유지될 정도로만 꾹 눌러서 껍질을 터트린다. 뒤집어서 오일이 묻은 납작한 부분이 위로 오도록 한다. 오븐에서 바삭바삭해질 때까지 10~15분간 굽는다.

소형 볼에 나머지 재료를 잘 섞어 그레몰라타를 만든다. 올리브 오일을 약간 섞어서 드레싱보다 절임액에 가까운 상태로 만든다. 맛을 보고 간을 맞춘 다음 돼지감자에 둘러서 낸다.

참고 나는 닭을 구운 다음 흘러나와 고인 닭 지방을 여기 섞어서 굽곤 한다. 풍미가 한 겹 더해져서 절로 손이 가는 돼지감자가 된다.

소금 절임 케이퍼나 식초 절임 케이퍼가 있다면 둘 다 여기에 잘 어울린다. 소금 절임 케이퍼는 물에 가볍게 헹궈서 물기를 제거하고, 나중에 간을 맞출 때 케이퍼를 고려해서 소금 양을 조절해야 한다. 다만 케이퍼를 튀겨서 넣을 생각이라면 헹구지 않고 튀겨도 전혀 상관없다.

번외 허브 버터 글레이즈드 래디시(190쪽)에 곁들이는 허브 버터를 살짝 올리거나 스웨덴 순무 티앙(232쪽)의 발사믹 글레이즈를 약간 둘러도 잘 어울린다.

지름길 채칼로 돼지감자를 얇게 깎은 다음 오일에 버무려서 베이킹 트레이에 담고 190°C의 오븐에 바삭바삭해질 때까지 15~20분간 굽는다. 그레몰라타는 생략해도 좋지만 넣으면 정말 맛있다. 없으면 플레이크 소금과 스위트 파프리카 가루를 넉넉하게 뿌려 먹는다.

구운 돼지감자 토마토 수프

Roasted Jerusalem Artichoke & Tomato Soup

이 책을 쓰기 위해 매우 좋아하는 호주 셰프인 알라 울프 태스커를
인터뷰할 때, 좋아하는 채소로 돼지감자를 언급해서 정말 기뻤다.
"신선한 식재료가 많지 않은 한겨울이면 돼지감자가 정말
환상적으로 맛있죠." 그녀가 말했다. "꼼꼼하게 문질러 씻어야
하기는 하지만요. 다들 방귀를 뀌게 될 거라고 걱정하지만 수 년
전에 한 프랑스 셰프로부터 수프를 만들 때 토마토(토마토 파사타
등)를 조금 넣으면 부작용을 제거할 수 있다는 사실을 배웠어요."
사랑해요!

분량 4인분, 8컵, 2L

녹인 무염버터 50g

문질러 씻은 돼지감자 1kg

다진 줄기 방울토마토(줄기는 따로 보관) 500g

으깬 마늘 4쪽

4등분한 적양파 1/2개 분량

세이지 잎 1단 분량

즉석에서 으깬 흑후추 1작은술

플레이크 소금 1작은술

닭 육수 또는 채수 8컵(2리터)

엑스트라 버진 올리브 오일 1/4컵(60ml)

서빙용 크림

오븐을 180°C로 예열한다.

대형 로스팅 팬에 버터와 돼지감자, 토마토, 마늘, 양파, 절반
분량의 세이지와 전량의 후추, 플레이크 소금을 넣고 골고루
버무린다. 오븐에서 돼지감자가 노릇노릇해질 때까지 20분간
굽는다.

육수를 붓고 토마토의 줄기를 넣는다. 쿠킹 포일을 씌운다.
다시 오븐에 넣고 채소가 부드러워질 때까지 45분간 굽는다.
토마토 줄기를 제거한다.

로스팅 팬의 내용물을 믹서기 또는 내열용 스틱 블렌더를
이용해서 곱게 갈아 섞는다.(뜨거우므로 화상에 주의한다.)

소형 프라이팬에 올리브 오일을 두르고 중강 불에 올려서
달군다. 나머지 세이지 잎을 넣고 바삭바삭해질 때까지 1~2분간
볶는다. 꺼내서 세이지 오일과 잎을 따로 보관한다.

수프를 그릇에 담고 바삭바삭한 세이지 잎을 뿌린 다음 세이지
오일과 크림을 한 바퀴씩 둘러서 장식한다. 바로 낸다.

참고 돼지감자가 제철이 아닐 때는 줄기토마토를 2배로 늘려서 고운
토마토 수프를 만들어도 좋다.

지름길 전날 만들고 남은 구운 돼지감자에 통조림 홀토마토를 한 캔 넣고
굵게 다진 마늘을 적당히 더해 데운 다음 곱게 갈아버린다.

Yams & tubers

참마와 뿌리채소

지구상의 온대 또는 열대 지방에 사는 사람이라면 온갖 종류의 다채로운 참마와 식용 뿌리채소를 구할 수 있을 것이다. 호주 남서부 지역에만 150개 이상의 자생 뿌리채소가 존재한다. 컬트적인 추종자가 생기기 시작하는 뿌리채소로는 키플러 감자(핑거링 감자)처럼 생긴 커스터드빛 노란색을 띠지만 일본 배와 비슷한 질감에 래디시와 당근을 섞은 맛이 나는 율크youlk를 꼽을 수 있다. 또 다른 흔한 뿌리채소로는 노란색부터 빨간색, 보라색까지 다양한 색상에 건강한 수준의 옥살산이 함유되어 있어 뚜렷한 신맛이 느껴지는 오카oca(오칼리스 튜베로사Oxalis tuberosa)가 있다. 마늘잎쇠채salsify는 독특한 바닷물 풍미가 나서 굴 식물이라고도 불린다. 참마나 뿌리채소 1~2종을 조리하는 법을 터득하고 나면 다른 뿌리채소도 손쉽게 손질할 수 있게 된다.

"마늘잎쇠채는 과소평가되는 특별한 채소다. 날것일 때는 굴과 오이, 바닷물 풍미가 느껴지며 뜨거운 팬에 지져서 캐러멜화하면 구운 헤이즐넛 향으로 변한다. 다만 손질할 때 수액 때문에 손가락이 검게 물들 수 있으며 바로 산성수에 담그지 않으면 마늘잎쇠채 자체도 까맣게 변색되고마니 주의해야 한다. 날것이든 볶거나 굽거나 화이트 소스에 익힌 것이든 마늘잎쇠채는 다채롭게 조리할 수 있고 맛도 좋다!"
— 조시 널란드, 호주

구입과 보관하는 법

현지에서 재배한 참마는 쌀쌀한 날씨에 농산물 시장이나 농장 입구 근처, 특수채소 전문점에서 마주칠 가능성이 크다. 작은 참마는 알감자처럼 되도록 같은 속도로 익도록 비슷한 크기인 것을 고르고, 싹이 난 것은 피한다. 히카마나 카사바 같은 큰 뿌리채소는 움푹 들어간 부분이나 부드러운 부분이 있는 것은 피해야 하지만 살짝 어두운 부분이나 균열이 난 정도는 껍질을 벗기면 없어질 만큼 얕기만 하다면 상관없다. 판매하는 상인에게 어떻게 요리해야 하는지 물어보자. 듣도 보도 못한 새로운 방법을 알려줄지도 모른다. 종이 봉지에 담아서 서늘한 응달에 두면 적어도 수 주일간은 신선하게 보관할 수 있다.

조리하는 법

대형 볼에 물을 붓고 잠기도록 넣은 다음 최소 20분간 불린 후 거친 채소 손질용 솔로 골고루 문지른다. 그러면 흙먼지가 최대한 제거되고 실제로 그냥 거친 부분만 남는다. 참마는 특히 작을 때는 껍질을 벗긴 다음 갈거나 얇게 저며서 날것으로 샐러드를 만들 수 있다. 사과와 래디시처럼 아삭아삭한 맛과 질감이 특징인 지카마jicama는 슬로에 잘 어울린다. 참마는 구우면 더 옅은 노란색이나 베이지색을 띠며 풍미는 고소하고 분질 감자를 연상시키는 질감이 되고, 묘한 레몬 껍질 향이 느껴진다.(특히 구운 오카의 경우.) 뿌리채소는 전분 함량 덕분에 튀김에 잘 맞고, 특히 연근 칩은 최고다. 연근을 잘 문질러 씻은 다음 채칼로 얇게 저며서 노릇노릇해질 때까지 튀기면 된다. 중국의 물밤이나 아프리카의 타이거너트는 전통 얌차의 인기 메뉴인 물밤 케이크나 타이거너트를 불리고 갈아서 발효시킨 음료인 스페인의 오르차타 데 추파처럼 디저트나 음료의 기본 바탕으로 쓰기 좋다.

어울리는 재료

고추, 생강, 꿀, 라임, 올리브 오일.

소금구이 참마 타코(차코!)
Salt-baked Yam Tacos(Yacos!)

모두의 식단을 고려해서 제공하는, 아마 지금까지 중에 최고의 채식 타코가 아닐까? 참마(오카나 지카마, 율크 등 구할 수 있는 아무 뿌리채소)를 소금에 얹어서 구우면 수분이 빠져나와서 풍미와 맛이 강화되므로 닭고기의 질감, 생선의 가벼운 풍미를 더하기만 하면 된다. 타코를 만들 기분이 아니라면 그냥 토르티야와 모차렐라를 빼고 전부 볼에 던져 넣어서 버무려 샐러드로 만들어보자.

분량 4~6인분

암염 500g

지카마 또는 참마 800g

잎과 줄기를 곱게 다진 고수 1단 분량

곱게 다진 실파 4대 분량

씨를 제거하고 곱게 다진 풋고추(긴 것) 3개 분량

곱게 다진 마늘 2쪽 분량

레몬즙 1개 분량

라임즙 1개 분량, 서빙용 웨지로 썬 라임

토르티야 18장(소)

얇게 저민 비건 또는 모차렐라 치즈 200g

훈제 파프리카 가루 1작은술

엑스트라 버진 올리브 오일 1/4컵(60ml)

코리앤더 가루 1/2작은술

서빙용 채 썬 적양배추

서빙용 물냉이 줄기

오븐을 200℃로 예열한다. 로스팅 팬에 암염을 두껍게 펴 담는다. 참마를 얹어서 꾹 눌러 소금에 살짝 묻히도록 한다. 오븐에서 포크로 찌르면 푹 들어갈 때까지 1시간 정도 굽는다.

그동안 볼에 고수와 실파, 고추, 마늘, 레몬즙, 라임즙을 넣는다. 소금과 후추로 간을 해서 잘 섞는다.

참마가 익으면 오븐에서 꺼낸 다음 한 김 식으면 껍질을 벗기고 한입 크기로 작게 썬다.

식사 때가 되면 베이킹 트레이 3개에 토르티야를 담고 그 위에 치즈를 얹는다. 파프리카 가루를 뿌리고 오븐에서 치즈가 녹을 때까지 3분간 굽는다. 치즈를 숟가락 뒷면으로 펴 바른다.

프라이팬에 올리브 오일을 두르고 강한 불에 올려서 달군다. 코리앤더 가루를 넣고 향이 올라올 때까지 가볍게 익힌다. 참마를 넣고 골고루 버무린다. 생고수 혼합물을 넣어서 섞은 다음 토르티야에 얹는다.

양배추와 물냉이를 뿌리고 라임 조각을 곁들여서 바로 낸다.

참고 참마는 장에 유익한 박테리아를 공급하는 프리바이오틱 섬유질인 이눌린의 환상적인 공급원이다.(어디서 들어본 것 같다면 '돼지감자' 장에서 비슷한 말을 한 적이 있다.) 이눌린은 장기적으로 볼 때 우리의 장에 이로운 역할을 하지만, 특히 아주 신선한 참마의 경우에는 단기적으로 방귀가 많이 나오는 피해를 입힌다. 장이 가스에 예민하게 반응하는 사람이라면 요리 계획을 하루 늦춰서 참마를 하룻밤 동안 물에 담가 두는 것이 좋다.

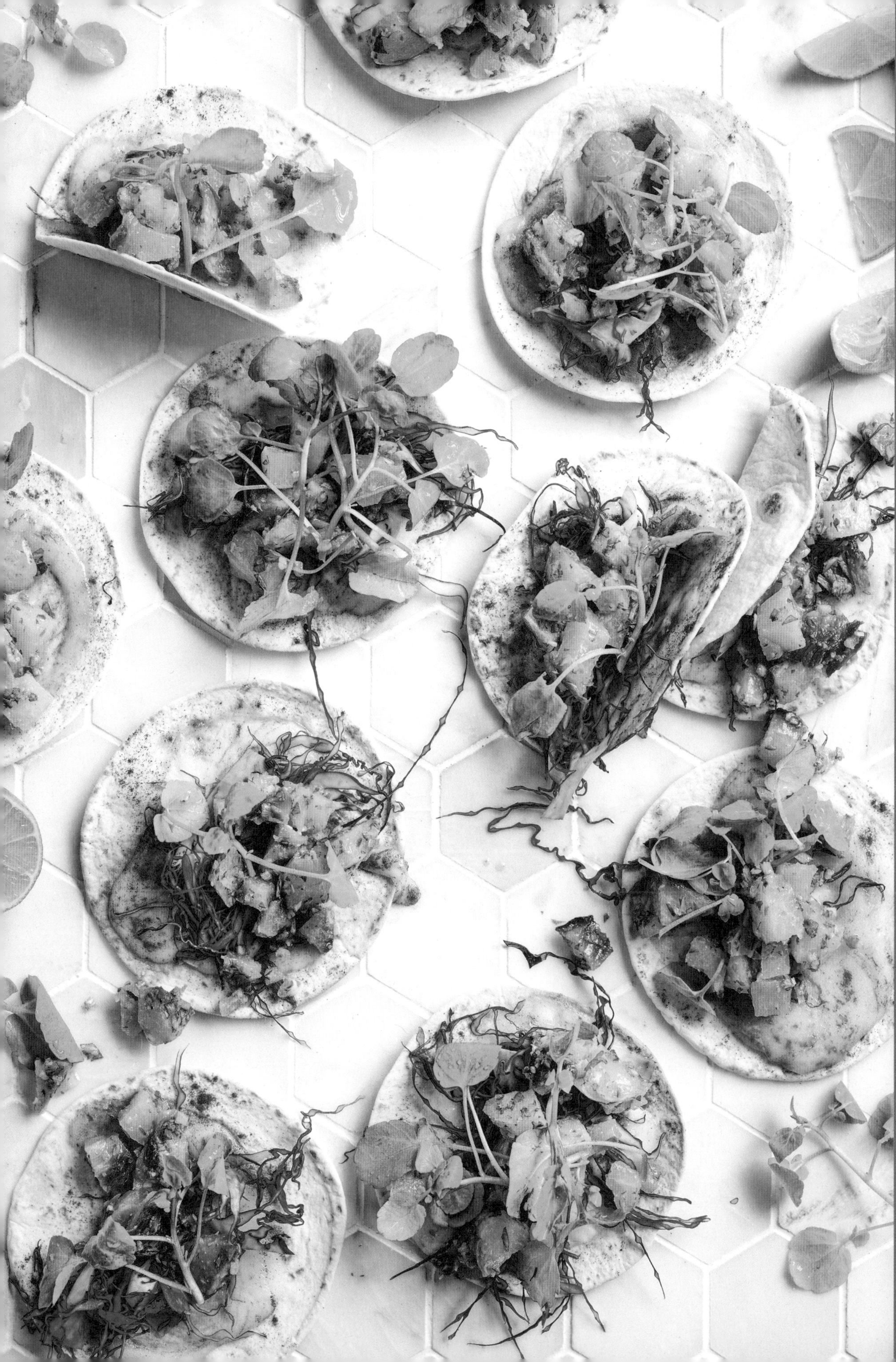

Mushrooms

버섯

이런 참고서에 버섯 항목이 빠진다면 엄청난 누락처럼 느껴질 것이다.
하지만 버섯은 실제로 채소가 아니다. '제3의 왕국'인 균류의 세계에 속해
있으며 우리는 여전히 의학적, 환각적 그리고 미식적으로 버섯의 마법을
접하고 있다. 버섯은 아릿한 흙 향이 감도는 풍미와 감칠맛은 물론 날것일
때는 탄력이 넘치면서 가볍고 익히면 부드럽고 매끄러워지는 질감으로 높은
평을 받는다. 스펀지 같은 내부 구조를 통해 형태를 유지하면서도 소스를
흡수하는 성질이 있어서 캐서롤과 바비큐에서 맛있는 고기 대용품으로
활약한다. 이런 특징 때문에 '싫어하는 채소' 명단에, 특히 아이들이
기피하는 식재료로 이름을 올린다. 이는 보통 어린 시절에 기분 나쁘도록
축축하게 요리한 버섯을 잘못 먹어봤기 때문이다. 여러분(또는 여러분이
사랑하는 누군가)이 '버섯 싫어군'에 속한다면 버섯에게 다시 한번 기회를 주고
싶다는 바람이 마음 속 깊이 존재해서 이 항목을 읽고 있는 것이기를 바란다.

"내가 가장 좋아하는 버섯 요리는 간단하게 뜨거운 팬에 버터와 마늘, 버섯, 파슬리나 마조람marjoram을 넣고 양념을 넉넉하게 해서 볶은 것이다. 비건 운동에 뛰어든 이후로는 맛있는 버섯 웰링턴도 즐겨 만든다. 그리고 이탈리아 북부에서 일할 때 배운 버섯 카르파초도 자주 먹는 메뉴다."
— 토비 푸톡, 호주

구입과 보관하는 법

가장 신선한 버섯을 구하려면 코를 사용해야 한다. 달걀 냄새가 아니라 흙 향기가 나야 하며 스펀지처럼 느껴지지 않고 탄력이 있어야 한다. 그리고 절대 미끈거리지 않아야 한다.(비단그물버섯이라면 이야기가 달라진다.) 양송이버섯이나 주발버섯, 포토벨로처럼 상업적으로 흔하게 재배하는 버섯은 온도가 조절되는 대형 창고에서 기르기 때문에 일년 내내 쉽게 구할 수 있다. 하지만 비가 내리기 시작하면 야생 버섯 채집에 최적의 조건이 되는 가을부터 겨울에 걸쳐서는 더 희귀하면서 풍미가 강한 품종을 구할 수 있다. 나는 항상 탱탱한 작은 양송이 버섯을 편애하지만 신선한 표고버섯도 내 마음을 사로잡는다. 국물 요리에서 볶음, 이탈리아의 볼로네제 소스(이단처럼 보이기는 하겠지만)에 이르기까지 온갖 요리에 송송 썰어서 넣기만 하면 감칠맛을 듬뿍 선사한다는 점이 매력적이다. 현지에서 재배한 신선한 표고버섯을 구할 수 없다면 아시아 식료품점에서 말린 표고버섯을 구입해 물에 불려서 사용하자. 이때 버섯을 불린 물도 '버섯 육수'처럼 요리에 사용할 수 있다는 점을 잊지 말자. 팽이버섯이나 느타리버섯, 새송이버섯처럼 이국적인 버섯은 볶음 요리에 넣기에 아주 좋다. 그리고 어릴 적에 온 가족 버섯 채집 탐험에서 비단그물버섯과 송이버섯을 우연히 마주친 이후로 아직까지 즐겨 먹고 있다. 이민자 가정의 아이가 겪을 법한 일화다. 이런 야생 채집 버섯은 시장이나 전문 청과물 상점에서 구할 수 있으며 직접 인근 소나무 숲으로 나만의 모험을 떠나도 좋다. 다만 지식이 풍부한 전문 가이드와 함께하도록 하자. 버섯에 관한 기본 규칙은 의심이 가면 먹지 말라는 것이다. 우리 아버지가 즐겨 하는 말은 다음과 같다. "어떤 버섯은 한 번만 먹을 수 있지." 버섯은 다공성이 높고 무르기 쉬우므로 서늘하고 건조한 곳에 보관하는 것이 가장 좋다. 냉장고에 넣어두면 모든 냉장고 냄새를 흡수하면서 건조해질 수 있으므로 꼭 넣어야 한다면 열린 종이 봉지에 넣어서 냉장고 문에 보관한다. 그러면 버섯의 존재를 잊지 않고 상하기 전에 먹어치울 수 있다. 물이 생기면서 수프가 되어버릴 수 있으니(건강에 좋지 않은 방식으로) 절대 비닐봉지에 담아두면 안된다. 표고버섯이나 포르치니 버섯 등의 말린 버섯을 찬장에 구비해 두면 유통기한을 걱정하지 않고도 언제든지 음식에 풍미를 더할 수 있다. 신선한 버섯을 직접 말려서 보관하기도 한다. 낮은 온도의 오븐에 하룻 동안 넣어 두거나 햇볕이 충분히 강하고 파리가 돌아다니지 않는다면 쟁반에 담아서 야외에 수 일간 건조시킨다. 버섯도 냉동 보관할 수 있지만 먼저 3~5분 정도 찐 다음 식혀서 소분하여 냉동할 것을 권장한다.

조리하는 법

버섯 요리에 대해서는 1가지 학설이 존재한다. 아마 보통은 건조하게 보관하다가 마른 팬에 적당량씩 넣어서 아주 조심스럽게 다루는 기존 조리법에 더 익숙할 것이다. 하지만 식용 곰팡이 애호가의 새로운 학설은 이걸 완전히 뒤집는다. 바로 '습식 볶음'이다.

버섯은 90%가 수분으로 이루어져 있으며 스폰지 같은 구조 덕분에 열을 많이 가해도 형태가 유지된다. 건식 볶음에서는 캐러멜화를 충분히 할 수 있지만 천연 수분이 완전히 증발해서 부드러운 질감이 사라지고 큰 버섯 같은 경우에는 속이 익기 전에 겉이 타 버리기 쉽다. 반면 습식 볶음에서는 얼마든지 원하는 만큼 버섯을 물에 씻거나 담가 두어도 상관없다. 특히 야생에서 채집한 버섯이라면 이 부분이 장점이다. 먼저 뜨거운 팬에 버섯을 넣고 물이나 육수를 바닥이 잠길 만큼만 붓는다. 강한 불에 올려서 수분이 증발하고 버섯이 지글지글 끓기 시작할 때까지 가열한다. 더 크거나 섬유질이 많은 버섯(송이버섯 등)일 경우에는 이때 수분을 첨가해서 다시 바글바글 끓여도 좋다. 그런 다음 오일이나 버터, 슈몰츠 등의 지방과 마늘, 샬롯 등 향신 채소를 넣는다.

포토벨로나 주름버섯처럼 큰 버섯은 치즈나 허브 등의 재료를 속에 채워 넣기 좋다. 속을 채워서 구울 때는 버섯을 먼저 속을 채우지 않은 채로 기둥이 위로 오도록 약 15분간 구워서 말린 다음(초벌구이라고 생각하자) 속 재료를 채워서 마저 익히는 것이 좋다. 노루궁뎅이 버섯이나 생표고버섯, 곰보버섯처럼 희귀하거나 섬세한 버섯을 사용할 때는 최대한 손이 많이 가지 않는 조리법을 쓰는 것이 좋다. 그저 1~2분간 따뜻하게 데운 국물에 담가서 향을 우리거나 뜨거운 팬에 물과 함께 넣어서 수분을 날리고 색이 살짝 나면서 따뜻해지도록 익힌 다음 버터 1덩이를 넣고 간을 해서 마무리하는 정도면 충분하다.

버섯 그 외: 송로버섯

구해볼 만한 가치가 있는 또 다른 버섯으로 페리고르Périgord(검은 송로버섯)와 마그나툼Magnatum(흰색 송로버섯) 송로버섯이 있다. 화석화된 똥처럼 생겼지만 무게 기준으로 가장 비싼 식재료에 속한다. 투자 대비 최대한의 효과를 뽑고 싶다면 가능한 한 고른 모양의 자그마한 송로버섯을 하나 사보자. 흙 향기가 참으로 강렬해서 어두운 동굴에서 식량 징발관이 몰래 숨겨둔 보관함의 뚜껑을 확 열어젖힌 순간으로 이동한 기분이 들 것이다. 송로버섯의 향기는 냄새나는 양말에서 매춘업소의 헝클어진 침대 시트에 이르기까지 모든 것에 비유되어 왔으며, 흉내내기 힘든 섹시하면서 묵은 냄새가 난다. 송로버섯 오일 같은 시판 제품에서 합성해서 만들어내는 바로 그것이다. 하지만 제발 벌떡 일어나서 1병을 사오지는 말자. 진정한 송로버섯에는 50가지 이상의 방향족 화합물이 함유되어 있지만 합성 제품에는 고작 하나만 들어 있다. 돈을 모아두었다가 제철을 맞은 신선한 송로버섯을 구입해 보자. 페리고르는 초겨울에 사는 것이 안전하고 하얀 송로버섯은 더 귀하기 때문에 전문 식료품점에 특별히 주문해야 할지도 모른다. 가장 중요한 것은 먹기 바로 직전까지 기다렸다가 깎아야 한다는 것이다.(송로버섯 전용 슬라이서나 고운 채칼을 이용한다.) 향이 매우 휘발성이 강하고, 열을 너무 많이 가하면 사라져버린다. 풍미가 열릴 만큼만 적당히 열을 가한 다음 맛이 단순하고 기름지면서 탄수화물이 가득한 음식과 조합한다. 달걀이나 감자, 파스타 등이다. 남은 자투리 부분이 생긴다면 소금 병에 넣어두는 것이 제일 좋다. 소금 자체가 풍미를 끌어내기 때문이다. 또는 갈아서 부드러운 실온의 버터와 함께 잘 섞은 다음 냉동 보관해서 최고로 사치스러운 가향 버터를 만들어보자.

"나는 항상 야생 버섯을 찾아다닌다. 여름이 끝날 무렵이면 숲은 사슴처럼 온갖 동식물로 가득 찬다. 나에게 있어서 가을에 숲 속으로 들어가 솔잎 아래 숨은 버섯을 발견하는 것보다 더 큰 기쁨이란 존재하지 않는다. 정말 마법 같은 경험이다."
— 마이클 헌터, 캐나다

어울리는 재료

버터, 치즈(페타, 염소, 그뤼에르, 파르메산), 크림, 마늘, 너트메그, 양파, 세이지, 팔각.

감칠맛이라... 음, 뭐라고요?

리뷰와 레시피, 음식 글 전반에 걸쳐서 나오는 용어이자 현대 셰프와 요리사가 열광하는 대상인 감칠맛은 대체 무엇일까? '5번째 맛'으로도 알려져 있는 감칠맛은 20세기 초 과학자에 의해서 '발견된' 것으로, 적당히 '맛있는 맛' 정도로 표현할 수 있다. 일본 요리에는 감칠맛이 가득하므로 일본의 키쿠나에 이케다 박사가 감칠맛을 발견한 것도 놀랄 일은 아니다. 표고버섯에서 다시마 등 해조류, 미소, 다시, 그리고 물론 진짜 달걀보다 합성 감칠맛 성분이 더 많이 들어가 있는 일본의 큐피 마요네즈에서도 감칠맛을 찾아볼 수 있다. 여기서 언급한 '합성 감칠맛 성분'이란 글루타민산나트륨으로 보통 MSG라고 불린다. 논란의 여지가 있는 성분으로 사람들의 컨디션을 쥐고 흔드는 것으로 많은 비난을 받지만 가장 최근의 연구에 따르면 이는 생리학적인 요소보다 심인성에 가까운 현상이라고 한다. 적극적으로 기피하는 사람이든 인스턴트 라면으로 섭취하는 사람이든 이 글루타민산나트륨은 중독성이 있으며, 세상에서 가장 사랑받는 음식에서도 쉽게 찾아볼 수 있다. 치즈와 맥주, 와인, 다크초콜릿, 숙성된 육류와 쿰쿰한 향이 나는 발효 식품에는 모두 천연 글루타민산이 가득하며, 그래서 그렇게 중독적인 것이다. 영양학적으로 말하자면 감칠맛은 포만감을 촉진하는 데에도 도움을 주므로 글루타민산이 함유된 음식은 훨씬 만족감을 선사한다. 버섯과 토마토, 시금치, 양배추, 옥수수, 고구마는 감칠맛이 가장 풍부한 채소. 흥미롭게도 모유에 또한 인공 MSG와 거의 같은 양의 글루타민산이 함유되어 있는 것으로 밝혀졌다. 우리가 엄마에게 처음으로 그렇게 이끌리게 되는 원인 중 하나가 이것일지도 모른다. "맛있어요, 엄마!"

"표고버섯은 버섯계에서도 비교할 길이 없는 깊은 맛을 지니고 있다. 잘게 썰면 요리 전체에 부드럽게 섞여 들어가지만 큼직하게 손질하면 두드러지는 매력을 자랑하는 독특한 능력은 물론이다. 풍미를 흡수하면서 질감과 부드러운 맛을 더한다. 육류 대용으로도 간편하게 먹을 수 있고 간장과 함께 볶으면 캐러멜 풍미를 낼 수 있어 좋다."
— 니키 나카야마, 미국

버섯의 종류

· 송이버섯

밝은 주황색에 새콤하면서 질감이 탄탄해 얇게 저미거나 찜을 하기 좋다. 손톱으로 긁거나 물을 살짝 뿌려서 솔잎을 제거한다. 매끄러운 편이라 물을 살짝 둘러도 괜찮다.

· 비단그물버섯

영문명 '미끄러운 잭Slippery jacks'처럼 미끈미끈한 편이지만 감자와 함께 볶으면 아주 맛이 좋으며(322쪽의 볶음 요리 참고) 러시아식으로 피클을 만들어도 맛있다.

· 곰보버섯

암탉의 이빨만큼이나 귀하고 신기하게 생겼으며 탁탁 두드려서 줄기와 움푹 들어간 부분에 고인 모래를 제거해야 한다. 소량의 버터에 볶기만 하면 충분하다.

· 표고버섯

나는 신선한 어린 표고버섯을 통째로(크면 적당히 뜯어서) 290쪽의 태운 샬롯과 바삭한 브로콜리 오레키에테 등 파스타 요리에 넣는 것을 좋아한다. 말린 것으로도 구입할 수 있다.

· 노루궁뎅이 버섯

신경 복구를 지원하는 능력이 있어서 인기가 높아지는 중인 버섯으로 특히 연한 국물에 데치면 게살 같은 질감이 되는 것이 특징이다.

· 팽이버섯

작은 버섯 모양 뚜껑이 달린 콩나물처럼 생긴 팽이버섯은 볶음에서 부드러운 리본처럼 유연해지며 튀겨서 바삭바삭하면서 노릇노릇한 장식으로 쓰기 좋다.

· 포르치니 버섯

소스에 재빠르게 감칠맛을 더할 수 있는 가루와 건조, 그리고 아주 드물게 신선한 상태로 구입할 수 있는 버섯이다. 모두 스크램블드 에그에 잘 어울린다. 신선한 포르치니 버섯은 스테이크처럼 그릴에 굽거나 저며서 버터에 볶으면 좋다.

오리 지방 페이스트리 버섯 파이
Not Mushroom for Error Pie with Duck Fat Pastry

버섯은 형태를 유지하면서 주변의 모든 풍미를 흡수하기 때문에
파이로 만들기 완벽한 재료다. 버섯을 볶아서 질감이 살아 있고
감칠맛이 나며 오리 지방 또는 닭을 굽고 남은 지방(슈몰츠)
등을 이용해서 페이스트리를 만들어 여분의 풍미를 더해 아주
깊이 있는 파이를 완성했다. 물론 버터만 가지고 페이스트리를
만들어도 상관없고 시판 고급 냉동 쇼트크러스트 페이스트리를
사용한 다음 버섯 혼합물에 오리나 닭 지방을 섞어 넣으면 풍미를
조절할 수 있다. 포르치니_porcini_ 가루를 구하기 힘들다면 말린
포르치니 버섯을 믹서기에 갈거나 물에 불린 다음 여분의 물기를
짜내고(이 물은 페이스트리에 넣는다) 버섯 혼합물과 함께 섞으면
된다.

분량 6인분

얇게 송송 썬 모둠 버섯(양송이버섯과 포토벨로 사용) 750g

버터 40g

흰 부분만 송송 썬 리크 1대 분량

곱게 채 썬 갈색 양파 1개 분량

말린 포르치니 가루 2큰술

말린 타라곤 1작은술

너트메그 가루 1/2작은술

플레이크 소금 1큰술

밀가루 1/4컵(35g)

셰리 식초 2큰술

가볍게 푼 달걀 노른자 1개

서빙용 양질의 토마토소스

· 오리 지방 페이스트리

밀가루 3컵(450g), 덧가루용 여분

즉석에서 간 흑후추 1작은술

소금 1작은술

오리 지방 또는 정제한 닭 지방 100g

잘게 썬 가염버터 100g

사워크림 2큰술

사과 식초 2큰술

페이스트리를 만든다. 볼에 밀가루와 후추, 소금을 섞는다. 오리
지방과 버터를 넣어서 골고루 버무린다. 손끝만 이용해서 골고루
문질러 비벼 굵은 빵가루 같은 상태가 되도록 한다. 가운데에
우묵하게 우물을 판다. 우묵 파인 부분에 사워크림과 식초,
찬물 1/4컵(60ml)을 넣고 작은 칼을 이용해서 골고루 휘저어
한 덩어리로 뭉친다. 이때 너무 많이 섞지 않도록 주의한다.
덧가루를 가볍게 뿌린 작업대에 얹고 공 모양이 되도록 치댄
다음 같은 크기로 3등분한다. 납작한 원반 모양으로 다듬은 다음
랩으로 잘 싸서 냉장고에 1시간 정도 차갑게 보관한다.

그동안 필링을 만든다. 대형 프라이팬에 버섯을 넣고 물을
잠길 만큼 부은 다음 강한 불에 올린다. 수분이 모두 날아갈
때까지 바글바글 끓인 다음 지글지글 소리가 날 때까지
기다린다. 절반 분량의 버터를 넣고 골고루 섞으면서 버섯이
노릇노릇해질 때까지 볶은 다음 꺼내서 따로 둔다. 같은 팬에
리크와 양파, 남은 버터를 넣고 부드러워질 때까지 볶는다.
버섯을 다시 넣고 포르치니 가루와 타라곤, 너트메그, 소금을
뿌린다. 밀가루를 넣고 식초를 두른 다음 골고루 휘저으면서 더
이상 눈이 따갑지 않을 때까지 약 3분간 볶는다.

속이 깊은 27cm 크기의 파이 그릇 또는 베이킹 틀에 기름칠을
한다. 가볍게 덧가루를 뿌린 작업대에 페이스트리 하나를 얹고
3mm 두께의 동그라미 모양으로 민다. 밀대에 돌돌 말아서 파이
그릇 위로 옮긴 다음 손가락으로 가볍게 눌러가면서 꼼꼼하게
채운다. 남은 페이스트리를 약 3mm 두께의 긴 직사각형
모양으로 민 다음 2~3cm 너비로 길게 썰어서 유산지를 깐
트레이에 얹는다. 모든 페이스트리를 다시 냉장고에 넣고
15분간 차갑게 굳힌다. 그동안 자투리 페이스트리로 장식용
버섯 모양 등을 만든다.

그동안 오븐을 200°C로 예열한다.

파이 바닥에 익힌 버섯 혼합물을 채운다. 버섯 위에 길게 자른
페이스트리를 격자 모양으로 얹은 다음 가장자리와 겹친 부분을
눌러서 꼼꼼하게 여민다.

베이킹 트레이에 파이 틀을 얹고 조리용 솔로 달걀 노른자를
페이스트리에 골고루 바른다. 장식용 버섯 페이스트리를 예쁘게
얹고 다시 달걀 노른자를 바른다. 오븐에서 페이스트리가
노릇노릇해질 때까지 약 45분간 굽는다.

한 김 식힌 다음 따뜻할 때 토마토소스를 곁들여 낸다.

버섯을 채운 감자 즈라지와 사치벨리
Mushrooms-stuffed Potato Zrazy with Satsibeli

즈라지zrazy는 온갖 재료를 섞어 만든 리솔rissole과 비슷한 요리다. 점심이나 저녁으로 낼 수 있는 재료를 모두 섞어서 속을 채워 직사각형 모양으로 만든 다음 팬에 튀겨 만드는 천재적인 조합이다. 바삭하게 크러스트가 생기도록 익힌 으깬 감자에 볶은 양배추, 다진 소고기, 이 경우에는 버섯 뒥셀duxelles(버섯과 양파를 섞어서 만든 풍미 짙은 요리)을 채워서 만든다. 사치벨리satsibeli는 조지아식 토마토 살사로 푸드프로세서가 등장하기 전, 상자 강판을 사용하는 전통 방식으로 만들어 매우 비전통적인 재료인 하리사harissa를 첨가했다.

분량 10인분

차가운 으깬 감자(298쪽 참조) 2컵(500g)
잘 푼 달걀노른자 1개
글루텐 프리 밀가루 2/3컵(100g)
백후추 가루 1/2작은술
올리브 오일 2큰술

• 버섯 뒥셀
무염버터 100g
곱게 다진 모둠 버섯(생표고버섯과 양송이버섯 추천) 400g
곱게 다진 갈색 양파 2개 분량
플레이크 소금 1작은술

• 사치벨리
감자 2개(중)
껍질 벗긴 흰 양파 1/2개
껍질 벗긴 마늘 2쪽
잎과 줄기를 곱게 다진 고수 1/4컵
셰리 식초 2작은술
하리사 페이스트 2작은술
플레이크 소금 1/2작은술
설탕 1/2작은술
페누그릭 가루 1작은술

뒥셀을 만든다. 바닥이 넓은 프라이팬에 버터를 넣고 불에 올려서 녹인다. 버섯과 양파를 넣고 소금을 뿌려서 가끔 휘저으면서 전체적으로 물기가 완전히 사라지고 짙은 갈색을 띠면서 향이 올라올 때까지 약한 불에 1시간 정도 익힌다. 꺼내서 냉장고에 넣고 가능하면 하룻밤 정도 식힌다.

볼에 으깬 감자와 달걀 노른자, 밀가루, 후추를 넣고 골고루 섞은 다음 같은 크기로 10등분해서 공 모양으로 빚는다. 손바닥 크기의 원반 모양으로 동글납작하게 빚은 다음 뒥셀을 약 2작은술 정도 얹고 잘 감싸서 리솔 모양으로 빚는다. 이때 물을 담은 소형 볼을 가까이 둬서 손바닥을 적셔가며 작업해야 손에 반죽이 많이 달라붙지 않는다.

프라이팬에 올리브 오일을 두르고 달군다. 즈라지를 한 번에 3~4개 정도씩 넣고 골고루 노릇노릇하고 바삭바삭해지도록 중간 불에 앞뒤로 약 4분씩 굽는다. 약 1분 정도 휴지했다가 낸다.

사치벨리를 만든다. 박스 그레이터의 고운 면에 토마토와 양파, 마늘을 갈아서 볼에 담고 나머지 재료를 넣어 잘 섞는다. 맛을 보고 간을 맞춘다. 마늘 향이 나면서 새콤달콤하고 살짝 코에 톡 쏘는 감각이 느껴져야 한다.

즈라지는 냉장고에 4일간 보관할 수 있다. 취향에 따라 사치벨리를 곁들여서 실온으로 내거나 다시 중간 불에 앞뒤로 수 분씩 지져서 따뜻하게 낸다.

참고 냉장고에 남은 으깬 감자를 사용하는 것이 제일 좋다. 버터가 차갑고 단단한 상태라서 모양내어 빚기 간편하기 때문이다. 작업 중에 손바닥의 열기로 반죽이 너무 따뜻해지면 다시 냉장고에 넣어서 살짝 굳히는 사이에 사치벨리를 먼저 만든다.
버섯 뒥셀은 치즈 토스티나 페이스트리 또는 경단의 속 재료, 파스타 소스 바탕으로 쓰기 좋으며 가장 클래식한 사용법으로는 비프 웰링턴을 꼽을 수 있다.

숲 바닥 볶음

Forest Floor Fry-up

가을에 대한 매우 강렬한 추억 중 하나는 빅토리아 하이 컨트리로 부모님과 함께 버섯을 따러 가서 오후 내내 맛있는 저녁 식사를 기대하며 비단그물버섯과 사프란밀크버섯(송이버섯이었다)을 찾아 솔잎 아래를 뒤지던 것이다. 피클 항아리에 들어가지 않은 버섯은 모두 볶아서 감자와 스메타나smetana(사워크림)를 곁들여 이런 모양으로 냈다. 글쎄, 적어도 1990년대의 새로운 이민자네 주방에서는 그랬다. 무쇠보다는 덜 화려한 40년 이상 묵은 에나멜 팬에 익힌 다음 기름진 맛을 다독이기 위해 사워 피클이나 오이 피클을 곁들인다. 남은 삶은 감자를 처리하기에도 좋은 방법이다. 사실 나는 감자를 요리할 때마다 조금 넉넉하게 삶아서 다음날 이런 요리를 만들곤 한다.

분량 4인분

키플러(핑거링) 감자 600g

곱게 다진 프렌치 샬롯 4개 분량

버터 150g

모둠 희귀 버섯 또는 야생 버섯(표고버섯, 느타리버섯, 팽이버섯,
  새송이버섯, 비단그물버섯, 송이버섯 등)(참고 참조) 500g

올리브 오일 2큰술

굵게 다진 딜 1/2단 분량

소금 1작은술

으깬 흑후추 1/2작은술

사워크림 1/3컵(80g)

서빙용 굵게 다진 사워 피클(참고 참조)

냄비에 감자를 넣고 소금 간을 넉넉히 한 찬물을 딱 잠길 만큼 붓는다. 한소끔 끓인 다음 불 세기를 낮춰서 포크로 찌르면 푹 들어갈 정도로 20~25분간 뭉근하게 삶는다.

그동안 대형 프라이팬에 버터 100g과 샬롯을 넣고 중약 불에 올려서 노릇해질 때까지 천천히 5분간 볶는다. 대형 볼에 옮겨 담는다.

버터가 아직 남은 팬에 버섯을 빼곡하게 넣고 물 1/2컵(125ml)을 부은 다음 수분이 완전히 날아가서 지글지글 소리가 날 때까지 중강 불에서 끓인다. 이제 올리브 오일을 둘러서 캐러멜화를 돕는다. 샬롯 볼에 넣는다.

감자를 한입 크기로 썰어서 남은 버터 50g에 약 4분간 바삭바삭해지도록 볶는다. 샬롯과 버섯을 넣고 잘 섞은 다음 딜(장식용으로 몇 줄기는 남겨둔다)과 소금, 으깬 후추를 넣어서 섞는다.

사워크림을 1덩이 올리고 피클, 남겨둔 딜을 뿌려서 낸다.

참고 제철이 되면 비단그물버섯과 송이버섯이 특히 맛이 좋지만 다양한 모양과 질감을 가진 버섯을 섞어서 사용할 것을 권장한다.

사워 피클은 기름진 맛을 정돈하고 화사한 색상을 더하는 역할을 한다. 식초 함량이 높지 않은 브랜드를 고르도록 하자. '딜 피클'이라면 실패가 없다.

변주 레시피 남으면 코팅 프라이팬에 올리브 오일이나 버터를 두르고 넣어서 다시 바삭바삭해지도록 볶는다. 달걀을 1인당 2개씩 준비해서 잘 풀어 붓는다. 뜨거운 그릴(브로일러)에 넣으면 세상에서 제일 손쉽고 간단하게 감자 토르티야를 만들 수 있다.(페란 아드리아의 감자칩 토르티야Ferran Adrià's version using potato crisps를 제외한다면 말이다.)

Dark Green

* **SPINACH**
  + Silverbeet
  & chard
  + Warrigal greens
* **ROCKET**
  + Nettle
* **HERBS**
* **KALE &
  CAVOLO NERO**

* **BROCCOLI**
  + Chinese broccoli
  + Broccolini
* **ZUCCHINI**
  + Zucchini flowers
* **CUCUMBER**
* **BEANS**
  + Bean shoots
* **OKRA**

Spinach

시금치

나는 시금치를 보면 데이비드 카퍼필드 옹(디킨스 소설의 주인공이 아닌 마술사)이 생각난다. 팬에 넣고 뚜껑을 닫으면, 펑! 하고 사라져버린다. 그건 시금치의 90% 이상이 수분이라 조리하면 부피가 4분의 3으로 줄어들기 때문이다. 색상은 화사하고 풍미는 부드럽다. 덕분에 페르시아 시대 이후 조각상과 선원보다 훨씬 먼저 전 세계로 퍼져 모든 요리 문화권에서 고유한 자리를 차지하게 되었다. 팔락 파니르palak paneer 없는 인도 요리, 생강을 넣은 시금치 볶음이 없는 중국 요리, 스파나코피타spanakopita가 없는 그리스 요리를 상상할 수 있을까? 시금치는 프랑스 요리에 이탈리아의 영향을 불어넣은 이탈리아의 여왕 캐서린 드 메디치에 의해서 프랑스에 들어왔는데, 캐서린 여왕은 시금치 요리를 정말 많이 주문했기 때문에 유명한 달걀 요리처럼 녹색 잎채소를 잔뜩 넣은 온갖 요리에 플로랑탱Florentin이라는 명칭이 붙게 되었다. 시금치의 색상 또한 살짝 마술에 가깝다. 데쳐서 곱게 갈면 화사한 녹색의 엽록소 페이스트가 되어 파스타 반죽에서 소스, 수제 플레이도우 등에 색을 입힐 수 있다.

"나는 날것이든 굽거나 볶거나 데친 것이든, 녹색 채소는 실로 깊은 영감을 주는 존재라고 생각한다. 근대의 잎과 줄기를 분리한 다음 밀가루와 버터, 우유와 함께 잘 섞어서 치즈를 얹어 구우면 훌륭한 그라탕이 된다. 시금치와 쐐기풀은 수프가 완성되기 직전에 잘 섞어 넣거나 파스타 반죽, 필링 재료 등에 사용하기 좋다."

— 다니엘레 엘바레즈, 미국

구입과 보관하는 법

신선한 시금치는 뿌리와 줄기가 아직 붙은 채로 단으로 묶어 팔거나 어린 잎을 이파리채로, 혹은 자루에 담아서 판매하곤 한다. 일 년 내내 구할 수 있지만 늦가을에서 초겨울이 제철이다. 자루에 담겨 있다면 습기가 찬 부분이 있는지, 이파리 끝이 무르지 않았는지 살펴본다. 잎을 분리한 어린 시금치는 만졌을 때 탄력이 느껴지고 봉지에 담을 때 삐걱거리는 소리가 나야 한다. 잎이 아주 섬세하므로 조심스럽게 다뤄야 한다. 조금이라도 멍이 들면 봉지 전체가 상할 수 있다. 나는 언제든지 요리에 녹색 채소를 더할 수 있도록 냉동실에 항상 시금치 1봉지를 보관하고 있지만, 가능하면 항상 신선한 시금치를 쓰는 것이 더 낫다. 시금치 가루도 시판 제품으로 판매하고 있으며 스무디에 1작은술만 넣으면 어린 시금치 반 봉지(순식간에 사라진다니까요!)와 맞먹는 양이 된다. 그러니 녹색 파스타 반죽이나 수프를 만들 때도 한 번 넣어보자.

시금치를 신선하게 보관하려면 물기를 최대한 제거해서 건조하게 만드는 것이 핵심이다. 먼저 지저분한 잎을 제거한 다음 깨끗하게 씻어서 채소 탈수기에 최대한 바짝 마르도록 돌린다.(샐러드를 즐겨 먹는 가정이라면 채소 탈수기는 생명의 은인이나 다름없다.) 채소 탈수기나 다른 용기에 종이 타월이나 면포를 깔고 시금치를 넣은 다음 하루이틀마다 상태를 확인한다. 시금치가 조금 시들기 시작했거나 너무 많은 양이 남았다면 끓는 물에 30초간 데쳤다가 꼭 짜서 물기를 제거하고 레몬즙을 조금 뿌려서 색이 유지되도록 한 다음 한 주먹씩 쟁반에 담아서 냉동한 후 마지막으로 용기에 담아 언제든지 사용할 수 있는 냉동 시금치를 직접 만들어보자.

조리하는 법

시금치는 짙은 녹색을 띠고 있어서 흙모래가 많이 숨어 있는 편이며, 비를 맞은 적이 있다면 더더욱 그렇다. 어린 시금치 봉지에 '세척 완료'라고 적혀 있더라도 채소 탈수기에 두어 번 돌리는 것이 좋다. 팬에 시금치를 볶을 때는 물을 두를 필요가 없다. 그냥 가장자리가 높고 뚜껑이 있는 팬을 고른 다음 불 세기를 중약 불로 낮춰서 바닥의 이파리가 눌어붙지 않도록 한 상태로 시금치를 넣고 뚜껑만 닫아두면 알아서 수분이 빠져나온다. 수분이 빠져나오기 시작하면 뚜껑을 열고 전체적으로 고르게 익도록 잘 뒤섞어가며 수분이 최대한 빠져나오도록 한다. 팬 전체에 마치 국물이 고이듯이 물이 너무 많이 생겼다면 일단 좀 따라낸 다음 버터 1덩이(그리고 원한다면 으깬 마늘 약간)를 넣어서 전체적으로 반짝 반짝 윤기가 흐를 때까지 버무린다. 만일 시금치를 타르트나 커리처럼 특정 요리의 일부 재료로 사용한다면 먼저 볶되 버터는 넣지 않는다. 꼭 짜서 여분의 물기를 제거한 다음 페이스트리에 얹거나 달걀물에 섞는다. 그러면 요리에 사용한 지방이 시금치와 잘 어우러지고, 요리가 축축해지는 일이 없다.

기능적 효과

사실 뽀빠이는 실제로 뭘 제대로 알고 있었던 듯 하다. 제대로 알고 '약을 했다'고 해야 할까? 최근 베를린의 연구진이 수행한 실험에 따르면 시금치의 화학 추출물은 근력 강화에 있어서 스테로이드와 같은 효과가 있는 것으로 나타났으며, 세계 반도핑 기구는 시금치를 금지 약물 목록에 넣어야 하는지 여부를 조사하기 위한 연구를 후원하고 있었다! 다행히 그 결과 시금치는 엑디스테론ecdysterone을 펌핑하며, 현저한 개선 효과를 보려면 10주일간 시금치를 최대 16kg씩 먹어야 한다는 사실이 밝혀져서 전 세계의 시금치를 사랑하는 운동 선수들이 안도할 수 있게 되었다.

어울리는 재료

베이컨, 버터, 치즈(특히 콩테, 페타, 파르메산, 리코타), 크림, 달걀, 마늘, 생강, 레몬즙, 너트메그, 후추, 참깨, 간장.

시금치 그 외: 근대

비트는 뿌리를 얻기 위해 재배하지만, 그 외의 가족 구성원은 무성한 이파리만으로도 귀한 대접을 받는다. 스위스 근대라고도 불리는 실버비트Silverbeet 근대는 붉은 무늬가 들어간 흰색 줄기에 짙은 녹색 잎이 특징이며, 무지개 근대의 경우에는 붉은색과 분홍색, 주황색, 노란색이 음영을 달리하며 뒤섞인 줄기에 밀랍으로 된 깃털 같은 질감이 두드러진다. 모든 근대는 케일이나 큰 시금치처럼 다루면 된다. 잎을 줄기 결 반대 방향으로 잡아 당겨 뜯어내거나 가위로 질긴 줄기에서 최대한 가까운 부분을 잘라낸다. 줄기는 셀러리나 기타 물기 많은 채소처럼 따로 쪄서 먹어도 좋다. 은은한 흙 향기에 살짝 쓴맛이 도는 근대는 풍미가 아주 부드러운 편으로, 쓴맛은 조리하는 과정 중에 대부분 사라진다.

시금치 그 이상: 번행초

번행초는 호주와 뉴질랜드 전역에 걸쳐서 청과물 코너에 점점 더 많이 등장하고 있는 녹색 잎채소로 보타니 베이 그린Botany Bay greens 혹은 뉴질랜드 그린New Zealand greens이라고도 불리며, 따뜻한 기후에서 자라는 토종 시금치과 식물이다. 시금치만큼이나 다양한 요리에 사용할 수 있으며 깊은 풀 향에 쓴맛과 풍미가 조금 강한 편이다. 그리고 시금치처럼 옥살산이 함유되어 있는데 그 양이 많은 편이라 날것으로는 먹지 않는다. 벨벳 같은 질감의 마름모꼴 잎을 줄기에서 떼어낸 다음 시금치를 요리하듯이 데치거나 볶아서 쓴맛이 덜 느껴지도록 간을 넉넉히 해야 한다.

녹색 에그 플로랑탱
Green Eggs Florentine

따뜻한 아침 식사 메뉴에 있어서 시금치는 항상 마지막으로 약간 덧붙이는 재료에 지나지 않는다. 모든 튀긴 인간 사료에 대한 보상으로 약간의 녹색 채소를 곁들이는 식이다. "아, 그리고 시금치를 조금 곁들여주세요." 하고 주문하거나 겹겹이 쌓인 달걀 아래에 살짝 튀어나와 있는 시금치를 찾아내야 한다. 하지만 여기서는 니겔라 로슨Nigella Lawson 식으로 완벽하게 만든 수란의 위아래에 전부 시금치를 덧대서 사치스러운 부르주아식 브런치 메뉴를 완성했다. 졸인 식초는 원래 어디에나 잘 어울리는 재료지만 홀랜다이즈 소스에 넣으면 특히 훌륭한 맛이 난다.

분량 4인분

무염버터 120g
달걀노른자 2개
어린 잉글리시 시금치 잎 120g, 서빙용 여분
식초(참고 참조) 1/3컵(80ml)
반으로 잘라서 구운 잉글리시 머핀 4개 분량
파프리카 가루 1/4작은술
서빙용 웨지로 썬 레몬

• 다용도 졸인 식초(분량 1컵/250ml)
화이트와인 식초 2컵(500ml)
딜 줄기(잎은 다른 요리에 사용) 1단 분량
월계수 잎 2장
정향 6개
통 흑후추 1작은술
펜넬 씨 1작은술

참고 수란을 만들 때 물에 산을 첨가하면 달걀흰자가 응고되는 것을 돕는다. 이때 굳이 비싸고 좋은 식초를 사용하지는 말자. 그냥 백식초나 사과 식초, 레몬즙 등 색이 옅은 것을 넣으면 된다.

지름길 졸인 식초를 만드는 대신 홀랜다이즈와 달걀을 삶는 물에 화이트 와인 식초를 사용한다. 그리고 신선한 시금치를 숨이 죽도록 익히는 대신 완성한 홀랜다이즈에 스피룰리나spirulina 가루를 섞어서 녹색이 되도록 하자.

졸인 식초를 만든다. 냄비에 모든 재료를 넣고 중강 불에 올려서 반으로 줄어들 때까지 10분간 익힌다. 딜 줄기를 건져내고 국물을 2큰술만 따로 받아 둔다. 나머지는 뜨거울 때 깨끗한 병에 부어서 밀봉한 다음 서늘한 응달에 보관한다. 개봉하지 않은 채로 6개월, 개봉 후 1~2개월간 냉장 보관할 수 있다.

프라이팬에 버터를 넣어서 녹인다. 믹서기에 달걀노른자와 졸인 식초 1과1/2큰술을 넣고 전체적으로 옅은 색이 될 때까지 간다. 믹서기를 돌리면서 뜨거운 녹인 버터를 천천히 일정하게 부어서 유화시켜 걸쭉하고 옅은 색을 띠는 소스를 완성한다.

버터가 처음부터 끝까지 뜨거운 온도를 유지해야 달걀 노른자를 효과적으로 적당히 익힐 수 있다.(또는 바닥이 묵직한 소형 냄비에 모든 재료를 넣고 가장 약한 불에 올린 다음 걸쭉한 소스가 될 때까지 쉬지 않고 휘저어서 만들기도 한다.) 버터를 전부 넣어서 유화시킨 다음 빈 팬에 시금치 잎을 넣고 1~2분 정도 볶아서 숨이 죽도록 한다. 홀랜다이즈 믹서기에 시금치를 넣고 먹기 전까지 그대로 보관한다. 뜨거운 시금치 덕분에 홀랜다이즈가 따뜻하게 유지된다.

이어서 수란을 만든다. 넓은 냄비에 물을 반 정도 채우고 한소끔 끓인다. 불 세기를 약하게 낮춘다. 뭉근하게 끓는 물에 식초 2큰술을 넣는다. 재빠르게 나무 주걱으로 물을 휘저어서 소용돌이를 만든다. 달걀을 2개 깨서 소형 볼에 넣고 식초 2작은술을 두른다. 냄비의 소용돌이 가운데에 달걀을 조심스럽게 넣은 다음 볼에 다시 달걀 2개를 깨 넣고 식초 2작은술을 두른다. 먼저 넣은 달걀은 흰자가 불투명해질 때까지 3분간 익힌다. 그물 국자로 건져서 따로 두어 물기를 제거한다. 나머지 달걀을 같은 방식으로 데쳐 수란을 완성한다.

그동안 시금치와 홀랜다이즈 믹서기를 곱게 갈아서 걸쭉한 녹색 소스를 완성한다. 반으로 자른 머핀에 달걀을 하나씩 얹고 홀랜다이즈를 두른다. 파프리카 가루와 소금을 뿌리고 여분의 시금치를 뿌린 다음 레몬 조각을 곁들여 낸다.

변주 레시피 홀랜다이즈에 타라곤과 처빌, 곱게 다진 샬롯을 섞으면 스테이크와 감자튀김에 아주 잘 어울리는 시금치 비어네즈béarnaise 소스가 된다.

새우 시금치 누드 만두

No-wrap Prawn & Spinach Dumplings

만두피를 한 번이라도 주름지게 접을 필요 없이 간단하게 만들 수 있다는 점이 정말 마음에 드는 만두다. 수 년 전에 시드니에서 레스토랑 '사케Sake'를 운영하는 숀 프레스란드Shaun Presland 셰프에게서 처음 배운 기술로, '사케'의 시그니처 메뉴. 공심채를 구할 수 있다면 시금치 대신 넣어보자. 똑같이 데쳐서 속 재료로 넣을 수 있지만 물이 덜 들어서 손가락을 냅킨 대신으로 사용할 수 있을 정도로 깨끗하게 유지된다. 새우 대신 송송 썬 표고버섯이나 두부를 시금치와 함께 갈아서 넣어도 좋다.

분량 경단 26개

껍질을 벗기고 곱게 다진 생생강 45g

굵게 다진 마늘 6쪽 분량

고수 잎 20g, 장식용 여분

곱게 송송 썬 실파 2대 분량, 장식용 여분

굵게 다진 홍고추 1개(소) 분량, 서빙용 송송 썬 것 여분

간 종려당 1큰술

간장 넉넉한 1두름, 서빙용 여분

볶은 참기름 1/4작은술

소금 1큰술

굵게 다진 생새우살 500g

데친 어린 시금치 또는 공심채 잎(참고 참조) 250g, 서빙용 여분

달걀이 들어간 만두피 40장(270g)

푸드프로세서에 생강, 마늘 고수, 실파, 고추를 넣는다. 종려당과 간장, 참기름, 소금을 넣고 약 10초간 돌려 섞는다.(또는 모든 신선 식재료를 칼로 곱게 다진 다음 다진 생새우를 넣은 후에 양념을 해서 잘 섞는다.) 절반 분량의 생새우와 절반 분량의 데친 시금치를 넣고 돌려서 섞는다. 아직 살짝 굵은 질감이 남아 있어야 한다.(칼로 다질 경우에는 반은 곱게, 나머지 반은 굵게 다진다.) 나머지 생새우와 데친 시금치를 넣어서 갈지 않고 접듯이 섞는다.

볼에 따뜻한 물을 담아서 옆에 둔다. 만두피를 차곡차곡 쌓아서 날카로운 칼로 가늘게 채 썬다. 새우 만두속을 찻숟가락으로 퍼서 동글동글하게 빚은 다음 만두피에 굴려서 골고루 묻혀 감싼다. 만두피가 손가락에 많이 달라붙으면 손가락을 따뜻한 물에 담갔다 뺀다.

대나무 찜기 2개에 칼집을 넣은 유산지를 깐다. 만두를 한 켜로 넣는다. 찜기를 뭉근하게 끓는 물 냄비 위에 얹어서 만두가 탱탱해질 때까지 7~8분간 찐다.(또는 찜기 1개를 이용해서 만두를 2번에 나눠서 찐다. 그동안 나머지 만두가 마르지 않도록 젖은 티타월을 덮어 둔다.)

만두에 여분의 고수를 뿌리고 생공심채 잎으로 말아서 찍어 먹을 여분의 간장과 고추를 곁들여 낸다.

참고 어린 시금치를 데칠 때는 내열용 볼에 넣고 끓는 물을 부은 다음 바로 채반에 밭쳐서 여분의 물기를 짜낸다.

지름길 만두피를 송송 써는 대신 둥근 만두피 가운데에 만두속을 1큰술 얹고 꼭 짜서 대충 복주머니 모양으로 만들어 여민다.

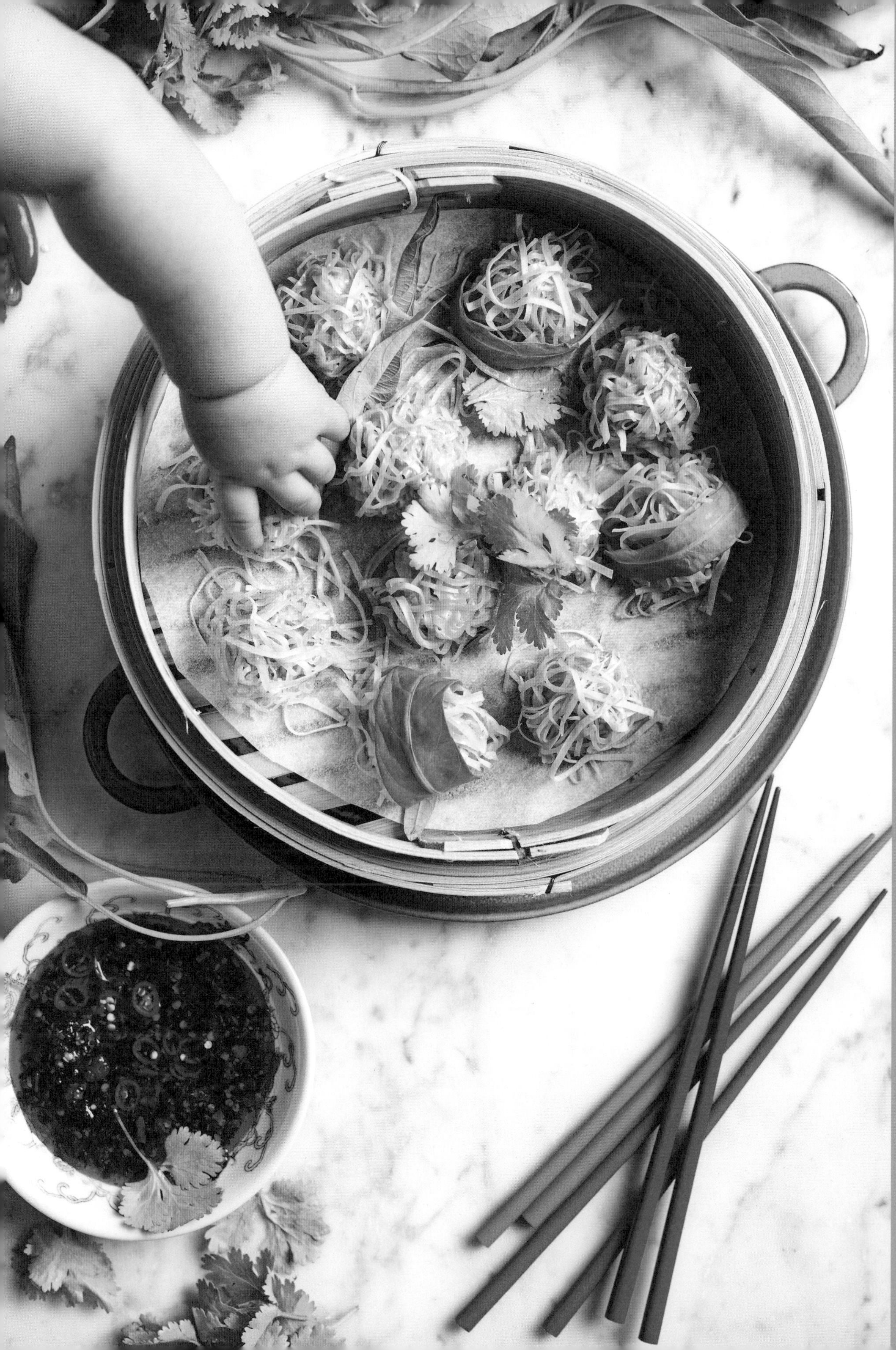

근대 카차푸리(336쪽)

근대 카차푸리

Silverbeet Khachapuri

이 레시피를 넣지 않고서는 도저히 요리책을 출간할 수가 없었다. 카차푸리는 부정할 여지 없이 조지아가 전 세계에 선사한 가장 큰 선물이다. 이 치즈빵(카차는 치즈, 푸리는 빵이라는 뜻이다)은 비교적 작은 나라인 조지아 안에서도 지역별로 약 20개 이상의 변형 레시피가 존재한다. 여기서 조지아인이 음식을 얼마나 진지하게 대하는지 알 수 있다. 근대는 주로 므클로바나mkhlovana(채소 속을 넣은 조지아식 빵 - 옮긴이)나 프칼리pkhali(다진 채소와 견과류 등을 섞은 조지아식 스프레드 - 옮긴이) 딥에 들어가는 재료이니 나처럼 아자르식 카차푸리에 넣었다고 해서 조지아인이 용납하지 않는 일은 없을 것이다. 아자르식 카차푸리는 항구 도시의 바다 항해 유산을 반영한 곤돌라 모양과 가운데에 들어간 달걀이 특징이다.

분량 4인분

미지근한 우유 1컵(250ml)

인스턴트 드라이 이스트 2작은술(7g)

설탕 1/2작은술

강력분 3컵(450g), 덧가루용 여분

달걀 2개

올리브 오일 1/4컵(60ml), 마무리용 여분

소금 1/2작은술

마무리용 참깨(선택)

큼직하게 4등분한 버터 40g

서빙용 웨지로 썬 레몬

• 필링

올리브 오일 1큰술

깍둑 썬 양파 1개 분량

굵게 다진 마늘 1~2쪽 분량

곱게 다진 근대 잎 265g(약 1단 분량)

코티지 치즈 200g

간 모차렐라 치즈 200g

페타 치즈 200g

소금 1/4작은술(선택)

페누그릭 가루 1/2작은술

달걀 4개

볼에 우유와 이스트, 설탕을 잘 섞어서 녹인 다음 따로 둔다.

냄비에 밀가루 25g과 물 100ml를 넣고 약한 불에 올려서 곤죽이 될 때까지 1~2분간 익힌다. 한 김 식힌 다음 우유 혼합물에 붓고 달걀 1개와 올리브 오일을 넣어서 거품기로 잘 섞는다.

가장 큰 볼 또는 스탠드 믹서 볼에 나머지 밀가루를 체에 쳐서 넣는다. 소금을 뿌린 다음 가운데를 우묵하게 판다. 우유 혼합물을 천천히 부으면서 스패출러나 손으로 골고루 휘저어 섞는다. 볼에 넣은 채로 손으로 치대 반죽한다. 또는 스탠드 믹서를 이용해서 부드러운 반죽이 될 때까지 돌린다. 약 5~10분 정도가 소요된다. 반죽을 잡아당겨도 뜯어지지 않을 때까지 계속 치대어 반죽한다. 글루텐이 발달해서 반죽을 잡아당기면 탄력 있게 늘어나는 상태가 되어야 한다.

반죽이 볼 가장자리에서 떨어져 나올 정도가 되면 덧가루를 뿌린 작업대에 올려서 조금 더 치댄다. 손끝으로 가볍게 찌르면 탄력 있게 튀어나올 정도가 되면 완성된 것이다. 더 치대도 상관없다. 많이 치댄다고 잘못될 일은 없는 반죽이다.

볼 바닥에 덧가루를 살짝 뿌려서 벽에 달라붙은 자투리 반죽을 긁어낸다. 푸슬푸슬하면 버린다. 촉촉하면 반죽에 섞어 넣고 여러 번 접으면서 치대서 골고루 잘 섞는다.

볼을 종이 타월이나 티타월로 닦는다. 볼 바닥에 여분의 올리브 오일을 두르고 반죽을 넣어서 골고루 오일을 묻힌다. 티타월을 덮어서 따뜻한 곳에 1시간 동안 발효시킨다.

그동안 필링을 만든다. 대형 냄비에 올리브 오일을 두르고 중약 불에 올려서 따뜻하게 데운 다음 양파를 넣어서 형태를 잃기 시작할 때까지 수 분간 천천히 볶는다. 약한 불로 낮추고 뚜껑을 닫아서 5분 더 양파를 익힌 다음 뚜껑을 열고 양파가 반짝반짝하게 반투명해질 때까지 2~3분 더 볶는다.

마늘과 근대를 넣고 골고루 잘 섞는다. 다시 뚜껑을 닫고 전체적으로 잘 어우러질 때까지 5분간 찌듯이 익힌다.

새 볼에 근대 혼합물을 붓는다. 코티지 치즈와 모차렐라 치즈를 넣고 페타 치즈를 잘게 부숴서 넣은 다음 골고루 잘 섞는다. 맛을 보고 간을 맞춘다. 같은 크기로 4등분해서 따로 둔다.

반죽이 2배로 부풀면 오븐을 240°C로 예열한다. 베이킹 트레이 2개에 유산지를 깐다. 덧가루를 뿌린 작업대에 반죽을 엁고 주먹으로 기분 좋게 몇 번 두드려서 가스를 제거한다. 같은 크기로 4등분한 다음 공 모양으로 빚는다. 참깨를 넣는다면 이 단계에서 반죽 아래에 참깨를 솔솔 뿌린다.

밀대로 반죽을 약 17 x 35cm 크기의 타원형으로 민다. 럭비공과 비슷한 모양에 속 재료를 전부 감쌀 수 있을 정도의 크기가 되어야 한다.

베이킹 트레이에 타원형 반죽을 2개씩 담는다. 필링을 1회분 덜어서 가장자리를 1cm 정도 남겨놓고 반죽에 올린다. 손가락으로 가장자리 반죽을 접어올려서 눌러 필링을 감싸는 '담장'처럼 만든다. 필링 일부가 반죽 아래로 밀려들어가 속을 채운 파이 크러스트 같은 상태가 되어야 한다. 길쭉한 타원형 반죽의 위아래 부분을 꼬집어 당긴 다음 가볍게 비틀어서 보트 모양으로 만든다. 티타월을 덮어서 15분간 발효시킨다.

앞서 우유를 담았던 볼에 지금까지 나왔던 모든 액상 재료를 다 모으고 나머지 달걀을 넣어 가볍게 푼다. 조리용 솔로 반죽의 크러스트 부분에 골고루 바른다. 필링 위에 페누그릭과 소금을 뿌린 다음 취향에 따라 크러스트 부분에는 참깨를 뿌린다.

트레이를 오븐에 넣는다. 오븐 온도를 180℃로 내린다. 크러스트가 단단해져서 반짝이기 시작할 때까지 10~15분간 구운 다음 필요하면 트레이 위치를 바꿔서 전체적으로 골고루 노릇노릇해지게 한다.

오븐 온도를 200℃로 높인다.

1/3컵(80ml)들이 계량컵의 바닥 부분을 이용해서 각 카차푸리 가운데 부분을 꾹 눌러 달걀을 넣을 틈을 낸다. 필링용 달걀 4개를 하나씩 깨서 유리잔에 담고 카차푸리의 빈 곳에 붓는다.

다시 오븐에 넣고 달걀이 굳고 크러스트가 노릇노릇해질 때까지 10~15분 더 굽는다. 뜨거운 카차푸리에 버터를 한 조각씩 얹고 취향에 따라 레몬 조각을 곁들여 낸다. 다만 우리 아버지는 레몬이 어울리지 않는 것 같다고 단호하게 주장했다!

참고 카차푸리는 달걀을 넣기 직전까지 미리 만들어둘 수 있다. 내기 직전에 빈 곳에 날달걀을 넣고 200℃로 예열한 오븐에 10~15분간 굽는다.

지름길 시판 퍼프 페이스트리나 필로 페이스트리에 같은 필링을 채워서 구워도 똑같이 맛있는 파이가 된다. 그리고 달걀을 빼면 훨씬 빨리 식사를 완성할 수 있다.

번외 갓 구워낸 카차푸리에는 전통적으로 버터 1조각을 얹어서 낸다. 이때 190쪽의 래디시 구이에 사용한 허브 가향 버터를 사용하면 환상적인 맛을 느낄 수 있을 것이다.

Rocket

로켓

구약 성서에도 등장한 녹색 채소로 루콜라, 아루굴라라고도 불리는 로켓은 고상한 프리제 상추처럼 그 영향력을 이리저리 휘두르는 건방진 잎채소 취급을 받는다. 하지만 로켓은 사실 상당히 척박한 환경에서 물을 최소한만 줘도 거뜬하게 살아남는 겸손한 잡초에 가깝다. 실제로 크리스티나 아길레나처럼 로켓은 따스한 손길에 굶주리면 굶주릴수록 번성해서 더 '강한Stronger(크리스티나 아길레나의 히트곡에서 따온 말장난 - 옮긴이)' 모습을 보인다. 로켓의 크기와 잎의 톱니 모양을 살펴보면 맵싸한 후추나 겨자 향이 얼마나 강할지 가늠할 수 있다. 가장자리가 날카로울수록 더 씁쓸하다. 양상추보다는 허브에 가깝다고 생각하자. 듬뿍 올리기에 좋은 요리는? 오븐에서 막 꺼낸 따끈한 피자다!

"로켓은 요리에 천연 후추 맛을 더한다. 자그마한 녹색 잎을 안초비와 피클 절임액, 마늘,
레몬과 함께 곱게 간 다음 마요네즈를 조금 섞어서 부드럽게 만들면 녹색 여신Green Goddess
소스와 비슷해진다. 다용도로 활용할 수 있고, 감자와 특히 잘 어울린다."
— 알라나 사프웰, 호주

구입과 보관하는 법

일 년 내내 구할 수 있지만 제철은 봄날인 로켓 고르는 법은 대체로 취향의 문제에 달렸다. 다시 말해서
한 잎 집어서 먹어본 다음 이 로켓의 맵싸한 정도가 적절한지, 즉 내 취향에 맞는 만큼 매콤한지 확인하는
것이 좋다. 야생 로켓은 더 거칠어서 줄기가 질기고 잎이 탄탄해서 어린 케일의 영역에 가까워지는
질감(하지만 완전히 그만큼 거칠지는 않은)을 선사한다. 끝 부분이 노랗게 변한 로켓은 좋지 않고, 검은
반점이 너무 많은 것도 피한다. 하지만 만져봐서 아직 탄탄하게 느껴지고 검은 반점은 그냥 무늬일 뿐
맛은 괜찮은 것 같다면 오히려 풍미가 더 진한 로켓일 수도 있다. 로켓이 용기에 들어 있어서 맛을 볼 수
없다면 뒤집어서 용기 바닥에 붙은 잎 상태를 살펴본다. 눈에 띄게 미끈거리거나 노랗게 변한 것이 없다면
사도 괜찮다.

로켓의 잎은 훨씬 섬세해서 채소 칸 위쪽에 보관해야 하는 양상추 등 기타 녹색 잎채소보다 튼튼한
편이다. 하지만 그래도 허브나 양상추처럼 키친 타월이나 종이 타월에 싸서 종이 봉지에 느슨하게 담아
채소 칸에 보관하는 것이 좋다. 로켓의 유통기한은 일주일이 약간 넘고, 기본적으로 건조하지만 살짝
촉촉한 환경에 보관하면 10일 이상 가기도 한다. 하지만 직접적으로 수분이 닿으면 이 잠재력이 극적으로
감소하는 것을 볼 수 있으니 주의해야 한다.

로켓 그 외: 쐐기풀

음식도 패션과 마찬가지로 옛것이 새롭게 돌아오는 분야다. 손가락과 입안을 모두 톡 쏘는 잡초인
뾰족뾰족한 쐐기풀도 이렇게 회생했다. 쐐기풀의 가시는 천연 방어 체계다. 잎 뒷면과 줄기에 곱게 난
가느다란 털이 해충(그리고 성가신 인간의 손가락)을 자극해 다가오지 못하게 한다. 특수작물을 취급하는
청과물 가게에서 겨울철에 주로 볼 수 있는 쐐기풀을 요리하려면 반드시 장갑을 낀 다음 가위를 이용해서
소금간을 넉넉히 한 끓는 물에 잎만 넣어 화사한 녹색이 될 때까지 데친다. 건져서 얼음물에 담가 더 익지
않고 색이 유지되게 한 다음 파스타나 리소토 등의 전분질 식사, 수프 같은 부드러운 요리, 치즈를 듬뿍
넣은 스파나코피타spanakopita식 오븐 요리에 넣는다.

어울리는 재료

고추(피망, 특히 홍피망), 치즈(특히 염소, 파르메산), 감귤류(특히 레몬, 오렌지, 블러드 오렌지), 마늘,
견과류(특히 헤이즐넛, 잣, 호두), 판체타, 배, 라디키오, 토마토, 식초(특히 발사믹, 레드와인 식초).

고전적인 캐러멜화한 발사믹을 두른 로켓 배 샐러드

Classic Caramelised Balsamic, Rocket & Pear Salad

로켓과 배, 파르메산에 특히 시럽 같이 달콤한 짙은 색의 식초를 두르면 아주 고전적인 조합이 된다. 하지만 숙성 식초나 캐러멜화한 발사믹 식초를 구입하기 위해 거금을 쓰기 전에 일반 발사믹에 메이플 시럽을 섞어서 간단하게 만드는 반칙성 레시피를 테스트해 보자. 졸이는 동안 눈이 좀 따가울 수 있지만 그 결과물인 감로를 맛보면 그럴 가치가 있다고 생각될 것이다.

분량 4인분(사이드 메뉴)

발사믹 식초 1/2컵(125ml)

메이플 시럽 1/4컵(60ml)

단단한 배(팩햄 등) 2개

로켓 100g

야생 로켓 50g(선택, 하지만 있으면 매우 좋음)

곱게 채 썬 적양파 1개(소) 분량

볶아서 다진 헤이즐넛 1/4컵(40g)

서빙용 깎아낸 파르메산 치즈

마무리용 엑스트라 버진 올리브 오일

소형 냄비에 발사믹 식초와 메이플 시럽을 넣고 강한 불에 올려서 3분의 2로 줄어들어 걸쭉해질 때까지 졸인다. 깨끗한 병(쓰고 남으면 보관 가능)에 담아서 한 김 식힌다. 식을수록 더 걸쭉해질 것이다. 밀폐용기에 넣어서 냉장고에 1개월간 보관할 수 있다.

볼이나 접시에 배와 로켓, 양파를 담는다. 헤이즐넛을 뿌리고 플레이크 소금과 즉석에서 간 흑후추로 간을 한다. 위에 파르메산 치즈를 뿌리고 메이플 발사믹 소스를 두른 다음 올리브 오일을 뿌린다.

캐러멜화한 발사믹에 대해서는 일언반구도 하지 않고 일단 내 보자. 손님들은 분명 값비싼 소스를 두른 게 틀림없다고 생각할 것이다!

참고 이 샐러드를 파티에 가져가려면 모든 재료를 각각 다른 용기에 담아서 차리기 직전에 골고루 버무린다.

Herbs

허브

육수에 던져 넣은 월계수 잎에서 훈제 연어 베이글에 흩뿌린 딜에
이르기까지, 맛있는 음식은 허브에서 시작되고 허브로 끝난다.
로즈메리나 타임, 오레가노, 마조람, 카피르 라임 잎 등 줄기가 질기고
튼튼한 허브는 열을 충분히 견딜 수 있다. 시간과 압력을 들일수록
최고의 풍미를 드러내는 편이다. 파슬리나 고수, 바질, 딜처럼
부드러운 허브는 섬세한 이파리와 향을 보호할 수 있도록 모든 조리가
끝난 다음에 넣어야 한다. 기술적으로 식물에서 '허브'에 해당하는
부분은 식용 가능한 잎과 꽃 정도이므로 특히 펜넬이나 셀러리처럼
산형과에 속하는 식물 등 일부 채소는 구근과 줄기를 쓰는가, 우산
모양 꽃('산형'에 해당한다)을 사용하는가, 씨를 먹는가에 따라 다양한
분류에 속할 수 있다. 나는 허브의 맛을 이렇게 겹겹이 쌓아내는 것을
좋아한다. 예를 들어 커리 페이스트에 고수의 뿌리와 줄기를 모두
넣고 소스에는 코리앤더(고수 씨) 가루를 넣은 다음 완성한 음식을
담아서 신선한 녹색 고수 줄기를 수북하게 얹어 내는 것이다.
뿌리에서 잎까지, 라고 할까?

"조지아 요리에는 수 세기에 걸쳐 완벽하게 만들어낸 기술이 있다. 야생에서 채집한 허브와 녹색 채소를 데친 다음 똑같은 3가지 향신료를 가미해서 언제나 훌륭한 요리를 만들어내는 것이다. 즉 고수와 호로파, 고추가 만나면? 마법이 탄생한다."
— 루카 나크케비아, 조지아

구입과 보관하는 법

어떤 허브를 고르든 협상의 여지가 없는 부분이 몇 가지 있다. 첫 번째, 미끈미끈한 부분이 없을 것. 이는 허브가 태어난 곳으로 다시 돌아가고 있다는 확실한 신호다. '흙으로 돌아간다'는 주제에 관해서 말인데, 꽃이 달려 있다면 음식에 아름다운 장식을 더할 수 있을지 몰라도 허브가 씨로 다시 돌아가고 있다는 뜻이기 때문에 맛과 유통기한 모두 하향궤적을 그린다는 점을 알아두자. 뿌리 사이에 흙모래가 붙어 있는 것은 괜찮다. 특히 바닥 가까이에 붙어서 자라는 허브의 경우에는 더더욱 그러하니 사용하기 전에 꼼꼼하게 씻도록 하자. 폭우가 내린 후에는 흙먼지가 더 많이 쌓이는 경향이 있다. 눈으로 겉모습을 살펴봤다면 향도 맡아보자. 절정에 닿은 허브는 바로 좋은 향기가 느껴질 정도로 충분히 강렬한 풍미를 발산한다. 바질이나 처빌, 페퍼민트처럼 부드러운 허브는 향이 복불복이라 냄새를 맡아봐도 별로 느껴지지 않는다면 돈값을 하지 못할 가능성이 크다. 질긴 허브는 처음에는 향이 조금 부드러운 듯 할 수 있으니 잎사귀 끝을 손끝으로 살살 문질러서 진정한 잠재력을 확인해야 한다. 일부 허브의 경우, 특히 딜 등은 때때로 젖은 강아지나 휘발유 같은 냄새가 날 수 있는데 이런 경우에는 아무리 씻어도 그 냄새가 사라지지 않는다.(네덜란드 인은 이런 딜을 '냄새나는 펜넬stinkende vinke'이라고 부른다.) 나라면 요리 전체를 망치느니 허브 넣기를 포기하는 쪽을 택할 것이다. 만약에 냄비 요리에 풍미를 가하는 용도로 허브를 조금만 넣고 싶다면 말린 허브를 사용하자. 차이브나 민트, 딜, 바질, 오레가노, 타라곤, 파슬리 등 부드러운 허브도 말렸을 때 풍미가 잘 유지되는 편이지만 제품 뒷면의 유통기한을 확인하는 것이 좋다. 찬장 구석에서 굴러다니던 말린 허브의 신선도를 확인하고 싶다면 손끝으로 비벼서 냄새를 맡아보자. 아무런 향이 나지 않는다면 먼지나 다름없다. 또한 나는 허브 페이스트보다는 무조건 말린 허브를 사용한다. 특히 대부분의 허브 페이스트는 진짜 허브가 50%도 들어 있지 않으며 나머지는 방부제와 충전제에 지나지 않기 때문이다. 마지막으로 주변을 잘 살펴서 허브 정원을 기르는 친절한 이웃을 찾아낸 다음 친구가 되는 것을 고려해 보자. 이 모든 것에 아무런 해당 사항이 없다면 본인이 허브 정원을 기르는 친절한 이웃이 되는 것을 고려해 보는 건 어떨까.

허브 보관은 물가 연동제가 경제에 개입하는 것과 약간 비슷한 부분이 있다. 허브를 수확한 지 얼마 되지 않았을수록 신선도를 유지하기 위해 해야 할 일이 줄어든다. 신선한 허브를 구하는 가장 좋은 방법은 직접 기르는 것이다. 재배하는 데에 드는 비용이 저렴하고 키우기 쉬운 편이며, 냉장고 바닥에 축축하게 달라붙은 세이지를 보고 죄책감을 느낄 필요가 없어진다. 창틀에 화분 몇 개를 두는 것부터 시작해서 발코니에 널찍한 허브 정원 화분을 하나, 그리고 뒤뜰의 관수 정원에서 모든 것을 갖춘 주말 농장에 이르기까지 작게 시작해서 원하는 만큼 규모를 키워나가자. 통장과 미각이 모두 감사하게 될 것이다.

아직 직접 기를 의향이 없고 구입한 허브를 수 일 안에 먹을 예정이라면 꽃처럼 신선한 물을 채운 화병에 담아서 주방 작업대의 그늘진 곳에 보관한다. 잎이 물에 직접 닿지만 않게 하면 된다. 질긴 허브는 이런 식으로 일주일 정도 보관할 수 있다. 물을 담은 화병에 꽂아서 덮개를 느슨하게 씌운 다음 냉장고

문에 넣어두는 식으로 활용할 수도 있다. 처빌이나 고수, 딜, 파슬리, 타라곤처럼 부드러운 허브는 이런 식으로 일주일간 보관할 수 있지만 바질은 냉장고에 보관하지 않는 쪽을 선호한다.(기르는 게 보관하는 것보다 쉬운 허브 중 하나다.) 한 번에 여러 요리에 사용할 용도로 허브를 수확했거나 보관함을 간소하게 만들고 싶다면 용기에 젖은 종이 타월이나 면포를 켜켜이 깔고 수확한 잎을 사이사이에 끼워도 좋고 같은 방식으로 허브 다발을 감싸 냉장고 채소 칸 제일 위에 얹어 둔다.(까먹고 사용하지 못하는 일이 없도록.) 오레가노나 로즈메리, 타임 같은 허브는 시골에서 하는 것처럼(지금 머릿속에 떠오른 시골이 바로 그 곳이다) 다발로 묶어서 식료품 저장실 내부처럼 통풍이 잘 되는 장소에 거꾸로 달아 말릴 수 있다. 그냥 걸어도 좋고, 거친 옥양목 자루에 넣어서 느슨하게 묶어 달기도 한다. 완전히 마르고 나면 흔들고 두들기고 털어내서 잎과 순을 모은 다음 밀폐용기에 담아서 지속 가능성을 지키는 늠름한 전사의 표정으로 보관하면 된다.

일부 허브는, 특히 타임이나 로즈메리, 카피르 라임 잎처럼 억센 허브는 냉동 보관이 잘 되는 편이다. 줄기째 포일에 감싸서 냉장고 문에 보관하자. 파슬리나 딜, 타라곤처럼 부드러운 허브를 냉동할 때는 쟁반에 담은 채로 냉동한 다음 소분해서 밀폐용기에 담아 보관한다. 또는 어떤 허브든 중성 풍미 오일과 함께 곱게 갈아서 얼음 틀에 나누어 붓고 얼린 다음 냉장고 냄새가 배어들지 않도록 밀폐용기에 보관하면 좋다. 근면성실하게 만들어낸 결과물이 미래의 자신을 혼란스럽게 하는 일이 없도록 용기에 반드시 이름표를 붙이자. 냉동한 잎과 사각형 허브 뭉치는 육수와 수프, 스튜 등의 요리에 넣으면 좋지만 전위적인 디스토피아적 분위기를 내고 싶은 것이 아니라면 장식용으로는 쓰지 않도록 하자.

조리하는 법

이 모든 허브 관련 지식에서 딱 한 가지 지식만 가져간다면, 질긴 허브는 열을 잘 견디지만 부드러운 허브는 그렇지 않다는 것이다. 로스트나 찜에 질긴 허브를 넣을 계획이라면 처음에 줄기째 넣은 다음 요리가 완성된 다음 꺼낸다. 이미 제 임무를 다한 후니까 제거하는 것이 맞지만, 소박한 시골 분위기를 내고 싶거나 손님이 치아 사이에 낀 타임 줄기를 빼내려고 애쓰는 경험을 하게 만들고 싶다면 그대로 둬도 상관없다. 편의를 생각한다면 프랑스인처럼 작은 면포('티백'처럼)에 허브를 담고 묶거나 그냥 허브를 다발로 만들어서 조리용 끈으로 묶어 부케 가르니를 만들어 수프나 스튜에 넣으면 나중에 간단하게 한 번에 꺼낼 수 있다. 또는 허브를 줄기에서 자라는 반대 방향으로 쭉 훑어내면 잎들이 주루룩 떨어져 나온다. 부드러운 허브는 다지는 것보다 톡톡 뜯어내는 것이 낫다. 손을 많이 댈수록 많이 뭉개지게 되고, 접시보다 도마에 남는 향과 색이 더 많을 것이다. 꼭 다져야 한다면 날카로운 칼을 이용해서 십자형으로 여러 번 자르는 정도가 좋다. 요리를 할 때는 불을 끄자마자 부드러운 허브류를 넣어서 잘 섞는다. 잔열이 허브의 색은 죽지 않게 하면서 향만 끌어낸다. 신선한 잎 일부는 따로 남겨 두었다가 위에 장식용으로 뿌리는 것도 잊지 말자. 샐러드나 날것으로 막는 요리의 경우에는 먹기 직전에 뿌려야 한다. 다른 녹색 잎채소처럼 허브도 잎에 오일이 닿는 순간 숨이 죽기 시작하기 때문이다.

기능적 효과

전 세계적으로 허브가 광범위하게 퍼진 것은 널리 문서화된 동종요법서에 따라(때로는 논쟁의 여지가 있지만) 우리가 가장 흔하게 접하는 허브가 대부분 방부제와 마취제, 진통제, 항염증제 등으로 쓸 수 있었던 덕분이기도 하다. 일부는 과학적으로 합성되어서 기존 서양 의학에 통합되기도 했다. 약초로 무장하고 싶은 사람을 위해 손쉽게 시도할 수 있는(차를 우리는 등) 요령을 소개한다.

> 복잡한 머릿속을 진정시키고 싶을 때: 홀리 바질, 라벤더, 레몬밤, 페퍼민트
> 복통을 완화시키고 싶을 때: 쿨란트로, 딜, 펜넬, 페퍼민트
> 생리통을 완화시키고 싶을 때: 딜, 펜넬, 타임
> 입냄새를 제거하고 싶을 때: 파슬리, 페퍼민트

실란트로와 코리앤더

조리법이 어디에서 유래했는가에 따라 감자를 포테이토로 부를 것인지, 포타토라고 부를 것인지를 따지는 것과 비슷한 상황이다. '실란트로cilantro'는 고수를 뜻하는 스페인어로 스페인이 식민 지배를 하는 곳이라면 어디든지 퍼트렸기 때문에 아메리카 대륙에서는 이 단어를 사용한다. 그 외의 지역에서는 '코리앤더coriander'라고 부르는 쪽이 더 흔하다. 요리에 톡 쏘는 화사함을 더하는 것으로 높은 평을 받으며 가장 오래 전부터 사용된 허브이자 향신료에 속해서, 기원전 1550년의 에베루스 파피루스에 이 단어가 기록되어 있을 정도다.(상형 문자로 '톡 쏘는'은 어떻게 표현하는지 궁금하다.) 이왕 이름 이야기가 나온 김에, 톱니모양 고수라고도 불리는 쿨란트로culantro(오타가 아닙니다)가 언급되지 않는 것이 의아할 것이다. 쿨란트로는 일반 고수의 다년생 사촌격으로 고수와 눈에 띄게 비슷한 맛이(훨씬 강하게) 나는 길쭉한 잎은 이중 칼날이 달린 전기톱처럼 생겼다.(다행히 그렇게 날카롭지는 않다.) 동남아시아와 인도, 캐리비안해, 멕시코 지역에서 고수 대신 또는 함께 흔히 사용한다.

고수인가 비누인가

이 부분을 생략하면 내 친구 살이 화를 낼 테니 고수에 대해 짚고 넘어가야 할 내용이 하나 더 있다. 어떤 학파에 속하느냐에 따라 특정 인구 집단 내에 고수를 싫어하는 사람이 있을 가능성은 3~21% 사이가 된다. 연구는 아직 진행 중이지만, 현재까지 비누에서도 발견되는 분자인 알데히드를 특히 민감하게 탐지해 내는 특정 유전자를 찾아냈다고 한다. 고수가 많이 들어가는 요리를 먹는 지역에서는 향에 덜 민감하게 반응하는 듯 해서 인종이 영향을 미친다고 할 수도 있지만, 이것이 본성인지 학습된 습관인지는 아직 알 수 없다. 내가 줄 수 있는 조언은 고수를 싫어하는 사람을 위해서 원하는 사람만 넣어 먹을 수 있도록 따로 곁들이라는 것과 새로운 친구를 사귀는 것이다. 미안해, 살.

자투리 활용

요리에 허브 전체를 모두 사용하는 경우는 매우 드물기 때문에 나머지 부분은 어떻게 처리해야 하는지에 대해 의문이 드는 것이 불가피하다. 잎은 장식용으로 쓰기 좋으므로 따낸 다음에는 잘 씻어서 레스토랑에서 하는 것처럼 젖은 종이 타월이나 면포를 깐 용기에 담아 보관한다. 수분 함량이 가장 높은 줄기는 곱게 갈아서 간단 페스토나 절임액(파슬리 마늘 소스처럼)을 만들거나 포일에 잘 싸서 냉동 보관하다가 육수를 만들 때 집어넣자. 뿌리는 허브계에서 이름 없는 영웅으로 허브 향과 톡 쏘는 풍미, 영양가가 가장 높지만 슬프게도 가장 먼저 퇴비에 들어가곤 한다. 고수 뿌리는 남겨 두었다가 태국식 커리 페이스트와 멕시코 몰을 만들 때 넣으면 강렬한 풍미를 더하는 것은 물론 음식의 보존력을 높이는 용도로 활용할 수 있다. 금방이라도 상할 것 같은 부드러운 허브 잎이 남아서 어떻게 처리해야 할지 막막하다면 기름에 튀겨서 자식으로 쓰거나 허브 오일을 만들어보자. 뒷장에서 레시피를 소개하고 있다.

전 세계의 허브

모든 국가에는 기후와 요리 역사를 기반으로 생성되어 요리 문화권의 중추 역할을 하는 일종의 허브 조합이 존재한다. 먼저 각 국가는 지역 및 문화적 영향에 따라서 훨씬 더 세분화될 수 있으므로 깊이 파고들기 시작하면 조금씩 미묘하게 차이가 날 수 있다는 점을 알아 두자. 하지만 처음 시도해 보기 좋은 기본 가이드는 다음과 같다. 아래 목록에서 하나(흥!)만 골라서 시도해 보거나, 두어 개를 섞어서 짙은 허브 향을 살려보자.

- **호주 자생 허브**

  아니스 머틀, 왁스플라워, 레몬 머틀, 마운틴 페퍼 잎, 리버 민트, 스트로베리 검.

- **중국**

  고수, 부추쫑flowering chive, 부추, 스피어민트.

- **프랑스**

  부케 가르니Bouquet garni — 월계수 잎, 마조람, 파슬리, 타임.

  핀제르브 Fines herbes — 처빌, 차이브, 딜, 러비지, 타라곤.

  허브 드 프로방스 — 월계수 잎, 펜넬, 라벤더, 마조람, 파슬리, 타임.

- **그리스**

  월계수 잎, 딜, 펜넬, 마조람, 오레가노, 파슬리, 쇠비름, 로즈메리, 세이지, 세이버리, 스피어민트, 타라곤, 타임.

- **인도**

  고수, 커리 잎, 딜, 페누그릭 잎, 스피어민트, 홀리 바질(툴시).

- **이탈리아**

  바질, 월계수 잎, 마조람, 오레가노, 파슬리, 로즈메리, 세이지, 타임.

- **일본**

  파드득나물, 파, 해조류, 차조기, 와사비 잎.

- **말레이시아**

  커리 잎, 카피르 라임 잎, 판단 잎, 스피어민트, 타이 바질, 베트남 민트.

- **멕시코**

  고수, 에파조테epazote, 마조람, 오레가노, 파슬리

- **중동**

  고수, 오레가노, 파슬리, 페퍼민트, 세이버리, 타임.

- **스칸디나비아**

  차이브, 딜, 주니퍼, 파슬리.

- **스페인**

  월계수 잎, 오레가노, 파슬리, 로즈메리, 스피어민트, 타임.

- **태국**

  고수, 부추, 카피르 라임, 판단 잎, 스피어민트, 타이 바질, 베트남 민트.

- **베트남**

  베텔 잎, 고수, 쿨란트로, 부추, 머스터드 잎, 페퍼민트, 차조기, 스피어민트, 타이 바질, 베트남 밤Vietnamese balm, 베트남 민트.

쫀득한 바질 치즈스틱
Fuzzy Basil Cheese Sticks

파슬파슬한 페이스트리가 약간 느껴진다는 것 외에는 기본적으로 그냥 막대기에 모차렐라를 꽂았을 뿐이니까 별 특별할 게 없는 요리가 아닌가 싶을 것이다. 하지만 바질이 차이를 만들어낸다. 바질을 튀기면 더운 여름날 햇볕에 잔뜩 그슬린 풀처럼 완전히 다른 특징이 생겨난다. 여분의 잎이 있으면 장식용으로 기름에 튀긴 다음 최대한 빨리 음식을 차려내자. 하지만 내가 먹을 용도로 튀김 냄비 옆에 두어 개 정도 남겨놓는 것도 잊어서는 안 된다. 순식간에 사라질 테니까!

분량 12개

튀김용 미강유 또는 해바라기씨 오일
스카모르차scamorza 또는 하드 모차렐라 치즈 250g
카타이피kataifi 페이스트리(참고 참조) 300g
잘 푼 달걀 2개 분량
바질 잎 1컵(50g)
마무리용 플레이크 소금

대나무 꼬챙이 12개를 준비한다.

소형 냄비에 오일을 6cm 깊이로 부은 다음 180℃ 또는 빵조각을 넣으면 15초만에 노릇노릇해질 때까지 가열한다.

그동안 치즈를 약 1.5 x 4cm 크기의 막대 모양으로 썬다. 꼬챙이 하나당 1~2개씩 끼운다.

페이스트리를 치즈와 같은 너비로 뜯은 다음 50cm 길이로 자르거나 찢는다.

치즈 꼬치를 달걀물에 담갔다가 건져서 페이스트리로 감싼다. 이때 페이스트리 끄트머리를 안쪽으로 잘 끼워 넣어서 잘 봉해 주머니 모양으로 만든다.

치즈 꼬치를 적당량씩 나눠서 뜨거운 오일에 넣고 노릇노릇해질 때까지 4분씩 튀긴다. 바질 잎을 넣어서 바삭바삭해질 때까지 1분간 튀긴 다음 건져서 종이 타월에 얹어 기름기를 제거한다.

뜨거운 치즈스틱에 플레이크 소금과 바삭한 바질 잎을 뿌린 다음 한 김 식혀서 먹는 사람들이 입안을 데지 않도록 한 후 낸다.

참고 카타이피 페이스트리는 기본적으로 그냥 채 썬 필로 페이스트리이므로 쓰고 남은 것이 있다면 아무 필로 페이스트리 레시피에나 훌륭하게 활용할 수 있다. 나는 카타이피로 만든 커스터드 갈락토부레코galaktoboureko를 특히 좋아한다. 카타이피 페이스트리는 인근 지중해 식료품 전문 델리 등에서 구입할 수 있다.

번외 쫀득하고 깜찍한 간식에 둘러 먹기 좋은 바질 오일을 직접 만들어보자. 바질 1단 분량의 줄기를 모아서 굵게 다진 다음 내열용 볼에 넣고 끓는 물을 붓는다. 바로 체에 밭쳐서 물기를 털어내고 믹서기에 넣는다. 포도씨 오일 1/2컵(125ml)과 올리브 오일 1/2컵(125ml)을 넣고 곱게 간다. 수 시간 동안 향을 우린 다음 면포에 걸러서 살균한 병에 담는다. 2~3일 내에 소비하거나 얼음 틀에 넣고 냉동해서 수프나 소스를 만들 때 넣는다.

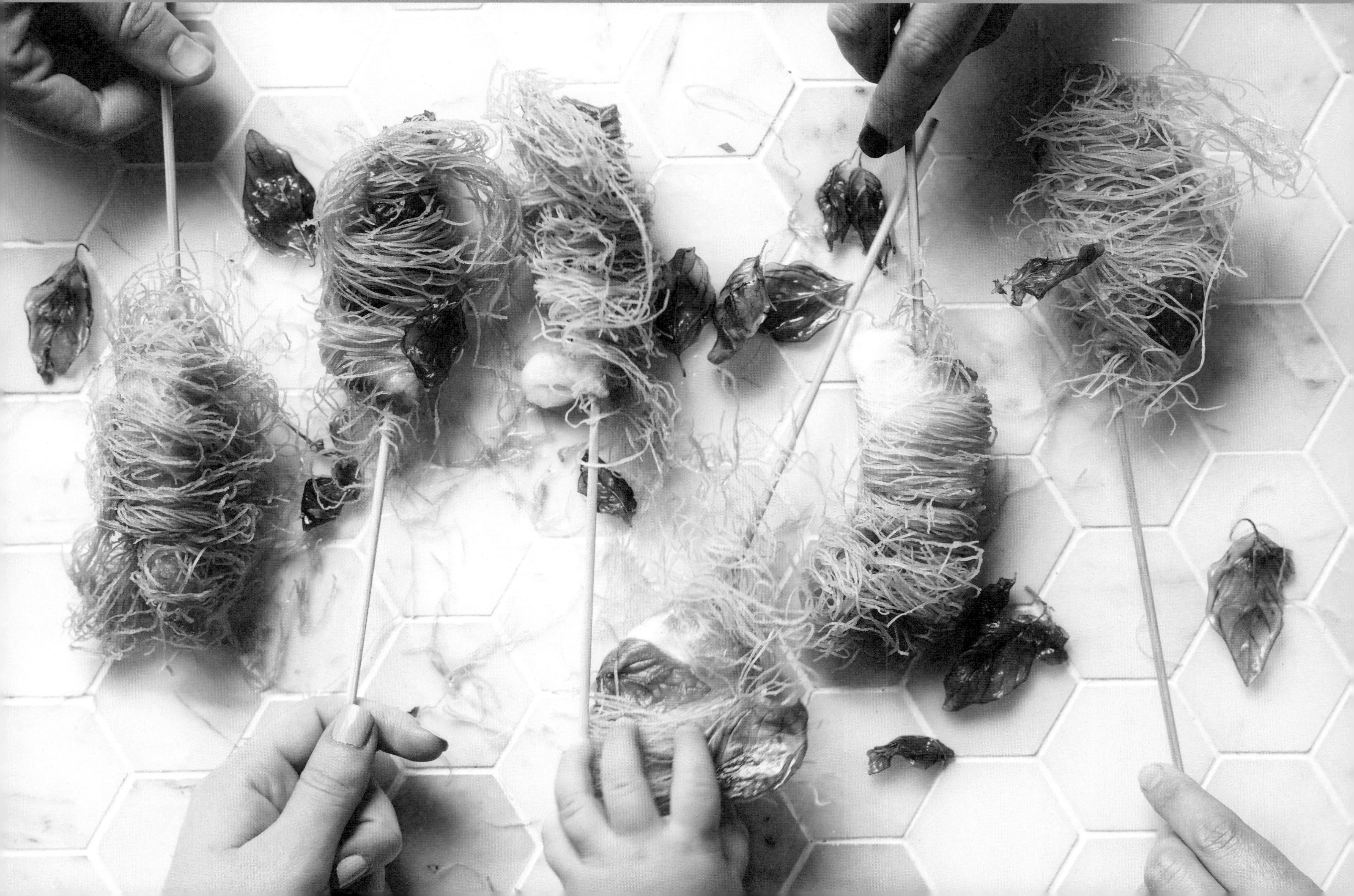

으깬 감자와 로즈메리 포카치아

Smashed Potato & Rosemary Focaccia

꿈처럼 아름다운 조합의 원팬 베이킹 메뉴를 만나보자. 짭짤한 칼라마타 올리브와 잘게 부순 페타 치즈, 풀 향기가 올라오는 로즈메리와 깜짝 놀랄 정도로 달콤한 햇감자를 폭 감싼 부드러운 포카치아 반죽이 도무지 손을 멈추지 못하게 만든다. 뭔가의 '크림' 수프(예컨대 165쪽의 호박 수프나 307쪽의 구운 돼지감자 토마토 수프 등)와 간단한 녹색 채소 샐러드를 곁들여 내면 누구나 기쁘게 참으로 든든한 식사라고 예찬할 것이다. 이 반죽은 하루 전에 만들기 시작해야 한다.

분량 8인분

잘 씻은 햇감자 500g

엑스트라 버진 올리브 오일 1/3컵(80ml), 서빙용 여분

씨를 제거한 칼라마타 올리브 1/2컵(80g)

로즈메리 잎 1단 분량, 서빙용 여분

얇게 저민 마늘 8쪽 분량

서빙용 잘게 부순 페타 치즈

• 오버나이트 반죽

강력분 3컵(450g)

꿀 1큰술

엑스트라 버진 올리브 오일 1큰술

드라이 이스트 1작은술

플레이크 소금 1과1/2작은술

실온의 미지근한 물 1과1/2컵(375ml)

오버나이트 반죽을 만든다. 볼에 모든 재료를 넣는다. 골고루 잘 섞어서 수분이 많은 끈적한 반죽을 만든다. 티타월을 덮어서 서늘한 곳에 2배로 부풀 때까지 최소한 8시간 정도 보관한다. 온도가 일정하지 않을 것이 걱정된다면(특히 더운 지역에 거주할 경우) 반죽을 냉장고에 넣고 2배로 부풀 때까지 12시간 정도 보관한다.

다음 날 대형 냄비에 소금을 푼 물을 담고 감자를 넣어서 한소끔 끓인 다음 포크로 찌르면 푹 들어갈 정도로 15분간 삶는다. 냄비의 감자와 물을 전부 따라내고 감자를 다시 빈 냄비에 넣은 다음 오일과 올리브, 로즈메리, 마늘을 넣는다. 나무 주걱으로 거칠게 휘저어 감자를 으깨가며 마늘 향이 올라오고 살짝 노릇해질 때까지 5분간 익힌다. 한 김 식힌다.

오븐을 180℃로 예열한다.

감자 냄비에 고인 오일을 가장자리가 있는 얕은 베이킹 트레이에 따라낸다. 반죽을 트레이에 붓고 손가락으로 누르면서 트레이에 가득 펼친다. 반죽 위에 감자 혼합물을 붓고 손가락을 이용해서 반죽에 가볍게 눌러 넣는다.

플레이크 소금과 즉석에서 간 흑후추를 뿌린다. 내열용 머그잔이나 베이킹 그릇에 물을 담고 오븐 바닥에 넣어서 스팀이 생기도록 한다.(포카치아가 충분히 팽창하기 전까지 겉이 딱딱해지지 않도록 만드는 역할을 한다.)

오븐 윗부분에 넣어서 노릇노릇하게 완전히 익을 때까지 35분간 굽는다. 페타 치즈를 잘게 부숴서 여분의 로즈메리와 함께 뿌린다. 올리브 오일을 약간 두르고 적당히 잘라서 낸다.

참고 이 엄청나게 만들기 쉬운 반죽은 보송보송하고 맛있는 피자 도우가 되기도 한다. 376쪽의 호박꽃 피자처럼 만들어보자.

감자는 전날 밤에 반죽을 만들면서 미리 삶아놔도 좋다. 나는 보통 2배 분량으로 삶아서 나머지로는 감자 샐러드(302쪽)나 볶음(322쪽)을 만든다.

지름길 시판 포카치아를 구입해서 가로로 반으로 자른 다음 속에 감자와 올리브 혼합물, 잘게 부순 페타를 채우고 파니니 그릴 등에 따뜻하게 구우면 뜨거운 샌드위치가 된다.

또는 반죽을 반으로 나누고(나머지는 냉동 보관한다) 감자를 채칼로 얇게 저며서 위에 얹어 굽는다.

그보다 더 빠르게 만들려면 시판 피자 반죽을 쓰면 된다!

로비오 고수 강낭콩 스튜

Lobio(Coriander Kidney Bean Stew)

완벽한 조지아의 고전 요리로 '로비오'는 단순하게 콩이라는
뜻이기 때문에 현지에 가면 모든 스페인 가정에 존재하는 아호
블랑코ajo blanco의 개수만큼이나 다양한 레시피를 접할 수 있을
것이다. 빻은 코리앤더 씨 가루와 신선한 고수가 듬뿍 들어간다는
점에서 특히 좋아하는 메뉴다. 들어가는 육수의 양을 조절하면
얼마든지 스튜에 가깝게 만들거나 묽은 수프처럼 만들 수도 있다.
매우 활용도가 높으며 일단 아주 맛있고 조지아식 콘브레드인
전통 맥하디mchadi가 특히 잘 어울린다.

분량 4~6인분

올리브 오일 2큰술, 서빙용 여분

곱게 다진 갈색 양파 1개 분량

곱게 다진 호두 1컵(120g), 장식용 여분

플레이크 소금 1작은술

페누그릭 가루 1큰술

코리앤더 가루 1작은술

커리 가루 1작은술

레드와인 식초 30ml

물에 헹군 통조림 강낭콩 2캔(각 400g 들이) 분량

다진 고수 줄기 3큰술, 장식용 고수 잎

다진 민트 줄기 3큰술, 장식용 민트 잎

채수 2컵(500ml)

곱게 다진 마늘 3~4쪽 분량

백후추 가루 1/4작은술(선택)

서빙용 플랫브레드 또는 콘브레드

넓은 냄비를 중간 불에 올리고 올리브 오일을 둘러서 달군다.
양파를 넣고 지글지글 소리가 날 때까지 기다린 다음 뚜껑을
닫고 약한 불에서 5분간 천천히 익힌다. 뚜껑을 연다.

호두, 소금, 페누그릭, 코리앤더 가루, 커리 가루를 넣고
호두가 노릇노릇하게 익고 향신료 향이 올라올 때까지 약 4분간
볶는다. 식초를 두르고 살짝 졸인다.

콩을 넣고 나무 주걱으로 콩을 으깨면서 휘저어가며 콩이
완전히 부드러워질 때까지 4분 더 익힌다. 채수를 붓고 한소끔
끓인 다음 중약 불로 낮춰서 15분간 뭉근하게 익힌다.

먹기 직전에 마늘을 넣어서 섞는다. 맛을 보고 백후추와 소금,
여분의 식초로 간을 맞춘다.

마지막으로 올리브 오일을 두르고 여분의 호두와 민트, 고수
잎을 뿌려서 장식한 다음 플랫브레드나 콘브레드를 곁들여 낸다.

참고 생마늘이 너무 자극적이라면 대신 호두나 향신료를 추가하자.

로비오를 곱게 페이스트 형태로 갈아서 딥에 가깝게 만드는 사람도
있는데, 그것도 진짜 맛있다! 모든 재료를 다 익히고 난 다음 스틱
블렌더로 곱게 갈아보자.

지름길 향신료와 으깬 마늘, 견과류 버터 100g, 생고수, 물에 헹군 통조림
강낭콩 400g을 갈아서 간단한 콩 딥을 만들어보자. 간만 맞추면 된다.

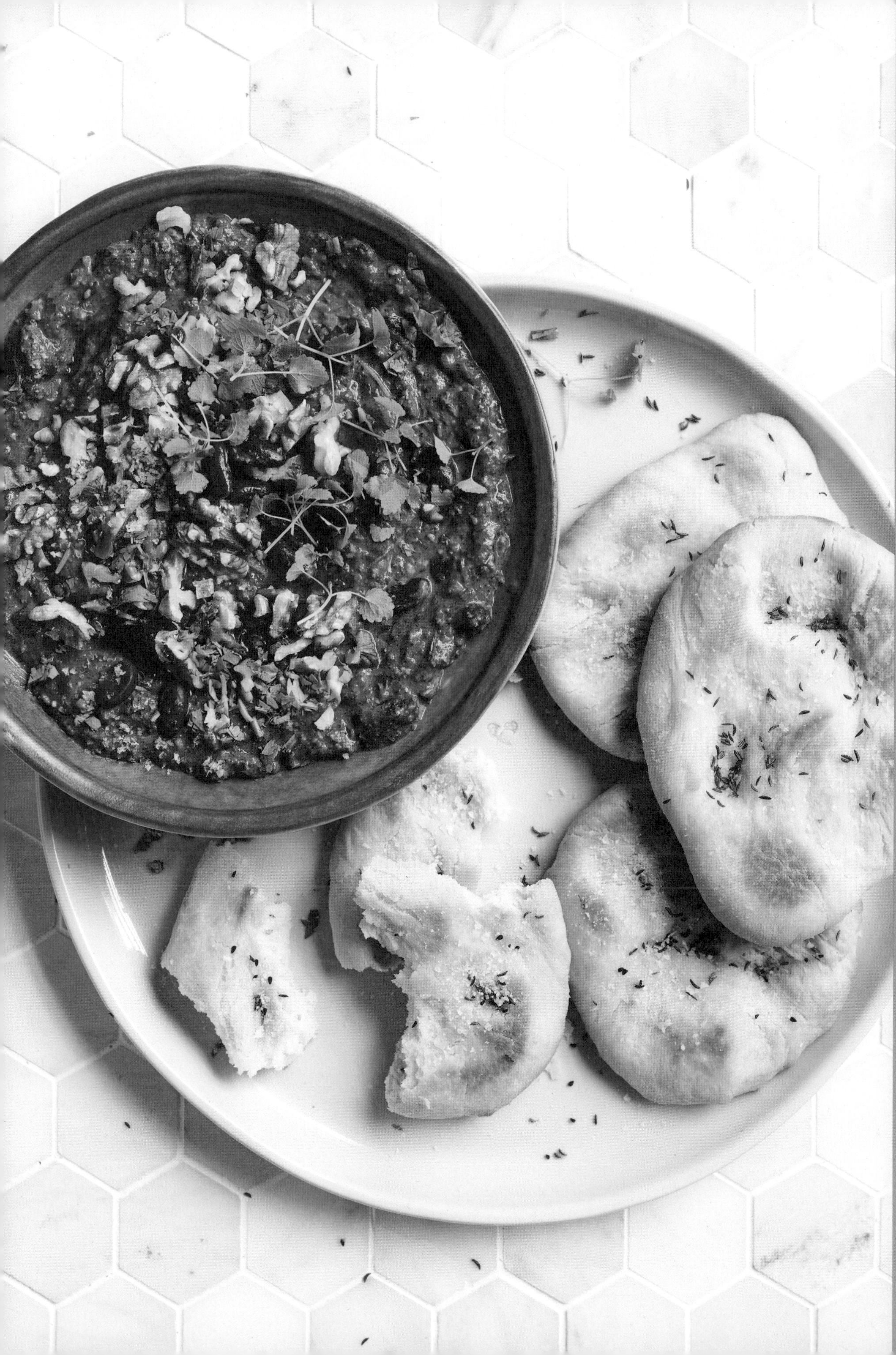

Kale & cavolo nero

케일과 카볼로 네로

2010년대 중반까지는 십자화과 식물 요리계가 아직 털북숭이 야생과 같은 상태였지만, 이제 공식적으로 케일이 주인공이 될 수 있는 시대를 맞이했다고 본다. 이제 우리는 배추속 식물의 도움 없이도 우거진 숲속처럼 주름진 푸른색의 영광스러운 식물을 즐겁게 맛볼 수 있다. 어느 정도는 겨울 양배추과에 속하지만 외양은 야생 양배추와 더 비슷한 케일은 대부분 줄기로 이루어져 있으며 대부분의 요리에 사용되는 잎 부분은 질기고 거친 가운데 줄기에서 잘라내야 한다. 토스카나 케일이라고도 불리는 카볼로 네로는 쓴맛이 조금 더 강한 케일의 사촌격 품종이다. 조금 덜 질긴 가느다란 줄기에 어두운 색의 주름진 스웨이드 질감의 잎이 가지런히 나 있어 줄기에서 잎을 속아내느라 귀찮은 시간을 보낼 필요가 없다. 나는 스튜를 끓일 때면 어느 것이 더 신선한지에 따라 둘 다 구분 없이 사용하지만 케일 칩을 만들 때는 주름진 물결 모양이 뚜렷한 쪽이 확실히 식감이 좋으므로 단연 케일을 선택한다.

"내가 가장 좋아하는 케일은 비교적 덜 유명한 보난자Bonanza 품종으로 오랫동안 가축 사료로
사용하기 위해 무와 스웨덴 순무, 보리, 기장과 번갈아가며 교차 재배하는 용도로나
재배되었다. 우리와 거래하는 농장이 종자를 보존하려는 용도로 보난자 케일을 기르고 있어서
다행이었다고 할 수 있다. 주방에서의 창의력이 혹여나 사라질 수 있었던 작물의 새로운
수요를 창출할 수 있다는 점을 보여주는 예시인 셈이다."
— 댄 바버, 미국

구입과 보관하는 법

케일은 종종 꽃집처럼 주름진 이파리를 다발로 잘 묶은 상태로 판매한다. 또한 더 작고 부드러운 케일
잎을 따로 모아서 '베이비 케일'이라고 팔기도 하는데, 그래도 날것으로 샐러드를 만들 때는 소금과
식초로 문질러서 조금 더 부드럽게 만드는 것이 좋다. 다른 녹색 잎채소와 마찬가지로 녹색이나 흰색
무늬, 짙은 자주색 등의 색상이 선명하고 화사하게 빛나는 것을 골라야 한다. 끝 부분이 노랗게 변하거나
줄기가 뻣뻣해지면 수확한 지 오래되었다는 뜻이므로 저렴하게 판매할 수도 있지만 되도록 구입하자마자
빨리 먹어치워야 한다. 물기를 완전히 제거한 다음 다발째로 종이봉투에 느슨하게 담거나 잎을 분리해서
물에 씻어 채소 탈수기에 돌린 다음 종이 타월이나 면포에 싸서 종이봉투에 담아 냉장고 채소 칸에
보관한다. 케일이 좀 해진 것처럼 보이면 끓는 물에 데쳐서 쟁반에 담아 냉장 보관하거나 재빠르게 케일
칩을 만들어보자.(360쪽 참조.)

조리하는 법

배추속 식물 중에서도 소화하기 까다로운 편이라는 점을 고려하면 누군가가 방귀를 발생시키는 올리브색
케일 1접시를 옆 테이블의 운동복을 입은 손님에게 양보했다고 하더라도 눈 감고 넘어가야 한다.
양배추와 마찬가지로 케일도 너무 오래 익히면 황산 화합물이 방출되어서 타고난 천연 풍미와 색은
연해지고 달걀 냄새가 나기 시작한다. 뜨거운 열을 짧게 가하는 것이 훨씬 낫다. 수프나 스튜가 완성될
즈음에 넣어서 살짝 숨은 죽되 아직 화사한 녹색을 유지할 정도로만 익히거나 오븐 또는 전자레인지에
돌려서 바삭바삭하게 만들어보자. 풍미 면에서는 사과 식초나 레몬즙 등의 산미 재료와 플레이크 소금,
간장, 마늘, 고추처럼 짠맛 또는 매콤한 맛을 섞으면 케일의 맛이 제대로 살아난다. 케일의 잎은 가위나
손으로 줄기에서 뜯어내도록 하자. 케일 손질 전용 도구를 사용하는 사람도 있지만 나는 손으로 박박
뜯어내는 쪽이 훨씬 만족스럽다. 잎이 살짝 큰 편이라면 두어 번 정도 십자 모양으로 쓱쓱 잘라내야
포크로 쉽게 집어먹을 수 있다. 카볼로 네로라면 줄기를 제일 질긴 부분만 똑 뜯어낼 수 있는지 시험해
보자. 그렇다면 나머지 잎은 줄기에 달린 채로 송송 썰어도 상관없다. 판단하기 애매하다면 대형 냄비에
물을 한소끔 끓여서 카볼로 네로를 넣고 색이 살아나면서 잎이 살짝 부드러워질 정도만 데친 다음 바로
꺼내서 얼음물에 담가 잔열이 케일을 썩은 녹갈색 달걀 맛 채소로 만들지 않도록 하자.

어울리는 재료

버터, 고추, 마늘, 꿀, 간장, 향신료(특히 월계수 잎, 카옌페퍼, 캐러웨이 씨, 너트메그), 고구마, 식초(특히 사과).

백후추를 뿌린 블론드 미네스트로네
Blonde Minestrone with White Pepper

나는 카볼로 네로가 곱슬거리는 일반 케일보다 훨씬 손질하기 편하다. 이탈리아 파슬리와 곱슬 파슬리 정도의 차이가 있는데, 곱슬 파슬리는 실제로 그레몰라타 같은 소스를 만들 때 정도나 사용할 수 있을 뿐이다.(또는 정육점 진열대 장식용.) 이 수프는 일단 모든 재료를 다 썰고 나면 불에 얹어 놓고 까먹어도 되는 종류의 음식이다. 특히 짜증스러운 주중의 하루를 마무리할 때 이 채소를 써는 과정은 킥복싱 수업만큼이나 명상을 하는 효과를 선사한다. 미네스트로네는 만들고 나서 하루나 이틀 정도 냉장고에 넣어두면 서로 맛이 배어들고 어우러지면서 훨씬 풍미가 깊어진다. 파스타가 들어가는 전통 붉은색 미네스트로네와 달리 이 요리에서 진가를 발휘하는 재료는 파르메산 치즈 껍질과 버터로, 전체적으로 반짝이는 금빛 광택을 선사한다. 유달리 외로운 날이라도 채소를 잔뜩 썰어가며 마지막 업무를 마치고 미네스트로네 한 냄비를 만들어 후루룩 들이키고 나면 갑자기 기분이 그렇게 나쁘지는 않은 듯하게 느껴질 것이다.

분량 6~8인분

버터(또는 올리브 오일 50g)

곱게 다진 양파 1개 분량

굵게 다진 마늘 2~3쪽 분량

잎은 따로 떼고 구근만 깍둑 썬 펜넬 1개 분량(약 500g)

송송 썬 셀러리 3대 분량

잘게 썬 당근 2개 분량

잎을 분리해서 곱게 채 썰고 고운 줄기는 남겨서 곱게 다진 카볼로
    네로 1단 분량(약 500g)

백후추 가루 1작은술

셀러리 씨 1/2작은술

껍질을 벗기고 2cm크기로 썬 감자 2개 분량

채수 또는 닭 육수 8컵(2리터)

통조림 카넬리니 콩 400g

파르메산 치즈 껍질(선택)

레몬즙 적당량

서빙용 간 파르메산 치즈(선택)

대형 수프 냄비에 버터를 녹인 다음 양파와 마늘, 펜넬, 셀러리, 당근, 카볼로 네로의 심, 백후추, 셀러리 씨를 넣고 뚜껑을 닫아서 채소가 부드러워질 때까지 천천히 익힌다. 약 12분이 소요된다.

냄비에 감자와 육수, 카넬리니 콩, 파르메산 치즈 껍질(사용 시)을 넣는다. 한소끔 끓인 다음 불 세기를 낮추고 감자를 포크로 찌르면 쑥 들어갈 정도로 부드러워질 때까지 약 15분간 뭉근하게 익힌다.

냄비를 불에서 내리고 채 썬 카볼로 네로 잎을 넣은 다음 플레이크 소금과 즉석에서 간 흑후추로 간을 한다. 레몬즙을 짜서 뿌려 마무리한다.

마지막으로 흑후추를 즉석에서 두어 번 갈아서 뿌리고 취향에 따라 파르메산 치즈를 뿌려서 낸다.

참고 파르메산 치즈 껍질을 따로 더 구하고 싶다면 인근 델리숍이나 치즈 가게에 물어보자. 생각보다 흔쾌히 넉넉하게 나눠줄지도 모른다!

유제품 배제 시 버터 대신 올리브 오일을 사용한다. 파르메산 치즈를 빼고 감칠맛을 더하기 위해 송송 썬 갈색 양송이버섯 여러 개를 넣은 다음 마무리로 영양 효모 플레이크를 뿌린다.

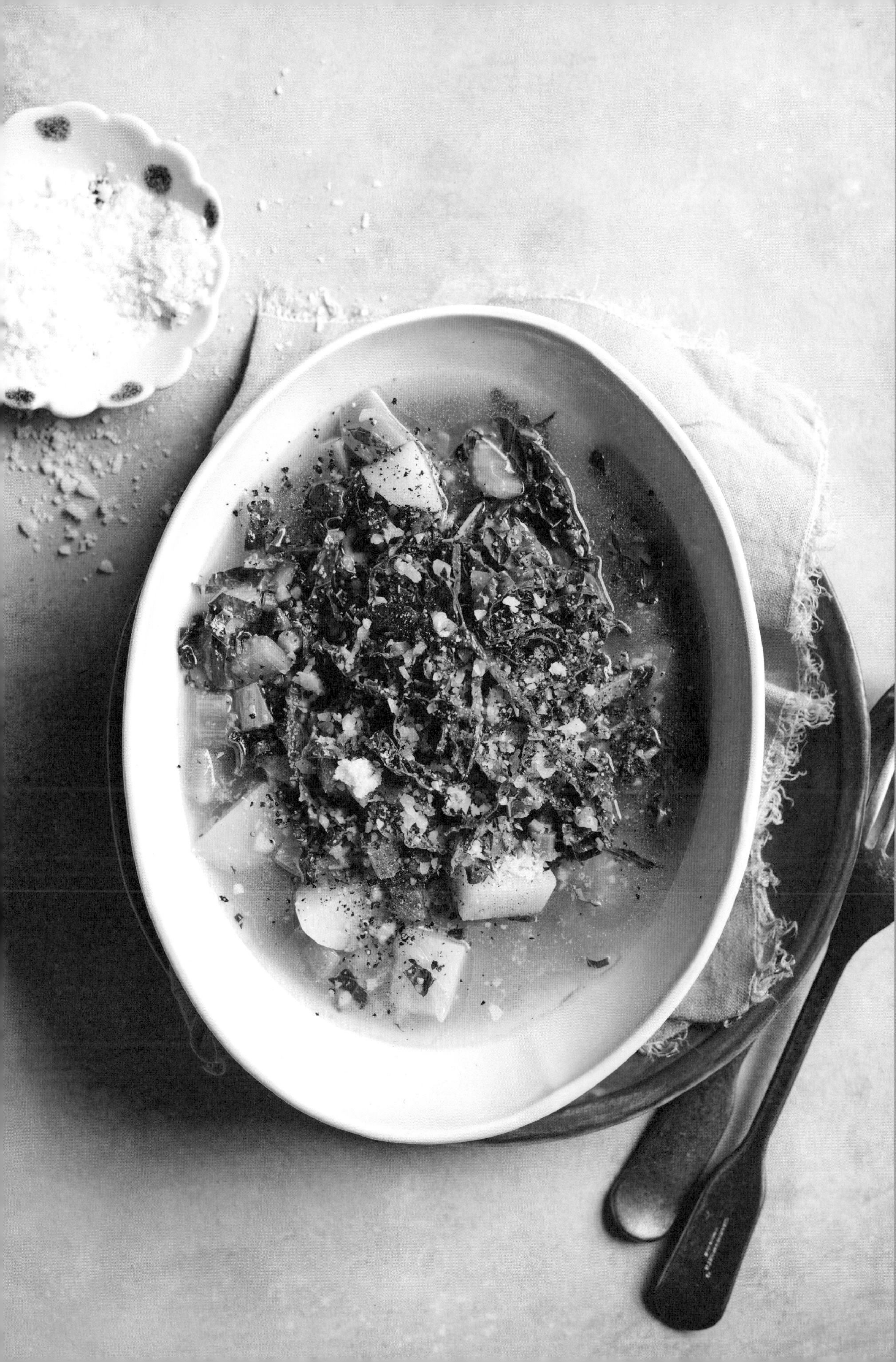

솔트 앤드 비니거 케일 칩

Salt & Vinegar Kale Chips

내가 가장 좋아하는 케일 레시피다. 주방에서 간식으로 먹거나 부드러운 음식에 장식으로 올리기도 하고 여럿이 나누어 먹는 다른 스타터 음식과 함께 볼에 담아서 차려낼 수도 있다. 케일 팬들이 흔히 늘어놓는 불만 중 하나는 집에서 만든 케일 칩은 하루이틀 만에 바삭바삭함을 잃고 눅눅해진다는 것이다. 곱슬거리는 칩을 사랑하는 친구여, 겁먹지 말자. 눅눅해진 케일 칩은 100°C로 예열한 오븐에 5분 정도 넣어두면 다시 바삭바삭해진다.

분량 4인분(간식)

잘 씻은 곱슬 케일(참고 참조) 350g

올리브 오일 2큰술

백식초 2작은술

칠리 플레이크 1작은술

곱게 간 레몬 제스트 1개 분량

플레이크 소금 1작은술

오븐을 140°C로 예열한다.

케일 잎을 잘 털어서 물기를 최대한 제거한다. 손으로 줄기의 굵은 아래쪽부터 위로 부드럽게 훑어내서 잎만 따낸다. 그래도 잎에 물기가 많으면 종이 타월로 다시 한번 두드려 물기를 제거하거나 채소 탈수기를 이용한다.

잎을 적당한 크기로 뜯은 다음 볼에 담고 나머지 재료를 넣어 골고루 버무린다.

베이킹 트레이에 철망을 여러 개 올리고 그 위에 케일을 한 켜로 깐다. 오븐에서 케일을 손끝으로 건드리면 바삭바삭하게 부서질 때까지 15~20분간 굽는다.

오븐에서 꺼내 식혀서 바삭바삭해지면 낸다.

참고 모든 종류의 케일이나 양배추 잎으로 만들 수 있는 레시피지만 예쁘게 주름진 가장자리 모양새를 즐길 수 있는 컬리 케일이 가장 잘 어울린다.

지름길 케일 잎을 종이 타월 여러 장에 앞뒤로 포갠 다음 전자레인지의 '강' 모드에 돌려서 케일 칩을 만들 수도 있지만 '국소장 증폭'이라는 현상 때문에 불이 붙을 위험이 있다. 케일의 날카롭고 고르지 않은 형태의 가장자리와 함유되어 있는 천연 철 성분으로 인해 연기와 불꽃이 일어나는 것이다! 이런 사태를 피하려면 전자레인지를 1분 간격으로 돌리면서 타지 않는지 잘 살펴봐야 한다. 아니면 그냥 오븐에 굽자.

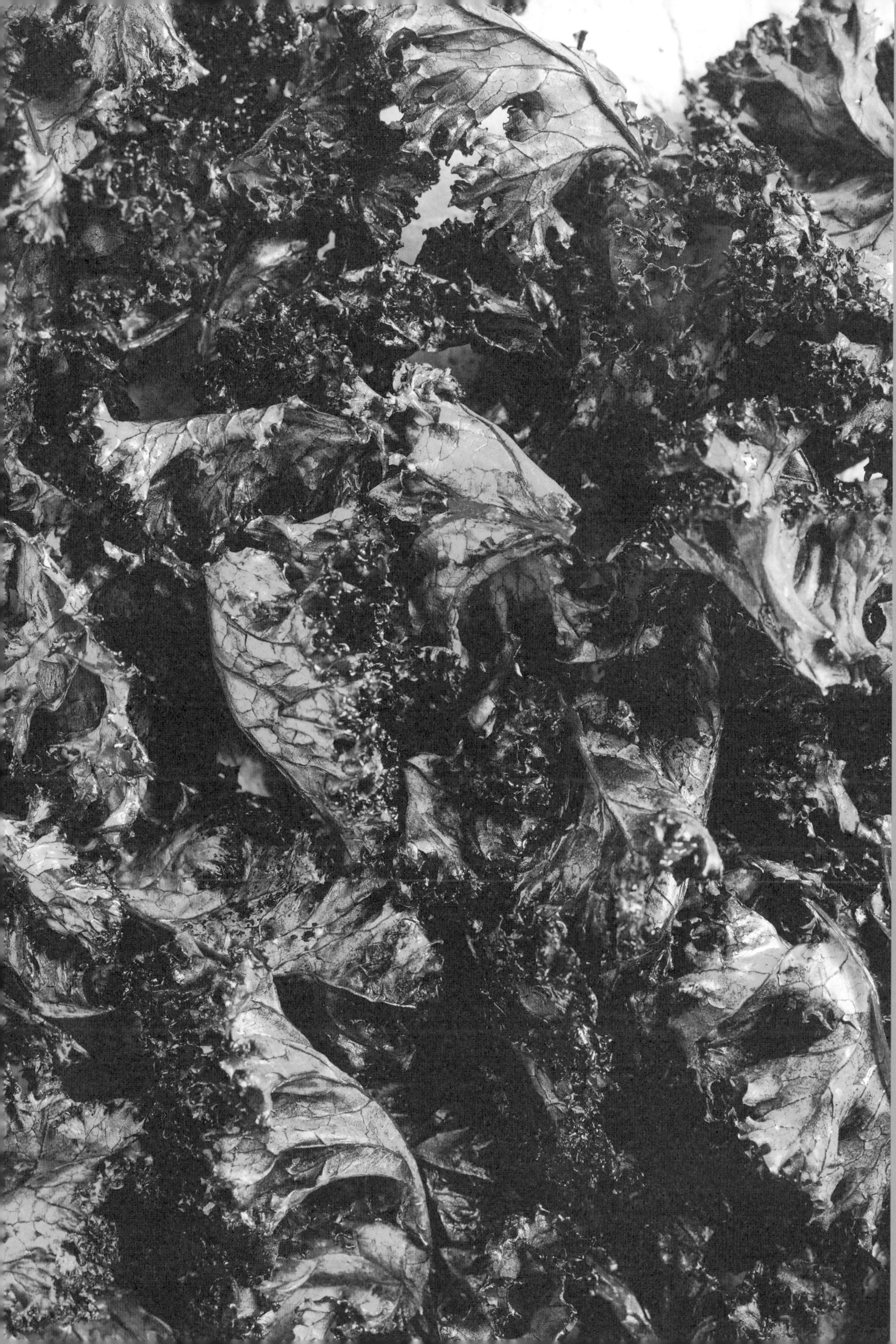

Broccoli

브로콜리

평판이 나쁜 채소가 세상에 딱 하나 있다면, 바로 브로콜리다. 채소와 관련된
거의 모든 농담의 대상인 브로콜리는 온 가족을 위한 요리에 넣기에는
바람직하지 않은 채소라는 비판을 받는다. 하지만 나는 브로콜리를 말 그대로
맛있는 미식 요리로 만들어서 받들어 모시게 만든 부모님도 있다는 이야기를
믿을 만한 소식통으로 전해 들은 바 있다. 브로콜리를 냉장고 제일 윗칸에
넣어두고, 아이들이 착한 일을 했을 때에만 먹을 수 있는 '나무'를 꺼내준다는
것이다. 음식에 대해 버릇처럼 꺼내는 말의 가치를 생각하게 만드는
에피소드다. 하지만 그렇다고 정교한 요리를 하거나 가족을 위한 브로콜리
쿠키 단지를 마련할 필요는 없다. 그냥 <왕좌의 게임>의 칼레시처럼,
그리고 내가 모든 배추속 채소에게 하는 것처럼 하면 된다. 태우자.
생브로콜리에서 느껴지는 타고난 쓴맛 속에는 단맛이 숨어 있다. 바비큐에서
살짝 그슬리도록 굽거나 간장 약간과 꿀 또는 미소 페이스트 1작은술 정도를
둘러서 그릴(브로일러)에 뜨겁게 익히거나 길이 잘 든 뜨거운 궁중팬에서
볶으면 아이들(큰 애들도 작은 애들도)이 그간의 모든 브로콜리에 관련된 불평을
철회하는 모습을 볼 수 있게 될 것이다.

"브로콜리는 아이들이 쉽게 즐길 수 있는 채소다. 송이에서 줄기까지 모두 샐러드와 요리의 속 재료, 사이드 메뉴 등을 훌륭하게 만들어낼 수 있다. 송이를 곱게 깎아낸 다음 볼에 넣고 끓는 물을 부어 수 분간 익힌 다음 통보리와 쿠스쿠스, 퀴노아 등의 곡물을 추가하고 레몬 제스트와 레몬즙, 소금, 페타 치즈를 섞으면 든든한 식사가 된다. 또한 다진 허브 대신 넣으면 환상적인 그레몰라타를 만들 수도 있다."

— 매트 윌킨슨, 영국

구입과 보관하는 법

브로콜리(또는 브로콜리니 등 사촌격인 교배종)를 구입할 때는 잎과 줄기 바닥 부분, 꽃봉오리가 끝내주게 신선해야 한다. 잎은 색상이 선명하고 단단해야 하며 바닥은 아직 녹색을 유지하면서 너무 퍼석하지 않아야 한다. 어떤 청과물 가게에서는 서늘하게 보관하기 위해서 브로콜리를 얼음 위에 진열하기도 한다. 신선한 브로콜리 싹은 단단하게 들어차 있으면서 위쪽은 짙은 녹색(가끔은 보라색)을 띠며 송이 바로 아래쪽을 살짝 들어서 살펴보면 화사한 녹색이어야 한다. 꽃봉오리에 물렁물렁한 부분이 있거나 꽃이 피기 시작했거나 황달이 든 것처럼 노란빛이 돌기 시작하면 브로콜리가 맛이 가고 있는 것이므로 사지 않는 것이 좋다. 보라색 브로콜리에도 같은 규칙이 적용된다. 다만 안타깝지만 보라색 브로콜리는 익히면 색이 흐려진다. 마치 다른 행성에서 온 것처럼 샤르트뢰즈 컬러에 프랙탈 모양을 갖춘 로마네스코 브로콜리도 가끔 눈에 띈다.(실제로 《스타워즈》에 우주 식량으로 등장하기도 했다!) 부드럽게 조리하는 방식에 잘 어울리며, 적당히 데쳐서 찬물에 담가 식히면 화사한 색이 잘 유지된다. 모든 브로콜리는 봉지에 느슨하게 담아서 냉장고 채소 칸에 보관하는 것이 가장 좋다. 만일 마트에서 사온 채소를 씻은 다음 보관하는 스타일이라면 브로콜리에 습기가 남아 있을 경우 곰팡이가 생기기 쉬우니 물기를 충분히 제거해야 한다.

브로콜리 그 외: 가이란

중국 브로콜리라고도 불리는 가이란은 가운데 본줄기와 꽃봉오리가 숨어 있는 두꺼운 겉잎과 긴 줄기가 특징적이다. 가운데 줄기 부분은 보통 밑으로 갈수록 상당히 두껍고 질길 수 있으므로 채소 필러나 과도를 이용해서 옅은 녹색이 될 때까지(굵은 아스파라거스를 손질할 때처럼) 깎아내고 질긴 겉잎을 제거하면 볶음이나 찜을 하기에 좋은 상태가 된다. 겉잎은 익는 시간이 짧으므로 찜기에 줄기를 넣은 다음 수 분간 찐 후에 추가하는 것이 좋다.

브로콜리 그 외: 브로콜리니

브로콜리니는 브로콜리와 가이란의 사생아다. 가이란처럼 줄기가 길쭉하지만 브로콜리처럼 만발한 꽃송이가 두드러지며, 누군가가 말 그대로 '브로콜리니'를 상표명으로 등록했기 때문에 '베이비 브로콜리'라고도 불린다. 둘 다 고르고 손질하고 요리하는 방식이 동일하고 맛도 거의 비슷하기 때문에 서로 비교하기 쉽도록 여기에 싣기로 했다. 다만 브로콜리니의 줄기는 송이 부분보다 조리 시간이 조금 더 오래 걸리므로 줄기의 가장 굵은 부분이 익었는지 확인하고 꺼내도록 한다.

어울리는 재료

버터, 콜리플라워, 치즈(특히 체다, 염소, 모차렐라, 파르메산), 고추, 마늘, 머스터드, 굴 소스, 간장.

자투리 활용

브로콜리의 송이는 이런저런 요리에 다양하게 쓰이니까 상관없지만, 줄기는 어떻게 해야 할까? 모든 배추속 식물과 마찬가지로 브로콜리의 줄기도 사실 질긴 겉부분만 제거하면 아주 달콤한 맛이 난다. 전체 조리 시간이 브로콜리를 완전히 익히기에는 조금 부족하다면 줄기를 한입 크기로 썰어서 집어 넣도록 해보자. 볶음이라면 껍질을 과도나 채소 필러로 깎아내고 넣으면 된다. 여기서만 말하는 것이지만 나는 줄기를 남겨놓았다가 요리할 때 혼자 간식으로 즐겨 먹는다. 나를 계속 움직일 수 있게 해주는 요리 중 간식으로 딱 적당하므로 가정 내의 전담 요리사라면 이 부분을 즐길 가치가 충분하다.

브로콜리니 시저 샐러드

Broccolini Caesar Salad

브로콜리니를 요리하는 것은 생선을 익히는 것과 비슷하다. 생선의 두꺼운 부분과 얇은 부분을 동시에 익히려고 하면 두꺼운 부분은 덜 익고 얇은 부분은 너무 익게 된다. 그러므로 항상 나눠서 따로따로 정복하는 것이 좋다. 송이는 생각보다 빨리 익으므로 보송보송한 독립 개체로, 줄기는 아스파라거스처럼 취급하는 것이 좋다. 여기서는 브로콜리니의 2가지 '질감'을 살리고 걸쭉한 소스와 바삭바삭하게 구운 감칠맛 나는 호밀빵 칩을 더해서 고전적인 시저 샐러드를 완성했다.

분량 4인분

엑스트라 버진 올리브 오일 1/3컵(80ml)

곱게 다진 오일 절임 안초비 필레 3개 분량

곱게 간 파르메산 치즈 1/3컵(25g), 서빙용 여분

곱게 간 마늘 1쪽 분량

얇게 저민 묵은 호밀빵 150g

줄기는 송송 어슷썰고 송이는 2cm 길이로 썬 브로콜리니 3단(약 450g) 분량

달걀 2개(참고 참조)

화이트와인 식초 4작은술

• 레몬 마요 드리즐

곱게 간 레몬 제스트와 즙 1개 분량

마요네즈(전란 사용) (또는 마늘 아이올리, 37쪽 참조) 2큰술

즉석에서 으깬 흑후추 1/2작은술

대형 프라이팬에 올리브 오일을 두르고 중강 불에 올린다. 안초비와 파르메산 치즈, 마늘을 넣고 향이 올라올 때까지 볶는다. 호밀빵을 넣고 자주 뒤적이면서 빵이 노릇노릇하고 바삭바삭해질 때까지 5분간 굽는다. 팬을 불에서 내린다.

그동안 냄비에 소금을 넉넉히 넣은 물을 한소끔 끓인다. 얼음물을 담은 볼을 준비해서 가까이에 둔다. 브로콜리니 송이를 끓는 물에 넣어서 1분간 데친 다음 줄기를 넣어서 화사한 녹색으로 변할 때까지 1분 더 삶는다. 그물국자로 건져서 바로 얼음물에 담가 색이 예쁘게 유지되도록 한다. 건져서 호밀빵 팬에 넣고 골고루 버무린다.

냄비의 물을 다시 한소끔 끓인다. 그동안 달걀을 하나씩 깨서 각각 소형 볼에 따로 넣고 식초 1작은술을 두른다. 끓는 물에 달걀(과 식초)을 최대한 수면 가까이 가져가서 조심스럽게 넣고 불 세기를 낮춰서 흰자가 굳을 때까지 2분간 뭉근하게 익힌다. 그물국자로 달걀을 건져낸 다음 지저분하게 늘어진 흰자 부분을 제거하고 종이 타월에 얹어 물기를 가볍게 제거한다.

식사용 대형 접시에 브로콜리니를 수북하게 쌓고 옆에 호밀빵을 담는다. 브로콜리니 위에 수란을 얹는다. 소형 볼에 모든 드레싱 재료를 골고루 섞은 다음 샐러드에 두르고 여분의 파르메산 치즈를 뿌린 다음 낸다.

참고 신선한 달걀을 사용할수록 수란을 쉽게 만들 수 있다.

번외 삶은 닭 가슴살을 더해도 잘 어울린다. 결대로 찢은 다음 절반 분량의 드레싱을 둘러서 골고루 버무려 풍미를 최대한 빨아들이게 한 다음 나머지 드레싱을 위에 뿌려 마무리하자.

지름길 스토브 앞에 서 있는 시간을 절약하려면 호밀빵에 올리브 오일을 두르고 마늘과 안초비를 바른 다음 파르메산 치즈를 얹고 180°C로 예열한 오븐에 약 8~10분간 노릇노릇해질 때까지 굽는다. 그동안 다른 재료를 손질하고 조리하자. 또는 수란을 만드는 대신 달걀프라이를 부쳐도 된다.

채소 예찬

트케말리를 곁들인 브로콜리 스테이크
Broccoli Steaks with Tkemali

브로콜리는 타고나길 육질이 좋고, 그릴에 구우면 특히 그 점이 더 두드러진다. 잎까지 붙어 있는 작은 브로콜리를 구할 수 있다면 식탁에 식용 센터피스centrepiece 삼아 극적인 장식 요소로 쓸 수 있다. 나는 조지아식 바비큐의 인기 재료인 자두 소스의 깊은 색을 매우 좋아한다. 구할 수 있는 한 제일 신맛이 강한 자두를 사용하자. 어릴 때는 할머니가 트케말리를 만들 수 있도록 동네 인근 숲에서 댐슨 자두(우리는 '울리차alycha'라고 불렀다)를 구해오는 것이 내 일이었다.

아마 할머니도 이 레시피는 자랑스러워할 것이다.

분량 4인분

브로콜리 2통
엑스트라 버진 올리브 오일 2큰술, 마무리용 여분
일부는 마이크로플레인으로 갈고 일부는 곱게 다진 호두 1줌 분량

• 트케말리 자두 소스
반으로 잘라 씨를 제거한 댐슨 자두 또는 새콤한 맛의 자두 500g
셀러리 씨 1작은술
굵게 다진 마늘 5쪽 분량
카옌페퍼 1/4작은술
코리앤더 가루 1/2작은술
레드와인 식초 1과1/2큰술, 자두의 신맛이 약할 경우 여분

브로콜리의 가장자리 부분을 길게 세로로 잘라서 평평하게 만든다. 자투리 부분은 따로 모아두고 약 2cm 간격으로 다시 길게 세로로 잘라 브로콜리 '스테이크'를 만든다. 브로콜리 1통당 스테이크는 약 2~3개가 나올 것이다. 트레이에 올리브 오일을 두르고 브로콜리 스테이크를 얹어서 골고루 버무린다. 따로 둔다.

오븐을 190℃로 예열한다. 베이킹 트레이에 유산지를 깐다. 오븐을 예열하는 동안 베이킹 트레이에 트케말리용 자두를 넣고 올리브 오일을 두른 다음 오븐에 넣는다. 약 15분 뒤에 살짝 그슬리고 부드러워져서 루비색 즙이 흐르기 시작하면 꺼낸다. 이쯤 되면 오븐이 적당히 예열되었을 것이다.

믹서기에 자두와 나머지 트케말리 재료를 넣고 갈아 퓌레를 만든다. 맛을 보고 산미를 확인한 다음 필요하면 여분의 식초를 추가한다.

그동안 오븐용 그릴 팬을 최소 5~10분간 연기가 피어오를 때까지 달군다. 오일을 바른 브로콜리를 적당량씩 나눠서 얹고 살짝 그슬릴 때까지 2~3분간 굽는다. 베이킹 트레이에 옮겨 담고 나머지 브로콜리로 같은 과정을 반복한 다음 오븐에 넣어서 칼로 브로콜리 줄기의 가장 두꺼운 부분을 찌르면 부드럽게 들어갈 때까지 15~20분간 굽는다.

낼 때는 접시에 트케말리 소스를 담고 그 위에 브로콜리를 얹는다. 올리브 오일을 조금 두른다. 플레이크 소금과 즉석에서 간 검은 후추, 호두를 뿌린다. 따뜻하게 혹은 실온으로 낸다.

참고 그릴이 없다면 브로콜리를 바닥이 묵직한 팬에 구우면 된다. 그냥 그릴 자국이 생기지 않을 뿐이다.

지름길 브로콜리에 오일을 충분히 바른 다음 220℃의 오븐에서 윤기가 나기 시작할 때까지 굽는다. 오븐을 예열하는 동안 베이킹 트레이를 미리 넣어서 브로콜리 송이가 닿는 순간 열을 흡수할 수 있도록 하면 훨씬 좋다.

Zucchini

주키니

이 책에서는 주키니와 오이를 일부러 나란히 배치했다. 둘을 구분하는
가장 쉬운 방법은 주키니를 본작물에서 분리시키는 부분에 붙어 있는
골이 움푹 파인 줄기를 보는 것이다. 주키니(영어로는 쿠제트courgette라고도
부른다)는 박과, 오이는 멜론과에 속하기 때문에 생겨나는 차이다.
줄기에 속하는 호박의 윗동 부분과 딱지에 가까운 수박의 윗동을
비교해서 떠올려보면 다시는 둘을 혼동할 일은 없을 것이다. 오이의
껍질은 광택이 흐르고 살짝 울퉁불퉁할 때가 많고, 주키니는 더
부드럽고 둔하면서 만지면 과육이 더 실하게 느껴진다. 여름 호박으로
분류되는 주키니와 비슷한 조롱박과 세상에는 온갖 색깔과 모양이
존재하고 조리되는 느낌은 비슷하기 때문에 정말 다양한 요리를
만들어낼 수 있다. 길쭉한 호박은 스피럴라이저로 깎아서 '채소면'을
만들거나 리본 모양으로 깎고, 길게 저며서 그릴에 구울 수 있다.
동글납작하거나 공 모양인 호박은 씨앗과 과육을 파낸 다음 콩류 또는
다진 고기를 채워서 속을 채운 피망이나 양배추롤처럼 굽기도 한다.

"최고로 맛있는 주키니는 너무 크지 않으면서 껍질은 탄탄하고 윤기가 흐르고 과육은 달콤하고 고소해야 한다. 늦봄이면 우리는 사프란과 마늘을 넣은 엔젤 헤어 파스타에 주키니 꽃을 더한다. 여름이면 주키니를 곱게 저며서 엑스트라 버진 올리브 오일, 마늘, 타라곤과 함께 뭉근하게 익힌 다음 양 어깨살찜이나 생선 그릴구이에 곁들인다. 또는 그라탕이나 피클, 퓌레, 이탈리아인은 트리폴라티trifolati라고 부르는 프리터 등을 만든다."

— 스카이 긴겔, 호주

구입과 보관하는 법

익어가고 자라면서 풍미가 진해지는 많은 다른 채소와 달리 주키니의 맛은 신생아의 팔뚝만한 크기일 때 최고조에 달했다가 점점 퇴색되기 시작한다. 발효의 전설 산도르 카츠Sandor Katz는 말했다. '주키니가 가진 풍미는 양이 한정적이라 크기가 커질수록 맛볼 수 있는 풍미는 줄어든다.' 그래도 특히 주키니가 가장 많이 나는 여름철이 되면 엄청 큰 주키니를 사게 될 수 있지만, 어느 정도 크기(거의 성인 남성의 팔뚝만한)를 넘어서면 주키니가 아니라 매로우marrow라고 불리기 시작한다. 그리고 그 정도가 되면 비슷한 이름의 뼈 골수marrow bone를 다루는 것처럼 요리하는 것이 제일 좋다. 속을 파내고 필링을 채워서 간을 하고 굽거나 송송 썰어서 튀김옷을 묻혀 튀기는 것이다. 껍질이 부드러운 모든 여름 호박을 고를 때는 줄기가 탄탄하고 잘생긴 것을 찾는다. 화사한 녹색에 털이 보송보송하고 절대 갈변하거나 미끈거리지 않아야 한다. 실제로 색이야 노란색이든 다양한 음영의 초록색이든 상관없으니 항상 생생하고 진한 색의 주키니를 찾아보자. 껍질은 팽팽하고 과육은 탱탱해야 한다. 그 아래 살점이 아직 단단하기만 하면 흠집이 조금 났거나 울퉁불퉁하더라도 괜찮다.

주키니는 종이 봉지에 담아서 통풍이 잘 되도록 하여 냉장고의 채소 칸에 보관한다. 주변 공기가 전혀 통하지 않으면 수분이 배어 나오면서 전반적으로 운명이 다해가는 분위기를 조성하게 된다. 또한 주키니는 수분이 많아서 익혀도 모양을 잘 유지하기 때문에 냉동 보관하기 좋다. 소금 간을 하지 않은 물을 한소끔 끓여서 주키니를 넣고 1분 정도(크기에 따라 시간을 조절한다) 데친 다음 건져서 쟁반에 서로 간격을 두고 담는다. 냉동한 다음 소분해서 봉지에 담고 이름표를 붙인 다음 냉동 보관한다. 그래도 다공성이기 때문에 최상의 맛과 질감을 유지하려면 3~4개월 안에 사용하는 것이 좋고, 그 이상이 지났다면 갈아서 수프에 넣자.

"내가 가장 좋아하는 채소는 아마 주키니일 것이다. 활용도가 아주 높아서 선호하는 편이다. 제일 좋아하는 조리법은 숯불에 굽거나 소량의 라임, 올리브 오일을 더해서 갈아 가스파초를 만드는 것이다."

— 모니크 피소, 뉴질랜드

주키니 그 외: 호박꽃

구할 수만 있다면 호박꽃은 보기에도 조리하기에도 절대적으로 경이로운 경험을 선사한다. 맛이 조금 부족하지만 일단 외양이 아름답고 풍미 가득한 재료를 운반하는 수단으로 사용할 수 있다는 점에서 충분히 단점을 보완하고도 남는다. 리코타 치즈나 염소 치즈, 일종의 달걀 무스(374쪽의 깜짝 놀랄 정도로 맛있는 관자를 채운 호박꽃 튀김 참조)를 속에 넣은 다음 일식 튀김옷 반죽을 입혀서 튀긴다고 생각해 보자. 직접 길러서 호박꽃이 넘쳐난다면 꽃잎만 따로 떼어내서 주키니 요리나 샐러드에 화사한 장식으로 써도 좋다. 시들거나 늘어진 부분이 없는 주황색과 노란색이 화사하게 섞인 것을 고르자. 꽃에서 자라나는 어린 주키니와 마찬가지로 강렬한 진녹색을 띠는 것이 좋다.

어울리는 재료

피망, 치즈(특히 염소, 파르메산, 리코타), 고추, 가지, 마늘, 허브(특히 바질, 마조람, 민트, 파슬리), 레몬, 잣, 올리브 오일.

자투리 활용

주키니를 요리할 때는 껍질을 벗길 이유가 없다. 주키니의 모양을 살릴 수 있는 것은 물론 화사한 색상만으로도 놔둘 가치가 충분하다. 하지만 스피럴라이저나 채칼로 길게 깎아낸다면 이상한 모양의 자투리 부분이 남게 된다. 씨가 들어 있는 가운데 부분이나 남은 자투리 주키니는 잘게 썰어놨다가 다음에 채소 요리를 할 때 넣자. 맛이 매우 중성적이라 볶음에서 캐서롤까지 모든 요리에 잘 맞는다.

관자를 채운 호박꽃 튀김

Scallop-stuffed Zucchini Flowers

여러분이 만들 수 있는 가장 화려한 카나페다. 튀김옷에 스파클링 와인을 넣는다면 끝판왕이 된다. 그리고 한 번 먹고 나면 손님들이 여러 달간 끝없이 회자할 요리가 될 것이다. 요리계의 블루칩이나 다름없지 않은가? 블루튀김이라고 해야 하나?

분량 8인분(카나페)

달걀흰자 2개
셀프 레이징 밀가루 1컵(150g)
주키니 꽃 16개
튀김용 미강유 또는 해바라기씨 오일
서빙용 웨지로 썬 레몬

• 관자 필링

관자 또는 새우살 150g
가볍게 푼 달걀흰자 1개 분량
곱게 간 레몬 제스트 1개 분량
플레이크 소금 1작은술
백후추 가루 1/2작은술
너트메그 가루 1/4작은술
크렘 프레슈 1/3컵(80g)
곱게 송송 썬 차이브 1큰술

• 스파클링 와인 반죽옷

셀프 레이징 밀가루 1컵(150g)
플레이크 소금 1/2작은술
차가운 스파클링 화이트와인(또는 탄산수) 1컵(250ml)

필링을 만든다. 푸드프로세서에 관자와 달걀흰자, 레몬 제스트, 소금, 후추, 너트메그를 넣는다. 돌려서 곱게 다진다. 크렘 프레슈를 넣고 짧은 간격으로 돌려서 잘 섞는다. 차이브를 넣고 잘 섞은 다음 짤주머니에 담아서 사용하기 전까지 차갑게 보관한다.

볼에 달걀흰자를 넣고 거품기로 살짝 거품이 생길 때까지 가볍게 푼다. 다른 볼에 밀가루를 넣는다.

반죽옷을 만든다. 볼에 밀가루와 소금을 섞는다. 스파클링 와인을 붓고 거품기로 잘 섞어서 매끄러운 반죽을 완성한다.

조심스럽게 주키니 꽃에서 꽃술을 제거한다. 짤주머니로 관자 혼합물을 꽃 속에 짜 넣은 다음 꽃잎 끄트머리를 가볍게 비틀어서 여민다.

튀김기 또는 대형 냄비에 오일을 절반 정도 채우고 180℃ 또는 빵조각을 넣으면 15초만에 노릇노릇해질 때까지 가열한다.

꽃을 하나씩 달걀흰자에 담갔다 꺼내서 밀가루를 묻힌 다음 반죽옷 볼에 넣었다 꺼낸다. 여분의 반죽을 털어낸 다음 기름에 넣고 노릇노릇하고 바삭바삭해질 때까지 가끔 뒤집으면서 3분간 튀긴다. 그물국자로 건진 다음 종이 타월을 깐 식힘망에 얹어서 기름기를 제거한다. 쿠킹 포일을 느슨하게 덮어 따뜻하게 보관하면서 나머지 꽃과 반죽으로 같은 과정을 반복한다.

플레이크 소금과 으깬 흑후추를 뿌리고 웨지로 썬 레몬을 곁들여서 바로 낸다.

번외 조금 더 화려하게 만들고 싶은 기분이라면 차가운 샴페인으로 반죽옷을 만들어보자. 1병을 따서 핑곗김에 친구들을 불러 모을 좋은 기회다. 여기에는 37쪽의 마늘 아이올리도 잘 어울린다.

생선 배제 시 주키니 꽃에 428쪽의 다진 버섯 템페를 채워서 튀긴다.

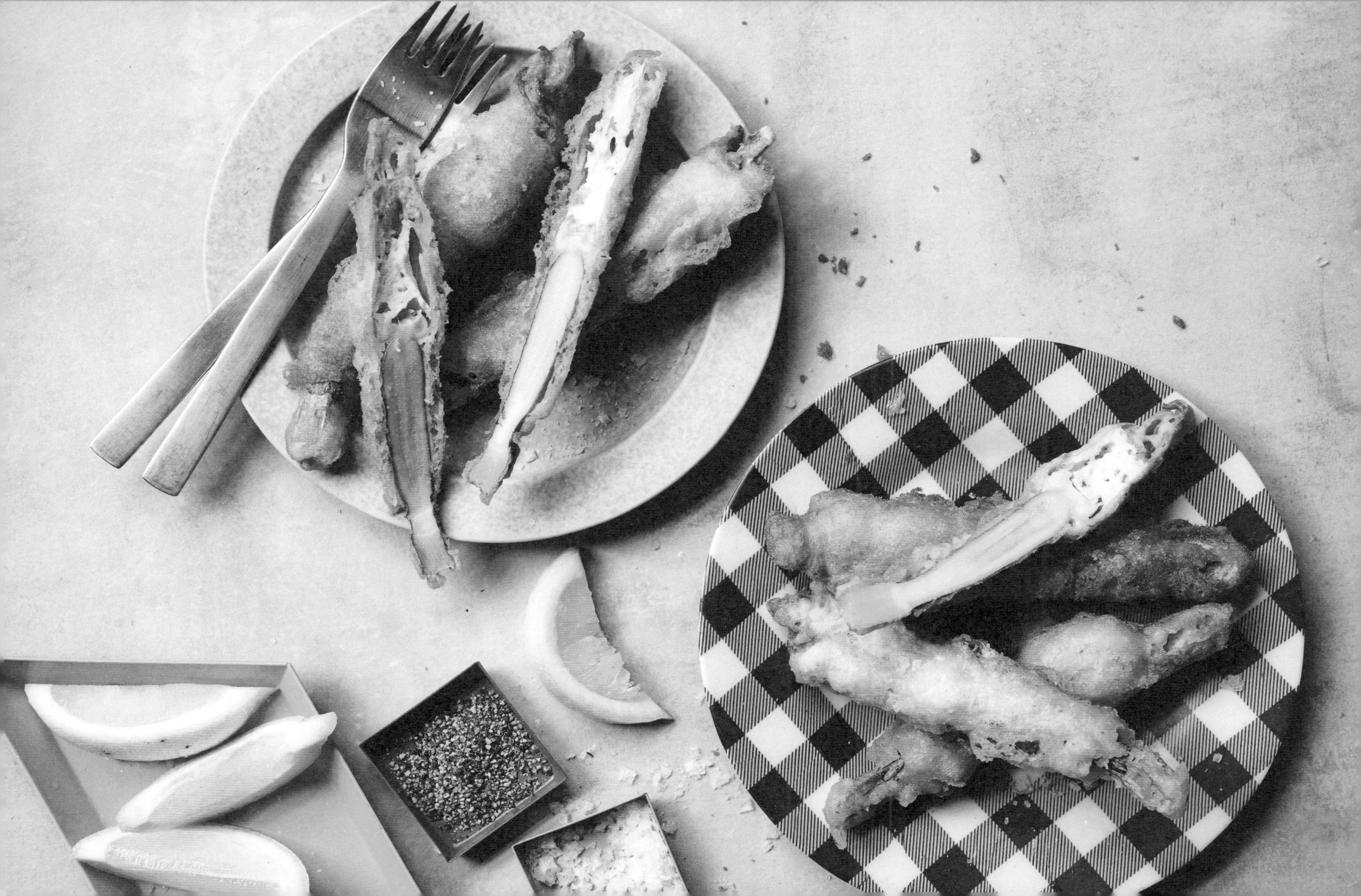

잘게 뜯은 호박꽃 피자
Torn Zucchini Flower Pizza

이 하룻밤 동안 발효시켜서 만드는 활용도 높은 특별한 피자 반죽은 352쪽에 실린 으깬 감자와 로즈메리 포카치아를 만드는 데에도 사용했다. 일단 한 번 잘게 뜯은 호박꽃을 올려서 숭고한 아름다움을 뽐내는 피자 만들기에 익숙해지고 나면 여름에는 줄기 토마토(여기에 아예 잘게 뜯은 신선한 바질까지 더하면 기본 마르게리타 피자가 된다), 가을에는 겨울 호박과 캐러멜화한 양파 등 좋아하는 맛있는 토핑을 다양하게 얹어 만들 수 있다.

분량 4인분

사워크림 200g

굵게 간 피오르 디 라테fior di latte(소젖으로 만든 이탈리아산 모차렐라 치즈 – 옮긴이)또는 모차렐라 치즈 200g, 서빙용 여분(선택)

너트메그 가루 1/2작은술

꽃이 붙어 있는 어린 주키니 12개

잘게 부순 은두야(또는 곱게 다진 초리소) 120g

엑스트라 버진 올리브 오일 2큰술

서빙용 바질 잎

서빙용 라유(아시아 식료품점에서 판매)

서빙용 웨지로 썬 레몬

• 반죽

오버나이트 반죽(352쪽 참조) 1회 분량

굵게 간 주키니 1개 분량

틀용 올리브 오일

덧가루용 밀가루

하루 전날 오버나이트 반죽을 만들어 둔다.

다음날 오븐을 220°C로 예열한다. 코팅 피자 트레이 2개에 오일을 바른다.

반죽에 간 주키니를 넣고 적당히 반죽해 잘 섞는다. 반죽을 반으로 나눈다. 덧가루를 가볍게 뿌린 작업대에 반죽을 하나 얹고 2cm 두께의 동그라미 모양으로 민 다음 피자 트레이에 얹는다. 나머지 반죽으로 같은 과정을 반복한 다음 오븐에서 바닥이 익을 때까지 10분간 굽는다.

그동안 볼에 사워크림과 치즈, 너트메그를 잘 섞는다. 어린 주키니에서 꽃을 떼어내 길고 예쁘게 찢는다. 어린 주키니는 얇게 저민다.

치즈 혼합물을 피자에 나누어 얹고 주걱 뒷면으로 가장자리까지 고르게 펴 바른다. 은두야를 뿌리고 절반 분량의 주키니 꽃과 저민 주키니를 얹는다. 각각 올리브 오일을 1큰술씩 두른다.

오븐에서 반죽이 노릇노릇해지고 트레이 바닥에서 쉽게 잘 떨어질 때까지 12분간 굽는다. 바질 잎과 나머지 주키니 꽃, 저민 주키니, 여분의 치즈(사용 시)를 굵게 뜯어 뿌린다. 라유를 두르고 뿌려 먹을 웨지로 썬 레몬을 곁들여 낸다.

참고 꽤 쫀득하고 밀도가 높은 로마식 피자 반죽이다. 더 말랑한 나폴리식 피자를 선호한다면 사는 곳 인근에서 최고의 화덕 오븐 피자가게를 찾아가 마르게리타 피자 1판을 포장한 다음 집에 와서 신선한 주키니와 모차렐라를 얹어 먹을 것을 추천한다.

육류 배제 시 은두야는 생략해도 전혀 상관없다. 대신 취향에 따라 칠리 페이스트를 1~2큰술 둘러보자.

지름길 요즘에는 시판 피자 반죽도 상당히 품질이 좋다. 가능하면 성분표가 이 레시피의 재료 목록과 최대한 비슷한 것을 고르도록 하자.

채소 예찬

여름 슬라이스
Summer Slice

말 그대로 지금껏 본 중 최고의 맛을 자랑하던 레시피로 내 동료 매트 윌킨슨Matt Wilkinson과 샬리 깁Sharlee Gibb의 레시피에서 영감을 받았다. 마치 햇살 1조각을 잘라낸 듯한 음식으로, 여름이 되면 집에서 만들고 또 만들게 된다.

오븐에서 갓 꺼냈을 때도, 냉장고에서 차갑게 식혔을 때도 맛있기 때문이다. 우리 딸 헤이즐에게도 큰 호응을 얻어냈는데, 손가락만한 길이로 잘라주면 일단 신나게 주먹으로 꽉 쥐어 으깨면서 논 다음에 입에 집어넣는다.

분량 4~6인분

굵게 간 주키니(중) 2개 분량
소금 1/2작은술
곱게 깍둑 썬 양파 1개 분량
길고 가늘게 썬 베이컨 4장 분량
글루텐 프리 셀프 레이징 밀가루(참고 참조) 1/2컵(75g)
생(또는 냉동) 옥수수 낟알 1/2컵(100g)
냉동 완두콩 1/2컵(75g)
달걀 5개
우유 1/2컵(125ml)
간 체더치즈 1컵(100g)
저민 토마토 4개(재래 품종을 사용하면 더욱 화사하게 만들 수 있다)

오븐을 180℃로 예열한다. 약 20 x 25cm 크기의 베이킹 그릇에 유산지를 가장자리에 살짝 늘어지도록 깐다.

볼에 깨끗한 티타월을 깐다. 간 주키니를 담고 소금을 뿌려서 손으로 골고루 잘 섞는다. 티타월의 사방 가장자리를 들어올려서 모아 여민 다음 꼭 짜서 주키니의 물기를 제거한다. 그래야 슬라이스가 축축해지지 않는다.(볼 위에 채반을 얹고 눌러서 물기를 제거할 수도 있지만 그러면 힘이 2배로 든다.) 볼을 깨끗하게 닦아서 물기를 제거한 다음 다시 주키니를 넣고 양파와 베이컨을 넣는다. 밀가루를 넣고 스패츌러로 접듯이 섞는다.

그동안 주전자에 물을 끓인다. 내열용 소형 볼에 옥수수와 완두콩을 넣고 끓는 물을 잠기도록 붓는다. 수 분간 그대로 둔 다음 건져낸다.

볼이나 그릇에 달걀을 깨 담고 포크로 골고루 섞은 다음 우유를 넣어 마저 섞는다. 주키니에 달걀 혼합물을 붓고 절반 분량의 치즈와 옥수수, 완두콩을 넣어서 접듯이 섞는다.

주키니 반죽(생각보다 농도가 묽다)을 베이킹 그릇에 붓는다. 나머지 치즈를 뿌리고 그 위에 저민 토마토를 올린다. 오븐에서 달걀이 굳고 윗부분이 살짝 그슬릴 때까지 40~45분간 굽는다. 따뜻하게 혹은 차갑게 낸다.

참고 주키니와 토마토가 제철을 맞이해 무르익은 여름에 가장 맛있는 슬라이스다. 그 외의 계절에는 생토마토를 생략하고 토마토 처트니를 곁들이도록 한다.

여기서는 일반 밀가루보다 가벼워서 바닥 부분의 크러스트의 질감이 독특해지는 글루텐 프리 밀가루를 사용했지만 취향에 따라 일반 셀프 레이징 밀가루를 사용해도 무방하다.

변주 레시피 머핀 틀에 종이 틀을 깔고 주키니 반죽을 부어서 구우면 직장이나 학교에 도시락으로 가져가기 좋은 개별용 프리타타가 된다. 물론 그냥 적당한 크기로 잘라서 유산지에 싸도 간단한 간식거리가 된다.

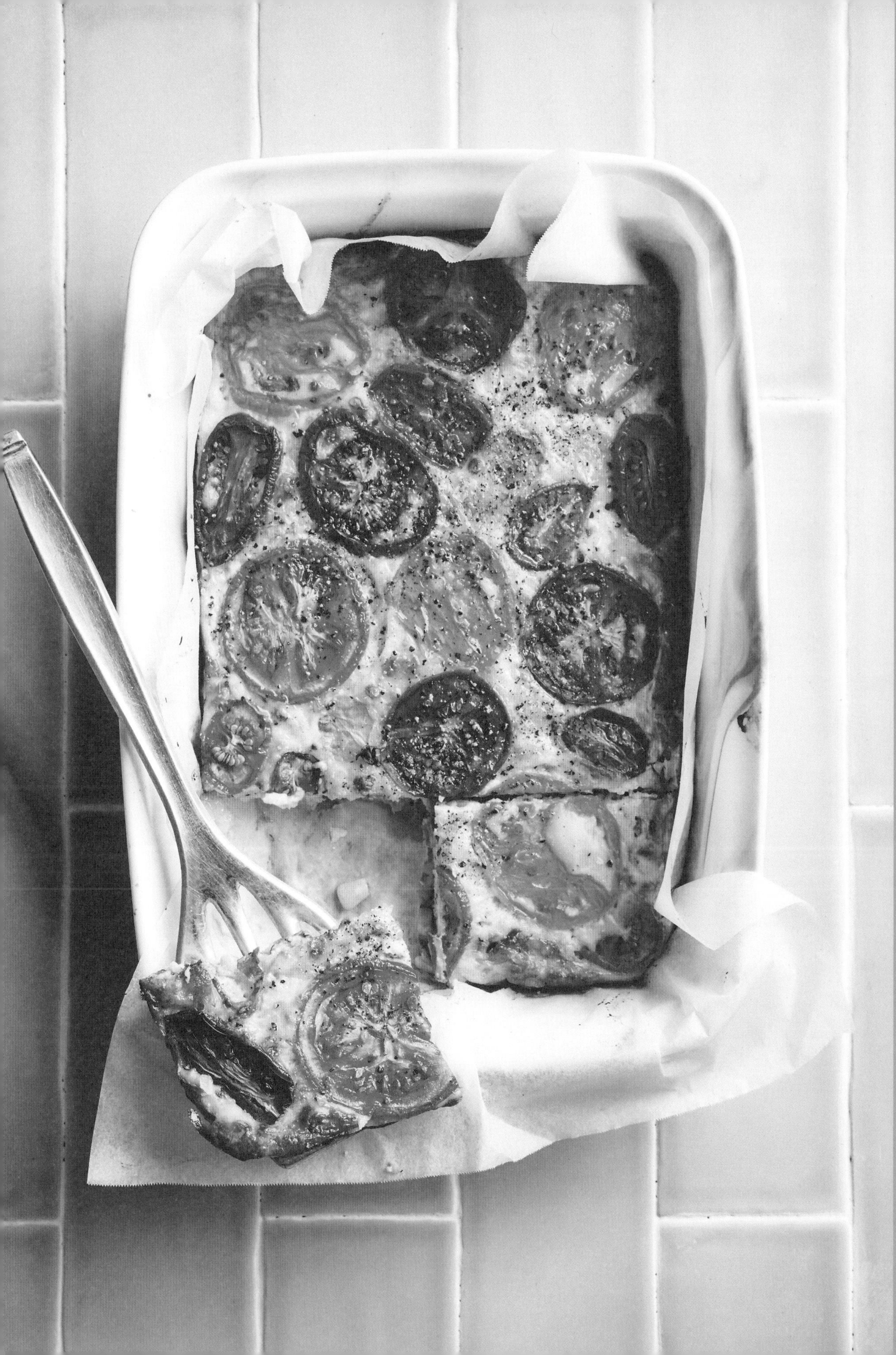

주중의 볼로네제
Mid-week Bolognese

정식 볼로네제는 만들려면 오랜 시간이 걸린다는 점을 고려하면 이 레시피가 이탈리아에 대한 모욕처럼 느껴질 수도 있지만, 실제로 우리가 알고 있는 '볼로네제bolognaise(혹은 우리가 아무렇게나 쓰는 철자법)'는 애초에 존재하는 요리가 아니다. 고기가 들어간 붉은 소스를 만들어서 '스파게티 볼로네제spaghetti Bolognese'라고 부르기 시작한 것은 디아스포라 이탈리아인으로, 볼로냐를 찾아온 많은 관광객이 볼로네제 스파게티가 없는 것에 실망하자 현지의 레스토랑에서 만들기 시작한 것이다. 전형적으로 닭이 먼저냐, 달걀이 먼저냐에 대한 이야기다. 그 증거로서 이 레시피에도 볼로네제에 필요한 모든 재료를 전부 집어넣었는데, 덕분에 맛이 끝내준다. 지름길에 등장하는 수고(통조림 토마토가 떨어져서 뭘로 대체해야 할지 알 수 없었을 때 생각난 아이디어)에서 스파이럴라이저로 돌려 깎은 주키니(가볍고 녹색이다. 냠냠!)에 이르기까지 그야말로 순식간에 만들 수 있으면서 풍미는 진하고 풍성해 더없이 탐욕스러운 이탈리아인도 만족시킬 수 있을 볼로네제다. 물론 일단 고개와 주먹을 휘휘 내저은 후의 이야기겠지만.

분량 4인분

곱게 깍둑 썬 갈색 양파 1개 분량

올리브 오일 1큰술

버터 1큰술

곱게 저민 버섯 1컵(90g)(선택)

소고기 버거 패티(참고 참조) 4장

굵게 다지거나 으깬 마늘 2~3쪽 분량

토마토 페이스트(농축 퓌레, 참고 참조) 100g

숙성 발사믹 식초 1작은술

채수 또는 닭 육수(또는 위기 상황에는 물) 1/2컵(125ml)

스파이럴라이저 또는 채칼로 얇고 길게 깎은 주키니(참고 참조) 6개
　　분량

간 파르메산 치즈 40g

바닥이 묵직한 대형 냄비에 올리브 오일과 버터를 두르고 양파를 넣어서 중약 불에 반투명해질 때까지 천천히 익힌다. 향이 올라올 때까지 뚜껑을 연 채로 익히다가 뚜껑을 닫고 약 5분간 가끔 휘저으면서 익힌 다음 다시 뚜껑을 열고 마무리한다. 버섯을 사용할 경우에는 이때 집어넣고 노릇노릇해질 때까지 볶는다.

양파(와 버섯)를 한쪽으로 밀어 놓고 버거 패티를 조심스럽게 넣은 다음 나무 주걱이나 감자 으깨개를 이용하여 조심스럽게 꾹 눌러 최대한 납작하게 만든다. 익힌 양파를 그 위에 얹어서 타지 않게 한 다음 불 세기를 중강 불로 높여서 패티의 바닥 부분이 노릇노릇해질 때까지 2~3분간 굽는다.

패티를 으깨서 잘게 부숴 양파와 함께 잘 섞는다. 마늘을 넣어서 잘 섞은 다음 토마토 페이스트를 넣고 전체적으로 짙은 붉은색을 띨 때까지 볶는다.

발사믹 식초를 넣고 코를 찌르는 향이 사라질 때까지 익힌다. 육수를 붓고 가볍게 한소끔 보글보글 끓인 후 잘 섞는다. 고기가 잘 익고 소스가 살짝 졸아들 때까지 5~10분간 뭉근하게 익힌다.

길고 가늘게 깎은 주키니를 넣고 골고루 섞은 다음 살짝 부드러워질 때까지 1분간 뭉근하게 익힌다. 간을 맞춘 다음 파르메산 치즈와 으깬 흑후추를 뿌려서 낸다.

참고 패티의 온도가 실온에 가까울수록 구울 때 더 노릇노릇해진다. 버거 패티는 다진 소고기보다 지방 함량이 높기 때문에 이 요리에 더 잘 어울린다. 다진 소고기밖에 없다면 버터 양을 조금 늘리자.

토마토 페이스트는 제품마다 들어간 성분이 다르다. 말 그대로 '100% 토마토'라고 적힌 것을 고르자. 더 묽은 소스가 좋다면 육수를 1컵(250ml) 넣고 살짝만 졸인 다음 주키니를 넣는다.

스파이럴라이저가 없다면 주키니를 길게 깎은 다음 쌓아서 돌돌 만 후 다시 리본 모양으로 썬다.

번외 아직 주키니만 넣은 파스타를 먹을 마음의 준비가 되지 않았다면 절반 분량은 글루텐 프리에 특유의 보랏빛 색상을 더하는 수수 스파게티로 대체한다.

Cucumber

오이

아름다운 샐러드에 대한 수요가 높아지면서 우리가 구할 수 있는 오이의 품종도 늘어나고 있다. 쿼크Qukes 오이는 간식용으로 가방에 넣어다니기 좋다. 길이가 짧은 레바논 오이는 단맛이 나고 질감이 산뜻하면서 형태가 잘 유지되고 껍질이 고와서 벗길 필요가 없기 때문에 기본 샐러드를 만들 때 사용한다. 길쭉한 텔레그래프 오이는 채칼이나 채소칼을 이용해 리본 모양으로 길게 깎아서 오이 샌드위치를 만들거나 볶음용으로 쓰기 좋다. 신선한 피클용 미니오이gherkins는 피클 등 보존음식을 좋아하는 사람에게 특히 사랑받기 때문에 청과물 코너에서는 대량으로 묶어서 흔히 판매한다. 껍질이 두꺼운 재래 품종은 가끔 쓴맛이 나기도 하지만 이는 떫은 맛이 강한 짙은색 껍질 때문이기 때문에 이 부분을 벗겨내고 적절하게 양념을 하면 문제가 되지 않는다.

"햄버거의 피클, 일본의 채소 절임, 한국의 오이김치에 이르기까지 오이는 모든 식사의 조연 역할을 하는 채소다. 나는 으깬 오이에 간단하게 소금과 마늘, 생강, 간장, 다진 고추, 참기름, 염장 다시마로 양념해 먹는 것을 좋아한다."

— 테츠야 와쿠다, 일본

구입과 보관하는 법

제철을 맞이하는 여름철이 되면 오이는 햇빛에 반짝거리면서 달콤하고 신선한 향기를 풍긴다. 전체적으로 고른 진녹색을 띠는 단단한 것을 고르자. 다들 찔러보려고 해서 문제가 발생하기는 하지만 자잘한 얼룩이 보이는 것도 괜찮다. 쭈글쭈글해지거나 물렁해지기 시작하는 오이는 피해야 한다. 다만 그게 구할 수 있는 전부라면 하룻밤 동안 얼음물에 담가 두면 새 생명을 불어넣을 수 있다. 오이는 수분 함량이 높고 햇볕이 잘 드는 곳에서 자라기 때문에 냉장고에 보관하더라도 다른 채소보다 신경 써서 다뤄야 한다. 채소 칸에 넣되 종이 타월에 한 번 싼 다음 비닐봉지에 담아서 수분이 너무 빨리 달아나지 않도록 하고, 주변에 에틸렌을 생성하는 채소나 과일은 가까이 두지 않아야 한다.

조리하는 법

오이를 썰 때 도마에서 굴려가며 독특한 모양으로 썰면 샐러드에 질감과 흥미로운 요소를 더할 수 있다. 초반에 간을 하면 풍미 스펀지를 만난 것처럼 속까지 잘 스며들어서 나머지 채소에게 드레싱을 운반하는 역할을 한다. 라이타나 차지키를 만들 때는 반드시 오이에 먼저 소금 간을 해서 약 15분간 재운 다음 꼭 짜서 여분의 물기를 제거하고 요구르트에 넣어야 한다. 간단 피클을 만들 때는 설탕과 소금, 식초를 동량으로 섞은 다음 향신료(통후추나 딜, 펜넬 씨 등)를 넣고 한소끔 끓인 후 얇게 송송 썰거나 스파이럴라이저로 돌려 깎은 오이에 붓는다. 그대로 식힌 다음 내면 된다. 남은 절임액은 땅콩 오일 같은 중성 오일을 섞으면 드레싱이 된다. 사워피클을 만들고 싶으면 3~5% 정도의 소금물에 절이는 것이 가장 좋다. 이때 꽃대를 완전히 제거하고 포도잎이나 참나무 잎을 섞으면 아삭한 질감이 잘 유지된다.

어울리는 재료

치즈(특히 페타, 염소), 고추, 고수, 딜, 마늘, 레몬, 라임, 민트, 올리브 오일, 양파(특히 적양파), 파슬리, 연어, 참깨(깨 또는 참기름), 토마토, 식초(특히 샤도네이), 요구르트.

으깬 오이 참깨 샐러드
Sesame Cucumber Whack Salad

오이 샐러드 레시피에서 씨를 긁어내라고 할 때는 긁어낸 씨의
활용법은 가르쳐주지 않는 것이 보통이다. 흔히 '싱크대에
내버리겠거니' 하고 생각하곤 한다. 하지만 드레싱에 기분 좋은
질감과 달콤한 맛을 선사하는 씨앗이 왜 그런 운명을 겪어야 하는
것일까? 그렇다면? 버리지 말자. 드레싱에 넣거나 숟가락으로
파내서 입에 넣자. 어느 쪽이든 버릴 필요는 없다.

분량 4인분(사이드 메뉴)

길쭉한 오이 2개
간장 1/4컵(60ml)
사과 식초 2큰술
맛술 2큰술
참기름 1큰술
곱게 간 생생강 1큰술
곱게 간 마늘 1쪽 분량
설탕 1작은술
곱게 송송 썬 실파 3대 분량
곱게 송송 썬 길쭉한 홍고추 1개 분량
고수 잎 1/2단 분량
민트 잎 1/2단 분량
서빙용 참깨
서빙용 바삭한 튀긴 샬롯

오이는 길게 반으로 자른 다음 숟가락으로 씨를 제거한다.
절구에 씨를 넣고 가볍게 두들겨서 으깬다. 절구에 간장과 식초,
맛술, 참기름, 생강, 마늘, 설탕을 넣고 숟가락이나 스패출러로
골고루 섞은 다음 소형 볼에 옮겨 담는다.

오이는 3cm 크기로 대충 썬다. 오이를 적당량씩 나눠서
실파와 함께 같은 절구에 넣고 가볍게 으깨 껍질을 살짝 부순다.

식사용 대형 접시에 옮겨 담고 고추와 허브를 뿌린다.
드레싱을 두르고 볶은 참깨와 바삭한 튀긴 샬롯을 뿌려서 낸다.

지름길 오이를 썰고 씨를 긁어낼 기분이 아니라면 쿼크나 레바논 등
길이가 짧은 오이를 이용해서 씨가 붙어 있는 채로 조리한다. 적당히 어슷
썬 다음 소금을 뿌리고 가볍게 주물러서 조직이 부서지게 한다.

번외 샐러드의 양을 늘려서 주 요리로 만들고 싶다면 삶은 메밀 면이나
라면 면을 섞은 다음 익혀서 결대로 찢은 닭고기나 쪄서 결대로 찢은
생선을 얹어 낸다.

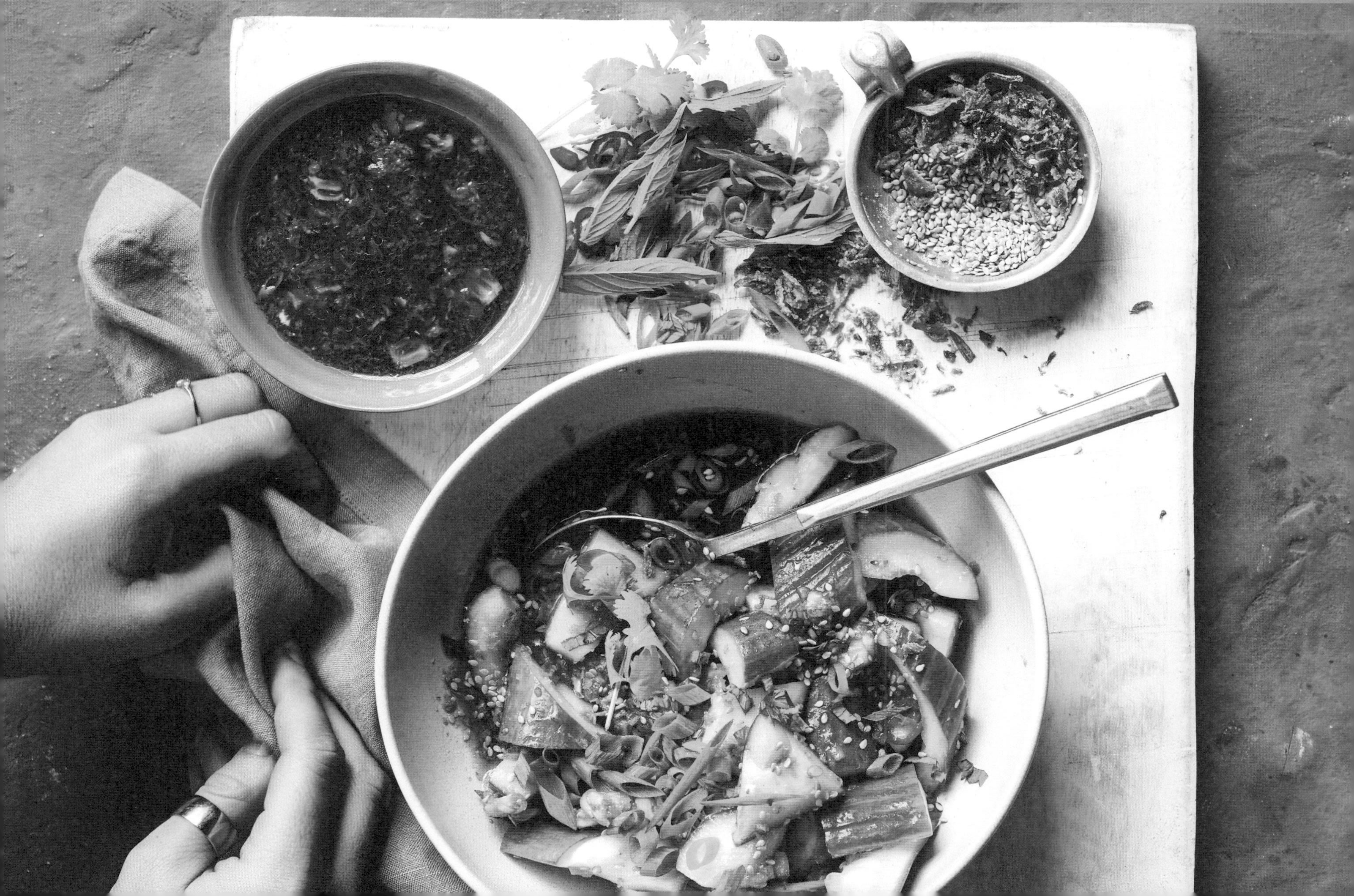

Beans

콩

콩은 기원전 6천 년 전부터 식량원으로 재배되어 왔으며, 아마 방귀쟁이 음식이라는 농담도 그때부터 이어져왔을 것이다. 영양가가 높으면서 기르기 쉽고 채식 위주 식단을 구성하기 좋으며 건조시키면 저장성이 좋아서 재배량이 늘어났다. 오늘날에도 학교 운동장의 방귀 농담을 포함해 과거와 거의 같은 이유로 여전히 귀한 대접을 받는다. 나의 팬트리에는 검은콩에서 붉은 강낭콩, 칸넬리니cannellini 콩에 이르기까지 모든 종류의 콩이 가득 차 있어 구이나 오래 익히는 찜 등에 자주 사용한다. 신선한 콩은 별다른 조리를 하지 않아도 스스로 빛난다. 간단한 비네그레트를 두르거나 버터에 볶았을 뿐인 데친 깍지콩, 잘게 부순 페타와 함께 으깬 잠두(거의 언제나 속껍질까지 제거할 것), 마늘과 고추를 넣어서 볶은 송송 썬 줄콩 등 세계 대부분의 지역에서 허브와 향신료만 바뀌었을 뿐인 콩 요리법을 찾아볼 수 있다. 천천히 볶거나 뭉근하게 익히고 간을 하는 기본 원리만 터득하고 나면 조리법을 제대로 확장시킬 수 있다. 인도식 매콤한 깍지콩(마살레다 셈masaledar sem)에 오레가노만 더하면 멕시코의 에조테ejotes가 되고, 프랑스식 볶은 샬롯을 가미한 깍지콩에 커리 파우더와 마늘, 고수를 넣으면 우리 어머니의 조지아식 로비오lobio가 된다. '콩의 변주곡'이라고 불러도 좋을 것 같다.

"잠두와 어린 깍지콩으로는 더없이 맛 좋은 샐러드를 만들 수 있다. 나는 잠두를 꼬투리에서
빼낸 다음 가볍게 데쳐서 속껍질까지 제거한다. 그 안에 들어 있는 부분이 제일 달콤하니까!
그런 다음 깍지콩을 데쳐서 잠두와 염소젖 페타 치즈, 신선한 바질, 엑스트라 버진 올리브
오일과 함께 버무린다. 바삭하게 튀긴 샬롯을 얹으면 완벽한 샐러드가 완성된다!"
— 니키 라이머, 호주

구입과 보관하는 법

껍질을 하나하나 제거할 계획이든 아무 생각 없이 팬에 볶고 싶을 때이든, 봄날의 기운을 담은 신선한
콩은 언제나 요리의 수준을 끌어올린다. 오래될수록 꼬투리의 섬유질은 질겨지고 안에 들어 있는 콩은
딱딱해지기 때문에 맛있게 만들려면 노력이 많이 필요하다. 확실하게 끈적거리는 부분이 없는 윤기
흐르는 껍질, 톡 끊어지는 질감을 확인하지 않고 그냥 겉만 봐서는 깍지콩이 신선한 것인지 알기 쉽지
않다. 아무도 보지 않을 때면 봉지에 담기 전에 끝 부분을 살짝 뜯어서 맛을 본다. 신선한 콩은 정말로
즙이 많고 달콤해서 거의 신선한 완두콩과 비슷한 느낌이다. 잠두는 안에 들어 있는 콩의 크기를 만져
보고 고르는 것이 좋다. 꼬투리와 콩이 클수록 오래된 것이므로 가루기가 많을 확률이 높다. 꼬투리
길이는 최대 8cm, 콩은 큰 엄지 지문보다 크지 않은 중간 크기 잠두를 고르도록 한다. 손톱보다 작은
크기의 콩이 들어 있는 작은 꼬투리가 있다면 한 번 맛을 보자. 달콤하고 부드럽다면 속껍질까지 제거할
필요도 없이 구입한 당일에 먹으면 된다.(자세한 내용은 아래쪽.)

콩은 자연 상태에서는 아주 연약하기 때문에 최대한 빨리 조리하는 것이 좋다. 잠두는 꼬투리와
속껍질까지 제거한 다음에 바로 요리에 사용하는 것이 가장 좋지만 경험상 저녁에 찌거나 데치고 껍질을
벗겼을 경우 다음날 아침이나 점심까지는 맛있지만 저녁 쯤이 되면 맛이 떨어진다. '꼬투리와 속껍질'이란
우선 먼저 길쭉하고 벨벳 같은 꼬투리에 들어 있는 콩을 꺼낸 다음 끓는 물에 3~4분간(크기에 따라
조절) 데친 후 다시 개별 콩을 감싸고 있는 속껍질을 제거해야 한다는 뜻이다. 내 가정 경제학자 제인의
훌륭한 설명에 따르면 잠두의 속껍질은 마치 물집 같은 느낌을 주기 때문에 반드시 제거해야 한다. 우웩!
보관할 경우에는 씻지 않은 채로 물기가 없도록 봉지에 담아 냉장고 채소 칸에 넣는다. 습기는 잠두의
천적이다. 깍지콩은 냉동 보관하기 좋으며, 대부분의 책에서는 데쳐서 급속 냉동한 다음 냉동 보관하라고
가르치지만 그냥 씻어서 채소 탈수기에 돌린 다음 2~3cm 길이로 송송 썰어서 냉동해도 된다. 이게
전부다! 필요한 만큼 오랫동안, 다음 깍지콩이 제철을 맞이할 정도가 될 때까지도 보관할 수 있다. 냉동
콩과 더불어 말린 콩이나 통조림 콩도 비 오는 날에 간단하게 요리하기 정말 좋은 제품이다.(솔직히 그런
날씨에 신선한 재료를 사러 외출을 하고 싶지는 않으니까.)

조리하는 법

신선한 깍지콩을 조리할 때는 꼭지와 꼬리 부분을 제거하거나 질긴 섬유질을 제거한 다음 데쳐야 한다. 현대식 품종은 질긴 섬유질이 잘 생기지 않도록 개량된 것이 많지만 재래 품종은 손질을 좀 해야 한다. 꼭지와 꼬리를 떼어낼 때 양쪽 가장자리 방향으로 잡아당기면 길게 함께 떨어져 나온다. 깍지콩과 꼬투리에서 까낸 잠두는 끓는 물에 데치는 것이 좋은데, 화사한 녹색이 잘 유지되기 때문이다. 끓는 물에 넣고 녹색이 조금 더 생생하게 살아날 때까지 데친 다음 건져서 바로 얼음물에 담가 아삭한 알덴테 질감과 색상이 유지되게 한다. 레몬즙 약간은 색을 화사하게 유지하는 데에 도움이 되고 풍미에도 화사한 맛을 더하지만 콩은 요리하기 직전까지 산에 닿지 않게 해야 한다. 화학 반응으로 인해 콩이 노란색으로 변하기 때문이다. 토마토 바탕의 깍지콩 찜이 항상 약간 '아기 똥 색깔'과 비슷해지는 이유다. 참고로 나는 특히 수고나 커리의 경우 콩이 조금 물러졌다고 해도 전혀 신경 쓰지 않으며, 오히려 덜 데쳐서 삐걱거리는 질감이 느껴지는 것보다 낫다고 생각한다. 여러분도 마찬가지라면 푹 무르도록 삶은 콩을 자랑스럽게 내놓자! 말린 콩은 하룻밤 동안 물에 불려야 하지만 통조림 콩은 바로 조리해도 좋다. 가능하면 유기농 통조림 콩을 구입하고, 통조림의 국물은 채식 요리를 할 때 달걀흰자나 점도제 대체용으로 쓸 수 있다. 아쿠아파바(콩물)라고 불리는 콩 국물은 보송보송한 디저트나 마요네즈 같은 유화제, 걸쭉한 수프를 만들기에 제격이다. 하지만 콩을 요리에 쓸 때는 레시피에서 요구하는 대로 물에 헹궈서 씻어야 한다. 콩 국물은 너무 걸쭉해서 소스의 점도를 완전히 바꿔버리기 때문이다!

콩 그 외: 콩나물

콩나물과 숙주는 말 그대로 콩과 녹두에 싹이 길게 튼 것이다. 부드러운 풍미와 아삭아삭하면서 촉촉한 식감 덕분에 아시아 요리 문화권에서 널리 재배하고 활용된다. 중국과 태국식 볶음과 샐러드, 스프를 만들 때 넣을 수 있으며 데쳐서 양념에 버무리면 한국식 반찬인 콩나물 무침이 되고 베트남의 포pho에 한 줌을 얹어도 좋다. 냉장고에 보관하며 먹기 전에 변색한 꼬리 부분을 잘라낸 다음 잘 씻어서 물기를 제거해야 한다. 직접 길러볼 수도 있다. 유기농 녹두를 하룻밤 동안 물에 불린 다음 4~7일간(상태에 따라 기간을 조절한다) 아침 저녁으로 잘 헹군 후 물기를 제거하고 면포나 티타월로 덮어 서늘한 응달에 보관한다. 같은 방식으로 알팔파 같은 새싹채소도 기를 수 있다. 수확한 후에는 냉장 보관한다.

어울리는 재료

버터, 치즈(특히 페타, 염소, 그뤼에르, 파르메산), 마늘, 레몬, 민트, 견과류(특히 아몬드, 헤이즐넛, 호두), 오렌지(특히 제스트).

조지아식 캐러멜화한 양파를 넣은 깍지콩 스튜
Georgian Green Beans with Caramelised Onion

콩에서 뻑뻑거리는 질감이 느껴지는 것을 좋아하는 사람도 있지만 나는 전혀 그렇지 않다. 내가 이 레시피를 좋아하는 이유도 알 덴테만큼 익힌 콩을 좋아하는 사람까지 우선 순위를 제공하게 만든다는 점 때문이다. 나는 페누그릭 가루를 조금 뿌리곤 하므로 식료품 저장실에 있다면 첨가해도 좋다.

분량 4인분

곱게 깍둑 썬 양파 1개 분량
올리브 오일 2큰술
플레이크 소금 1작은술
커리 가루 1작은술
코리앤더 가루 1작은술
페누그릭 가루 1/2작은술
꼭지를 제거한 깍지콩 500g
으깬 마늘 4~5쪽 분량
레드와인 식초 1큰술
다진 고수 잎과 줄기 3큰술, 장식용 여분
다진 호두 1/4컵(30g)

대형 냄비에 올리브 오일과 양파를 넣고 소금을 뿌린 다음 중간 불에 올린다. 지글거릴 때까지 기다린 다음 뚜껑을 닫고 불 세기를 낮춘다. 5분간 천천히 익힌 다음 뚜껑을 연다. 주기적으로 휘저으면서 양파가 노릇노릇해질 때까지 5~10분간 천천히 볶는다. 양파가 노릇해지면 향신료를 뿌리고 향이 올라올 때까지 볶는다.

깍지콩를 가로로 반 자른 다음 냄비에 넣고 반짝반짝 윤기가 나면서 양파와 완전히 어우러지도록 잘 볶는다. 마늘을 넣고 골고루 잘 섞는다. 식초를 넣고 전체적으로 시럽처럼 윤기가 흐르도록 익힌 다음 물 1/4컵(60ml)을 붓는다. 뚜껑을 닫고 가끔 휘저으면서 15분 정도 뭉근하게 익힌다.

12분이 지나면 깍지콩 가운데를 손톱으로 눌러본다. 쉽게 휘어지면 잘 익은 것이다. 어린 깍지콩은 익기까지 그렇게 오랜 시간이 걸리지 않는다.

깍지콩이 쉽게 휘어질 정도로 부드러워지면 고수를 넣어서 잘 섞는다. 맛을 보고 간을 맞춘다. 시골풍 대형 볼에 담고 고수 잎과 호두를 뿌려서 식탁 가운데에 차린다.

지름길 깍지콩을 길게 반으로 자르면 조리 시간이 반으로 줄어든다. 나는 깍지콩 전용 커터bean splitter를 이용하지만 날카로운 과도로 썰어도 좋다. 양파를 캐러멜화하는 데에 시간이 오래 걸리므로 그 사이에 썰면 된다.(양파를 캐러멜화하는 과정은 서두르지 않기를 권장한다. 하지만 언제든지 황설탕을 조금만 뿌려주면 조금 속도를 높일 수 있다.)

참고 전통적으로 마늘은 깍지콩이 다 익은 다음에 넣어서 맵싸한 자극적인 생마늘의 향이 남아 있도록 만든다. 나는 조금 일찍 넣어서 어느 정도 익히는 편이지만 취향에 따라 마늘 맛을 최대한 살리고 싶다면 생 고수를 넣을 때 같이 넣어보자.

변주 레시피 먹고 남은 깍지콩을 팬에서 다시 데운다면 잘 푼 달걀물을 부어서 스크램블을 만들어보자. 단백질이 풍부하고 맛이 좋은 깍지콩 스크램블이 된다.

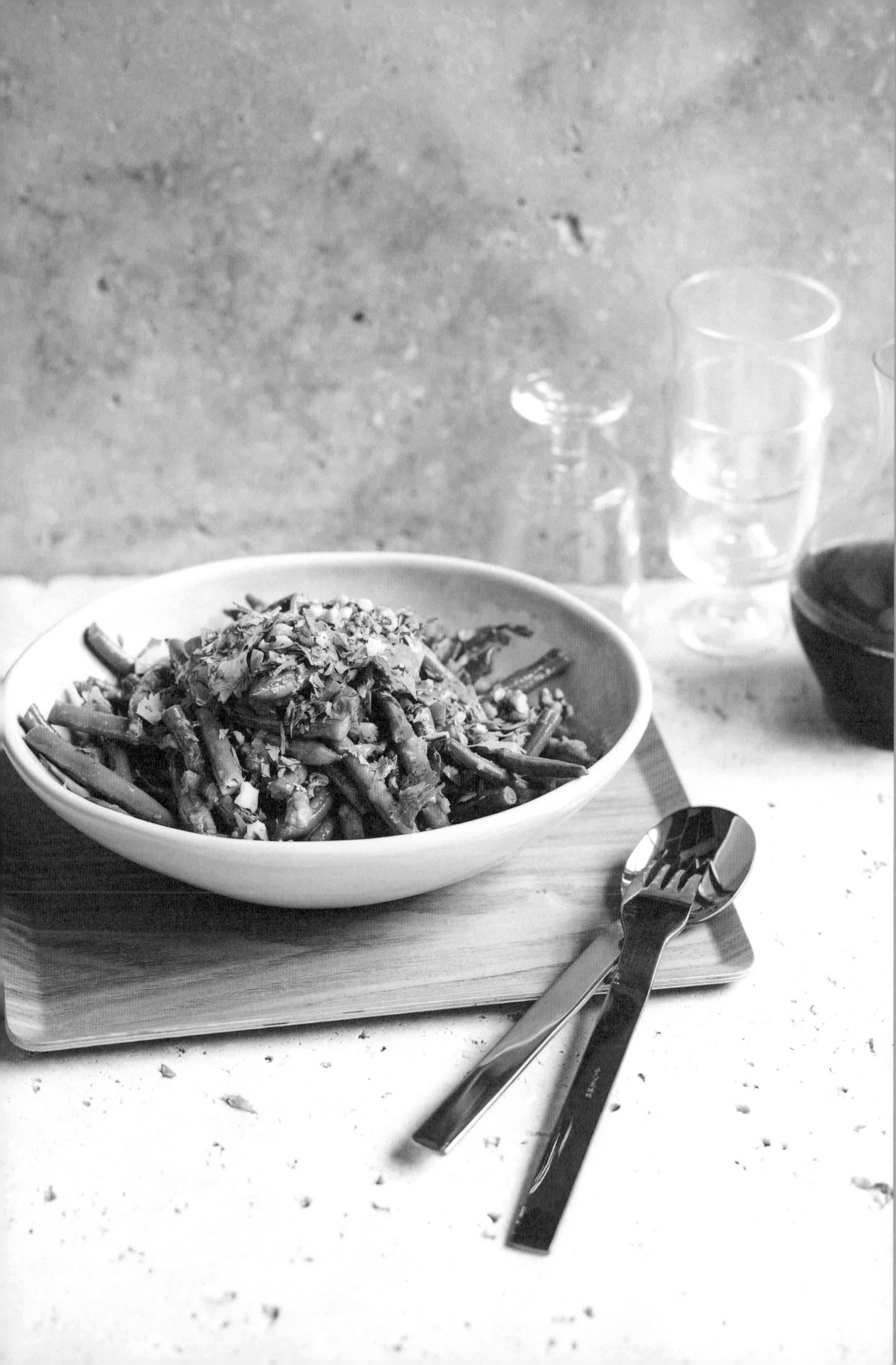

할라페뇨와 4가지 콩 샐러드
Jalapeño Four Bean Salad

맛있는 콩 샐러드 레시피가 있으면 음식을 가져가는 파티가 있거나 저렴하면서 신선하고 맛있는 음식을 간단하게 만들고 싶을 때 편리하게 활용할 수 있다. 다음은 잠두가 풍성하게 나는 봄철에 흥을 돋우기 제격인 레시피다. 핵심은 다양한 색상의 콩을 사용하는 것이므로 계절에 따라 구할 수 있는 품종을 골라서 성공적으로 배합해 보자. 숭고한 맛이 나는 드레싱은 모든 콩, 심지어 통조림 콩과도 잘 어울린다! 강낭콩과 보를로티 콩, 버터콩, 4가지 모둠 콩… 통조림이 대활약할 시간이다!

분량 4인분

꼭지만 제거한 깍지콩 300g

깍지완두 100g

잠두(깍지째) 150g(콩 무게 약 50g)

물에 헹군 통조림 검은콩 400g

줄기는 곱게 다지고 잎은 그대로 따낸 고수 1/2단 분량

딜 잎 1/2단 분량

굵게 다진 민트 잎 1줌 분량

만체고 치즈 100g

· 라임 할라페뇨 드레싱

엑스트라 버진 올리브 오일 1/2컵(125ml)

곱게 깍둑 썬 프렌치 샬롯 1개 분량

곱게 깍둑 썬 생 녹색 할라페뇨 고추 1개 분량

라임즙 1개 분량

레드와인 식초 2큰술

황설탕 1큰술

플레이크 소금 1/2작은술

깍지콩과 깍지완두를 이음매를 따라 길게 반으로 자른다.

대형 냄비에 소금물을 한소끔 끓인 다음 깍지콩을 넣어서 데친다. 정확히 3분을 데친 다음 건져서 찬물에 담가 더 익지 않고 화사한 색이 유지되도록 한다.

같은 냄비에 깍지완두와 잠두를 넣어서 2분간 데친 다음 건져서 찬물에 담근다.

식으면 모든 콩과 깍지완두를 건져내서 물기를 제거하고 적당한 크기의 볼에 넣는다.

다른 볼에 검은콩을 넣는다. 다른 볼에 모든 드레싱 재료를 넣고 거품기로 잘 섞은 다음 곱게 다진 고수 줄기를 넣고 즉석에서 간 흑후추로 아주 넉넉히 간을 한다. 드레싱을 검은콩에 부은 다음 그대로 풍미가 배어들도록 재운다.

먹을 때가 되면 검은콩 볼에 고수 잎과 딜, 민트를 넣고 잘 버무려서 다른 모둠 콩과 깍지완두 위에 수북하게 얹는다. 고운 그레이터로 치즈를 갈아서 맛있고 보송보송한 구름처럼 얹은 다음 낸다.

참고 여기서는 대부분의 주방용품점에서 구할 수 있는, 날이 달려 있는 크리스크Krisk 콩 절단기를 이용해 콩을 손질한다. 필수품이라기보다는 사치품에 가깝지만 스스로에게 선물하기 좋은 물건인데다 아스파라거스를 썰 때에도 사용할 수 있다.
풋콩이나 완두콩, 그리고 구할 수 있다면 사치스러운 스페인산 통조림 어린 잠두로도 자유롭게 만들어 보자.
또한 이 샐러드는 콩이 아직 따뜻할 때 치즈를 넣어서 살짝 녹도록 만들어 내도 맛있다.

지름길 통조림 모둠콩(4종) 400g을 물에 헹군 다음 볼에 넣고 드레싱을 두른다. 냉동 완두콩 1컵(140g)을 내열용 볼에 넣고 팔팔 끓는 물을 부은 다음 그대로 물이 식을 때까지 둔다. 건져서 콩 볼에 넣고 잘 섞어서 바로 낸다.

채소 예찬

Okra

오크라

오크라는 채소계의 유사流沙와 같다. 일단 집어들면 마른 땅이나 다름없다. 하지만 익히면 웃기게도 인디아나 존스마저 생존하기 힘들 종류의 끈적끈적한 진창이 된다. 오크라는 히비스커스와 가까워서, 우리가 먹는 부분은 사실 종자가 들어 있는 꼬투리다. 오크라를 요리하기 까다롭고 독특하게 만드는 부분이 바로 여기 들어 있는 '점액질'로, 건조한 조건 하에서는 식물이 수분을 유지하는 데에 도움을 주지만 주방에서 수분과 열에 노출되면 다소 미끈미끈하게 변한다. 하지만 그 점성 때문에 찐득한 남부의 검보gumbo(오크라로 걸쭉하게 만드는 수프)와 살살 녹는 빈디 마살라bhindi masala(튀긴 오크라를 넣은 매콤한 토마토 그레이비), 카사바로 만든 푸푸를 적셔 먹는 점도 높은 서아프리카의 오크라 스튜가 탄생했다. 오크라와 함께 자랐다면 그 찐득함을 사랑하는 것은 물론 오랜 친구처럼 그리워하게 된다. 치아 씨 푸딩과 사고, 바질 씨가 들어간 음료를 좋아한다면 오크라도 그저 마음에 쏙 드는 새로운 질감을 지닌 재료로 인지하게 된다.

"오크라는 주로 너무 미끈거리지 않도록 깨끗하게 씻은 다음 병아리콩 가루에 버무려서
튀겨내죠. 쿠민을 넉넉하게 넣으면 특히 맛이 좋아요."
— 사란쉬 고일라, 인도

구입과 보관하는 법

오크라는 막 제철이 시작될 무렵인 초여름에 구하기 쉬운 작은 것이 가장 맛있다. 길이로 치면 7.5cm
정도가 최대치다. 만일 점액질을 최대한으로 많이 모으고 싶다면 큰 것을 골라도 상관없다. 다만
크고 많이 자란 꼬투리일수록 질기고 씨가 씹히는 경향이 있어서 요리사에게 또 다른 질감의 문제를
제기한다는 점만 알아두자. 신선한 오크라는 몰라볼 수 없는 진한 황록색을 띠고 꼬투리는 가끔 가시처럼
느껴지기도 하는 털이 살짝 나 있으며 멍이 쉽게 든다. 갈색이나 검은색 반점은 잘못 보관했다는 표시일
수 있으므로 경계하고, 무른 부분이 있는 것은 사지 않는다. 어떤 상황이라 하더라도 오크라는 구입하기
전에 수분에 노출되지 않아야 한다. '고스트버스터즈'를 불러야 할 정도로 점액질을 뚝뚝 흘리게 될 수
있기 때문이다.
　　오크라는 아열대 기후를 선호하므로 냉장고에 보관할 때는 온도가 7℃ 아래로 내려가지 않도록
주의해야 한다. 채소 칸의 앞쪽에 넣어두거나 냉장고 온도가 낮은 편이라면 봉지에 담아서 팬트리의
공기가 잘 통하는 서늘한 부분에 보관하자.

조리하는 법

영화 《그렘린》에서 기즈모가 작고 귀여운 모과이였다가 살짝 젖었다는 이유로 보송보송한 공을
만들어내는 모과이 군대로 변신하는 장면을 본 적이 있는가? 오크라는. 반드시. 건조하게 보관해야
한다. 버섯을 손질할 때처럼 면포로 껍질을 깨끗하게 닦아내야 한다. 점액질이 껍질과 씨앗 사이의 막에
들어 있기 때문에 드러난 표면적이 적을수록 음식이 덜 미끈거린다. 날카로운 칼을 이용해서 조리하기
바로 직전에 꼭 필요한 만큼만 썰어야 한다. 작은 꼬투리는 심지어 썰지 않고 그대로 넣어도 좋고(심지
주변만 약간 손질해서 안쪽의 씨앗이 드러나지 않게 한다) 가로로 반으로 잘라서 별 모양의 단면만 강조하기도
한다. 오크라는 알루미늄과 무쇠에 반응해서 검게 변색되므로 스테인리스 스틸이나 에나멜 조리 도구를
사용하는 것이 좋다. 먼저 뜨거운 오일에 꼬투리째 재빠르게 튀겨내서 커리나 스튜에 더하기 좋은 풍미를
만들어낸 다음 완성하기 5~10분 전에 냄비에 넣으면 된다. 미끈미끈한 점액질을 줄이기 위한 방법이다.
하지만 검보 등 여러 재료를 혼합해 만드는 음식에 일부러 찐득한 질감을 내고 싶다면 내가 말한 것을
정확히 반대로 하면 된다! 오크라를 잘 씻은 다음(아예 물에 푹 담가 불리는 사람도 있다) 결 반대 방향으로,
즉 별 모양이 되도록 송송 썰어서 조리 초반에 다른 재료와 함께 넣어버린다. 그래도 일단 한 번 튀기는
것은 여분의 풍미와 질감을 살리는 좋은 방법이기는 하다.

어울리는 재료

피망, 고추(특히 카옌페퍼, 풋고추), 감귤류(특히 레몬, 라임), 옥수수, 생강, 허브(특히 고수, 파슬리), 양파,
토마토.

남부식 오크라 튀김
Southern Fried Okra

미국 최남단부 지역에서 유래한 레시피에 한참 멀리 떨어진 동유럽 식탁에나 오르는 재료인 우유 케피어kefir가 들어가는 경우가 얼마나 될지는 모르겠지만, 나는 케피어가 탄산수처럼 온갖 반죽에 사르르 올라오는 기포를 더하는 과정을 좋아한다. 구하기 쉽다면 버터밀크를 사용해도 상관없지만 나는 조심스럽게 케피어를 마셔볼 기회를 제공해서 여러분의 식탁에도 자주 오르게 만들기 위해 노력하고 있다.

분량 4~6인분

튀김용 미강유 또는 땅콩 오일
타임 1단
옥수숫가루 1/3컵(50g)
밀가루 1컵(150g)
플레이크 소금 1작은술
훈제 파프리카 가루 1과1/2작은술
커리 파우더 1작은술
케피어 우유 100ml, 딥 소스용 여분
오크라(작은 것이 좋다) 400g

• 파프리카 소금
플레이크 소금 1/4작은술(35g)
훈제 파프리카 가루 2작은술

냄비에 오일을 4cm 깊이로 붓고 180℃ 또는 빵조각을 넣으면 15초만에 노릇노릇해질 때까지 가열한다. 타임 잎을 넣고 바삭바삭해질 때까지 1~2분간 튀긴다. 집게로 건져서 종이 타월에 얹어 기름기를 제거한다.

넓은 볼에 옥수숫가루와 밀가루, 소금, 파프리카 가루, 커리 파우더를 섞는다.

다른 볼에 케피어를 담는다. 세 번째로 소형 볼에 파프리카 소금 재료를 잘 섞는다.

오크라가 너무 질척거리지 않게 하려면 튀기기 직전까지 최대한 물기 없이 보관하다가 소량씩 튀기는 것이 요령이다. 즉 오크라를 한 번에 하나씩 케피어에 담갔다가 옥수숫가루 볼에 담근 후 바로 뜨거운 오일에 넣는다. 노릇노릇하고 바삭바삭해질 때까지 2~3분간 튀긴다. 종이 타월에 얹어서 기름기를 제거한다.

튀긴 오크라에 파프리카 소금을 뿌린 다음 아직 뜨거울 때 타임 잎을 마저 뿌린다. 아직 따뜻할 때 여분의 케피어를 딥 소스로 곁들여서 낸다.

글루텐 프리 조리 시 일반 밀가루 대신 글루텐 프리 밀가루를 사용하면 된다.

유제품 배제 시 이 레시피에서 특별하게 사용하는 케피어 대신 일본식 튀김용 탄산수나 스파클링 와인 반죽옷(374쪽 참조)을 이용하고 마늘 아이올리(37쪽)를 딥 소스로 곁들여 낸다.

오크라 땅콩 스튜

Okra Peanut Stew

오크라 제일의 특징인 '미끈미끈함'을 제거하기 위해 노력하는
레시피가 있는가 하면 이를 전적으로 수용하는 레시피도 있다.
이 요리는 후자다. 발가락만 담가보고 싶다면 작은 오크라를
사서 통째로 넣으면 점액질을 조금 누그러뜨릴 수 있다. 하지만
검보를 좋아하는 사람이라면 얇게 송송 썰어서 노출된 표면적으로
최대화해야 한다. 땅콩 버터의 견과류 맛과 부드러운 질감,
페누그릭과 파프리카 가루, 코리앤더 등의 따뜻한 향신료가
절대적으로 탐욕스러우면서 계속 만들어보고 싶어지는 스튜를
완성한다.

분량 4~6인분

땅콩 오일 1큰술
곱게 다진 갈색 양파 1개 분량
곱게 다진 생생강 1큰술
곱게 다진 녹색 할라페뇨 고추 2개 분량
스위트 파프리카 가루 1작은술
페누그릭 가루 1/4작은술
코리앤더 씨 2큰술
쿠민 씨 1작은술
생땅콩 1/2컵(70g)
토마토 페이스트(농축 퓌레) 2큰술
굵게 간 토마토 2개 분량
청키 땅콩버터 3/4컵(210g)
소금 2작은술
채수 4컵(1L)
3cm 크기로 썬 오크라 깍지(작은 것은 통째로) 20개 분량(약 250g)
라임 즙 1개 분량, 서빙용 웨지로 썬 라임
장식용 생고수 잎

• 쿠스쿠스

버터(또는 올리브 오일) 2큰술
쿠스쿠스 1과1/2컵(285g)
채수 2컵(500ml)

• 볶은 고명

땅콩 오일 1/3컵(80ml)
줄기 방울토마토 250g
땅콩 1큰술
코리앤더 씨 1작은술

대형 냄비에 땅콩 오일을 두르고 중간 불에 올려서 달군다.
양파와 생강, 고추, 향신료를 넣고 휘저으면서 양파가
부드러워질 때까지 5~8분간 볶는다. 이때 연기에 눈이 찌르듯이
아플 수 있으므로 환풍기를 틀거나 창문을 열어 둔다.

　땅콩과 토마토 페이스트를 넣고 색이 살짝 짙어질 때까지
2분간 익힌다. 간 토마토와 땅콩버터, 소금, 채수를 넣고 한소끔
끓인다.

　오크라를 넣고 불 세기를 약하게 낮춘 다음 뚜껑을 닫고
오크라가 부드러워질 때까지 30분간 뭉근하게 익힌다. 라임
즙을 넣고 맛을 본 다음 필요하면 간을 맞춘다.

　그동안 쿠스쿠스를 만든다. 냄비에 버터를 넣고 녹인다.
쿠스쿠스를 넣고 골고루 섞은 다음 채수를 부어서 한소끔
끓인다. 뚜껑을 닫고 불에서 내린 다음 잔열에 10분간 익힌다.
쿠스쿠스가 채수를 완전히 흡수하면 포크로 골고루 풀어준다.

　기다리는 동안 고명 재료를 볶는다. 소형 팬에 땅콩 오일을
두르고 중간 불에 1분 이상 달군다. 토마토를 넣고 뜨거운
오일을 계속 끼얹으면서 가볍게 그슬리도록 5분간 익힌다.
꺼내서 볼에 옮겨 담는다. 팬에 뜨거운 오일을 1큰술만 남기고
다시 불에 올린 다음 땅콩과 코리앤더 씨를 넣어 볶는다.
노릇노릇해지면 바로 볼에 옮겨 담는다.

　식사용 그릇 또는 접시에 쿠스쿠스를 수북하게 담고 그 위에
스튜를 얹는다. 볶은 견과류와 씨앗류를 뿌린 다음 방울토마토와
고수 잎으로 장식하고 웨지로 썬 라임을 곁들여 낸다.

번외 나는 여기에 칠리 토마토 콩피(180쪽)를 즐겨 얹곤 한다. 그냥
신선한 방울토마토를 반으로 썰어서 얹어도 상관없다.

Light green

* **LEEK**
  + Spring onion
* **ASPARAGUS**
* **CELERY**
  + Celtuce
* **LETTUCE**
  + Watercress
* **BOK CHOY**

* **BRUSSELS SPROUTS**
* **PEAS & SNOW PEAS**
* **CABBAGE**
* **AVOCADO**
  + Bitter melon

Leek

리크

썰기가 너무 귀찮거나 눈물이 나는 게 싫어서 양파를 요리에 사용하지 않고
있다면 리크를 고려해 보자. 파속 식물의 단일구근 식구인 리크는 긴 줄기가 다질
때 손잡이 역할을 해서 다루기 쉬울 뿐만 아니라 눈물을 줄줄 흘리게 만들지도
않는다. 리크는 스코틀랜드의 코카리키cock-a-leekie 등 전통적인 겨울 수프에
단맛과 푸짐한 질감을 더하기 위해 사용한다. 녹색 부분은 통째로 넣어서 풍미를
최대한 끌어낸 다음 먹기 전에 제거하고, 옅은 색 부분은 송송 썰어서 마지막
순간에 섞어 넣는다. 부드러운 리크 감자 수프, 조금 화려하게 부르고 싶다면
비시소와즈vichyssoise는 리크의 옅은 색 부분과 감자를 육수에 넣고 뭉근하게 익힌
다음 크림을 넣고 갈아서 뜨겁게 또는 차갑게 낸다. 대부분의 레시피에서는
리크의 옅은 색 부분만 사용하라고 정확히 지정하고 있지만 녹색 부분도 육수에
넣으면 확연한 꿀 향기를 선사하는 데다가 음식물 쓰레기를 만들지 않고 채소의
모든 부분을 활용했다는 자부심을 얻을 수 있으니 함부로 내버리지 않도록 하자.

구입과 보관하는 법

대형마트에서는 리크의 푸른 윗부분을 미리 잘라내서 판매하기 때문에 흰색과 옅은 연두색 줄기만 손에 넣을 수 있다. 농산물 시장이나 청과물 가게에 가면 주로 어린 리크를 다발로 묶어서 팔거나 흰색에서 윗부분의 진녹색까지 아름답게 변해가는 색조를 전부 확인할 수 있도록 한 줄기를 통째로 판매한다. 통리크를 구입할 때는 노랗게 변색하거나 마른 부분이 있는 것은 피한다. 대부분의 레시피에 가장 많이 들어가는 흰색과 옅은 녹색 부분이 많은 것을 고르자. 가느다란 리크는 어린 것이라 더 부드러워서 찜이나 바비큐용으로 인기가 많으며 더 많이 자란 굵은 리크는 속을 채우거나 송송 썰어서 부드럽게 볶아 수프로 만들기 좋다. 씻지 않은 리크를 느슨하게 싸서 냉장고 채소 칸 아래쪽에 넣어두면 수 주일까지 신선하게 보관할 수 있다. 남은 리크는 올리브 오일에 색이 나지 않도록 천천히 충분히 볶아서 소분한 다음 냉동 보관하다가 스프나 스튜를 만들 때 간단하게 풍미 폭탄으로 집어넣어 보자.

손질 및 조리하는 법

초보자에게 리크의 가장 두려운 부분은 사이사이마다 들어 있는 상당한 양의 흙모래다. 흙이 이렇게 많이 들어가 있는 것은 재배자가 햇빛으로부터 리크를 보호해 흰색 부분이 가능한 많이 생기도록 기르기 위해서 땅 아래에 묻어가며 키우기 때문이다. 흙먼지를 무서워하지 말자. 제거할 수 있는데다 실제로 리크를 신선하게 유지하는 역할을 한다. 잘라야 하는 부분은 가장 바깥쪽 층이 갈라지기 시작하는 지점이므로 여기를 찾아내서 사용 가능한 면적이 얼마나 되는지 살펴보자. 이 지점을 기준으로 길게 칼집을 넣어서 펼친 다음 그 안쪽 층의 같은 부분에 다시 칼집을 넣어서 펼치기를 반복한다. 뿌리쪽 하단을 반으로 댕강 자른 다음 펼쳐서 흐르는 물에 각 층 사이사이를 깨끗하게 씻는다. 유난히 흙먼지가 많이 묻은 리크는 요리하기 전에 미리 반달 모양으로 송송 썰어서 물을 담은 볼에 푹 담가 빠져나온 흙먼지가 볼 아래에 가라앉도록 한다. 리크를 통째로 사용하는 요리를 만들 때는 녹색 윗부분과 아래쪽 뿌리를 잘라내고 물을 담은 볼에 뿌리 부분이 아래로 가도록 똑바로 세워 흙먼지가 아래로 흘러내리게 한다. 손질하는 과정에 짙은 색으로 변색된 부분이 보이면 과도로 잘라내 제거한다.

요리에 리크와 양파가 모두 들어갈 경우에는 냄비에 올리브 오일과 버터를 넉넉히 넣고 양파와 동시에 리크를 넣어 천천히 부드럽게 볶는다. 리크만 먼저 볶을 때는 물을 1큰술 두르거나 뚜껑을 닫아서 수분이 빨리 날아가 리크가 타지 않도록 한다.

리크가 타는 이야기가 나와서 말이지만 리크를 길게 반으로 잘라서 뜨거운 바비큐 그릴에 얹으면 리크의 천연 당분이 활성화되면서 거뭇하게 그슬리기 시작하고, 겉이 바삭바삭해지는 동안 속이 촉촉하게 익는다. 흰색과 밝은 녹색 부분은 곱게 다지거나 송송 썰어서 키쉬나 크림 수프처럼 달걀과 크림이 들어간 부드러운 요리에 넣으면 맛있다. 4등분한 다음 찜이나 베이킹처럼 천천히 오랫동안 열을 가해 조리하면 리크의 층이 안쪽부터 무너지기 시작하면서 꽃잎이 피어나듯이 부드러운 층이 펼쳐진다.

리크 그 외: 실파

골파scallions나 잔파라고도 불리는 실파는 살짝 부풀어오른 통통한 하얀 구근과 학용품 자 정도 길이의 녹색 싹이 달려 있으며 영어로는 그린샬롯green shallots이라고도 불리지만 실제로는 샬롯보다 흰색 샐러드용 양파에 더 가깝다. 진짜 '골파'는 또 조금 다른 품종이지만 실파로 대체해도 전혀 상관없다. 가능하면 줄기가 최대한 길쭉하게 똑바로 뻗은 다발을 고른다. 젖은 천이나 종이 타월로 싸서 봉지에 담아 냉장고 채소 칸에 보관한다. 손질할 때는 우선 끄트머리를 잡아당기면 가장 신선한 부분에서 줄기가 '탁' 하고 끊긴다.(그 윗부분은 육수용으로 냉동 보관한다.) 그리고 윗부분을 잡고 리크를 손질하듯이 흰색 아래쪽 부분에서 녹색 위쪽 부분까지 원하는 대로 썬다. 3~4cm 길이로 송송 썰어서 볶음 요리를 만들거나 녹색 줄기를 길게 반으로 자른 다음 곱게 어슷 썰거나 납작하게 펼쳐서 카페트처럼 돌돌 말아 곱게 채 썰어 장식용으로 쓴다. 뿌리는 물과 함께 유리병에 넣어 두면 다시 실파로 자라난다. 1주일 정도면 자라나는 모습을 확인할 수 있다.

어울리는 재료

안초비, 베이컨, 버터, 치즈(특히 체더, 그뤼에르, 파르메산), 크림, 마늘, 허브(특히 월계수 잎, 처빌, 차이브, 오레가노, 파슬리, 타라곤, 타임), 머스터드, 감자, 향신료(특히 캐러웨이, 너트메그, 파프리카 가루, 통후추), 트러플, 화이트와인.

자투리 활용

색이 옅은 부분이 더 달콤하고 맛이 부드러우면서 요리하는 동안 더 쉽게 연해지는 것은 사실이지만, 리크의 위쪽 진녹색 부분도 양파와 양배추를 섞어 놓은 듯한 저만의 매력을 지니고 있다. 수프를 만들 경우에는 녹색 부분을 통째로 따로 떼어냈다가 나머지 재료(송송 썰어서 부드러워질 때까지 볶은 리크의 연녹색 부분까지 포함해서)와 함께 뭉근하게 익힌 다음 먹기 전에 꺼내보자. 또는 통째로 혹은 굵게 다져서 육수용으로 냉동 보관할 수도 있다.

"실파는 날것으로 송송 썰어서 굴에 곁들이거나 통으로 찐 생선 요리에 간장, 마늘과 함께 뿌리는 등 해산물과 잘 어울린다. 매운맛이 사라질 정도로만 살짝 데치면 아주 달콤하고 향긋하다. 내가 좋아하는 요리는 그릴에 구운 닭고기 필레에 따뜻한 반숙 삶은 달걀을 반으로 잘라서 곁들이고 끓는 물에 살짝 데친 실파에 조리용 솔로 올리브 오일을 바른 다음 숯불에 가볍게 구워서 머스터드와 올리브 오일로 만든 비네그레트를 뿌려서 함께 먹는 것이다."
― 릭 스타인, 영국

머스터드를 가미한 리크 버터찜

Mustard-buttered Leeks

리크는 양파보다 부드럽고 꽃향기가 나서 그의 대체제 삼아 짭짤한 요리의 바탕에 쓸 수도 있지만, 온전히 주인공이 되어서 사이드 메뉴 혹은 주 요리로 식탁에 오를 수 있는 잠재력이 있는 친구다. 얌전한 소녀가 안경을 벗고 올려 묶은 머리를 푼 다음 내면의 새로운 매력을 보여주는 것과 비슷하다. 물에 잘 헹구고 씻어야 거친 흙먼지를 제거할 수 있으니 반드시 푹 담가서 충분히 손질해야 한다.

분량 4인분

손질해서 깨끗하게 씻은 리크 6대(중) 또는 8대(소)(총 약 700g)

무염버터 125g

홀그레인 머스터드 1/4컵(60g)

굵게 다진 마늘 2쪽 분량

릴리펏lilliput 케이퍼(케이퍼 제품 중 가장 작은 크기로 섬세하고 은은한
　　풍미가 돋보인다—옮긴이) 1큰술

황설탕 1작은술

리크를 옅은 연두색 부분까지 최대한 활용해서 5cm 크기로 송송 썬다. 포크로 겉껍질을 골고루 찌른 다음 대형 볼에 물을 담아서 푹 담가 최소한 10분간 재운다. 리크를 꺼내서 흐르는 물에 속까지 깨끗하게 씻기도록 카드를 섞듯이 흔들며 헹군다.

　그동안 냄비에 소금 간을 넉넉히 한 물을 4분의 3 정도 채워서 중간 불에 올려 한소끔 끓인 다음 리크의 짙은 색 부분을 넣어 풍미를 더한다.(리크의 짙은 색 부분은 '육수용' 봉지에 담아서 냉동 보관해도 좋다.) 앞서 손질한 옅은 색 리크를 넣고 부드러워질 때까지 10~12분간 뭉근하게 삶는다. 건져서 얼음물에 5분간 담가 화사한 색을 유지하도록 한다.

　리크를 식히는 동안 냄비에 버터를 녹인다. 머스터드, 마늘, 케이퍼, 설탕을 넣고 간을 맞춘다. 케이퍼에 소금 간이 되어 있지 않다면 소금을 1꼬집 넣는다.

　머스터드 버터에 리크를 넣고 골고루 버무리면서 조금 더 부드러워지고 소스가 배어들 때까지 3~4분간 볶는다. 전체적으로 골고루 잘 섞여야 한다. 맛을 보고 간을 맞춰서 낸다.

참고 리크의 제일 바깥쪽 부분은 섬유질이 가장 질기고 흙먼지가 많이 묻어 있다. 포크나 과도 끝 부분으로 골고루 잘 찌르면 물에 담가 둔 동안 흙이 많이 제거된다. 위에서 아래까지 한 번에 자르면 냄비에 넣었을 때 산산이 부서지므로 주의한다.

지름길 리크를 삶은 다음 얼음물에 담그면 화사한 색을 유지하는 데에 도움이 되지만, 시간이 부족하다면 이 단계를 생략하고 건져낸 리크를 바로 머스터드 버터 팬에 넣은 후 1분 정도 골고루 버무려서 바로 낸다.

변주 레시피 부드러운 리크를 곱게 갈아서 맛있는 국물이나 육수를 추가하면 간단한 수프가 되며, 달걀물에 섞으면 손쉽게 프리타타나 키쉬를 만들 수 있다!

실파 키쉬
Spring Onion Quiche

고전적인 키쉬 로렌과 비슷하지만 훨씬 간단하게 만들 수 있다. 흙먼지가 많은 리크 대신 한층 깔끔한데다 송송 썰어서 부드럽게 될 때까지 볶기도 좋은 실파가 들어가기 때문이다. 또한 나는 조금 색다른 방식으로 실파의 모든 부분을 한 요리에 전부 사용하는 것을 좋아한다. 흰 부분은 전부 리크처럼 요리에 넣고 중간의 연두색 부분은 녹색 잎채소처럼 섞어 넣은 다음 제일 윗부분은 곱게 송송 썰어서 장식용으로 쓰는 것이다. 레스토랑 요리처럼 만들고 싶다면 보송보송한 뿌리를(깨끗하게 잘 씻은 다음) 기름에 바삭바삭하고 보슬보슬해질 때까지 튀긴 다음 키쉬에 장식으로 올려도 좋다. 봄에는 아스파라거스를, 여름에는 방울토마토를 한 줌 넣는 식으로 계절이 바뀔 때마다 창의력을 발휘해 보는 것도 좋다.

분량 12인분

실파 15대
버터 50g
1cm 크기로 썬 스펙 햄 125g
더블 크림 200ml
달걀 8개
굵게 다진 딜 3큰술, 서빙용 여분
너트메그 가루 1/2작은술(또는 생너트메그를 넉넉히 수 회 갈아 사용)
간 그뤼에르(또는 체더) 치즈 100g
장식용 다진 어린 파슬리(선택)

• 쇼트크러스트 페이스트리
밀가루 1과2/3컵(250g), 덧가루용 여분
다진 차가운 가염버터 100g
플레이크 소금 1/2작은술
백후추 가루 1/2작은술
달걀노른자 1개
사과 식초 1큰술

페이스트리를 만든다. 푸드프로세서에 밀가루, 버터, 소금, 후추를 넣고 돌려서 빵가루 같은 상태가 되도록 한다. 달걀 노른자와 식초를 넣고 한 덩어리로 뭉쳐질 때까지 짧은 간격으로 돌려서 공 모양으로 뭉친다. 잘 뭉쳐지지 않으면 물을 1작은술씩 넣으면서 질감을 조절한다. 원반 모양으로 다듬은 다음 랩으로 잘 감싼다. 냉장고에서 1시간 또는 하룻밤 동안 차갑게 보관한다.

오븐을 220°C로 예열한다. 5컵(1.25L)들이 베이킹 그릇 바닥에 유산지를 깐다.

덧가루를 가볍게 뿌린 작업대에 반죽을 올리고 5mm 두께로 민다. 페이스트리 반죽을 베이킹 그릇에 깐 다음 구석까지 빈틈없이 채우고 여분은 가장자리로 자연스럽게 늘어지게 한다. 냉장고에 15분간 차갑게 보관한다. 반죽 바닥에 포크로 골고루 구멍을 낸 다음 가장자리로 늘어진 반죽을 잘라내 다듬는다.

페이스트리 위에 유산지를 1장 깔고 누름돌(또는 말린 쌀이나 콩)을 채운다. 오븐에서 20분간 초벌구이한다. 유산지와 누름돌을 제거하고 다시 오븐에서 노릇노릇하고 바삭해질 때까지 10분 더 굽는다.

그동안 실파의 흰 부분은 곱게 송송 썰고 녹색 부분은 1cm 길이로 송송 썬다. 제일 윗 부분은 따로 썰지 않는다. 프라이팬에 버터를 녹이고 실파의 흰색 부분과 스펙을 넣어서 중간 불에 3~4분간 볶는다. 볼에 옮겨 담아서 한 김 식힌다.

스펙 볼에 크림과 달걀, 딜, 너트메그, 치즈, 실파의 녹색 부분을 넣고 골고루 잘 섞는다. 천일염과 즉석에서 간 흑후추로 간을 한다. 잘 섞어서 페이스트리 반죽에 붓는다.

오븐 온도를 150°C로 낮춘다. 키쉬를 오븐에 넣고 달걀이 굳을 때까지 40분간 굽는다. 나머지 실파를 곱게 송송 썬 다음 파슬리(사용 시), 여분의 딜과 함께 구운 키쉬에 골고루 뿌린다. 따뜻하게 낸다.

지름길 시판 페이스트리를 사용한다면 순식간에 만들 수 있다. 여기에는 쇼트크러스트, 퍼프 페이스트리는 물론 필로 페이스트리를 사용해도 좋다. 성분표의 목록이 짧으면 짧을수록 집에서 만드는 페이스트리와 비슷한 맛(과 질감)이 난다.

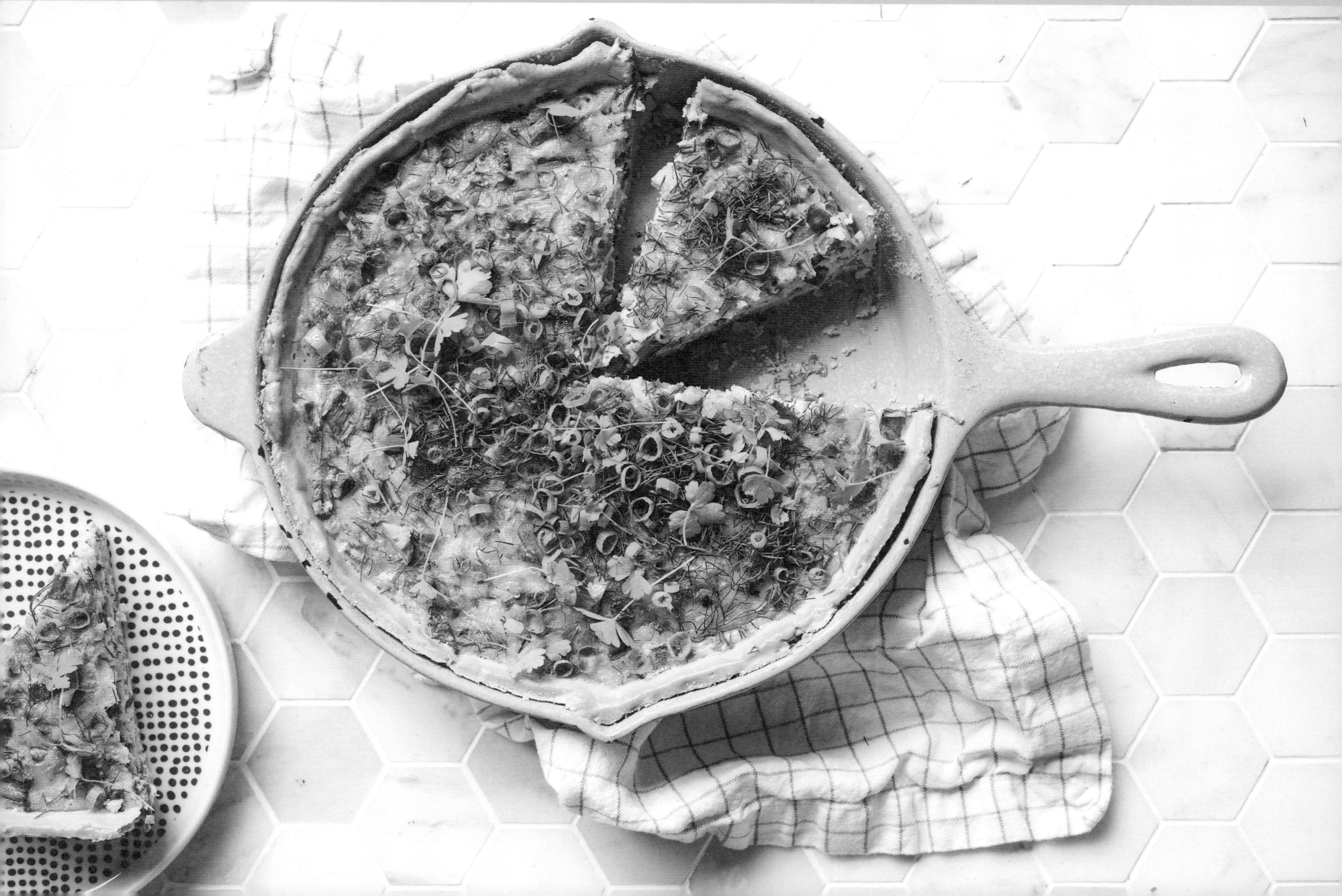

Asparagus

아스파라거스

아스파라거스보다 더 큰 소리로 '봄!'을 외치는 채소는 없는데 그 외침은
지속적인 리듬이라기보다는 스타카토로 폭발하는 것과 같다. 눈 깜박하는
사이에 놓칠 수 있기 때문이다. 기본적으로 아스파라거스는 보통 밝은 녹색을
띠고 연필 정도의 굵기지만 다양한 변형 또한 보여준다. 맏물에 나는 조금
굵은 아스파라거스는 날것인 채로 샐러드에 넣어도 좋다. 땅 속에 묻어서
키우는 화이트 아스파라거스는 독특한 모양과 부드러운 질감 덕분에 셰프에게
사랑받는다. 희귀하고 가격이 비싸기 때문에 보통 거의 부드러운 순 부분만
간단하게 버터에 익혀 먹는다. 희귀성에 대해 논하자면 보라색 아스파라거스를
발견할 경우 무조건 사라고 말하고 싶다. 항산화물질이 가장 풍부한 것은 물론
맛이 더욱 달콤하기 때문이다. 안쪽은 여전히 밝은 녹색을 띠기 때문에 길고
얇게 리본 모양으로 깎아내면 특히 극적인 효과를 주는 고명 장식이 된다.

"내가 좋아하는 아스파라거스 요리는 제일 처음에 같이 일했던 셰프에게서 배운 것이다. 마늘 버터를 만든 다음 데친 아스파라거스에 골고루 두른다. 레몬즙과 갈아낸 파르메산 치즈를 뿌린 다음 뜨거운 오븐에서 6~8분간 굽는다. 마늘 버터를 조금 더 끼얹은 다음 낸다. 우리 아이들이 정말 좋아하는 메뉴다!"
— 애쉴리 팔머 와트, 영국

구입과 보관하는 법

아스파라거스의 신선도는 순 끝부분으로 확인한다. 탄탄하게 꼭 닫힌 상태로 화사한 색을 띠면서 처지거나 뭉친 부분이 없어야 한다. 아스파라거스는 수확하고 시간이 지나면서 끝부분이 질겨지므로(영양소와 풍미도 같이 떨어진다) 밑동이 너무 바짝 말라 있지 않은 것을 고른다. 현명한 가게 주인이라면 아스파라거스를 아이스박스에 보관해서 아삭한 식감이 최대한 오래 유지되도록 한다. 아스파라거스를 일주일 이상 보관하면서 날것으로 먹고 싶다면 허브나 꽃다발처럼 보관해야 한다. 제일 끄트머리 부분을 살짝 잘라낸 다음(먹기 직전까지 '툭' 끊어내는 일이 없도록 한다) 병에 물을 담고 아스파라거스를 똑바로 꽂은 다음 비닐봉지나 젖은 종이 타월로 순 부분을 감싼다. 잠깐 보관할 경우에는 냉장고 채소 칸에 넣어도 상관없다.

조리하는 법

아스파라거스를 손질할 때 가장 빠지기 쉬운 함정은 먹을 수 있는 부분을 너무 많이 잘라내는 것이다. 임의로 아무데나 자르지 말고 '구부려서 부러뜨리기' 방법을 적용하자. 아스파라거스를 위아래로 잡고 밑동 근처를 구부리면 자연스러운 위치에서 톡 부러진다. 이 잘라낸 아랫부분은 '육수용' 봉지에 담아 냉동 보관하면 제철이 아닐 때에도 채수를 만들 때 달콤하고 고소한 향을 더할 수 있다. 그리고 아스파라거스를 요리할 때는 손을 덜 댈수록 좋다. 사실 맏물에 수확한 아스파라거스는 신선한 깍지완두와 맛이 비슷해서 날것으로 송송 썰어 샐러드에 넣어도 믿을 수 없을 정도로 맛있다. 줄기가 정말 부드러워 껍질을 벗길 필요도 없다. 하지만 아스파라거스의 제철은 수 주일밖에 되지 않기 때문에 서둘러야 한다. 통째로 요리할 경우에는 소금 간을 넉넉히 한 물에 넣고 화사한 녹색이 될 때까지(굵기에 따라 1~2분) 데치기만 하면 된다. 나는 아스파라거스가 완전히 익기 직전까지 데친 다음 건져서 잔열로 마저 익도록 한다. 해산물을 요리할 때와 마찬가지다.

어울리는 재료

버터, 치즈(특히 염소, 리코타, 파르메산), 염장 육가공품, 달걀, 마늘, 레몬, 올리브 오일, 후추, 샬롯.

반숙 달걀을 곁들인 빵가루 아스파라거스 솔저

Asparagus Crumb & Soldiers with Soft-boiled Egg

아스파라거스의 질긴 밑동을 톡 잘라낸 다음 한숨을 쉬면서
음식물 쓰레기 통에 넣은 적이 있다면 더 이상 괴로워하지 말자!
아래 레시피처럼 그 질긴 부분도 바삭바삭한 빵가루에 섞어
넣을 수 있다. 그냥 관점을 달리하면 된다. 질긴 밑동이 아니라
향기로운 섬유질이라고 생각하자.

분량 4인분

아스파라거스 2단(약 600g)

굵게 썬 사워도우 빵 250g

굵게 다진 파르메산 치즈 25g

플레이크 소금 1작은술

즉석에서 간 흑후추 1작은술

물기를 제거한 케이퍼 1큰술

엑스트라 버진 올리브 오일 2큰술, 마무리용 여분

달걀 8개

웨지로 썬 레몬 4개

오븐을 강한 불로 예열한다. 베이킹 트레이에 쿠킹 포일을 깐다.
냄비에 물을 한소끔 끓인다.

아스파라거스의 밑동을 자연스럽게 구부려서 부러트려
손질한 다음 잘라낸 끝부분을 소형 푸드프로세서에 넣는다.
빵, 파르메산, 소금, 후추를 넣고 고운 빵가루 같은 상태가 될
때까지 간다. 베이킹 트레이에 옮겨 담고 케이퍼를 뿌린다.
그릴(브로일러)에서 노릇노릇해지기 시작할 때까지 5분간
굽는다.

아스파라거스를 길게 반으로 자른 다음 올리브 오일에
버무려서 빵가루 트레이에 얹는다. 그릴에서 아스파라거스가
익을 때까지 3분 더 굽는다.

그동안 끓는 물에 달걀을 삶는다. 6분간 삶은 다음 바로
싱크대에 따라낸다. 30초간 흐르는 찬물에 식혀서 만질 수 있을
정도의 온도가 되도록 한다. 흐르는 찬물 아래서 달걀 껍데기를
벗긴다.(그러면 매끄럽게 잘 벗길 수 있다.)

식사 때가 되면 얕은 식사용 볼 또는 접시에 빵가루와 달걀을
나누어 담는다. 달걀은 반으로 자른다. 아스파라거스를 옆에
얹고 기름진 맛을 깔끔하게 다독일 레몬 조각을 곁들인다.
엑스트라 버진 올리브 오일을 살짝 두르고 소금과 후추를 뿌린
다음 낸다.

지름길 아스파라거스를 달걀과 함께 2~3분간(크기에 따라 조절) 데친다.

자투리 활용 빵가루를 만들고 싶은 생각이 없다면 아스파라거스 밑동은
채수를 만들 때를 위해 냉동 보관한다.

보송보송한 아스파라거스 페르시아 페타 오믈렛

Three-ingredient Puffy Asparagus & Persian Feta Omelette

믿거나 말거나, 페르시아인은 페타 치즈를 만든 적이 없다. 음, 최소한 절인 페타 종류는 절대 만들지 않았다. 사실 '페르시아 페타'라는 개념은 호주 빅토리아 주의 야라 밸리Yarra Valley에서 생겨났다. 호주 아스파라거스 생산량의 90% 이상을 책임지고 있는 바로 그 고장이다! 흔히 '치즈계의 대부'라고 불리는 낙농과학자 리처드 토마스Richard Thomas는 이란을 여행하면서 완전히 새로운 보존 기술을 접한 후 그 어느 때보다도 실크처럼 부드러운 페타 치즈를 만들어냈다. 오늘날에는 전 세계, 아마 이란에서도 이처럼 부드러운 페타 쪽을 훨씬 더 쉽게 구할 수 있다.

분량 오믈렛 2개

달걀 6개
잘게 부순 페르시아 페타 치즈 50g, 절임 오일 2큰술
굵은 것은 길게 반으로 자른 아스파라거스 1단 분량
서빙용 파슬리 잎

오븐을 200°C로 예열한다.

달걀 4개는 흰자와 노른자를 분리한다. 흰자는 대형 볼에 담고 노른자와 나머지 달걀 2개는 다른 볼에 담는다.

노른자 볼의 내용물을 거품기로 매끄럽게 잘 푼다. 거품기를 깨끗하게 씻은 다음 달걀흰자를 부드러운 뿔이 설 때까지 친다.

거품낸 달걀흰자를 소량 덜어서 노른자 볼에 넣어 접듯이 섞은 다음 나머지 달걀흰자를 붓고 유연한 스패출러를 이용하여 8자 모양을 그리며 섞는다.

달걀물을 2번에 나눠서 익힌다. 먼저 18cm 크기의 오븐 조리용 코팅 프라이팬에 페타 치즈 절임 오일 1큰술을 두르고 강한 불에 올린다. 절반 분량의 아스파라거스를 넣고 살짝 부드러워지도록 30초간 볶는다. 꺼내서 접시에 담는다. 절반 분량의 달걀물을 뜨거운 팬에 붓는다. 생각보다 보송보송한 반죽이므로 팬케이크를 굽는다고 생각하고 윗면이 살짝 굳을 때까지 기다린 다음 한쪽 끝에 아스파라거스를 얹는다. 페타 치즈를 약간 얹고 오믈렛을 조심스럽게 반으로 접은 다음 오븐에 넣어서 달걀아 적당히 굳을 때까지 2분간 익힌다.

조심스럽게 접시에 담는다. 여분의 페타 치즈와 소량의 페타 치즈 절임 오일을 뿌린다. 플레이크 소금과 즉석에서 간 흑후추로 간을 한 다음 파슬리를 뿌려서 바로 낸다.

지름길 만일 절대로 거품기를 한참 동안 휘두르고 싶지 않다면 달걀 3개를 볼에 깨 넣고 포크로 흰자와 노른자가 고른 색으로 완전히 섞일 때까지 푼다. 아스파라거스를 곱게 송송 썬 다음 팬에 오일을 두르고 아스파라거스가 적당히 부드러워질 때까지 볶는다.(아주 신선한 아스파라거스는 날것으로 그냥 사용해도 된다.) 크레페를 부칠 때처럼 달걀물을 그 위에 붓고 살짝 휘저으며 익힌 다음 뒤집어서 접시에 담는다.

변주 레시피 절인 염소치즈도 참으로 훌륭한 식재료다. 메제mezze보드에서 환상적인 역할을 하는 것은 물론 샐러드 드레싱을 아주 돋보이게 하는 재료가 된다. 두유를 섞어서 거품낸 치즈 딥을 만들면 마법 같은 맛이 난다. 내 셰프 친구 마크 베스트가 알려준 팁이다.

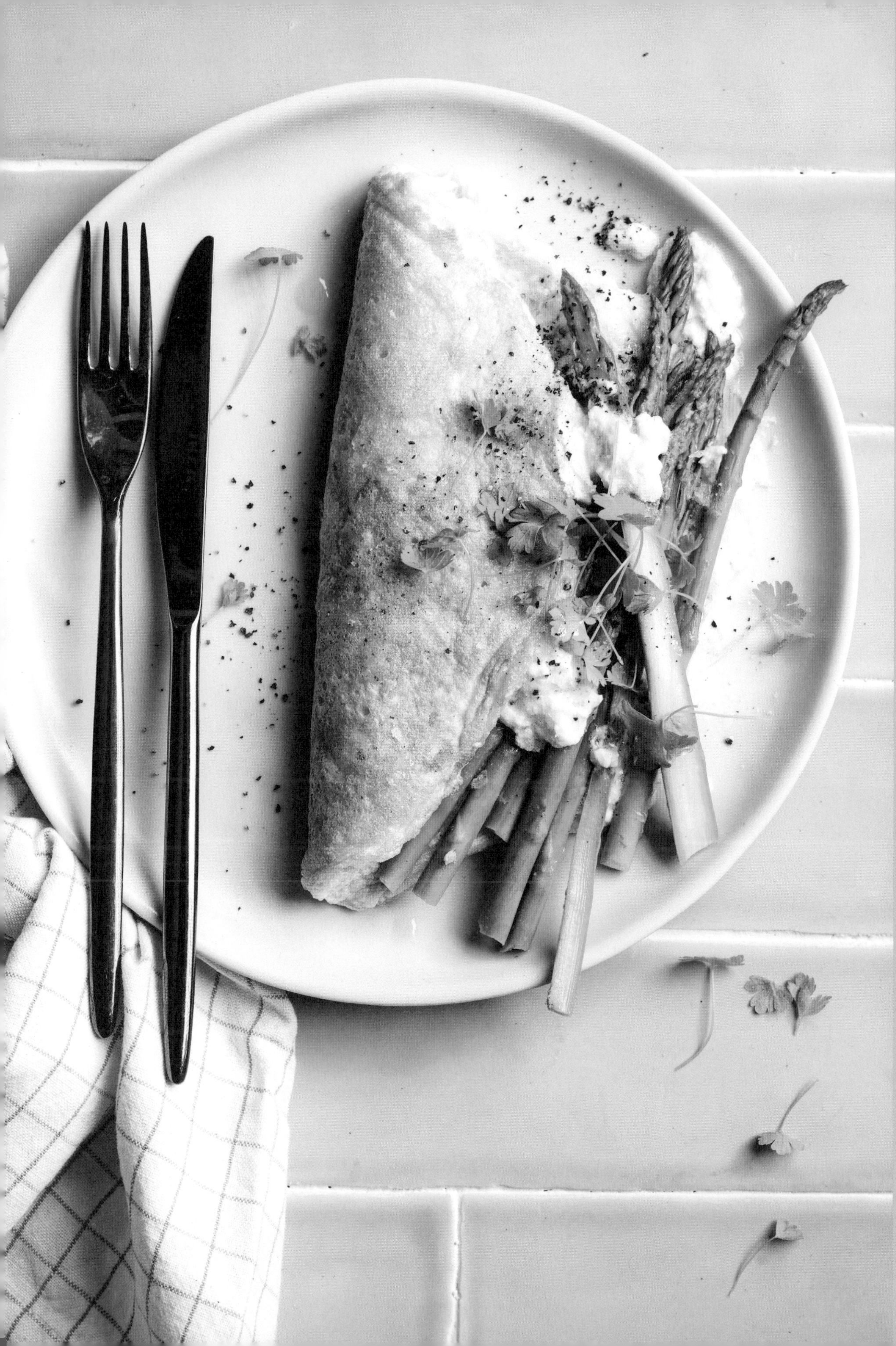

Celery

셀러리

셀러리를 남김없이 활용하는 가장 좋은 방법은 각 부위를 별도의 채소라고 생각하는 것이다. 씁쓸한 맛이 특징인 허브 잎 장식, 땅콩버터를 찍어 먹기 좋은 아삭아삭한 줄기, 양파와 당근과 함께 천천히 볶으면 수프나 스튜에 쓰기 좋은 아릿하게 향기로운 육수의 바탕이 되는 뿌리 밑동 부분으로 나눠서 생각해 보자. 심지어 셀러리 씨앗 또한 요리에 유용하게 사용할 수 있는데, 개인적으로는 골고루 휘저어 마시는 용도로 쓰는 셀러리 줄기와 더불어서 제대로 만든 블러디 메리 칵테일의 진정한 영웅으로 꼽을 수 있다고 본다. 셀러리의 씁쓸한 맛과 고소한 풍미는 때때로 톡 쏘는 맛이 나는 노란 잎과 연한 줄기에서 부드러운 맛에 호두를 연상시키는 단맛이 나는 셀러리 속대, 섬유질을 제거해야 먹을 수 있고 냉혹하게 콧구멍을 때리는 강렬한 맛이 나는 짙은 녹색 밑동 등 스펙트럼으로 구분할 수 있다. 모두 요리사와 함께 중요한 목적을 수행하는 역할을 한다. 짙은 녹색을 띠는 줄기는 스튜와 찜 요리에 쓰기 아주 좋고 옅은 색 줄기, 특히 속대 부분은 살짝 찌거나 버터에 볶거나 잘게 썰어서 날것으로 샐러드나 샌드위치에 넣어 먹는다. 속대 위에 피어난 잎은 따로 잘 보관해 두었다가 은은하게 톡 쏘는 맛을 가미하는 장식용 허브로 쓰는 것을 잊지 말자.

"내가 제일 좋아하는 샌드위치는 닭고기에 깍둑 썬 셀러리와 마요네즈를 섞어서 신선한
사워도우 빵에 끼운 것이다. 셀러리를 날것으로 넣어서 질감과 풍미를 즐기는 것이 좋다."
— 기욤 브라히미, 프랑스

구입과 보관하는 법

신선한 셀러리는 울퉁불퉁한 요철이나 멍, 갈색으로 물든 부분이 거의 없고 선명한 녹색을 띤다. 청과물
가게에서는 주로 가운데 부분을 기준으로 반으로 뚝 잘라 판매하는데, 이는 1단을 통째로 구입하고 싶을
때 안쪽 상태가 어떤지 확인하기 좋은 기회가 된다. 구입하자마자 바로 사용할 계획이라면 미리 썰어
놓은 셀러리 줄기를 사도 상관없다. 그렇지 않다면 물에 담근 상태로 밀폐용기에 담아 냉장고에 보관한다.
셀러리 1단을 구입해서 일부만 사용하고 남은 부분이 있다면 쿠킹 포일이나 밀랍지로 꼼꼼하게 감싸서
수분을 유지할 수 있도록 한 다음 사과나 배, 바나나 등 에틸렌을 생성하는 채소와 과일(가장 유력한 범인은
바나나다)로부터 멀리 떨어진 곳에 보관한다.

조리하는 법

양파를 색이 나지 않도록 천천히 볶을 때 다진 셀러리 1줌을 넣으면 거의 모든 찜이나 캐서롤, 수프, 스튜
요리의 맛이 더욱 좋아진다. 반달 모양으로 곱게 송송 썬 셀러리는 샌드위치와 샐러드에 아삭아삭한
질감과 은은한 산미, 색상을 더하는 귀중한 재료다. 줄기를 손가락 길이로 송송 썰면 소스를 찍어 먹는
식용 막대가 된다. 서로 비슷한 길이로 썬 다음 타임이나 타라곤 등의 허브를 섞어서 구우면 부드러운
단맛을 끌어낼 수 있다. 맛이 애매하다면 호두를 더하자. 셀러리와 호두는 프탈리드phthalides라고 불리는
독특한 방향 화합물을 공유하고 있어서 서로의 장점을 최상으로 돋보이게 만든다.

셀러리 그 외: 궁채

셀터스celtuce, 즉 궁채(줄기상추)가 어떤 채소의 교배종일지 짐작해 보자. 바로 잎보다 줄기가 더 많은
셀러리와 상추의 교배종이다. 중국어로는 워쑨wōsǔn이라고 불리는 궁채를 요리할 때에는 줄기의 질긴
겉껍질을 벗겨내서 아삭아삭하고 섬세한 단맛과 은은하게 고소한 풍미를 자랑하는 속대만 남겨야 한다.
브로콜리의 줄기 부분과 비슷하게 조리할 수 있으므로 찌거나 볶음을 만들어도 좋고 송송 썰거나 갈아서
날것인 채로 샐러드를 만들기도 한다. 잎도 식용 가능하지만 쓴맛이 강하므로 단맛이 나는 모둠 샐러드
채소에 작은 이파리만 섞어 넣거나, 큰 것은 라디키오radicchio처럼 흑식초와 간장을 넉넉히 넣고 익혀 먹는
것이 좋다.

어울리는 재료

사과, 버터, 당근, 크림, 치즈(특히 블루, 체더), 땅콩버터, 식초(특히 레드와인 식초), 호두.

톡 뒤섞은 셀러리 수프
Blend & Snap Celery Soup

이 수프의 어떤 부분이 '톡'인지 궁금하다면 그 어떤 재료든 하나라도 '뒤섞기' 전에 신선한 셀러리 속대와 장식용 잎을 '톡' 뜯어내는 순간을 느껴보라고 말하고 싶다. 셀러리 잎과 속대는 실제로 빛을 발하기도 전에 떨어져 시들어버리는 경우가 많다. 하지만 여기서는 마땅히 그래야 할 무대 한가운데를 차지한다. 나는 엘 우드가 브루저를 아끼는 것(영화 《금발이 너무해》의 주인공과 그가 기르는 강아지 - 옮긴이)처럼 이 수프를 사랑한다. 그리고 이 영화가 머릿속에 떠오를 즈음이면 아마 여러분은 애매모호한 레시피 이름에 대한 의문에 진저리를 치면서 영문 모를 소개글이 슬슬 끝나기를 바라고 있을 것이다.

분량 4인분, 1.5L, 6컵

셀러리 1단
다진 리크 흰색 부분 약 500g
닭 육수 또는 채수 1L(4컵)
마조람 잎(또는 오레가노) 1/2단 분량
셀러리 소금 3/4작은술
백후추 가루 1작은술
다진 말린 크랜베리 2큰술
화이트와인 식초 1큰술
마무리용 엑스트라 버진 올리브 오일

셀러리는 잎과 속대를 분리한다.

셀러리 줄기를 굵게 썬 다음 믹서기에 넣고 리크와 육수, 마조람, 셀러리 소금, 백후추를 넣는다. 모든 재료가 원하는 만큼 곱게 다져질 때까지 돌린다. 나는 수프에 조금 씹히는 질감이 남아 있는 편을 좋아하지만 고운 수프를 좋아하면 갈은 뒤에 체에 한 번 걸러도 좋다.

냄비에 옮겨 담고 크림과 월계수 잎을 넣어서 중간 불에 올린다. 한소끔 끓인 다음 뚜껑을 닫고 약한 불에서 셀러리의 섬유질이 부드러워지고 전체적으로 매끈한 질감이 될 때까지 25분간 뭉근하게 익힌다. 간을 맞춘다.

셀러리 속대를 곱게 다져서 볼에 넣고 셀러리 잎과 잣, 크랜베리, 식초와 함께 버무린다.

식사용 그릇에 수프를 담고 잣 혼합물을 얹은 다음 올리브 오일을 둘러서 낸다.

참고 잣을 태우지 않으려면 프라이팬을 중간 불에 올려서 5~10분 정도 달군다. 불에서 내린 다음 잣을 넣고 전체적으로 노릇노릇해질 때까지 골고루 흔든다.

변주 레시피 디너롤을 그릇으로 사용하면 미니 브레드 수프를 만들 수 있다! 오븐을 180°C로 예열한다. 디너롤 윗부분을 잘라내서 손가락으로 속살을 뜯어내 작은 그릇 모양으로 만든다. 디너롤과 뜯어낸 속살을 베이킹 트레이에 담고 오븐에서 10분간 굽는다. 뜨거운 수프를 디너롤 그릇에 나누어 담고 레시피에 따라 토핑을 얹은 다음 구운 속살을 크루통처럼 곁들여 낸다.

채소 예찬

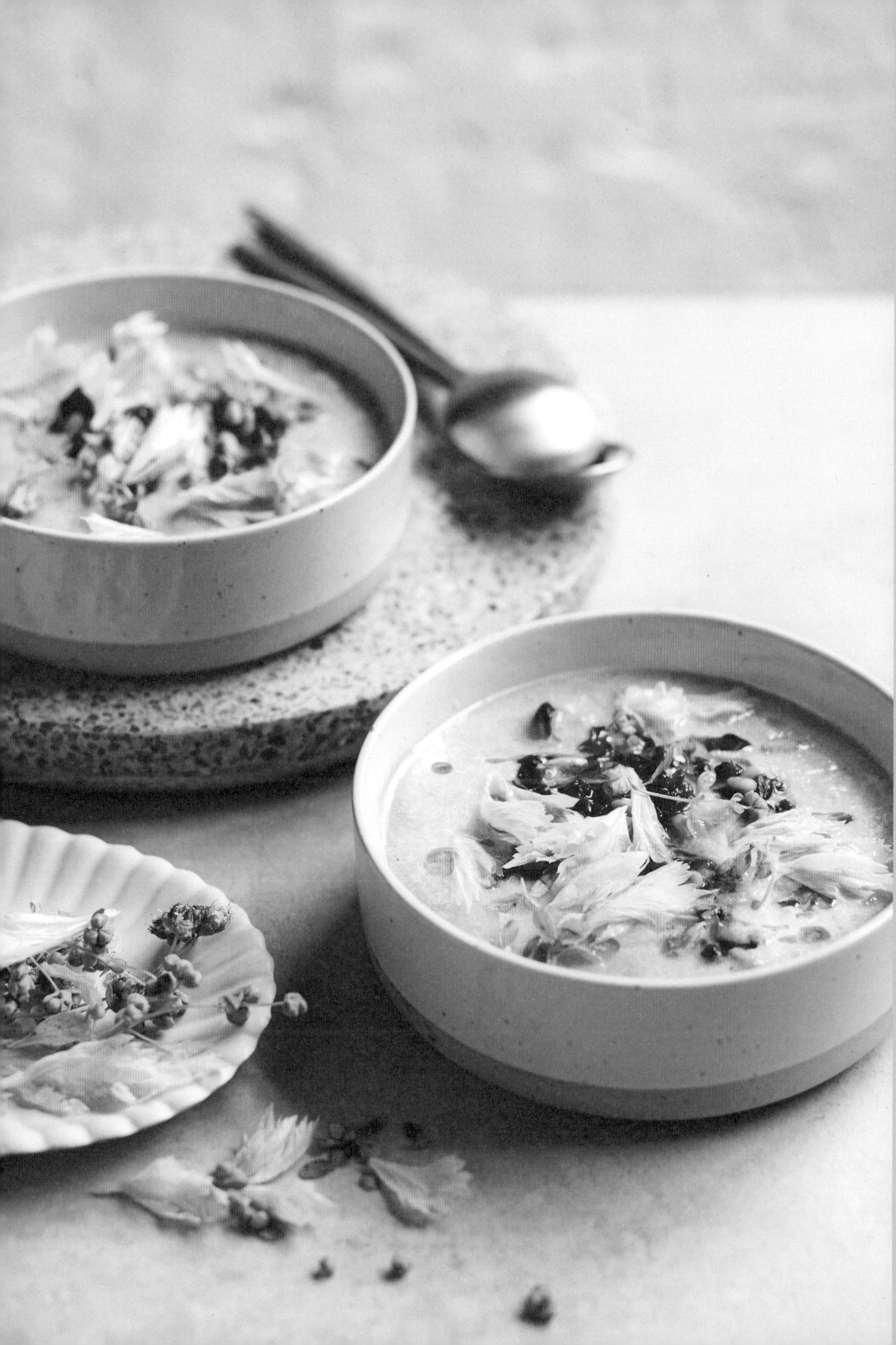

쥬니퍼 설탕을 가미한 오이 셀러리 사과 그라니타

Cucumber, Celery & Apple Granita with Juniper Sugar

오이와 셀러리는 수분이 가득하고 상쾌한 맛이 나서 주스의 주
재료로 자주 쓰이는 채소다. 이 장점을 최대한으로 활용해서
주스를 꽁꽁 얼려 더운 여름 저녁에 먹기 딱 좋은 아삭아삭하고
시원한 그라니타를 만들어보자. 쥬니퍼 설탕을 넣으면 순식간에
진토닉이 떠오르는 맛이 된다.

분량 4~6인분

껍질을 벗기고 굵게 썬 긴 오이 2개 분량(약 4컵)

굵게 썬 셀러리 줄기 2대 분량

심을 제거하고 굵게 썬 풋사과 1개 분량

라임즙(짜낸 라임 조각은 남겼다가 그릇 가장자리에 가볍게 문지르는
　　용도로 쓴다) 2큰술

민트 잎 6장

설탕 1/4컵(55g)

· 쥬니퍼 설탕

말린 쥬니퍼 베리 1큰술

설탕 1/3컵(75g)

곱게 간 라임 제스트 1개 분량

푸드프로세서나 믹서기에 오이와 셀러리, 사과를 넣는다. 라임
즙과 민트, 설탕, 찬물 400ml를 부어서 설탕이 녹을 때까지
간다.(손가락으로 조금 잡아 문질러서 꺼끌꺼끌한 질감이 남아 있는지
본다.) 체에 거른다.

혼합물을 6컵들이 용기에 부어서 냉동고에 넣는다.

다음 1시간 30분 동안 30분 간격으로 살짝 언 그라니타를
꺼내 포크로 골고루 긁는다. 처음에는 얼음 결정이 크고 굵다가
점점 작아져서 고운 연녹색 눈처럼 보이게 될 것이다.

쥬니퍼 설탕을 만든다. 쥬니퍼 베리를 갈아서 고운 가루를
낸 다음 설탕과 라임 제스트와 함께 섞어서 쟁반이나 그릇에
뿌린다.

즙을 짜낸 라임 자투리로 차갑게 식힌 그라니타용 유리잔의
입구 부분을 문질러 '풀'처럼 묻힌 다음 쥬니퍼 설탕에 담갔다
뺀다. 그라니타를 차가운 유리잔에 담아서 바로 낸다.

참고 액상 재료 100ml와 심플 설탕 시럽(동량의 설탕과 물로 만든 것)
20ml의 비율을 이용해서 원하는 채소 주스 풍미 조합의 그라니타를
자유롭게 만들어보자. 당근과 오렌지, 비트와 고추 등 떠오르는 궁합을
마음껏 시험할 수 있는 기회다.

변주 레시피 취향에 따라 진을 살짝 부으면 간단하게 프로즌 칵테일
슬러쉬가 완성된다. 멋져!

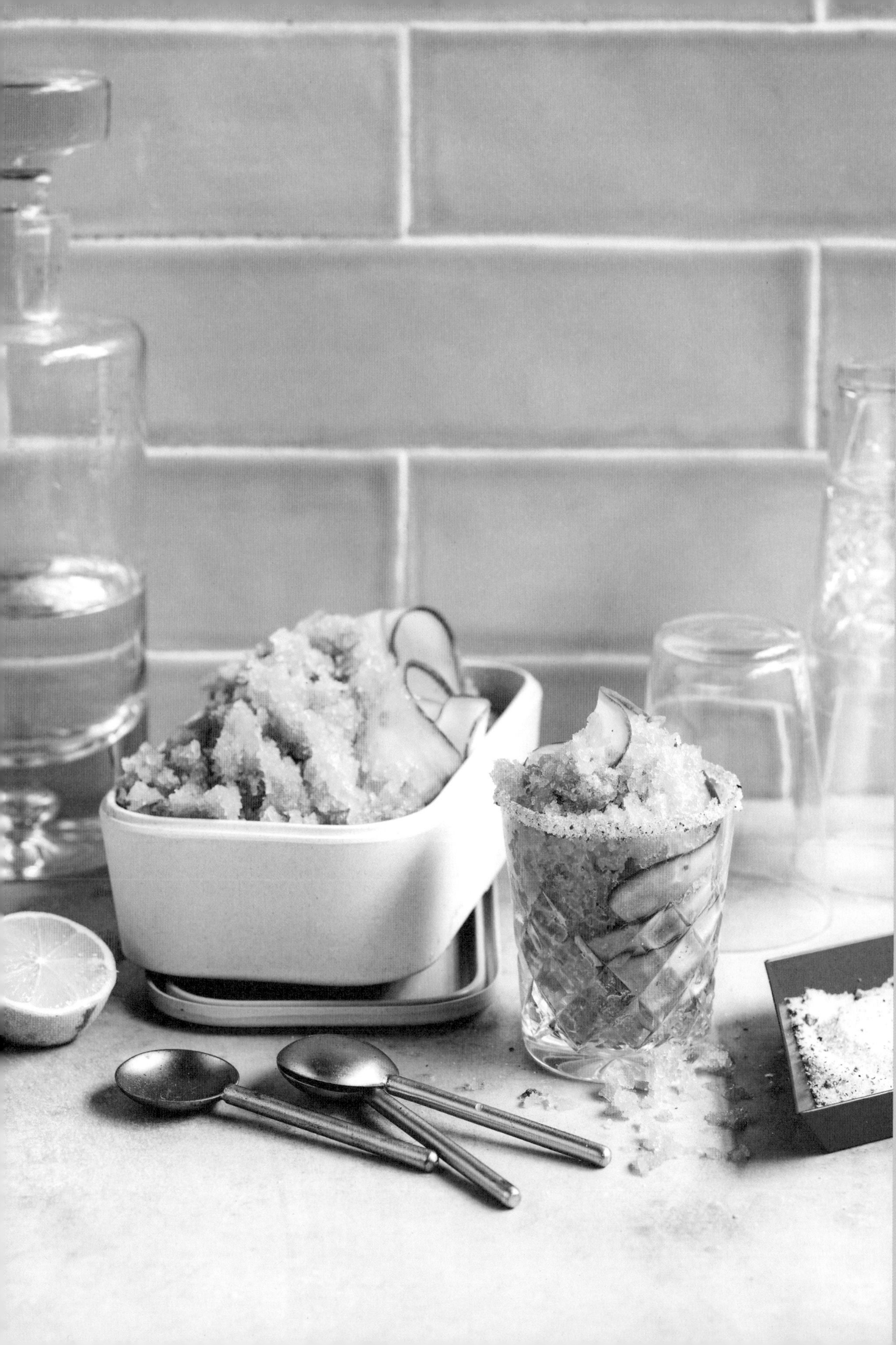

Lettuce

양상추

양상추에는 샐러드 이상의 잠재력이 있다. 요리에 신선한 맛이나 아삭한 질감이 필요하거나 빵이 아닌 식용 접시가 필요할 때면 이 녹색 이파리가 내가 찾는 그 물건일 수 있다는 사실을 기억하도록 하자. 물결 치는 모양에 살짝 밀랍 같은 질감이 느껴지고 녹색이나 끝이 살짝 붉게 물든 이파리가 특징인 버터 레터스Butter lettuce 품종은 드레싱이 닿아도 빨리 시들지 않지만 빵과 필링 사이에 끼우면 쉽게 뜯어질 정도로 부드럽기 때문에 샌드위치에 넣기 좋다. 아이스버그Iceberg 양상추의 둥근 잎은 산 초이 바우san choy bau에 어울리는 컵 모양으로 만들기 좋고, 신선한 허브를 듬뿍 넣어서 돌돌 말아 베트남식 스프링롤을 만들 수도 있다. 로메인이라고도 불리는 코스Cos 양상추는 살짝 쓴맛이 있어 진한 샐러드 드레싱과 잘 어울리기 때문에 시저 샐러드용으로 인기가 높다. 그리고 바비큐 그릴에 거뭇하게 구워도 형태를 잘 유지한다. 조금이라도 시들기 시작한 양상추는 언제든지 주스나 수프에 넣을 수 있다.

"숯불 바비큐에 구운 아름다운 코스나 로메인 양상추만큼 맛있는 것도 없다."
— 매트 모런, 호주

구입과 보관하는 법

양상추는 보통 통째로 혹은 잎만 따로 포장해서 판매한다. 통째로 구매하는 것이 더 경제적이지만, 잎만 따로 포장할 경우에는 보통 단맛이 나는 녹색 채소와 쓴맛이 나는 것을 다양하게 섞어서 모둠 샐러드 채소(메스끌렁mesclun)로 판매하기 때문에 가격은 비싸도 사용하기는 더 편리하다.

통양상추를 구입할 때는 뒤집어서 심지의 끝 부분을 살펴본다. 분홍색을 띠는 품종이 아닌 이상 심지에 변색된 부분이 있다면 양상추가 수확된 지 오래된 것이라는 뜻이며, 모둠 샐러드 채소에 들어간 이파리 가장자리 부분이 분홍색으로 변했다면 이 또한 마찬가지다. 겉잎은 너무 꼼꼼하게 따질 필요가 없다. 겉잎은 안쪽 이파리를 보호하는 포장지나 마찬가지이기 때문에 퇴비용 통에 들어갈 가능성이 높고, '자투리 활용 천재'가 되고 싶다면 채를 썰어서 수프에 넣어도 좋다. 대신 양상추의 옆구리 부분을 살짝 두드려보자. 눈에 띄게 속이 비고 아삭아삭하게 느껴지는가? 프리제frisée 상추처럼 주름진 품종이라면 이파리 끝부분이 아직 곱고 날카로운 상태인지 본다. 흙이 묻어 있다면 신선하다는 증거로 볼 수 있다. 양상추가 오래될수록 흙먼지가 떨어져서 사라질 가능성이 크기 때문이다. 어차피 양상추를 먹으려면 씻어서 흙을 털어낼 것이니 신경 쓰지 말자. 모둠 샐러드 채소를 살 경우에는 미리 봉지나 상자에 담아 놓은 제품이 아니라면 잎을 1줌씩(물론 집게를 이용해서!) 담으면서 미끈미끈한 잎이 섞여 들어오지 않도록 살펴본다.(다른 잎까지 상하게 만들 수 있다.) 포장된 제품밖에 없다면 뒤집어서 미끈미끈하거나 가장자리가 분홍색으로 변색된 것이 없는지 살펴본다. 어차피 품종 하나에 집착할 필요도 없다. 그냥 질감과 쓴맛이 적당한 수준으로 어우러져 있는지만 보면 된다.

양상추는 95%가 수분이기 때문에 이파리가 수분 손실과 침식에 매우 취약하다. 보관할 때 고려해야 할 매우 중요한 점은 높은 습도(하지만 축축해서는 안 된다)를 유지할 것, 그리고 공기가 잘 통해야 한다는 것이다. 하나를 통째로 구입했다면 물에 씻지 않은 채 그대로 작은 종이 타월이나 면포에 느슨하게 싸서 냉장고 채소 칸에 넣으면 1주일간 보관할 수 있다. 잎만 따로 뗀 것을 구입했다면 미끈미끈한 부분을 전부 제거하고 잘 씻어서 채소 탈수기에 돌려 수분을 충분히 제거한다. 깨끗한 티타월에 펼쳐 담은 후 느슨하게 돌돌 말아서 봉지를 씌운다. 티타월이 양상추에 남은 수분을 모두 흡수해서 살짝 습한 환경과 충분한 통기성을 확보해 주기 때문에 1주일은 싱싱하게 보관할 수 있다.

손질하는 법

양상추를 어떻게 먹을 예정이든 이파리를 꼼꼼하게 씻어야 한다. 1통을 통째로 구입했을 때는 일단 지저분한 겉잎을 뜯어낸 다음(겉잎을 어떻게 처리해야 할지는 '자투리 활용' 참조) 거꾸로 뒤집어서 주방 작업대에 쿵쿵 내리친다. 그러면 잎사귀가 서로 분리되어서 심을 비틀기만 하면 알아서 떨어져 나온다. 샐러드를 만들 때는 잎을 포크로 먹기 좋은 크기로 뜯는다. 샌드위치나 양상추 쌈을 만들 때는 통째로 쓴다. 아마 한 번도 '칼'을 언급하지 않았다는 사실을 눈치챘을 것이다. 여기에는 이유가 있다. 양상추는 아주 쉽게 물러지기 때문에 아주 날카로운 칼을 이용해서 아주 곱게 시포나드chiffonade(허브 등 부드러운 잎을 돌돌 말아서 아주 곱게 채 써는 방법- 옮긴이)로 썰거나 독특한 웨지 모양으로 썰어야 하는 경우가 아니라면 손으로 뜯어야 한다. 대형 볼에 물을 담고 이파리를 푹 담가서 최소 20분 정도 그대로 둔다.(채소 탈수기의 볼을 같은 목적으로 사용한 다음 안쪽 체를 이용해서 물기를 제거해도 좋다.) 그러면 잎사귀 속에 숨어 있던 흙먼지를 쉽게 제거할 수 있을 뿐만 아니라('세척 완료' 양상추 제품의 잠재적인 대장균도) 수분이 늘어나서 질감이 더욱 아삭해진다. 채소 탈수기가 없다면(샐러드를 자주 만든다면 꼭 하나 구입할 것을 매우 권장한다) 채반에 밭친 다음 깨끗한 티타월에 감싸서 자루 모양으로 비튼 다음 탈탈 돌려서 털어낸다. 이때 주방의 귀한 물건을 쳐서 깨트리는 일이 없도록 베란다나 정원에 나가서 터는 것을 추천한다. 어딘가에 가져갈 용도로 샐러드를 만들 때는 먹기 마지막 순간까지 양상추와 다른 재료가 섞이지 않도록 따로 보관하는 것이 좋다. 드레싱이 양상추를 축 처지게 만들어서 숨이 죽기 때문이다. 반드시 출발 전에 버무려야 한다면 오일이 들어가지 않은 드레싱을 사용한다.

양상추 그 외: 물냉이

강과 개울에 널리 걸쳐서 야생으로 잘 자라는 것으로 유명한 물냉이watercress는 양상추를 좋아하는 사람이라면 먹어보고 싶을 만한 녹색 잎채소다. 아직 뿌리가 붙어 있어서 보관 기간이 길고 맛이 좋은 것을 고르는 것이 가장 좋으며, 로켓(아루굴라)보다 살짝 연한 맛이 난다. 열을 가하면 후추 같은 매운 맛이 많이 사라지고 곱고 부드러운 잎이 어린 시금치나 로켓처럼 비슷한 다른 잎채소에 비해서 빨리 숨이 죽기 때문에 적당히 가열해야 한다. 물냉이는 줄기까지 모두 먹을 수 있으므로 최대한 뿌리에서 가까운 부분을 손질한 다음 물에 담가서 충분히 헹궈 샌드위치나 샐러드, 우아한 생선 요리의 풀 장식 등으로 사용한다. 또한 건강을 증진시키는 효과가 뛰어나서 철분과 칼슘 섭취를 늘리고 싶다면 쉽게 먹을 수 있는 잎채소 목록의 제일 상단에 적어 넣어야 마땅하다.

어울리는 재료

아보카도, 베이컨, 치즈(체더, 페타, 파르메산, 리코타 살라타), 감귤류(레몬, 오렌지), 머스터드, 올리브 오일, 샬롯, 부드러운 허브, 식초(특히 발사믹, 화이트와인 식초).

자투리 활용

양상추의 제일 바깥쪽 잎은 주로 퇴비로 쓰이지만 다른 부드러운 허브처럼 찐 다음에 국물과 함께 갈거나 곱게 채 썰어서 수프에 섞어 넣으면 새로운 질감과 색상, 은은하게 씁쓸한 풍미를 더할 수 있다. '크림' 수프 종류에 특히 잘 어울린다. 양상추를 통째로 구입했다면 줄기를 찌거나 물을 담은 잔에 넣어서 창가에 두어 다시 길러보자. 새로 돋아나는 잎은 장식용으로 쓰기에도 좋고 학교가 쉬는 기간 동안 재미있는 과학 실험으로 삼기에도 훌륭하다.

산 초이 바우(428쪽)

다진 버섯 템페(428쪽)

채소 양상추
스프링롤 쌈(429쪽)

베트남의
그린 느억참(221쪽)

양상추 쌈을 즐기는 2가지 방법
Lettuce Cups 2 Ways

다진 버섯 템페

분량 3컵, 750g

보통 요리사라면 대두로 만들어 옅은 색을 띠고 말랑말랑한 익숙한 형태의 두부를 고르기 때문에 템페는 거의 눈에 띄지 않는다. 하지만 두부의 울퉁불퉁하고 거친 자매인 템페는 씹는 맛이 뛰어나고 고소하면서 독특한 톡 쏘는 맛이 있어서 계속 더 먹어보고 싶어진다. 나는 짙은 색을 띤 미리 절여 놓은 템페를 좋아해서 덩어리나 저민 것으로 구입하여 육류를 넣지 않은 볶음 요리를 만들 때 쓴다. 또한 다진 고기와 같은 질감이 되도록 잘게 부숴서 바삭바삭하게 볶으면 여럿이 나누어 먹기 좋은 산 초이 바우나 스프링롤 등을 만들 때 여러 사람의 시간을 고려해서도 사용하기 좋은 재료가 된다.

굵게 다진 템페(또는 굵게 썬 단단한 두부) 250g
볶은 캐슈너트 2/3컵(100g)
굵게 썬 모둠 버섯(느타리, 양송이, 포토벨로 사용) 150g
굵게 썬 생표고버섯 100g
바삭하게 튀긴 샬롯 1/2컵(40g)
곱게 간 마늘 3쪽 분량
곱게 간 생생강 1과1/2큰술
간장 2큰술
참기름 2작은술

푸드프로세서에 템페와 캐슈너트를 넣고 갈아서 곱게 다진다. 나머지 재료를 넣고 마저 돌려서 곱게 다진다.
  바로 사용해도 좋고 밀폐용기에 담아 3개월간 냉동 보관할 수 있다. 사용하기 전날 밤에 냉장고에 넣어서 해동하면 된다.

산 초이 바우

분량 4인분

고전적인 얌차 요리를 살짝 비틀었다. 한입 먹을 때마다 물밤이 아삭아삭 씹히면서 상쾌한 양상추가 모든 재료를 한데 어우러지게 하는 방식이 아주 마음에 든다.

잎을 1장씩 분리한 아이스버그 양상추(심 따로 보관) 1통 분량
땅콩 오일 1/4컵(60ml)
생땅콩 1/4컵(35g)
흰 부분은 곱게 다지고 녹색 부분은 곱게 송송 썬 실파 2대 분량
곱게 송송 썬 홍고추(긴 것) 1개 분량
다진 버섯 템페(왼쪽 참조) 2컵(500g)
곱게 다진 통조림 물밤 225g
소흥주 1/4컵(60ml)
굴소스 1큰술
해선장 1큰술
레몬즙 1개 분량
서빙용 라임 조각

양상추 심과 큰 양상추 잎 1~2장을 곱게 다져서 따로 둔다.
  대형 프라이팬 또는 궁중팬에 땅콩 오일을 두르고 강한 불에 달군다. 땅콩과 실파의 흰색 부분, 절반 분량의 고추를 넣고 살짝 노릇노릇해질 때까지 10초간 볶는다.
  다진 버섯 템페를 넣고 바닥이 눌어붙지 않도록 계속 휘저으면서 전체적으로 살짝 끈적하면서 바삭바삭해질 때까지 4분간 볶는다.
  물밤과 소흥주, 다진 양상추를 넣고 굴소스와 해선장을 두른다. 전체적으로 잘 버무려서 캐러멜화되기 시작할 때까지 1~2분간 볶는다. 레몬즙과 남은 고추를 넣어서 잘 섞는다.
  그릇에 담고 실파의 녹색 부분을 뿌린 다음 양상추 컵과 라임 조각을 곁들여 낸다.

채소 양상추 스프링롤 쌈

분량 작은 스프링롤 14개

겹겹이 바삭바삭 부스러지는 뜨거운 스프링롤 페이스트리와
차갑고 아삭한 양상추, 톡 쏘는 허브가 환상적인 조합을 자랑한다.
본인 할당량만큼만 먹고 식사를 끝내기 매우 힘들 것이다.

다진 버섯 템페(왼쪽 참조) 1컵(250g)

키캅 마니스kecap manis 2큰술

잎은 따내고 뿌리와 줄기는 곱게 다진 고수 1/2단 분량

12.5cm 크기의 사각형 스프링롤 피(참고 참조) 14장

조리용 미강유

잎을 분리한 버터 레터스 1통 분량

길고 얇게 깎은 당근 1개 분량

베트남 민트 또는 일반 민트 1/2단 분량

서빙용 베트남 그린 느억참(221쪽 참조) 1회 분량

볼에 다진 버섯 템페와 키캅 마니스, 고수 뿌리와 줄기를 섞는다.

스프링롤 피를 트레이에 담고 젖은 티타월을 덮는다. 작업대에
스프링롤 피를 대각선으로 1장 깔아서 모퉁이가 몸 쪽으로
오도록 한 다음 가장자리에 물을 조금씩 바른다. 버섯 템페
혼합물을 아래에서 3cm 떨어진 부분에 1큰술 얹은 다음 몸에서
먼 쪽으로 돌돌 만다. 반쯤 말았을 때 양쪽 모퉁이를 안쪽으로
접어 넣는다. 위쪽 끄트머리에 물을 바르고 마저 돌돌 말아서
눌러 여민다. 나머지 재료로 같은 과정을 반복한다.

바닥이 묵직한 대형 프라이팬 또는 궁중팬에 오일을 3cm
깊이로 붓고 중강 불에 올려서 180°C 또는 빵조각을 떨어뜨리면
15초만에 노릇노릇해질 때까지 가열한다.

만들어 놓은 스프링롤은 적당량씩 세 번에 나눠서 튀긴다.
스프링롤을 넣고 서로 달라붙지 않도록 자주 뒤집어가면서
노릇노릇해질 때까지 3분간 튀긴다. 건져서 종이타월에 얹어
기름기를 제거한다.

스프링롤에 쌈용 양상추와 당근, 민트, 느억참을 곁들여 낸다.
먹는 사람이 자유롭게 쌈을 싸거나 소스에 찍어 먹도록 한다.

참고 스프링롤 피는 수입 식품 코너에서 구입할 수 있다. 필로
페이스트리로 대체해도 좋다.

지름길 먹고 남은 볶음면(446쪽)을 속에 넣고 스프링롤을 만들어보자.

Bok choy

청경채

수분이 많은 잎이 느슨하게 모여 있는 배추속 식물로 일 년 내내 구할 수 있지만
다른 배추속 가족과 마찬가지로 겨울에 가장 맛이 좋은 청경채는 기타 전통 양배추
종류보다는 근대 줄기와 특징이 비슷하다. 이는 사실 청경채가 실제로는 순무에서
파생된 채소이기 때문으로, 풍미에 특유의 후추 맛이 감도는 것도 이 때문이다.
'중국 흰 양배추'에서 미묘하게 다른 철자가 공존하는 '팍 초이pak choy, pak choi'에
이르기까지, 해외에서 통용되는 청경채의 정확한 명칭은 하얀 심지에 주름진
이파리의 길쭉한 품종에서 땅딸막한 어린 청경채baby bok choy까지 우리가 접할 수
있는 청경채의 형태만큼이나 다양하다. (어린 청경채의 '베이비' 부분은 실제로 아직 완전히
자라나지 않았을 때 수확했다는 뜻일수도 있지만 특유의 옥빛 줄기와 숟가락처럼 생긴 이파리를
갖춘 상하이 청경채처럼 원래 크기가 작은 품종을 가리키기도 한다.) 배추속 식물의 쓴맛
척도에 따르면 청경채는 스펙트럼 상에서 카볼로 네로(토스카나 케일) 등과 정확히
반대 방향에 자리하며 기본적으로, 그리고 특히 어린 청경채의 경우에는 떫은 맛과
질긴 섬유질보다는 단맛과 아삭아삭한 질감을 갖추고 있는 편이다.

"중국 채소는 주로 전분으로 걸쭉하게 만든 소스를 두르는 편이다. 청경채 같은 채소는 생강과 마늘, 굴소스에 전분을 가미해 걸쭉하게 만들기 전에 먼저 바글바글 끓는 소스에 딱 적당할 만큼 익혀야 삼투압을 통해서 맛과 수분이 충분히 배어든다."
— 앤드류 웡, 영국

구입과 보관하는 법

청경채의 이파리는 수분 손실과 온도 변화에 민감하다는 면에서 허브와 비슷하다. 조금이라도 시들었다면 구입하지 않도록 한다. 잎을 문질러도 모양이 변형되지 않고 주름이 없으면서 밀랍 코팅된 듯한 상태가 유지되어야 한다. 갈색 반점이나 황변된 부분, 애벌레가 파먹은 부분이 있는지 살펴보자. 줄기는 옅은 녹색, 잘 성숙한 밑동은 흰색을 띠고 수분이 많은 식물답게 단단하게 뻗어 있어야 한다. 한 통을 손에 들고 가볍게 쥐어보자. 아삭아삭한 질감에 삑삑거리는 소리가 들려와야 한다. 레시피에 사진이나 정확한 크기에 대한 설명 없이 '청경채'라고만 적혀 있다면 가능한 작은 것을 사용하는 것이 실수가 없다. 작은 것의 풍미가 더 부드럽고 편안하며(셀러리와 비슷하다) 크기가 커질수록 독특한 미네랄 맛이 가미되어 쓴맛이 강해지기 때문이다. 청경채는 일반 양배추보다 냉장고에 보관할 수 있는 기간이 훨씬 짧기 때문에 종이 타월이나 면포로 잘 싸서 봉지에 느슨하게 담아서 보관하되 채소 칸의 위쪽에 넣어서 뭉개지거나 멍들기 전에 까먹지 않고 사용할 수 있도록 하자.

손질과 조리하는 법

청경채는 아주 꼼꼼하게 씻어야 한다. 흙모래가 이파리 사이에 박혀 있다가 줄기가 익어서 반투명해지면 비로소 보기 싫게 그림자를 드러내며 눈에 띄기 때문이다. 나는 흐르는 물에 씻은 다음 채소 탈수기에 물을 담고 푹 잠기도록 넣었다가 문질러 씻은 다음 만일을 위해 건져서 여러 번 돌려 탈수시키기를 반복한다. 제일 바깥층 잎은 특히 흙먼지가 잘 고이는 경향이 있으므로 뜯어지지 않도록 주의하면서 손가락으로 살짝 당겨 안쪽까지 꼼꼼하게 씻도록 한다. 특히 지저분한 청경채의 경우에는 아예 줄기를 잘라내서 잎을 완전히 분리시킨 다음 1장씩 따로 씻어서 남아 있는 흙을 완전히 제거한다.
　어린 청경채는 통째로 요리하는 경우가 많으며 열을 가하면 부드러운 잎과 아삭아삭한 줄기가 훨씬 매력적인 질감을 선사하고, 큰 것은 4등분하거나 잎을 1장씩 분리해서 쪄 먹기도 한다. 우아하고 부드러운 잎과 아삭아삭하고 도톰한 줄기를 갖춘 청경채는 찐 다음 참기름과 마늘, 생강을 두르거나 굴소스에 버무리면 아주 맛이 좋다. 볶을 경우에는 잎과 줄기를 분리해서 줄기를 먼저 볶은 다음 완성 1~2분 전에 잎을 넣는다. 모험심이 강한 요리사의 경우에는 작은 청경채를 반으로 잘라 그릴에 굽기도 한다.

어울리는 재료

고추, 오향, 마늘, 생강, 굴소스, 참기름, 소흥주, 샬롯, 간장, 실파.

청경채 감자 래디시 미소국
Miso Soup with Bok Choy, Potato & Radish

3가지 선택지가 있다. 다시마를 하룻밤 동안 담가 두고 모든 재료를 오직 일본 요리에서만 가능한 방식으로 섬세하고 신중하게 다루면서 천천히 국물을 내는 것. '내가 완성하는 식사'식 밀키트처럼 중간 정도 난이도로 만드는 것. 레시피 제일 마지막 부분으로 곧장 건너뛸 수 있는 단거리 주자 방식을 택하는 것. 왜냐하면 국물이 주인공인 요리가 아니기 때문이다. 주인공은 조리하는 내내 가장자리에 걸쳐서 낱낱이 풀어지지 않고 부드럽게 익다가 먹기 직전에 뜨거운 국물에 푹 담근 이파리와, 질감이 남아 있을 정도로 말랑하지만 색상은 화사하게 유지할 만큼 적당히 익힌 줄기를 자랑하는 청경채다.

분량 4~6인분

껍질을 벗기고 한입 크기로 썬 감자(너무 크지 않은 것!) 2~3개 분량
가츠오부시 플레이크 30g
말린 표고버섯 2~3개(선택)
청경채 2단
통 래디시 12개(소) 또는 4등분한 어린 순무 12개 분량
적미소 페이스트 3~4큰술(또는 동량의 적미소 가루)
곱게 송송 썬 실파 1대 분량
참기름 1/2작은술

• 장거리 다시 국물

다시마 20g(브랜드에 따라 2~3장, 참고 참조)
정수 8컵(2L)

• 중거리 다시 국물

정수 8컵(2L)
다시 파우더 1작은술

장거리 다시 국물을 만든다면 아주 살짝 적신 면포로 다시마를 조심스럽게 닦아내서 지저분한 먼지만 제거한다.(물을 너무 많이 묻히거나 세게 문지르면 감칠맛 성분까지 닦여나간다.) 밀폐용기에 다시마를 넣고 정수물을 부은 다음 최소 4시간에서 가능하면 하룻밤 동안 불린다.

조리할 때가 되면 대형 냄비에 다시마 물을 붓고 중간 불에 올려서 데운 다음 물이 끓기 직전에 다시마를 제거한다.

중거리 다시 국물을 만든다면 정수를 잔잔하게 한소끔 끓인 다음 다시 파우더를 넣어서 잘 푼다.

감자와 가츠오부시, 말린 표고버섯(사용 시)을 넣고 감자가 포크로 찌르면 푹 들어갈 정도로 약 10분간 익힌다.

그동안 청경채를 세로로 4~6등분한다. 지저분하지 않게 무사히 잘 건져내서 먹을 수 있는 모양을 만들어야 한다. 대형 볼에 물을 담고 청경채를 담가서 사용하기 전까지 보관한다.

국물에 래디시를 넣는다. 청경채를 건져서 흔들어 물기를 제거한 다음 냄비에 넣되 줄기만 국물에 잠겨서 천천히 익고 '숟가락 모양' 이파리 부분은 냄비 가장자리에 걸쳐 있도록 한다. 줄기 가운데 부분이 살짝 불투명해질 때까지 10분간 뭉근하게 익힌다. 이제 이파리까지 국물에 푹 잠기도록 넣은 다음 불에서 내린다.

소형 내열용 볼에 국 1컵(250ml)을 국자로 떠서 담은 다음 미소 페이스트를 넣어서 곱게 푼다. 미소를 푼 국물을 다시 냄비에 붓고 잘 섞은 다음 실파를 뿌린다. 맛을 보고 간을 맞춘다.

식사용 그릇 바닥에 준비한 채소를 담고 국물을 부은 다음 참기름을 1~2방울 뿌려서 낸다.

지름길 미소국은 정말 간단하게 만들 수 있는 '뜨거운 물만 넣으면 되는' 점심 메뉴다. 그냥 시판 제품에 적힌 대로만 따르면 된다. 가능하면 가루 제품보다 미소 페이스트를 구입해 보자. 더 신선하고 '순수한' 제품일 경우가 많다.

땅콩 소스를 곁들인 구운 청경채

Grilled Bok Choy with Peanut Sauce

땅콩버터를 바른 셀러리의 팬이거나 길거리 바비큐인 말레이시아 사테 꼬치구이의 부탄가스 향을 좋아한다면 이 요리도 잔뜩 먹어치우고 싶어질 것이다. 핵심은 청경채에 기름을 두르지 않아서 건조한 열이 가운데까지 스며들며 줄기를 찌는 동안 잎은 숨이 죽지 않고 아삭함을 유지하게 하는 것이다.

분량 2~4인분

길게 썬 어린 청경채 4개(소~중)

채수(또는 물) 3/4컵(170ml)

땅콩버터 1/3컵(90g)

굴소스 1큰술

간장 1큰술

쌀 식초 1작은술

생 또는 볶은 땅콩 1/4컵(35g)

바삭하게 튀긴 샬롯 2큰술

곱게 송송 썬 홍고추(긴 것) 1작은술(선택)

그릴 팬 또는 바비큐 그릴을 연기가 오를 정도로 뜨겁게 달군다. (또는 대형 프라이팬을 사용한다.) 그동안 대형 볼에 물을 담고 청경채를 푹 담가서 흔들어 흙모래를 제거한다. 겉잎을 특히 꼼꼼하게 씻어야 한다. 건져서 흐르는 찬물에 헹구면서 엄지로 잎을 하나하나 들어 꼼꼼하게 씻어낸다.

팬에서 연기가 올라오면 청경채를 흔들어서 물기를 제거하고 단면이 아래로 가도록 팬에 얹어 누른다. 중강 불에 10분 정도 구운 다음 뒤집어서 줄기가 살짝 반투명해질 때까지 3분 더 굽는다.

그동안 냄비에 채수와 땅콩버터, 굴소스, 간장, 식초를 넣어서 잘 섞는다. 중간 불에 올려서 잘 휘저어가며 한소끔 끓인 다음 너무 걸쭉하면 채수를 조금 섞어 농도를 조절한다.

생땅콩을 사용할 경우에는 마른 팬에 넣어서 노릇노릇하게 볶은 다음 굵게 다진다.

접시에 청경채를 펼쳐 담는다. 소스를 넉넉히 두른 다음 땅콩과 샬롯, 고추(사용 시)를 뿌려서 장식한다. 뜨겁게 낸다.

참고 다른 배추속 채소, 특히 채심 등 잎이 많은 아시아 채소에 전반적으로 다 어울리는 레시피다.

셀러리와 양상추, 심지어 오이로도 한 번 만들어보자.

지름길 소스를 미처 만들 시간이 없으면 구운 청경채에 굴 소스를 약간 두른 다음 바삭하게 튀긴 샬롯을 뿌린다. 강한 화력을 즐기고 싶은 기분이라면 뜨겁게 달군 궁중팬에 땅콩 오일을 몇 큰술 둘러서 뜨거워지면 6등분한 청경채를 넣고 부드럽게 숨이 죽어서 노릇노릇해질 때까지 볶는다. 잘 섞은 소스 재료를 부어서 버무린 다음 낸다.

Brussels sprouts

방울양배추

19세기 초반, 미국의 한 청과물 상인이 서커스 공연자 톰 텀Tom Thumb(왜소증인 신체를 이용한 서커스 공연 출연자 – 옮긴이)에게 새로 들어온 채소 광고를 부탁했으니 방울양배추는 최초의 인플루언서 마케팅 사례로 꼽을 수 있을지도 모른다. 광고 내용은 '톰 텀 양배추'가 우리에게 익숙한 일반 양배추의 축소 버전이라는 것이었다. 미백 화장품과 다이어트 차처럼 이 광고도 효과가 좋았다. 캠페인이라고 해야 하나? 하지만 안타깝게도 정말 맛있는 이 방울양배추의 적절한 조리법은 전해지지 않았기 때문에 이후로 수 년의 세월 동안 '채소는 맛없어'를 대표하는 상징처럼 쓰이며 사람들에게 복합적인 감정을 불러일으켰다. 어느 정도는 사실이기도 하다. 방울양배추를 푹 삶아버리면(사람들이 그냥 기존에 본 대로 하는 방식만 답습하기 때문에) 진짜로 방귀 폭탄을 손에 넣게 된다. 자연히 엄지손가락을 아래로 내리게 될 것이다.

"방울양배추를 훈제 베이컨과 마늘, 타임과 함께 구우면 채소를 싫어하는 사람도 저절로
이끌려오게 된다. 나는 얇게 깎아서 간단하게 레몬 비네그레트로 양념한 다음 깎아낸
파르메산 치즈를 뿌려서 먹기도 한다."
— 앤드류 맥코넬, 호주

구입과 보관하는 법

방울양배추는 긴 본줄기에 붙어서 자라나며, 제철인 한겨울을 맞이하면 농산물 시장에서 줄기째로
수확해서 판매하는 모습도 종종 볼 수 있다. 1알씩 수확한 방울양배추를 구입할 때는 뒤집어서 바닥에
산화하거나 건조된 징후가 없는지 확인한다. 그리고 잎 끝부분이 노랗게 변색되거나 갉아먹은 지저분한
부분이 없는지 본다.(녹색 애벌레 가족이 방울양배추 안에 들어앉아서 6개월 임대차 계약을 한 것처럼 보이지
않는다면 문제가 없다.) 보관하기 전에 노랗게 변한 잎은 전부 뜯어내되 습기는 부패를 촉진하므로 미리
씻지는 않아야 한다. 봉지에 미리 담은 채로 판매할 경우에는 냉장고에 그대로 보관하고 싶은 마음이
굴뚝같겠지만, 하루이틀 안에 먹을 것이 아니라면 꺼내서 시들고 벌레 먹은 부분을 제거한 다음 수분을
제거하고 봉지에 느슨하게 담아서 냉장고 채소 칸에 공기가 통하도록 보관한다. 오래 보관하면 단맛이
유황 냄새로 변하므로 가능하면 구입 후 3~4일 안에 먹어치워야 한다.

손질 및 조리하는 법

나는 '방울양배추를 시험 삼아 다시 먹어볼 의지가 있는가'를 마이어스–브릭스Myers–Briggs 테스트
지표(성격을 구분하는 자기보고식 성격유형 지표 테스트–옮긴이)로 삼는다. 방울양배추에게 마음을 닫아버린
사람에게 어떻게 플라잉 요가나 아트하우스 시네마, 고양이 사진처럼 관심을 가지게 할 수 있을까? 그
비결은 방울양배추를 적절하게 요리하는 것이다. 일부 레시피에서는 방울양배추가 속까지 잘 익을 수
있도록 바닥에 십자 모양 칼집을 넣으라고 하지만 특히 큼직한 녀석이 아니라면 크게 도움이 되지는
않는다. 그냥 밑동의 건조한 부분과 지저분한 잎 끄트머리를 잘라낸 다음 통째로 혹은 크기에 따라
2~4등분한다. 물을 담은 볼에 푹 담가서 20분 정도 재워 속에 들어 있는 이물질이 빠져나오도록 한다.
　방울양배추를 신선하게 날것으로 먹든 열을 가하든 상관없이 산미와 단맛, 소금을 넉넉하게 가미해야
쓴맛을 완화시킬 수 있다. 반으로 자른 다음 올리브 오일을 두르고 캐러멜화를 돕기 위해 꿀이나 메이플
시럽, 황설탕 등 달콤한 양념을 더한 다음 플레이크 소금이나 간장을 넉넉히 뿌린다. 뜨거운 오븐에
넣어서 같이 예열한 쟁반에 붓고 오븐에서 단면이 바삭바삭하고 노릇노릇해질 때까지 15~20분간
굽는다. 어느 순간 속은 찐 양배추처럼 부드럽고 달콤하면서 겉은 케일 칩처럼 바삭바삭해질 것이다.
작은 방울양배추는 단맛이 더 강해서 통째로 찌거나 곱기 좋고 중간 크기는 반으로 갈라 굽는 것이 가장
좋으며, 큰 것은 송송 채 썰어서 신선하게 방울양배추 슬로를 만들기 제격이다.

어울리는 재료

버터, 치즈(파르메산, 리코타), 크림, 보존 육가공품(베이컨, 판체타), 마늘, 허브(차이브, 파슬리, 타임), 레몬,
견과류(아몬드, 밤), 식초(발사믹, 사과).

차이브와 파르메산, 샤도네이 식초를 두른 방울양배추 슬로

Brussels Sprout Slaw with Chives, Parmesan & Chardonnay Vinegar

세상에 슬로 레시피가 '너무 많을' 수 있을까? 나는 아니라고 본다. 이 슬로 레시피를 특별하게 만드는 요소는 배추속 식물의 모양과 색상을 본인 취향대로 마음껏 조합할 수 있다는 것이다. 케일렛Kalettes(케일 양배추)은 케일의 예쁘게 주름 장식이 잡힌 부분만 미니어처로 축소된 듯한 모양을 하고 있는 아름다운 채소다. 케일렛이나 보라색 방울양배추를 구하기 힘들다면 평범한 녹색 방울양배추를 써도 상관없다. 알아서 선택한 양배추와 방울양배추의 모양에 맞춰서 곱게 채 썰면 최소한의 노동으로 '우와' 소리를 잔뜩 들을 수 있는 화려하고 푸짐한 샐러드를 식탁에 차려낼 수 있다. 그저 채칼을 사용할 때는 손을 베지 않도록 조심하라는 내 경고만 명심해 주길 바란다.

분량 4~6인분(사이드 메뉴)

샤도네이 식초 2큰술

엑스트라 버진 올리브 오일 1/4컵(60ml)

홀그레인 머스터드 1과1/2큰술

곱게 송송 썬 차이브 1단 분량

채칼로 곱게 채 썬 보라색 또는 적색 방울양배추 또는 케일렛(케일 싹) 300g

곱게 채 썬 적양배추 100g

막대 모양으로 채 썬 빨간 사과 1개 분량

곱게 간 파르메산 치즈 30g

곱게 다진 볶은 헤이즐넛 1/4컵(35g)

장식용 다진 딜과 해바라기 싹 또는 새싹 채소

볼에 식초와 올리브 오일, 머스터드와 차이브를 넣고 거품기로 잘 섞는다. 방울양배추와 양배추, 사과를 넣고 골고루 버무린다. 살짝 숨이 죽을 때까지 5분간 재운다.

파르메산 치즈와 헤이즐넛, 원하는 고명을 뿌려서 낸다.

참고 다른 배추속 채소, 특히 채심 등 잎이 많은 아시아 채소에 전반적으로 다 어울리는 레시피다.

셀러리와 양상추, 심지어 오이로도 한 번 만들어보자.

지름길 소스를 미처 만들 시간이 없으면 구운 청경채에 굴 소스를 약간 두른 다음 바삭하게 튀긴 샬롯을 뿌린다.강한 화력을 즐기고 싶은 기분이라면 뜨겁게 달군 궁중팬에 땅콩 오일을 몇 큰술 둘러서 뜨거워지면 6등분한 청경채를 넣고 부드럽게 숨이 죽어 노릇노릇해질 때까지 볶는다. 잘 섞은 소스 재료를 부어서 버무린 다음 낸다.

채소 예찬

70년대 디너 파티식 방울양배추
Seventies Dinner Party Sprouts

당시는 아직도 녹색 채소를 곤죽이 될 때까지 삶아내던 시대였으므로 실제로 방울양배추가 1970년대의 저녁 파티 식탁에 올랐을 가능성은 매우 낮기 때문에 사실 이 레시피명은 말도 안 되는 헛소리다. 이 파티의 목적은 지극히 평범한 주중 저녁처럼 고기 요리에 채소 반찬 3개를 곁들이는 것이 아니라 간장과 캐러웨이 씨처럼 새로운 풍미와 재료를 선보이는 것이다. 이때 요리에 대한 궁극적인 찬양은 '레시피를 달라'는 요청으로 승화되고 보통 손으로 직접 끄적인 조리법을 전해주게 되는데, 내 시댁(에서 나에게로, 그리고 여러분에게로)이 롭의 양고기 엉덩살 절임액 레시피를 손에 넣게 된 것도 이와 동일한 과정을 거쳐서였다. 원래 양고기 필레(마음이 내킨다면 만들어보자. 맛있다)로 만들던 요리였지만 방울양배추도 감칠맛이 강하고 '육질'이 두툼하기 때문에 이 절임액에 잘 어울린다. 원하는 주요리에 곁들여 내면 어떤 자리라도 마치 파티처럼 느껴지게 될 것이다.

분량 4인분

손질해서 반으로 자른 방울양배추 500g
땅콩 오일 1큰술
장식용 굵게 다진 볶은 땅콩(선택)
장식용 다진 홍고추(선택)

· 롭의 양고기 절임액
꿀(가능하면 액상) 2큰술
국간장 2큰술
땅콩 오일 2큰술
코리앤더 가루 1작은술
캐러웨이 씨 1작은술
카옌페퍼 1/4작은술
으깬 마늘 2~3쪽 분량

오븐에 묵직한 베이킹 트레이나 로스팅 팬을 넣고 220℃로 예열한다.

그동안 얕은 그릇에 모든 절임액 재료를 넣고 잘 섞는다. 방울양배추에 절임액이 잘 스며들도록 단면이 아래로 가도록 넣는다.

오븐이 예열되면 방울양배추를 한 번 골고루 휘저어 절임액과 함께 잘 섞는다. 오븐장갑을 끼고 뜨거운 트레이를 꺼낸 다음 유산지를 깔고 다른 손에 집게를 잡은 다음 방울양배추를 꺼내서 단면이 아래로 가도록 넣는다. 남은 절임액은 볼에 그대로 담아둔다.

방울양배추를 오븐에 윗면이 그야말로 탈 때까지 10분간 굽는다.

남은 절임액에 땅콩 오일을 부어서 골고루 휘저은 다음 구운 양배추에 두른다.

버무려서 볼에 담은 다음 땅콩과 취향에 따라 다진 홍고추를 뿌려 낸다. 세상에서 제일 배추과 식물을 싫어하는 사람이라도 마음을 돌릴 수 있는 요리다.

참고 트레이를 오븐에 넣어서 미리 예열하면 방울양배추를 훨씬 노릇노릇하게 만드는 데에 도움이 된다. 인생을 위험하게 살아가고 싶다면 트레이에 유산지를 깔지 않아도 좋다. 방울양배추가 훨씬 예쁘게 색이 나겠지만 설거지를 하기는 좀 까다로워질 것이다. 눌은 자국이 생겼다면 식초와 베이킹 소다를 뿌려서 불린 다음 힘있게 문질러 제거하자.

나는 적절한 크기의 용기를 골라내서 식재료를 절인 다음 먹고 남은 요리를 같은 통에 보관해서 설거지거리를 하나 줄이는 방법을 애용한다.

같은 절임액을 이용해 양고기 요리를 해보고 싶다면 엉덩살 대신 안심 필레를 사용하고 꿀 양은 줄이도록 하자. 1큰술 정도면 충분하다.

식단 고려 시 꿀 대신 메이플 시럽을 넣으면 완전한 채식 요리가 된다.

Peas & snow peas

완두콩과 깍지완두

봄날 오후, 정원에서 완두콩을 까는 것은 주방 정원을 가꾸는 사람이 짧은 휴식을 보내는 가장 즐거운 방법이었다. 하지만 급속 냉동 기술이 발달하면서 완두콩은 일 년 내내 언제든 음식에 더할 수 있는 녹색 채소가 되었다. 하지만 슈거 스냅과 스노우 피(프랑스어로 망제투mangetout) 같은 여러 종류의 깍지완두처럼 완두콩에 속하는 다른 작물도 작은 완두콩만큼이나 간단하게 조리할 수 있다는 사실을 알면 누구나 기뻐할 것이다. 가장 재배하기 쉬운 작물에 속하는 완두콩은 리소토에 터져나오는 부드러운 단맛을 선사하는 녹색 채소로 들어가는 것은 물론 진한 말린 완두콩 커리와 햄 수프 재료로도 쓰이는 등 고대까지 거슬러 올라가면서 전 세계의 요리 문화권에 다양하게 등장한다. 거의 채식으로 점철된 식단을 고수한 나일 삼각주 지역의 이집트인에게 완두콩은 현대의 달밧dal bhat 요리와 완두 단백질 스무디에 쓰이는 것처럼 귀중한 단백질원이었다.

"인도인은 채소로 요리하는 방법을 본능적으로 타고난다고 본다. 우리 레스토랑에서는
전통 인도 조리법을 이용해서 평범한 채소를 주인공으로 만들어내려고 노력하고 있으며,
그 결과물에 손님들이 언제나 깜짝 놀라곤 한다. 손님으로 하여금 거의 완전 채식에 가까운
음식을 먹으면서 고기를 전혀 그리워하지 않게 만들었다면 큰 성공이나 다름없다고
생각한다."
— 가리마 아로라, 인도

구입과 보관하는 법

완두콩의 천연 단맛은 갓 따거나 깍지에서 꺼냈을 때 가장 두드러지기 때문에 봄철 완두콩은 가장
섬세한, 깍지에 숨은 아침 이슬과 같은 맛으로 높은 평을 받는다. 신선한 완두콩을 구입할 때는 크기에
너무 집착하지 말자. 새끼손톱과 비슷한 정도의 자그마한 완두콩이 가장 맛이 좋고, 커질수록 전분감이
늘어나면서 맛이 밋밋해진다. 나라면 특히 날씨가 추워질수록 맛없는 커다란 완두콩을 사느니 유기농
냉동 완두콩을 구입할 것이다. 깍지완두에 있어서는 풍미와 신선도를 확인하려면 크기보다 색깔을
확인하는 것이 더 정확하다. 화사하고 푸른 녹색을 띠면서 노랗거나 잿빛으로 변색된 부분이 없고
시들거나 물러진 부분도 없어야 한다. 꼭지와 이파리도 싱싱해야 한다.

신선한 완두콩은 오래 보관하기 쉽지 않으므로 봉지에 담아서 냉장고 채소 칸에 넣어두더라도 이틀을
넘기지 않는 것이 좋다. 냉동 보관하려면 데칠 필요도 없다. 그냥 씻지 않은 채로 건조시킨 다음 얼리기만
하면 된다. 씻어서 냉동실에 넣으면 얼음 결정이 잔뜩 뒤덮인 완두콩 덩어리를 발견하게 될 것이다.

조리하는 법

모든 맛있는 녹색 채소와 마찬가지로 완두콩도 허브와 치즈를 사랑한다. 기름진 리소토에 민트, 갈아낸
페코리노 치즈와 짝지어 넣거나 가볍게 데쳐서 연질 치즈와 함께 버무려 신선한 봄철의 사이드 메뉴를
완성해 보자. 깍지완두는 꼭지를 떼어내는 것이 좋고, 이때 양쪽 가장자리를 따라 잡아당기면 질긴
섬유질을 함께 제거할 수 있다. 가끔 더 드물게 황금색, 심지어 보라색 깍지완두를 찾아볼 수 있는데,
녹색 깍지완두과 똑같이 조리하면 된다. 안에 들어 있는 완두콩은 똑같이 녹색이고, 깍지를 보라색으로
만드는 안토시아닌 성분은 물에 데치면 녹아나오기 때문에 색을 그대로 유지하려면 간단하게 강한 불에
볶거나 아예 날것인 채로 신선하게 샐러드를 만드는 것이 좋다. 내가 가장 좋아하는 냉동 완두콩 요리는
끓는 물을 한 주전자 부어서 그대로 5~6분간 해동시킨 다음 팬에 버터를 녹여서 볶거나 그대로 접시에
담아 식탁에 차리는 것이다. 스튜와 찜을 만들 때는 요리가 완성될 즈음에 냉동 완두콩을 그냥 집어 넣고
데우면 된다. 파스타를 삶을 때 완성 1~2분 전에 집어 넣고 같이 삶아도 좋다.

어울리는 재료

버터, 당근, 치즈(특히 페타, 염소, 페코리노, 리코타), 크림, 보존 육가공품(특히 베이컨, 햄, 라르동, 프로슈토),
마늘, 허브(특히 바질, 월계수 잎, 차이브, 민트, 파슬리, 타라곤, 타임), 레몬, 양상추, 양파, 샬롯, 실파.

신사의 샐러드
Gentleman's Salad

신사의 샐러드라는 이름을 붙인 데에는 명확한 이유가 있는데, '신사 전용' 클럽에서만 먹는 음식이기 때문은 아니다. 이미 우리 모두가 알고 사랑하고 있는 파스타 샐러드를 귀여운 파르팔레farfalle, 즉 '나비넥타이' 모양 파스타로 만들었기 때문이다. 팬트리에 있는 쇼트 파스타라면 어떤 종류를 사용해도 무방하지만 나는 완두콩이 나비넥타이 모양 파르팔레에 붙어서 녹색 물방울 무늬처럼 보일 때 특히 사랑스럽게 보이고, 민트가 작은 코사지처럼 피어나는 것 같아 좋다.

분량 4인분

생 또는 냉동 누에콩 500g

파르팔레 파스타 400g

냉동 완두콩 4컵(560g)

깍지완두(스노우피) 100g

잘게 부순 페타 치즈 100g

곱게 간 레몬 제스트와 즙 1개 분량

으깬 마늘 2~3쪽 분량

올리브 오일 1/3컵(80ml)

민트 잎 1줌(대)

내열용 볼에 누에콩을 넣는다. 끓는 물을 잠기도록 부어서 5분간 재운다. 껍질을 벗겨서 따로 담아 둔다.

그동안 대형 냄비에 소금 간을 넉넉히 한 물을 한소끔 끓인다. 파스타를 넣고 봉지의 안내에 따라 삶는다. 완성 2분 전에 완두콩과 깍지완두를 넣는다. 건진다.

소형 볼에 페타 치즈를 잘게 부숴서 넣은 다음 레몬 제스트와 레몬즙, 마늘, 올리브 오일을 넣어서 잘 섞어 드레싱을 만든다. 즉석에서 간 흑후추를 넉넉히 넣어서 간을 한다.

아직 따뜻할 때 파스타와 누에콩, 완두콩, 절반 분량의 드레싱을 골고루 버무려서 맛이 서로 배어들게 한다.

먹기 직전에 나머지 드레싱을 두르고 민트를 얹어서 낸다.

참고 민트처럼 잎이 넓은 허브는 열을 아주 살짝만 가열해도 파스타 등 전분 음식에 효과적으로 향과 풍미를 불어넣는다. 마지막 순간에 민트를 섞으면 샐러드에 전체적으로 화사한 느낌을 선사해 생동감을 유지할 수 있다.

파스타 샐러드를 오래 보관하려면 채반에 담아서 볼에 얹거나 채소 탈수기의 채반에 담아 냉장 보관한다. 그러면 바닥에 깔린 파스타가 퉁퉁 붇지 않아서 다음 날 다시 그릇에 넣고 새 민트만 추가하면 신선하게 먹을 수 있다. 먹기 최소 15분 전에 냉장고에서 꺼내야 먹을 때 너무 차갑게 느껴지지 않는다.

지름길 남은 파스타로 만들기 좋은 맛있는 파스타 샐러드다. 펜네에서 마카로니, 심지어 오레키에테orecchiette에 이르기까지 모든 쇼트 파스타와 잘 어울린다. 삶은 파스타에 끓는 물을 조금 부어서 막 삶은 것처럼 따뜻하게 데운 다음 나머지 레시피에 따라 진행한다.

채소 예찬

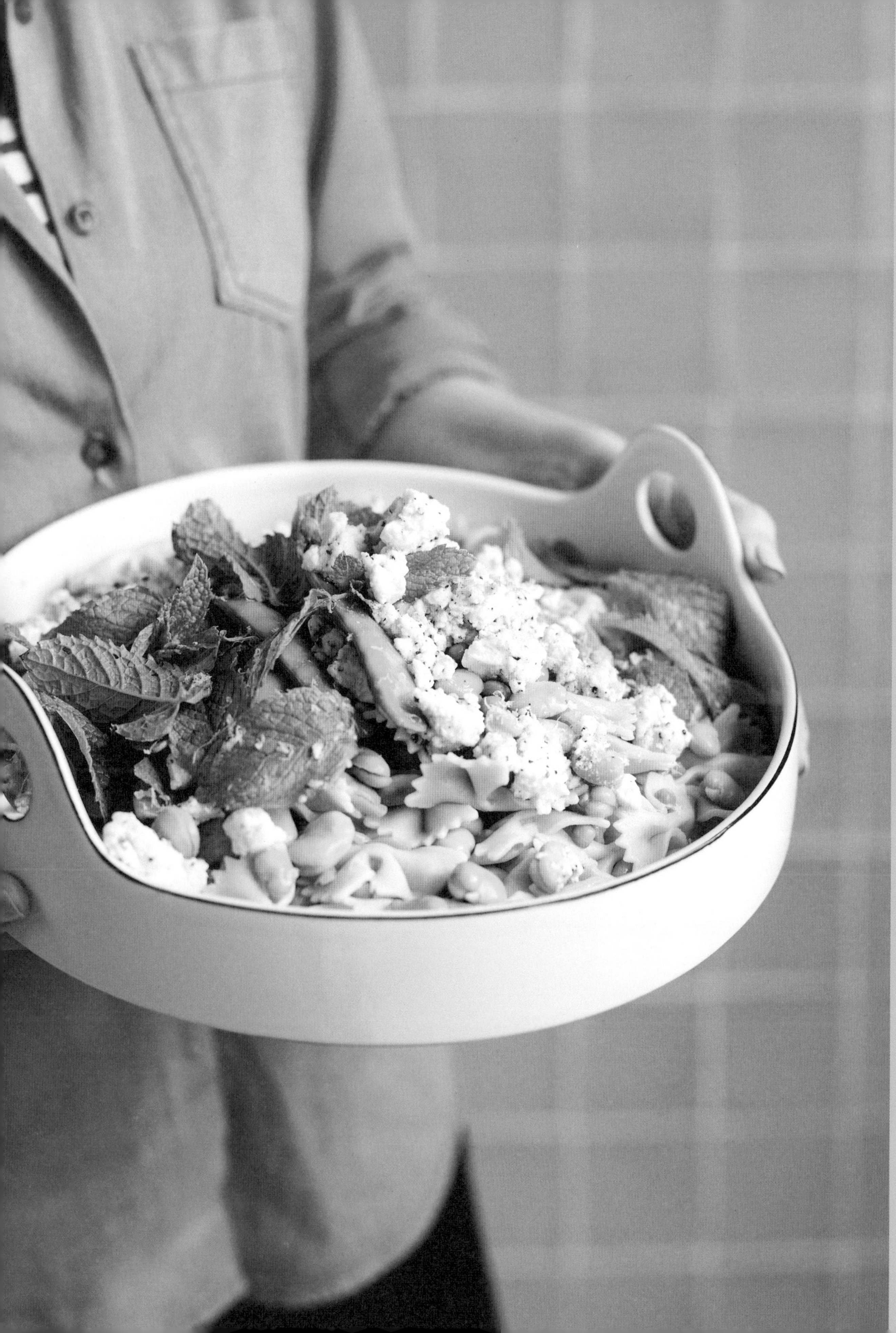

깍지완두 양배추 볶음면
Snow Pea & Cabbage Chow Mein

볶음면은 원래 B급 요리지만 현재 어느 정도 '너무 안 멋있어서 오히려 멋있어' 라는 인식으로 부활하고 있으니 절대 빼놓을 수 없었다. 볶음면의 가장 좋은 점은 정말 빨리 만들 수 있다는 것이다. 그리고 건면을 삶는 대신 생면 400g을 사용하고 더 부드러운 배추를 넣으면 훨씬 빠르게 만들 수 있다. 일반 양배추를 넣어도 상관없고, 원한다면 적양배추로도 만들어보자. 나는 갈색과 회갈색 바탕의 국수에서 초록 빛깔 깍지완두가 도드라지는 모습을 특히 좋아한다. 채소 칸에 남은 채소를 자유롭게 활용해 보자. 한 주가 끝나갈 때 남은 식재료를 처리하는 용도로 만들면 된다. 참으로 멋진 음식이다.

분량 4~6인분

가느다란 중화면(건면) 200g

소흥주 1/3컵(80ml)

채수 1/3컵(80ml)

간장 1/4컵(60ml)

굴 소스 2큰술

참기름 2작은술

마일드 커리 파우더 2작은술

옥수수 전분 1작은술

백후추 가루 1/4작은술

땅콩 오일 또는 해바라기씨 오일 1/3컵(80ml)

흰 부분은 곱게 다지고 녹색 부분은 어슷 썬 실파 4대 분량

곱게 다진 마늘 1쪽 분량

손질한 팽이버섯 100g

채 썬 당근 2개 분량

양쪽 끝을 손질한 깍지완두(스노우피) 200g

채 썬 양배추 400g

다진 버섯 템페(선택, 428쪽 참조) 1컵(250g)

서빙용 참깨

중화면을 봉지의 안내에 따라 삶는다. 건져서 흐르는 찬물에 헹군 다음 오일을 살짝 둘러서 서로 들러붙지 않도록 한다.

그동안 소형 볼에 소흥주와 간장, 굴소스, 참기름, 커리 파우더, 옥수수 전분, 백후추를 넣고 포크로 골고루 잘 섞는다. 따로 둔다.

궁중팬을 강한 불에 올려서 최소 5분간 달군 다음 오일 2큰술을 둘러서 골고루 퍼트린다. 실파의 흰색 부분과 마늘을 넣어서 향이 올라올 때까지 20~30초간 볶는다. 버섯과 당근, 깍지완두, 양배추, 템페(사용 시)를 넣는다. 빨리 노릇노릇해지지 않는 것 같으면 각 재료를 따로따로 나눠서 볶은 다음 볼에 옮겨 담는다. 절반 분량의 간장 양념장을 부은 다음 1분간 계속 휘저어 골고루 버무리면서 볶는다. 대형 볼에 옮겨 담는다.

궁중팬에 나머지 오일 2큰술을 두른다. 중화면을 넣고 한 켜로 고르게 편 다음 건드리지 않은 채로 2~3분간 익힌다. 면을 뒤집어서 골고루 휘저어가며 노릇노릇해질 때까지 3~4분간 볶는다. 나머지 간장 양념장을 부어서 골고루 버무린다. 채소를 다시 팬에 넣고 골고루 볶아서 따뜻해지게 데운다.

실파의 녹색 부분과 참깨를 뿌려서 바로 낸다.

참고 맛있는 볶음 만들기의 비결은 채소를 종류별로 각각 따로 바삭하게 볶은 다음 대형 볼에 옮겨 담았다가 완성 직전에 팬에 넣어서 따뜻하게 데워가며 골고루 섞는 것이다.

변주 레시피 남은 볶음면은 훌륭한 춘권 속 재료로 쓸 수 있다(429쪽 참조).

완두콩 필라프
Pea Pilaf

늦게 퇴근해서 기운이 하나도 없을 때 자동 조종 장치가
만들어주는 것처럼 순식간에 완성할 수 있는 요리가 있다. 다음
레시피가 그 중 하나다. 쌀알 하나하나가 보송보송하게 살아
있어서 지방 또는 향신료를 흡수해 눈을 반쯤 감고 음미하고
싶어지는 음식이다. 마지막에 완두콩을 넣으면 달콤한 맛이
환상적으로 촉촉하게 터져나온다. 책에 이 레시피(주중에 즐겨
만들게 될 것이다)를 넣을 수 있게 만든 핑계가 되어준 재료다.

분량 4인분

곱게 다진 갈색 양파 1개 분량

기 또는 올리브 오일 2큰술

굵게 다진 마늘 2~3쪽 분량

바스마티 쌀 400g

플레이크 소금 1큰술

커리 파우더 1/2작은술

채수 또는 닭 육수(또는 물) 2컵(500ml)

냉동 완두콩 1컵(140g)

팬에 원하는 지방을 두르고 양파를 넣어서 반투명해질 때까지
천천히 볶는다. 뚜껑을 연 채로 수 분간 익힌 다음 뚜껑을 닫고
5분 정도 익힌 후 뚜껑을 다시 열어서 마무리한다.

마늘과 쌀, 소금, 커리 파우더를 넣고 골고루 섞은 다음 쌀에
향신료와 지방이 고르게 배어들 때까지 5분 정도 볶는다.

원하는 액상 재료를 붓고 한소끔 끓인다. 불 세기를 약하게
낮추고 뚜껑을 닫아서 20분간 밥을 짓는다.

불에서 내린다. 열기가 최대한 빠져나가지 않도록 재빠르게
냉동 완두콩을 넣고 뚜껑을 다시 닫는다.

10분간 뜸을 들여서 완두콩이 따뜻해지게 한다. 완두콩을
골고루 섞은 다음 간을 맞춰서 낸다.

참고 나는 이 요리의 기본 재료로 기와 육수 대신 로스트 치킨을 만들고
나서 팬에 고인 슈몰츠와 육즙을 쓰곤 한다. 이미 있는 재료를 활용하는
방법인데다가 감칠맛 풍미를 여러 겹 더할 수 있다.

자스민 쌀로 만들어도 좋다. 이때 액상 재료는 400ml만 붓고 조리 시간은
15분으로 줄인다.

변주 레시피 다음 날 완두콩 밥에 여분의 채소를 더해서 섞으면 푸짐한
채소 필라프가 된다.

번외 가끔 먹고 남은 고기를 결대로 찢어서 쌀과 마늘, 향신료와 함께
팬에 넣은 다음 밥을 지어 비리야니와 비슷한 스타일로 만든다. 단단한
뿌리 채소도 비슷하게 조리할 수 있다.

Cabbage

양배추

다른 배추속 채소와 마찬가지로 양배추도 혹독한 추위 속에서 쉽게
무럭무럭 자라나는 경이로운 겨울 채소다. 기찻길이나 탁 트인 들판,
정원의 밝은 노란색 잡초 등 여러 곳에서도 아주 행복하게 자라나는
야생 양배추를 볼 수 있다. 신석기 시대부터 존재한 식물이라는 점을
감안하면 다양한 품종을 개발해 낼 시간이 충분히 있었을 것이다. 내가
가장 좋아하는 품종은 신선하고 아삭아삭하며 날것으로 먹어도 될 만큼
부드럽고 김치 만들기에 적합한 배추(흰색 장에 따로 한 부분을 차지하고 있다.
90~95쪽 참조)와 사우어크라우트를 즐겨 만들고 넉넉한 양의 버터에 볶아서
레드와인 식초를 살짝 가미해 먹곤 하는 적양배추다. 사보이 양배추는
질감이 거칠고 열을 오래 가해도 쿰쿰한 냄새가 나지 않아 찜용으로 아주
좋다. 백양배추는 데쳐서 콩류 또는 다진 소고기를 넣고 돌돌 말아 양배추
롤을 만든다. 끝으로 갈수록 가늘고 길쭉한 모양이 되는 슈가로프Sugarloaf
양배추는 반으로 잘라서(심지어 4등분해도 좋다) 아주 뜨겁게 달군 팬이나
바비큐에 거뭇거뭇 그슬리도록 구우면 천연 단맛이 강해지고 식탁에
차리기 아주 인상적인 모양새가 된다.

"나는 봄양배추나 뾰족한 양배추를 가장 좋아한다. 특히 숯불에 구워서 남짐 소스에 찍어 먹는다. 거뭇거뭇하게 타면 땅콩 같은 맛이 일품이다. 미리 데치는 과정은 거치지 않아도 좋다. 날것인 채로 바로 굽되 단면이 아래로 가도록 하여 거뭇하게 굽는다. 가운데 부분은 좀 아삭해야 맛있다."

— 잭 스타인, 미국

구입과 보관하는 법

양배추는 다양한 모양과 색깔, 크기로 구할 수 있으며 단단한 품종일수록 추운 계절에 단맛이 가장 강하지만 모든 품종의 공통점은 잎사귀가 아름답다는 것이다. 바깥쪽 잎에 벌레 먹은 부분이 좀 보이더라도 신경 쓰지 말자. 벌레가 먹기에 맛있는 양배추는 우리가 먹어도 맛있다! 다만 강한 냄새가 풀풀 풍기지 않아야 하며(속부터 썩고 있다는 뜻일 수 있다) 아래쪽 심지가 밝은 색이어야 한다.(색이 진할수록 심지가 오랫동안 산화되고 있었다는 뜻이다.) 통양배추는 항상 보관에 있어서 상당히 관대한 편이다. 봉지에 담아서 냉장고 채소 칸에 넣어두되 봉지를 완전히 밀봉하지는 말자. 양배추가 배출하는 가스가 빨리 빠져나가지 못하면 쉽게 변질될 수 있다. 조금씩 잘라서 먹을 경우에는 표면이 최대한 노출되지 않도록 노력하면 2주일까지 보관할 수 있다. 양배추를 냉동 보관하려는 시도는 하지도 말자. 실망스러울 정도로 순식간에 변질된다. 대신 사우어크라우트(다음 페이지 참조)를 직접 만들어보자. 그러면 수 개월간 그때그때 먹을 수 있는 맛있는(그리고 영양가 넘치는!) 양배추 요리가 된다.

조리하는 법

양배추 잎은 밥과 다진 고기(또는 다진 채소)를 채워서 부드러워질 때까지 찌기에 딱 좋은 재료다. 잎이 가운데 심지에서 잘 떨어져나오게 하려면 작은 칼로 양배추 심 부분에 조심스럽게 약 5cm 깊이의 칼집을 넣는다. 심과 지저분한 겉잎을 떼어내서 간식이나 볶음용으로 잘게 다져서 보관한다.(446쪽의 볶음면 등.) 대형 냄비에 양배추를 넣고 찬물을 잠기도록 부어서 강한 불에 올려 한소끔 끓인다. 양배추가 계속 물에 잠겨 있도록 주의하면서 잎이 유연하게 구부러질 때까지 5분간 삶는다. 양배추를 건져서 얼음물 볼에 넣어 식힌 다음 잎을 떼낸다. 또는 잎을 곱게 채 썰어서 '인스턴트' 라면용 국물에 넣거나 두껍게 썰어서 수프에 넣고 부드러워질 때까지(완전히 뭉개지지는 않을 정도로) 약 20~25분간 더 익혀도 좋다. 또는 백양배추를 4등분해서 땅콩 오일을 가볍게 바른 다음 뜨거운 팬에 스테이크를 굽듯이 단면을 지진다. 간장이나 다마리 간장을 뿌려서 180℃의 오븐에 완전히 익을 때까지 약 10분간 굽는다. 그리고 내가 제일 좋아하는 양배추 속심도 잊지 말자. 줄기의 질긴 겉 부분을 깎아내고 남은 속심은 얇게 저미거나 통째로 당근처럼 우적우적 먹을 수 있다. 나는 이 부분을 남겨두었다가 나를 도와준 젊은 요리사와 나눠 먹는데, 일을 잘 마무리해 준 정당한 보상이자 '양배추 싫어군'이라 하더라도 마음을 돌릴 수 있는 계기가 되어주곤 한다.

크라우트를 만들자

발효 부흥 운동가인 산도르 카츠는 사우어크라우트를 '입문 과정'이라고 부른다. 정말 만들기 쉽고 맛있기 때문이다! 양배추 잎을 푸드프로세서나 날카로운 칼을 이용해서 곱게 채 썬 다음 무게의 1.5%에 해당하는 분량의 소금을 계량해 넣는다.(날씨가 따뜻할 경우에는 2.5%.) 대형 볼에 양배추와 소금을 넣고 수 분간 주물러서 세포벽이 부서지게 한다. 한 움큼을 잡고 꼭 짜서 스폰지를 잡은 것처럼 물이 나오면 다 된 것이다. 항아리나 유리병에 양배추를 넣고 배어나온 즙을 부어서 윗면이 완전히 잠기지는 않을 정도로 채운 다음 손질할 때 떼어낸 큰 겉잎 1장을 덮는다. 묵직한 누름돌을 얹어서 채 썬 양배추가 위로 둥둥 떠오르지 않도록 한다. 매일, 특히 발효가 가장 활발하게 일어나기 시작하면 주기적으로 크라우트의 상태를 체크한다. 5일 후면 먹을 수 있는 상태가 되며, 수 주일간 향이 계속 발달한다. 딱 마음에 드는 상태가 되면 냉장 보관한다.

기능적 효과

90% 이상이 수분이라는 점을 생각하면 양배추와 물은 특별한 관계라고 할 수 있다. 한편 소금은 양배추에서 과도한 수분을 빠져나오게 하는데 도움이 되기 때문에, 코울슬로를 만들 때 항상 양배추를 먼저 1시간 정도 소금에 절인 다음 여분의 물기를 짜내고 나머지 재료와 함께 섞으면 훨씬 낫다. 하지만 붓기에 양배추 잎을 얹어서 찜질을 해본 사람이라면 인증할 수 있듯이 양배추에는 수분을 다시 끌어들이는 능력도 있다. 수유부라면 냉동실에 양배추 잎을 차갑게 보관했다가 젖몸살이 와서 뜨거워진 가슴에 천연 연고로 쓸 수 있다.(다만 장기간 사용하면 수유에 부정적인 영향을 줄 수 있다는 점을 알아두자.) 부어오른 손이나 발, 발목에 양배추 잎을 감싸면 과도한 수분이 빠져나오게 하고 해당 부위를 차갑게 만드는 데에 도움이 된다.

어울리는 재료

사과, 사과 식초, 베이컨, 버터, 캐러웨이 씨, 치즈(체더, 페타, 염소), 고추, 크림, 커리 파우더, 마늘, 생강, 쥬니퍼 베리, 레몬(즙, 제스트), 머스터드, 양파, 후추.

블랙 앤드 화이트 양배추
Black & White Cabbage

이 레시피에서 마음에 드는 점은 말 그대로 2가지 재료만 가지고 열과 수분 조절의 경이로운 효과를 적용해 부분의 합 이상의 결과를 만들어낸다는 것이다. 간장의 짠맛은 특히 찜을 했을 때 양배추 본연의 단맛이 더욱 돋보이게 한다. 뜨거운 팬에 양배추의 단면을 지져서 태우면 쓴맛이 가미되어 풍미에 입체감이 생기면서 토피처럼 맛있는 매력이 생긴다.

분량 4인분(사이드 메뉴)

백양배추 1개(700g, 중간 크기 약 1/4개)
간장 1/4컵(60ml), 서빙용 여분

오븐을 180℃로 예열한다.

바닥이 묵직한 오븐용 팬을 아무것도 두르지 않고 불에 올려서 연기가 피어오를 때까지 달군다.

양배추를 단면이 아래로 가도록 팬에 얹고 손으로 꾹 누르거나 다른 무거운 팬을 위에 얹어 최대한 바닥에 밀착되도록 한다. 그대로 강한 불에 거뭇하게 되도록 8분간 지진 다음 조심스럽게 뒤집어서 반대쪽도 거뭇하게 탈 때까지 8분간 지진다.

양배추에 간장을 잎 사이사이로 잘 스며들도록 두른다.

오븐 장갑을 끼고 쿠킹 포일을 양배추에 조심스럽게 잘 둘러 덮는다.

팬을 오븐에 넣고 양배추를 20분간 찐다. 포일을 제거하고 양배추가 부드러워지고 흰색보다 옅은 연두색에 가까워질 때까지 최소 5분 더 굽는다.

조금 더 거뭇하게 만들고 싶다면 다시 팬을 강한 불에 올려서 앞뒤로 수 분간 굽는다.

여분의 간장을 둘러서 따뜻하게 낸다.

참고 양배추의 모양에 따라서 무거운 팬 등의 누름돌을 얹어 꾹 눌러놔야 뜨거운 팬에 최대한 바짝 달라붙게 만들 수 있다.

지름길 양배추를 더 얇은 웨지 모양으로 자르면 뜨거운 팬에 지진 다음 포일을 씌워서 오븐에 부드러워질 때까지 10~15분 정도만 구우면 된다.

태운 양배추 롤
Singed Cabbage Rolls

이 롤을 처음 오븐에서 태운 순간이 그리 자랑스럽지는 않는데, 주의가 산만해서 벌어진 사고였기 때문이다. 하지만 진홍색 소스의 물결 속에 거뭇하게 탄 양배추가 톡 튀어나와 있는 드라마틱한 형상과 강렬해진 풍미를 접하고 나니 도저히 이 책에서 뺄 수가 없었다. 유대인 어머니라면 누구나 동의하겠지만 이 롤에는 돼지고기와 송아지고기를 반씩 섞어서 넣는 것이 좋다. 칠면조와 닭고기를 섞어서 넣어도 좋고, 그냥 밥과 건포도만 넣어도 맛있다.

분량 4~6인분

큼직한 양배추(대 1개) 잎 12장
올리브 오일 2큰술
곱게 다진 갈색 양파 1개 분량
곱게 다진 마늘 3쪽 분량
줄기는 곱게 다지고 잎은 뜯어서 다진 파슬리 1/2단 분량
잎만 따서 다진 타임 1/2단 분량
훈제 파프리카 가루 2작은술
물에 씻은 바스마티 쌀 1/3컵(65g)
다진 돼지고기 또는 소고기 250g
달걀 1개
곱게 간 레몬 제스트 1개 분량
플레이크 소금 1작은술
백후추 가루 1작은술
서빙용 그리스식 요구르트
서빙용 곱게 다진 차이브

• 찜 소스

다진 적양파 1개 분량
다진 홍피망 1개 분량
다진 마늘 1쪽 분량
타임 잎 1/2단 분량
백후추 가루 1작은술
훈제 파프리카 가루 1작은술
올스파이스 가루 1작은술
카옌페퍼 1/2작은술
토마토 파사타(토마토 퓌레) 700g
닭 육수 1컵(250ml)

대형 냄비에 소금물을 한소끔 끓인 다음 양배추 잎을 넣어서 부드럽고 말랑해질 때까지 2~3분간 데친다. 반드시 물에 푹 담가서 데쳐야 한다. 건져서 얼음물 볼에 넣어 식힌다.

프라이팬에 올리브 오일을 두르고 중강 불에 올려 달군다. 양파를 넣고 뚜껑을 닫아서 5분간 익힌 다음 뚜껑을 열어서 가끔 휘저어가며 3~4분 더 익힌다. 마늘과 파슬리 줄기, 타임, 파프리카 가루, 쌀을 넣어서 골고루 버무린 다음 향이 올라올 때까지 1~2분 더 볶는다.

물 1/4컵(60ml)을 붓고 잘 섞은 다음 불에서 내리고 뚜껑을 닫는다. 15분간 그대로 둬서 쌀을 일부 익힌다. 볼에 옮겨 담아서 식힌다.

그동안 오븐을 170℃로 예열한다.

모든 찜 소스 재료를 믹서기에 넣고 곱게 간 다음 절반 분량을 대형 베이킹 그릇이나 캐서롤 그릇에 붓는다.

식은 쌀 혼합물에 고기와 달걀, 레몬 제스트, 소금, 후추를 넣고 손으로 골고루 잘 섞는다. 양배추 잎 가운데에 고기 혼합물을 약 3분의 1컵씩 얹는다. 양배추 잎을 접어 올려서 혼합물을 감싼 다음 양쪽 잎을 가운데로 접은 후 돌돌 만다. 마지막으로 꼭 쥐어서 모양이 유지되게 한다.

같은 과정을 반복해서 롤 12개를 만든 다음 그릇에 여민 부분이 아래로 오도록 한 켜로 담는다. 나머지 소스를 그 위에 부어서 롤이 최대한 잠기도록 한다. 포일을 씌워서 양배추가 부드러워질 때까지 1시간 정도 굽는다.

포일을 벗기고 롤이 그슬리기 시작하면서 소스가 원하는 만큼 걸쭉해질 때까지 1시간 더 익힌다. 나처럼 참을성이 없는 사람이라면 마지막 5~10분 동안 오븐 그릴(브로일러)을 켜서 더 빨리 거뭇해지도록 한다.

요구르트를 한 덩이 얹고 파슬리 잎과 차이브를 뿌려서 낸다.

지름길 쌀을 따로 익힌다. 양배추는 채 썰어서 다른 속 재료와 함께 적당량씩 나눠서 대형 팬에 넣고 강한 불에 익힌다. 쌀과 함께 섞어서 베이킹 그릇에 부은 다음 으깬 토마토나 파사타 400g을 더해서 중간 온도의 오븐에 소스가 살짝 걸쭉해질 때까지 20~30분간 굽는다.

간단 양배추 커리
Carefree Cabbage Curry

양배추를 찔 때면 채 썰거나 갈거나 잘게 썰어서 원래의 주름진 물결 모양의 아름다움을 느끼지 못하게 될 때가 많다. 여기서는 찬란한 양배추의 장엄하고 웅장한 모습을 강조하기 위해 진한 황금색 절임액과 반짝이는 그레이비 소스를 첨가했을 뿐이다. 완전 비건 요리이므로 사람들을 잔뜩 초대했는데 다들 식습관이 어떻게 되는지 알 수 없을 때 차리기 딱 좋은 메뉴다.

분량 4인분

터메릭 가루 1작은술

코코넛 요구르트 1/3컵(80ml)

플레이크 소금 1작은술

사보이 또는 백양배추 750g(약 1/2통)

코코넛 오일 1큰술

커리 잎 3단

굵게 채 썬 갈색 양파 1개 분량

길게 칼집을 넣은 풋고추(긴 것) 1개, 서빙용 송송 썬 풋고추

씻어서 2cm 크기로 썬 흰색 감자 250g

코코넛 밀크 400ml

설탕 1큰술

레몬즙 1개 분량

냉동 완두콩 1컵(140g)

마무리용 흑쿠민 씨

서빙용 바스마티 쌀밥과 플랫브레드(선택)

• 커리 페이스트

코코넛 오일 1큰술

으깨서 껍질을 제거한 마늘 4쪽

껍질을 벗기고 저민 생생강 1톨(3cm 크기) 분량

마일드 칠리 파우더(카쉬미리Kashmiri 제품 사용) 2작은술

코리앤더 씨 1과1/2작은술

펜넬 씨 1작은술

시나몬 가루 1작은술

카다멈 가루 1작은술

즉석에서 으깬 흑후추 1/2작은술

중형 볼에 터메릭 가루와 요구르트, 소금을 잘 섞는다. 양배추를 스테이크처럼 먹고 싶다면 심을 포함해서 두꺼운 웨지 모양으로 4등분한다. '풀드양배추' 커리를 만들려면 심을 제거해서 잎을 분리한다. 양배추 잎이나 웨지를 터메릭 볼에 넣어서 골고루 묻힌다.

커리 페이스트를 만든다. 바닥이 묵직하고 넓은 프라이팬에 코코넛 오일을 넣고 중약 불에 올려서 달군다. 마늘과 생강을 넣어서 살짝 노릇해질 때까지 휘저어가며 2~3분간 익힌다. 나머지 커리 페이스트 재료를 넣고 향이 올라오면서 조금 더 노릇노릇해질 때까지 1~2분 더 볶는다. 믹서기에 넣고 물 1/3컵(80ml)을 부은 다음 곱게 간다.

팬을 다시 중간 불에 올리고 코코넛 오일을 두른다. 오일이 뜨겁게 달궈지면 커리 잎을 넣어서 바삭바삭해질 때까지 1~2분간 볶는다. 집게로 건져내서 종이 타월에 얹어 기름기를 제거한다.

팬에 커리 페이스트를 붓고 양파, 풋고추, 감자를 넣어서 자주 휘저어가며 캐러멜화될 때까지 4분간 익힌다. 대부분의 코코넛 밀크(나머지는 장식용)와 설탕, 물 1컵(250ml)을 넣어서 섞는다. 잔잔하게 한소끔 끓인 다음 감자가 반 정도 익을 때까지 10분간 뭉근하게 익힌다.

양배추와 절임액을 넣는다. 뚜껑을 닫고 가끔 휘젓고 중간에 양배추를 한 번 뒤집어가면서 양배추가 부드러워지고 감자가 완전히 익을 때까지 15분간 익힌다.

레몬즙과 완두콩을 넣고 섞어서 불에서 내린다. 뚜껑을 닫고 5분간 재워서 따뜻하게 만든다.

커리에 바삭한 커리 잎, 흑쿠민 씨, 여분의 고추를 뿌리고 코코넛 밀크를 두른다. 소스가 넉넉한 커리이므로 바스마티 쌀밥이나 플랫브레드를 곁들여도 좋고 그냥 수프처럼 먹어도 맛있다.

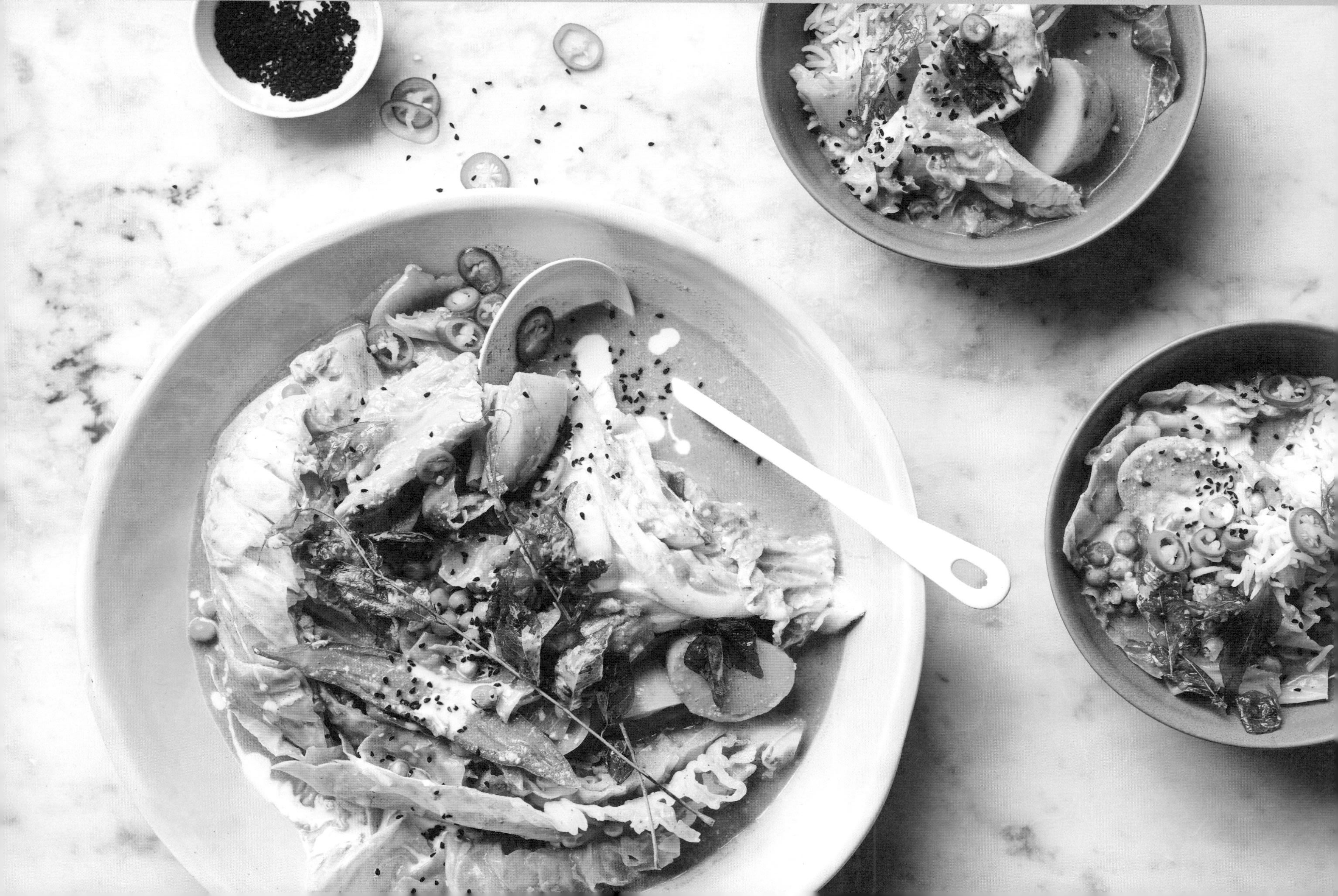

보라색 국수 라이스페이퍼 롤
Purple Noodle Rice Paper Rolls

여러 가지 이유로 아이와 함께 만들기 좋은 메뉴다. 일단
적양배추를 넣으면 먹을 수 있는 과학 실험이 되기 때문이다.
양배추에서 안토시아닌이 흘러나와 국수 전체를 기분 좋은
보라색으로 물들일 때 아이들이 얼마나 뛸 듯이 기뻐하는지 볼 수
있다.

분량 12개

적양배추 잎(굵은 줄기는 도려낸 것) 12장

버미셀리 면 50g

결대로 찢은 익힌 닭고기 또는 튀긴 단단한 두부 2컵(200g)

곱게 송송 썬 실파 2대 분량

베트남 그린 또는 레드 느억참(221쪽) 또는 스위트 칠리 소스
    1큰술, 서빙용 여분

바삭하게 튀긴 샬롯 2큰술

22cm 크기의 둥근 라이스 페이퍼 12장

타이 바질 잎 1단 분량

막대 모양으로 채 썬 짧은 오이 1개 분량

채 썬 당근 1개 분량

서빙용 웨지로 썬 라임

내열용 볼에 양배추와 버미셀리 면을 담는다.

끓는 물을 잠기도록 부어서 부드러워질 때까지 4분간 불린다.
이 과정을 통해 면이 보라색으로 변한다. 아, 재미있어!

면을 건져서 다른 볼에 담는다. 양배추는 종이 타월을 깐
트레이에 1장씩 얹어서 물기를 제거한다.

다른 볼에 닭고기와 실파, 느억참, 튀긴 샬롯을 넣어서 섞는다.

다른 볼에 따뜻한 물을 담고 라이스페이퍼를 한 번에 1장씩
넣어서 부드러워질 때까지 10~20초간 담갔다 뺀다. 깨끗한
티타월에 얹어서 여분의 물기를 제거한다. 바닥에 타이 바질
잎 1장을 깔고 양배추 잎 1장을 그 위에 올린다. 닭고기 혼합물
2큰술과 보라색 면, 오이, 당근을 얹는다.

먼저 양배추만 돌돌 말아서 라이스페이퍼 롤과 같은 크기의
작은 양배추 롤을 만든다. 그리고 라이스페이퍼의 아랫부분에
얹는다. 라이스페이퍼의 아래쪽을 접어서 양배추 롤을 감싼 다음
양쪽을 안으로 접고 돌돌 말아서 봉한다.

완성한 롤을 식사용 접시에 담고 가볍게 물을 적신 면포를
씌워서 마르지 않도록 한다. 나머지 재료로 같은 과정을
반복해서 롤 12개를 만든다.

반으로 잘라서 라임 조각과 여분의 느억참, 남은 타이 바질
잎을 곁들여 낸다.

참고 라이스페이퍼는 다루기 조금 까다로울 수 있으니 이제 처음
접해봤거나 도와주는 사람이 조금 있다면 보험을 드는 셈 치고 2장을
겹쳐서 만들어보자. 1겹이 더 생겨서 식감은 조금 질겨질지 모르지만 돌돌
마는 과정에 대한 자신감은 생길 수 있으니 감내할만한 가치가 있다.

남은 로스트치킨이나 삶은 닭고기로 만들면 좋지만 없으면 가게에서 시판
바비큐 치킨을 구입해도 좋다.

지름길 양배추를 채 썰고 면을 수 분간 불린 다음 모든 재료에 느억참과
소량의 오일을 두르고 골고루 버무려서 간단한 양배추 국수 샐러드를
만들 수 있다.

Avocado

아보카도

현재의 아보카도는 북아메리카에서 '엑스트라 구악extra guac' 노래가
등장하고 호주의 밀레니얼 세대와 부머 세대를 구분하는 기준점이 되는 등
전 세계적으로 풍요로움의 상징이 되었지만, 사실 그 이전에도 아보카도는
완전히 다른 풍미를 선사하는 풍미의 상징이었다. 특유의 모양과 나무에
1쌍씩 묵직하게 매달려 있는 모양 때문에 아즈텍인은 고환이라는 뜻의
아와카토루āhuacatl라는 이름을 붙였고, 당연히 곧 다산의 부적이 되어
남편이 잘 익은 아보카도 1쌍을 사랑의 정표 삼아 집에 가져오곤 했다.
그리고 완벽하게 잘 익은 아보카도 1쌍을 한 번에 따보려고 애써본 적이
있다면 이게 상당한 공적에 해당한다는 사실을 알 수 있다. 또한 모든
성공적인 상호 의존 관계가 그렇듯이 한 아보카도 나무가 수분을 해서
열매를 맺으려면 가까운 곳에 다른 아보카도 나무가 심어져 있어야 한다.
나는 보통 한 번에 여러 개를 이리저리 쥐어보고 당장 즐길 것, 나중에
즐길 수 있을 것 등을 넉넉하게 마련해 둔다. 그러니 나 또한 아보카도와
상호의존적인 관계를 맺고 있다고 말할 수 있을 것이다!

"저민 것과 으깬 것, 깍둑 썬 것 중 어느 '아보카도 팀'에 들어가 있나요? 우리 레스토랑에서는 얇게 썰어서 내지만 집에서는 깍둑 썰어서 살사를 만드는 편이다. 일부 신문에서는 감사하게도 나를 '아보카도 토스트 개발자'라고 불렀다. 가짜 뉴스냐고? 아마 그럴 것 같다. 그냥 나는 항상 그렇게 먹어왔으니까. 하지만 그런 칭찬을 거부할 수 있는 사람이 누가 있을까?"
— 빌 그랜저, 호주

구입과 보관하는 법

거의 일 년 내내 언제나 구할 수 있기는 하지만 여름에 즐기기 좋은 채소이므로 항상 따뜻한 계절에 많이 먹게 된다. 아보카도가 잘 익었는지 확인하는 최선의 방법은 울퉁불퉁한 윗부분을 가볍게 눌러보는 것이다. 녹색 과육 안쪽으로 폭 들어간다면 잘 익은 것이다. 하지만 불행히도 마트에서 판매하는 아보카도는 대부분 운송 중에 줄기가 사라진 상태이기 때문에 그 다음으로 확실한 방법은 좁은 쪽 끝부분을 아주 살짝 쥐어보는 것이다. 이때 약간 말랑하게 느껴지는 아보카도는 다음 날이면 잘 익을 것이다. 사실 오래된 스테이크 굽기 상태 확인하는 법을 아보카도에도 적용할 수 있는 셈이다.

어째서 딱 좋은 아보카도를 고를 때는 조심스럽게 다뤄야 할까? 다른 아와카토루(고환)와 마찬가지로 너무 많이 주무르면 끔찍한 결과를 초래할 수 있기 때문이다. 알맞게 익었다고 생각해서 아보카도를 사왔는데 그냥 사람들이 많이 주물러서 조금 일찍 부드러워졌을 뿐인 적이 있지 않은가? 나는 요즘 엄격한 '원 스트라이크' 정책을 지지하고 있다. 가게에 갔는데 누군가가 도자기 가게에 침입한 황소처럼 아보카도 전체를 공격하고 있다면 단순히 이 목적을 완수하기 위해서 가볍게 흘겨보곤 한다. 뭉개진 아보카도를 사서 돈낭비를 할 일이 없어야 하는 것만큼이나 모두가 아보카도를 꼭 필요할 때만 뭉갤 수 있도록 다같이 노력해야 한다. 뭉개진 아보카도 때문에 마음이 상했다면 다음에는 인내심을 가지고 녹색 아보카도를 구입하자. 익기를 기다리는 것은 시멘트가 마르는 것을 지켜보는 것과 비슷하지만, 어쨌든 새 발자국이 남지 않은 채로 예쁘게 마를 것이라고 예측할 수는 있으니까.

저장 기간은 아보카도의 상태와 식단 계획에 따라 달라진다. 잘 익은 아보카도는 냉장고 문쪽에 보관한다. 단단하고 녹색이라면 과일 그릇에 담되 사과와 바나나로부터는 멀리한다.(가속 숙성을 원한다면 이들과 가까이 둘수록 좋다.) 아보카도를 일단 잘랐다면 반드시 잘 싸서 보관해야 하고, 되도록이면 씨앗을 빼지 않아서 노출된 표면적을 최소화하는 것이 좋다. 막상 잘라보니 실망스러울 정도로 덜 익었다면 왁스 코팅지로 싸거나 딱 맞는 뚜껑이 있는 용기에 담아서 냉장고 바깥에 보관한다. 또 다른 선택지로 껍질을 벗긴 다음 레몬즙을 살짝 둘러서 냉동실에 넣으면 최대 6개월간 보관할 수 있다. 제대로 해동하기만 하면 과카몰리나 크리미한 드레싱을 만들기 좋다.

조리하는 법

이 다목적 재료의 타고난 부드러운 질감은 천연 버터와 같아서 매우 간단하게 스프레드나 딥을 만들 수 있는 조미료가 되어준다. 안녕, 과카몰리! 과카몰리의 기본은 으깬 아보카도에 라임 즙이나 레몬즙 등 일종의 산성 재료를 섞어서 아보카도의 기름진 맛을 정리하고 산화될 위험을 물리쳐서 화사한 색을 유지하게 만드는 것이다. 실제로 아보카도로 요리를 해보면, 특히 일정 시간 동안 공기 중에 노출시켜야 할 경우에는 감귤류의 즙이나 맑은 식초를 살짝 둘러야 회색으로 변하는 것을 막을 수 있다. 요즘에는 어디서나 쉽게 볼 수 있는 으깬 아보카도는 그냥 일종의 과카몰리나 마찬가지다. 나는 여기에 송송 썬 홍고추와 소량의 염소 치즈 또는 페타 치즈를 섞어서 풍미를 더하곤 한다. 크리미한 디저트류에 채식 재료로 아보카도를 활용하기도 한다. 다크초콜릿 1~2덩어리를 녹인 다음 아보카도와 함께 곱게 갈면 간단하게 부드러운 초콜릿 가나슈를 만들 수 있다. 바로 내면 무스처럼 부드럽고, 냉장고에 잠깐 넣어두면 살짝 탄탄해진다. 따뜻한 아보카도처럼 나를 화나게 하는 것도 잘 없다. 아보카도가 부드러워질 때까지 낮은 온도의 오븐에 넣어두면 빨리 익게 만들 수 있다고 권장하는 사람도 있다. 내 의견은 다르다. 그러면 썩은 달걀처럼 확실하게 부패한 맛이 나는 씁쓸한 화합물이 생성된다. 절대 그러지 말자.

기능성 식품

아보카도는 심혈관 질환과 심장 건강에 유익한 것으로 입증된 단일불포화지방산의 환상적인 공급원일 뿐만 아니라 카로티노이드와 같은 기타 식물성 화합물의 생체이용률을 개선하는 데에도 도움을 준다. 즉 샐러드에 아보카도 반쪽을 섞으면 맛이 좋아지면서 동시에 건강을 좋게 만드는 효과가 있다. 아보카도에 함유된 좋은 지방은 포만감을 높여서 심지어 월요일에 출근해 책상에 앉아 있을 때에도 배를 든든하게 만들어 준다. 전통 아유르베다 의학에서는 아보카도를 차가운 식품으로 간주해서 수은주가 상승할 때 특히 긴요하게 활용했다.

어울리는 재료

고추, 치즈(페타, 염소), 감귤류(자몽, 레몬, 라임), 옥수수, 오이, 허브(차이브, 고수, 민트), 망고, 해산물(새우, 랍스터), 실파.

아보카도 그 외: 여주

악어 가죽 같은 껍질을 가진 채소에 대해서 이야기하는 김에 여주를 만나보자. 돌기가 많은(때때로 가시도 달린) 연녹색 오이처럼 생긴 박과 식물로 도전적일만큼 쓴맛이 나는 것으로 가장 유명하다. 독특한 진토닉을 즐겨 마신다면 두 재료 모두 특유의 떫은 맛을 선사하는 퀴닌이 함유되어 있는 만큼 여주에서도 진토닉처럼 조금 더 먹어보고 싶은 흥미로운 맛을 느낄 수 있다. 쓴맛이 조금 덜하고 두꺼운 껍질에도 밀랍 느낌이 약한 작은 여주(10cm 이하)를 사면 껍질을 벗기지 않아도 먹을 수 있어서 독특한 모양을 살릴 수 있다. 쓴맛은 짠맛과 잘 어울리므로 요리하기 30분 전쯤 여주에 소금을 뿌려서 절이면 효과가 좋다. 발효한 검은콩이나 미소 등 짭짤한 풍미와도 잘 어울린다. 열에도 잘 반응하므로 볶거나 구워보자. 길게 반으로 잘라서 씨를 파낸 다음 반달 모양으로 썰어서 다음에 소고기 검은콩 볶음을 만들 때 섞어 넣거나 땅콩호박처럼 속을 채워서 구워도 좋다.

아보올리를 두른 BLT 샐러드

BLT Salad with Avo-li

솔직히 빵은 선택 사항이니 '샌드위치 샐러드'라고 불러보자. 아보카도나 심지어 토마토가 주인공처럼 보이기는 하지만 내 생각에 모든 풍미를 하나로 모아주는 주역은 양상추다. 베이컨은 당연히 추가 선택 사항이다. 대신 절인 템페를 프라이팬에 노릇노릇하고 바삭바삭하게 볶아서 넣으면 간단하게 'MLT' 샐러드가 된다. 대담한 주장이지만 아보올리는 손쉽게 '그린 가디스트'의 자리를 찬탈할 수 있는 간단한 녹색 드레싱이다. 마음만 내킨다면 2배로 만들어서 온갖 음식에 찍어 먹을 수 있는 소스로 곁들여보자. 아마 손가락만 있어도 충분할 것이다.

분량 4인분

큰 것은 2~4등분한 모둠 토마토(나는 재래종과 방울토마토를 섞어서
    쓰는 것을 선호한다) 500g

곱게 다진 실파 1대 분량

사과 식초 2큰술

얇은 삼겹살 베이컨 100g

잎을 떼서 잘 씻은 후 물기를 제거한 양상추(버터 레터스 또는 코스,
    로메인 추천) 1/2통 분량

잎을 떼서 잘 씻은 후 물기를 제거한 프리제 상추 1/2통 분량(선택)

웨지로 썬 아보카도 1/2개 분량

서빙용 웨지로 썬 레몬

서빙용 바삭한 빵(선택)

• 아보올리

마요네즈(수제 또는 시판(전란 사용)) 1/2컵(120g)

굵게 다진 파슬리 3큰술

갈거나 다진 마늘 1쪽 분량

껍질과 씨를 제거한 잘 익은 아보카도 1개 분량

오븐을 240°C로 예열한다. 베이킹 트레이에 포일을 깐다.

볼에 토마토와 실파, 식초를 골고루 버무린 다음 가볍게 절인다.

철망에 베이컨을 얹고 유산지를 깐 베이킹 트레이에 담는다. 오븐에서 베이컨이 노릇노릇해질 때까지 10분간 굽는다. 오븐에서 꺼내 한 김 식힌다. 취향에 따라 베이컨을 가위로 한입 크기로 잘라도 좋다.

그동안 푸드프로세서에 아보올리 재료를 넣고 토마토 절임액을 부은 다음 곱게 간다.(또는 스틱 블렌더를 이용한다.) 아보올리가 분리되면 따뜻한 물을 살짝 두른 다음 거품기로 쳐서 유화시킨다. 천일염과 즉석에서 간 흑후추로 간을 한다.

식사용 그릇에 아보올리를 담고 토스트에 버터를 바르듯이 가장자리까지 펴 바른다. 양상추 잎과 프리제(사용 시), 아보카도, 절인 토마토와 베이컨을 얹는다. 취향에 따라 레몬 조각과 바삭한 빵을 곁들여서 바로 낸다.

참고 철망이 없다면? 임시 에어프라이어를 만들어보자! 쿠킹 포일을 베이킹 트레이의 2배 길이로 자른 다음 반으로 접어서 튼튼한 이중 깔개로 만든다. 짧은 쪽을 기준 삼아 2.5cm 간격으로 끝까지 앞뒤로 번갈아 접어 부채 모양으로 만든다. 이 부채를 가볍게 펼쳐 임시 '철망'을 만든 다음 베이킹 트레이에 얹는다. 조리가 끝난 다음 포일에 고인 베이컨 기름을 따로 모아서 까르보나라 파스타나 완두콩 햄 수프를 만들 때 사용한다.

지름길 아보올리를 만들 시간이 없다면? 아보카도를 웨지 모양으로 썬 다음 샐러드에 얹고 큐피 마요네즈를 골고루 뿌리자.

변주 레시피 남으면 다음날에 진짜 BLT 샌드위치를 만들어 점심 도시락으로 싼다.

기분 최고 나초

Feel-good Nachos

다정한 사람과 저녁 내내 소파에 편안하게 기대 놀고 싶을 때
간단하게 만들기 좋은 음식이라 '2인분'으로 만들었다. 그리고
가스가 차고 느끼하게 느껴질 수 있는 전통 나초와 달리 신선한
토마토와 플레인 요구르트, 감귤류를 가미한 과카몰리 덕분에
밤새도록 가볍고 산뜻한 기분을 유지할 수 있다. 물론 간단하게
2배나 3배로 만들기도 좋다.

분량 2인분

곱게 채 썬 적양파 1개 분량
다진 잘 익은 토마토 4개 분량
껍질을 제거한 통조림 홀토마토 400g
올리브 오일 2큰술, 마무리용 여분
소금 1/2작은술
멕시코 오레가노(참고 참조) 1/4작은술

콘칩(무염 권장) 200g
간 체더치즈 120g
플레인 요구르트 2큰술
고수 잎 3줄기 분량
서빙용 곱게 송송 썬 홍고추(선택)

• 과카몰리

아보카도 2~~3개
라임즙 1/2개 분량
플레인 요구르트 2큰술
곱게 다진 고수 3줄기 분량
으깬 마늘 2쪽 분량

오븐을 200℃로 예열한다.

얕은 대형 베이킹 그릇에 양파와 생토마토, 통조림 토마토, 올리브 오일, 소금, 오레가노를 넣어 골고루 버무린다. 오븐에서 토마토와 양파가 완전히 부드러워져서 살짝 그슬릴 때까지 25분간 굽는다.

그동안 과카몰리를 만든다. 아보카도의 과육만 파내서 볼에 넣고 라임즙을 뿌린다. 나머지 재료를 넣고 아보카도를 굵게 으깨면서 잘 섞는다. 소금과 후추, 그리고 여분의 라임즙으로 간을 한다.

오븐에서 그릇을 꺼낸 다음 절반 분량의 콘칩을 뿌리고 살짝 젖어 형태가 무너질 때까지 소스와 함께 잘 섞는다. 콘칩 1줌을 그 위에 얹고 같은 과정을 반복한다. 절반 분량의 치즈를 뿌리고 올리브 오일을 두른다. 남은 콘칩을 예쁘게 얹은 다음 나머지 치즈를 뿌리고 오일을 넉넉히 두른다.

오븐에서 치즈가 녹고 콘칩 끝 부분이 살짝 노릇해질 때까지 8~10분 더 굽는다.

요구르트와 고수, 고추(사용 시)를 얹는다. 다른 볼에 과카몰리를 담아서 곁들여 낸다. 또는 그릇에 수북하게 함께 담아 낸다.

멕시코 오레가노는 우리에게 익숙한 지중해 품종과 완전히 다른 허브로, 감귤류 향이 강하고 아니스 풍미가 살짝 감돌아서 레몬 버베나와 비슷하다. 멕시코 요리를 자주 만든다면 멕시코 오레가노를 다루는 가게를 알아두는 것이 좋다. 주로 건조시켜서 단으로 묶어 파는 그리스 오레가노로 대체해도 좋다. 일반 오레가노도 상관없지만 그러면 조금 넉넉히 넣도록 한다.

육수를 만들자

육수 형태로 첨가하는 한 켜의 풍미가 도움이 되지 않는 요리란 없다. 가벼운 육수는 섬세한 요리에 넣기 이상적이며, 진한 육수는 묵직한 스프와 스튜에 풍미와 깊이를 더한다.

팬트리에 육수 여러 팩을 사다두거나 냉장고에 1~2병 정도 보관해 두면 손쉽고 빠르게 풍미를 구축할 수 있으며, 만족스러운 식사에 한 걸음 가까이 다가갈 수 있다. 하지만 육수를 사서 쓰려면 가격이 비싸기도 하고, 집에서 직접 만든 육수의 맛을 능가하지 못한다. 가게에서 육수를 살 때는 어떤 재료가 들어갔는지 성분표를 잘 읽어보고, 요리에 넣기 전에 반드시 맛을 봐야 한다. 일부 회사에서는 소금을 너무 과도하게 넣기 때문에 물을 섞어서 희석해야 하거나 마지막에 간을 맞추기 전까지는 소금을 넣지 않아야 한다. 직접 육수를 만들 때도 소금을 아예 넣지 않는 것이 좋다. 그래야 많이 졸여서 소스를 만들어도 바닷물을 들이키는 것 같은 기분이 들지 않는다.

나는 냉동실에 '육수용' 에코백을 넣어두고 냄비에 넣기 좋은 자투리 채소가 나올 때마다 집어넣은 다음 가방이 충분히 가득 차면, 화사한 풍미를 내고 싶을 경우 정수 1컵(250ml)에 굵게 다진 채소 1컵, 가방의 바닥까지 박박 긁어야 할 경우에는 정수 2컵(500ml)에 굵게 다진 채소 1컵의 비율로 육수를 만든다. 가벼운 육수에 입맛 당기는 단맛을 선사하는 옥수수 속대는 물론 '자투리 활용 메달'을 받을 만한 가치가 있는 모든 자투리 채소는 육수용 에코백에 들어갈 수 있다. 유일하게 주의해야 할 것이 있다면 배추속 식물이나 쓴 채소, 양파 껍질을 한 냄비에 너무 많이 넣지 않아야 한다는 것이다. 리크 윗부분이나 파스닙, 당근 자투리처럼 단맛이 나는 채소와 어느 정도 균형을 맞추는 것이 좋고 아예 양파를 더 넣어도 무방하다. 아스파라거스 밑동과 허브 줄기, 버섯 기둥, 토마토 자투리, 심지어 겨울 호박과 땅콩호박에서 긁어낸 씨앗과 거기 얽힌 섬유질도 냉동실과 육수에서 언제나 환영받는다. 수돗물은 화학 성분이 워낙 다양하기로 악명 높기 때문에 꼭 '정수'를 사용할 것을 권장한다. 여과용 필터 물통을 비우고 다시 채우는 일을 반복하는 귀찮은 작업을 굳이 해야 할 정도의 가치가 있다.

닭 육수와 소고기 육수를 만들 때는 날개 끝 부분이나 날개, 닭봉, 몸통뼈, 소 골수와 척골 등의 저렴한 자투리 부위를 추가로 구입해 보자. 저렴하면서 풍미와 진한 맛을 더하는 데에 큰 역할을 한다. 소뼈는 육수를 만들기 전에 뜨거운 오븐에서 노릇노릇해질 때까지 구우면 좋은 풍미가 난다.

채소를 넣기 전에 고기를 한 소끔 끓인 다음 최소 30분간 뭉근하게 익히면서 가끔씩 조심스럽게 표면에 고인 찌꺼기를 걷어낸다. 또한 나는 수제 육수(특히 닭 육수를 추천한다)를 작은 냄비에 가득 부은 다음 졸여서 상당히 농축한 후 식으면 최신 특대형 실리콘 얼음틀에 부어 냉동했다가 밥에서 볶음에 이르기까지 거의 모든 음식에 넣곤 한다. 그리고 냉동 육수 큐브와 정수물을 섞은 무게를 시판 육수 500ml(2컵)과 동량이 되도록 계량해서 사용한다.

만일 '다 너무 어려워 보인다'는 생각이 든다면 절충안을 찾아보자. 직접 만들어 볼 각오가 설 때까지 조금 비싸더라도 양질의 시판 육수를 찾아서 구입하는 것이다. 미국의 요리사 '마이클 룰먼'이 말했듯 '신선한 육수를 사용하면 모든 음식의 맛이 더 좋아질 뿐만 아니라... 맛있는 육수가 있으면 뭐든 맛없게 만들기가 더 어렵다.'

가벼운 채수

1 잘게 썬 채소 1컵 : 정수 2컵(500ml)의 비율로 준비한다.
2 올리브 오일에 채소를 넣고 윤기가 나고 살짝 노릇해지되 갈색이 되지는 않도록 천천히 볶는다.
3 물과 월계수 잎, 통후추, 파슬리 줄기(선택)을 넣는다.
4 팔팔 끓기 직전을 유지하며 1시간 동안 뭉근하게 익힌다.
5 체에 거른다.

진한 채수

1 잘게 썬 채소 1컵 : 정수 2컵(500ml)의 비율로 준비한다.
2 채소에 올리브 오일을 둘러서 버무린다.
3 채소를 200°C의 오븐에 30~40분간 굽는다.
4 물과 월계수 잎, 통후추, 마늘, 파슬리 줄기(선택)을 넣는다.
5 팔팔 끓기 직전을 유지하며 1시간 동안 뭉근하게 익힌다.
6 체에 거른다.

* 또는 토마토 페이스트/퓌레

참고 채소는 작게 썰수록 풍미가 더 많이 빠져나온다. 이 기회를 칼 기술을 갈고 닦을 기회로 삼거나 또는 아예 푸드 프로세서로 순식간에 굵게 다져서 얼마나 풍미가 진하게 살아나는지, 취향에 맞는지 확인해 보자.

지름길 압력솥이 있다면 그걸로 육수를 만들어보자. 모든 재료를 한소끔 끓인 다음 뚜껑을 닫고 15분간 압력을 가하면서 익히면 채수가 완성된다.(닭 육수나 소고기 육수의 경우에는 1시간.)

에필로그

셰프와 채소

나는 전 세계의 셰프와 시간을 보낼 수 있는 기회가 많이 있었다. 그럴 때면 그들은 제일 먼저 미디어가 만들어준 위상과 달리, 요리사는 락스타가 아니라고 말한다. 일부 셰프는 어떤 면에서는 끊임없이 실험하고 배우는 과학자와 같다. 어떤 사람은 미식이라는 렌즈를 통해 큰 그림을 그리는 생각과 개념을 전달하는 철학자다. 접시를 캔버스 삼는 예술가도 있다. 그리고 가장 중요한 것은 셰프는 항상 최전선에 서서 새로운 아이디어를 시도하고 이 기술과 재료, 풍미가 어느 방향으로 나아가게 되는지 지켜보는 사람이라는 것이다.

레스토랑 평론가로 일할 때, 나는 항상 메뉴판의 그 어떤 음식보다도 셰프가 채소로 어떤 요리를 만들어내는지에 더 많은 관심이 갔다. 요리사의 기술은 당근처럼 일상적인 재료를 부분의 합보다 더 큰 존재로 바꾸는 능력을 통해 가장 정확하게 측정할 수 있다고 믿는다. 나는 그들의 생각을 이 책에 담고 싶었다. 식재료에서 최고의 맛을 이끌어 내는 것이 셰프의 가장 큰 재능이며, 우리도 집에서 충분히 해낼 수 있는 일이기 때문이다.

셰프는 이곳 저곳으로 많이 이동하는 편이기 때문에 나는 지금 현재 셰프가 근무하는 곳 대신 출신 국가를 표기하기로 했다.(그리고 반드시 태어난 곳이 아니라 본인이 가장 깊은 친밀감을 느끼는 국가를 기재했다.) 셰프의 배경이나 출신 국가가 채소를 다루는 방식에 어떤 영향을 미치는지 살펴보는 것도 흥미롭다. 예를 들어 뭄바이에서 태어난 사람은 아크라에서 온 사람과 오크라에 대한 개념이 완전히 다를 수 있다. 어린 시절에 접한 풍미를 가장 뚜렷하게 기억하고 있는 사람이 많다는 것도 놀라운 일이 아니다. 이 책을 통해 철학이나 생각에 공감할 수 있는 셰프를 접해서 그에 대해 더 자세히 알고 싶거나 인맥을 쌓고, 제일 좋기로는 그의 음식을 직접 맛보고 싶다면 바로 온라인으로 정보를 찾아볼 것을 권한다.

아이와 채소

사람들이 채소를 사랑할 수 있도록 만드는 일을 시작하기 전에 나는 중학생이 영어와 역사, 지리를 사랑하도록 만드는 일을 했다. 학생들에게는 보통 생소하고 익숙해지기까지는 시간이 걸리는 주제와 내용이 많았지만, 결국에는 모두 이해하고 감사하는 능력을 키울 수 있게 되었다. 나는 모두에게 매력 넘치는 '생각해 볼 거리'를 제공하고, 진정한 열정으로 뒷받침했다. 결코 방에 들어가서 '페스트... 아마 다들 지루하겠지만 공부를 시작해 봅시다...'하고 말하지 않았다. 항상 성공한 것은 아니지만, 그래도 최고의 수업은 낙관주의와 탐구가 바탕이 된 장소에서 이루어진 것들이었다. 왜냐하면 아이들은 본질적으로 재미있기만 하면 학습하는 것을 좋아하기 때문이다.

이러한 태도는 어린이와 채소에 대한 내 철학 형성에도 영향을 미쳤다. 수 세대에 걸쳐 우리는 아이들이 채소를 경멸하는 것에 관한 이야기와 어떻게든 한입을 먹이기 위해 거래를 해야 한다는 조언을 들어왔다. 하지만 이 이야기를 영원히 이어가면서 '초콜릿을 입힌 브로콜리' 사고방식을 고수하면 무심코 채소를 비방하고 디저트를 미화하게 된다. 미디어에 등장하는 부모는 채소를 강요하고 아이는 접시를 밀어내는 저녁 식사 장면은 고정관념을 강화하는 역할을 할 뿐이다. 우리는 아이들이 미처 본인의 의견을 형성할 기회를 얻기도 전부터 채소를 싫어해야 한다고 믿게 만든다.

그렇다고 아이에게 호불호가 없어야 한다는 뜻은 아니다. 유아가 '싫어'라는 단어를 탐색하는 단계를 거치는 것은 지극히 자연스러운 일이다. 개인의 선택과 선호도에 대한 선택권을 탐색하고 획득할 수 있게 되기 때문이다. 음식을 접하고 익숙해지는 것은 작은 인간이 스스로 먹는 법을 익히기 위한 핵심과 같은 과정이다. 여러분의 아이가 새로운 음식에 대해 건강한 회의론적 관점을 보여주는 것은 매우 정상적인 일이며, 호기심 많은 통통한 손가락 관절이 잠재적으로 유독할 수 있는 식물에 손을 뻗을 가능성을 고려하면 생물학적으로도 필요한 과정이다. 새로운 시도를 망설이는 현상은 비록 공포보다는 유보에 가깝기는 하지만 '네오포비아'라는 이름까지 붙어 있을 정도다. 뱉어 내고 집어 던지는 행동이 어른이 보기에는 거부처럼 느껴지지만 모두 먹는 법을 배우는 과정의 일부다. 흔히 무언가를 떨어뜨리면 어떤 일이 벌어지는지 확인하는 것처럼 단순한 일이다. 전문가의 말에 따르면 우리가 할 수 있는 최선의 방법은 계속 줘 보면서 아이 스스로가 집어 들고 먹는 행동을 취하는 결정권자가 되도록 하여 '책임 분담'을 하는 것이다. 인내하는 시간이 지나고 나면 뱉어내고 집어 던지는 행동이 으깨고 부수는 것으로 나아가 결국에는 삼켜보게 된다. 보통 2~4세 사이에 정점을 이루게 되는데, 이 기간이 지나서 소란을 피우는 일이 줄어들수록 '특식'과 협상이 줄어들고 자존심과 관계 형성에 상처를 입지 않게 될 가능성이 높아진다.

기초 작업은 그 전부터 시작할 수 있다. 연구에 따르면 임신 기간 동안 채소를 섭취하는 것이 영양학적으로 유익할 뿐만 아니라 아이의 미각 형성을 시작하기에 최적의 시기이기 때문에 매우 중요하다고 한다. 모유 수유 중에 버섯과 비트, 씁쓸한 녹색 잎채소 등 흙 향이 나는 음식을 먹으면 특히 접시에 다른 맛있는 음식이 담겨 있을 때도 채소를 선뜻 먹어보는 식으로 아이의 수용도를 높이는 데에 기여할 수 있다.

그보다 나이가 든 아이에게는 버릇처럼 신선한 식품의 건강상 이점을 설명하는 것은 연금에 대해서 말하는 것만큼이나 효과가 떨어진다. 실제로 우리가 말을 더 많이 할수록 긍정적인 반응이 줄어드는 느낌이다. 하지만 아이의 음식에 관한 영역에는 의미 깊은 영양 정보에 기반한 육아 조언이 계속 넘쳐나고 있는데, 보통 아이들은 '건강'에 관심이 없기 때문에 크게 와닿지 않는다. 사실 연구에 따르면 누구에게든(어른이든 아이든) 음식이 '건강에 좋다'고 말하는 것은 실제로 원하는 것과 반대되는 효과를 가져왔다. 풍미가 떨어질 것이라고 생각하고, 먹어보고 싶다는 마음이 줄어드는 것이다.

그러나 실제로 긍정적인 결과에 기여하는 주요 요소가 3가지 있다. 노출과 긍정적인 역할 모델, 그리고 암시적인(명시적이기보다) 보상 구조다. 즉 소량을 자주 제공하고(일부 연구에 따르면 많은 아이들에게 약 15회 정도가 효과가 있었다고 한다) 스스로 맛있게 먹는 모습을 보여주면서 스티커 표를 만들거나 '이걸 먹지 않으면 디저트를 주지 않을 거야'하는 식의 시도를 하지 않는 것이다. 무엇보다 가장 궁극적인 암시적 보상은 '뭐야, 이거 진짜 맛있네... 내가 놓치고 있는 다른 음식이

있나?' 하고 깜짝 놀라게 만드는 것이다. 나에게 있어서 '키즈 메뉴'는 성인의 식사를 조금 적게 만든 것이다. 이 책의 레시피는 우선 맛있고, 영양가가 풍부하며 가족을 위해, 그리고 가족과 함께 쉽게 만들 수 있다. 아이들이 주방에 자주 들어가서 음식과 많이 접할수록 열정과 기쁨으로 함께 요리를 하고 먹으며 많은 교류를 할 수 있고, 아이는 채소를 싫어하기 마련이라는 잘못된 생각에 우리 스스로가 동의하지 않아야 이미 잘못 나아간 방향을 조금씩 제대로 된 쪽으로 틀어갈 수 있다.

추천 도서

요리책벌레인 내가 추천 도서 목록을 1쪽으로 정리하기란 거의 불가능한 일이지만, 방향을 제시할 수 있는 출발점을 제공하기로 했다.(국내 출간 도서는 한국판 제목을 함께 표기했다.)

위급 상황일 때

요리 관련 질문에 답이 필요할 때

『인류 역사에 담긴 음식 문화 이야기 Cuisine & Culture』, 린다 시비텔로

『Leteral Cooking』, 니키 세그니트

『음식과 요리On Food & Cooking』, 해롤드 맥기

『Ratio』, 마이클 룰먼

『소금, 지방, 산, 열Salt, Fat, Acid, Heat』, 사민 노스랏

『The Book of Jewish Food』, 클라우디아 로덴(중동 및 지중해 요리에 관한 책도 최고 수준이다)

『The Cook's Book』, 질 노먼 외

『The Cook's Companion』, 스테파니 알렉산더

『The Flavour Bible』, 카렌 A. 페이지, 앤드류 도넨버그

『Vegetable Book』, 제인 그릭슨

가볍고 화사한 요리

빠르고 간단하게 할 수 있는 신선 요리

『A Girl and Her Greens』, 에이프릴 블룸필드

『A Modern Way to Cook』, 안나 존스

『Community, Neighbourhood, Family』, 헤티 맥키넌 개더, 길 멜러

『More』, 매트 프레스톤(이분의 모든 요리책을 좋아한다)

『Mr Wilkinson's Favourite Vegetables』, 매트 윌킨슨

『Real Food』, 마이크 맥에너니

『Simple』, 다이아나 헨리(이 분의 요리책은 모두 화려하다!)

『Tender』, 나이젤 슬레이터(이 분이 쓴 모든 책!)

『The Salad Book』, 벨린다 제프리(베이킹 책도 최고다!)

『Vegetables, Grains & Other Stuff』, 사이먼 브라이언트

천천히 여유롭게

음식의 언어로 여유를 즐길 때

A. A. 길

앤소니 보댕

바바라 카프카

캘빈 트릴린

엘리자베스 데이비드

제이 레이너

제프리 스타인가튼

조너선 골드

니겔라 로슨

루비 탄도

풍미 폭탄

여러분의 마음을 울리게 될 셰프 요리책

『Best Kitchen Basics』, 마크 베스트

『Heston Blumenthal at Home』, 헤스톤 블루멘탈

『Simple Nature』, 알랭 뒤카스

『타이 스트리트 푸드Thai Street Food』, 데이비드 톰슨

『노마 발효 가이드The Noma Guide to Fermentation』, 데이비드 질버, 르네 레드제피

『피시 쿡북The Whole Fish Cookbook』, 조쉬 닐란드

『On Vegetables』, 제레미 폭스

『Plenty』, 요탐 오토렝기(《플렌티 모어》 등 그 외에도 존경할 만한 책이 많다!)

『식스 시즌Six Seasons』, 조슈아 맥패든

『Vegetables Unleashed』, 호세 안드레스

아기 음식에 대하여

아이와 음식에 대한 책을 추천해달라는 요청을 많이 받는데, 내 추천 도서는 다음과 같다

이론서 :『식습관의 인문학 First Bite』, 비 윌슨

실천서 :『Child of Mine』, 엘린 새터

감사의 말

이 책을 나의 딸 헤이즐에게 바치는 이유는 여러 가지다.

첫째, 우리 아기가 태어난 덕분에 이 책을 쓸 영감을 받을 수 있었다. 둘째, 헤이즐 워렌이 앞으로 이 책을 보고 본인의 요리 탐험을 위한 보물 지도처럼 사용할 수 있기를 바란다.

마지막으로 헤이즐이 참을성 있게 우리 다리 아래를 기어다니면서 연구실과 촬영장 주변에 전반적으로 활기찬 분위기를 조성하지 않았다면 이처럼 생명력과 광채가 가득한 책을 만들어낼 수 없었을 것이다. '참을성'으로 치자면 내가 글을 써내려 가는 동안 행복하게 요새를 지켜주는 남편 닉에게 감사한 마음은 이루 말로 다 할 수 없다.

닉이 내가 쓴 글을 읽어줄 때 고개를 끄덕이고 킥킥거리는 것이 가장 큰 컨텐츠 품질 관리 역할을 한다.

프라다와 아카디에게: 내 요리에 관한 창의적인 도전을 계속 지지해 주셔서 감사합니다. '부모Parents'가 '후원자Patrons'가 철자 몇 개밖에 차이나지 않는 데에는 이유가 있겠지요.

재키와 라즈모에게: 채소를 재배하고 케이크를 굽고, 진정으로 멋진 신랑을 키워주셔서 감사합니다.

이 프로젝트를 펼칠 수 있게 도와준 머독의 개성 넘치는 모든 사람들, 특히 제인 모로우와 버지니아 버치, 메간 피고트, 전문성과 선견지명, 무한한 열정으로 이 엄청난 일을 해내는 동안 나를 지탱해 주어서 감사합니다. 그리고 캐롤 워워크와 그 팀, 가상의(그리고 실제의) 과대 광고를 해줘서 고마워요. 놀랍도록 재능 넘치는 베라 바디나, 색상과 모양, 질감, 재치를 담아낸 붓놀림이라니. 대자연에게 아이패드와 스타일러스가 있었다면 당신의 손을 가지고 싶었을 거예요. 이 모든 글을 먼저 읽고 확인해 준 아이포브의 글 에디터 캐트리 힐든, 내 안의 작가는 당신 안의 작가를 실로 존경하고 있습니다. 아이포브의 푸드 에디터 사만다 패리스, 당신과 일하는 건 최고로 재미있으면서 최저한으로 손이 가는 일이예요. 이 프로젝트에 전념해주셔서 감사합니다.

그리고 이 괴물 같은 분량의 책을 길들이기 위해 색인을 만드는 엄청난 작업을 담당해 준 헬레나 홀그렌에게도 감사를 전한다.

또한 이 책에 실린 이미지는 우리 스튜디오 드림팀인 루시 트위드와 벤 던리가 이 작업에 사랑과 빛을 던져주었다는

증거다. 사진계의 셰프인 케이와 로렌, 내 영원한 경제학자 그릴타운에게는 여러분의 지문이 이 모든 음식에 아름다운 방식으로 남아 있다고 말하고 싶다.

그릇을 조달한 배치 세라믹스와 헤이든 율리, 루이스M 스튜디오, 머드 오스트레일리아, 그리고 이 책 전체에서 볼 수 있는 숭고한 채소를 조달해 준 시프트 프로듀스에게도 감사를 전한다. 모든 훌륭한 요리사(와 디자이너)처럼 이 모든 원재료를 모아 부분의 합보다 굉장한 것으로 만들어낸 재퀴 포터에게도 고맙다고 말하고 싶다.

대니 발렌트와 모니카 브라운, 카일리 밀라, 토냐 발 등 지인을 소개시켜준 요리계의 친구들에게도 감사를 전한다. 가끔은 짧은 프랑스어와 스페인어, 이탈리아어, 러시아어를 써가면서 짧은 글을 요청했더니 긴 산문으로 된 답변을 되돌려준 셰프들에게도 감사하다고 말하고 싶다. 모두의 열정이 느껴졌다.

마지막으로 전 세계의 농경학자와 육종가, 재배자, 채집자, 포장업자, 도매업자, 공급업체, 소매업자에게 여러분은 만인의 최고의 찬사를 받을 자격이 있다고 말하고 싶다.

473

사계절 색인

기본 가이드. 볼드 표시의 채소는 이때가 절정이라는 뜻이다.

봄

아스파라거스	생강	**라디키오**
콩	아티초크	**래디시**
비트	허브	루바브
청경채	**리크**	**로켓**
브로콜리	레몬그라스	시금치
땅콩호박	**양상추**	고구마
피망	버섯	토마토
당근	양파	배추
콜리플라워	파스닙	**호박꽃**
셀러리	**완두콩**	
고추	감자	

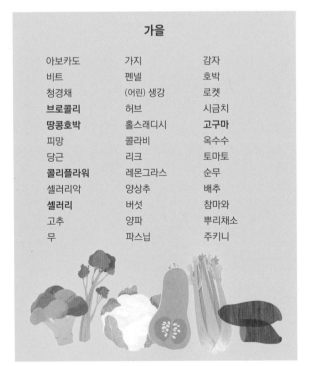

여름

아보카도	펜넬	감자
콩	마늘	래디시
비트	(어린) 생강	루바브
브로콜리	허브	로켓
땅콩호박	리크	시금치
피망	**레몬그라스**	옥수수
당근	양상추	고구마
콜리플라워	버섯	**토마토**
셀러리	오크라	순무
고추	**양파**	배추
오이	파스닙	**주키니**
가지	피터팬 호박	호박꽃

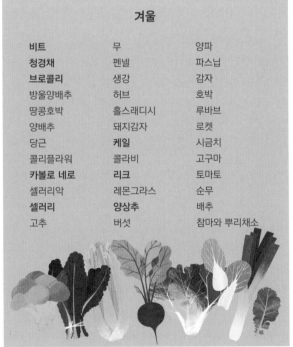

가을

아보카도	가지	감자
비트	펜넬	호박
청경채	(어린) 생강	로켓
브로콜리	허브	시금치
땅콩호박	홀스래디시	**고구마**
피망	콜라비	옥수수
당근	리크	토마토
콜리플라워	레몬그라스	순무
셀러리악	양상추	배추
셀러리	버섯	참마와
고추	양파	뿌리채소
무	파스닙	주키니

겨울

비트	무	양파
청경채	펜넬	파스닙
브로콜리	생강	감자
방울양배추	허브	호박
땅콩호박	홀스래디시	루바브
양배추	돼지감자	로켓
당근	**케일**	시금치
콜리플라워	콜라비	고구마
카볼로 네로	**리크**	토마토
셀러리악	레몬그라스	순무
셀러리	**양상추**	배추
고추	버섯	참마와 뿌리채소

색인

색인

색인

색인

색인

481

색인

색인

색인

색인

색인

색인

앨리스 자슬라브스키 지음

요리사, 작가, 베겔란테vegelante이다. 유럽, 아시아, 중동의 교차로에 위치한 조지아 트빌리시에서 태어난 앨리스는 문화와 요리가 다양하게 뒤섞인 호주 맬버른에서 자랐다. 그녀의 요리에는 이런 문화적 배경이 큰 영향을 끼쳤고, 폭발적인 아이디어와 기쁨, 활력으로 가득한 맛을 구현해 내고 있다. 그녀는 음식이 입뿐 아니라 마음도 연다고 믿으며 음식의 목소리를 친근하게 전달하는 역할을 하고 있다. 지은 책으로는 『Alice's Food A-Z』이 있다.

정연주 옮김

성균관대학교 법학과를 졸업하고 사법시험 준비 중 진정 원하는 일은 '요리하는 작가'임을 깨닫고 방향을 수정했다. 이후 르 코르동 블루에서 프랑스 요리를 전공하고, 푸드 매거진 에디터로 일했다. 현재 푸드 전문 번역가이자 프리랜서 에디터로 활동하고 있다. 『용감한 구르메의 미식 라이브러리』, 『빵도 익어야 맛있습니다』, 『프랑스 쿡북』 등을 번역했다. 유튜브 푸드 채널 '페퍼젤리컴퍼니'를 운영하고 있다.

First published in English in 2020 by Murdoch Books, an imprint of Allen & Unwin

Text copyright © Alice Zaslavsky 2020

Design and illustrations coright py© Murdoch Books 2020

Photography copyright © Ben Dearnley 2020

All rights in this publication are reserved to Murdoch Books. No part of this publication may be reproduced, stored in any retrieval system, or transmitted in any form or by any means, electronic, mechanical, photocopying, recording or otherwise without the prior written permission of Murdoch Books.

Korean translation copyright ©2023 by Sigongsa Co., Ltd.

Korean translation rights arranged with MURDOCH BOOKS through EYA(Eric Yang Agency)

이 책의 한국어판 저작권은 EYA(Eric Yang Agency)를 통해 Murdoch Books과 독점 계약한 ㈜시공사가 소유합니다. 저작권법에 의하여 한국 내에서 보호를 받는 저작물이므로 무단 전재 및 복제를 금합니다.

채소 예찬

초판 1쇄 인쇄일 2023년 6월 20일
초판 1쇄 발행일 2023년 6월 30일

지은이 앨리스 자슬라브스키
옮긴이 정연주

발행인 윤호권
사업총괄 정유한

편집 인스튜디오 **디자인** 최초아 **마케팅** 윤주환
발행처 ㈜시공사 **주소** 서울시 성동구 상원1길 22, 6-8층(우편번호 04779)
대표전화 02-3486-6877 **팩스(주문)** 02-585-1755
홈페이지 www.sigongsa.com / www.sigongjunior.com

글 ⓒ 앨리스 자슬라브스키, 2023 | 사진 ⓒ 벤 디언리, 2023

이 책의 출판권은 ㈜시공사에 있습니다. 저작권법에 의해 한국 내에서 보호받는 저작물이므로 무단 전재와 무단 복제를 금합니다.

ISBN 979-11-6925-924-8 13590

*시공사는 시공간을 넘는 무한한 콘텐츠 세상을 만듭니다.
*시공사는 더 나은 내일을 함께 만들 여러분의 소중한 의견을 기다립니다.
*미호는 아름답고 기분 좋은 책을 만드는 ㈜시공사의 라이프스타일 브랜드입니다.
*잘못 만들어진 책은 구입하신 곳에서 바꾸어드립니다.